Lasermethoden
in der Strömungsmeßtechnik

B. Ruck
(Herausgeber)

D1662533

Lasermethoden in der Strömungsmeßtechnik

B. Ruck

(Herausgeber)

AT-Fachverlag GmbH Stuttgart

© 1990 AT-Fachverlag GmbH, Stuttgart
Umschlag: Schober + Reinhardt, Stuttgart
Gesamtherstellung: Druckhaus Waiblingen
Printed in Germany
ISBN 3-921 681-01-4

Autorenliste

Prof. Dr.-Ing. K. Bauckhage, Dr.-Ing. G. Schulte
Verfahrenstechnik im Fachbereich Produktionstechnik, Universität Bremen, 2800 Bremen

Dr. rer. nat. D. Dopheide und Dipl.-Ing. M. Faber
Physikalisch-Technische Bundesanstalt (PTB), Laboratorium für Strömungsmeßtechnik, 3300 Braunschweig

Dr.-Ing. A. Leder
Institut für Fluid- und Thermodynamik, Universität Siegen, 5900 Siegen

Dr.-Ing. B. Lehmann
Deutsche Forschungs- und Versuchsanstalt für Luft- und Raumfahrt e. V.,
Forschungsbereich Strömungsmechanik, 1000 Berlin

Prof. Dr. rer. nat. W. Merzkirch
Lehrstuhl für Strömungslehre, Universität Gesamthochschule Essen, 4300 Essen

Dr.-Ing. habil. Bodo Ruck
Institut für Hydromechanik, Forschungsgruppe Zweiphasenströmungen,
Universität Karlsruhe, 7500 Karlsruhe

Dr.-Ing. F. Seiler, Dr.-Ing. J. Srulijes, A. George
Deutsch-Französisches Forschungsinstitut Saint-Louis (ISL), F 68301 Saint Louis

Dr. H. Selbach
Polytec GmbH, 7517 Waldbronn

Dr. rer. nat. Claus Weitkamp
GKSS Forschungszentrum Geesthacht GmbH, Institut für Physik, 2054 Geesthacht

Inhaltsverzeichnis

Vorwort

Die exakte Analyse von Strömungsvorgängen in technischen und natürlichen Systemen und Kreisläufen erfordert in zunehmendem Maße die Verwendung von Meßmethoden mit einem hohen räumlichen und zeitlichen Auflösevermögen. Für Strömungsgeschwindigkeitsbestimmungen, Volumen- und Massenstrommessungen und Luftschadstoffanalysen kommen hierbei verstärkt lasermeßtechnische Verfahren zum Einsatz, die es erlauben, berührungslos, d. h. auf optischem Wege die gewünschte Information zu erhalten. Bei der Vielfalt der lasermeßtechnischen Möglichkeiten zur Strömungsanalyse steht der Anwender häufig vor der Frage, welche Meßmethode er für seine spezielle Meßaufgabe einsetzen soll und was mit ihr gemessen werden kann.

Das vorliegende Buch behandelt in detaillierter Form ausgewählte Lasermethoden in der Strömungsmeßtechnik. Die unterschiedlichen Meßmethoden werden mit allen zum Verständnis notwendigen physikalischen Zusammenhängen von Fachleuten erläutert, die seit vielen Jahren auf den jeweiligen Gebieten arbeiten. Die Darstellungen werden durch Anwendungsempfehlungen ergänzt.

Karlsruhe, Januar 1990 Bodo Ruck

Einsatz von Diodenlasern und Photodioden in der Strömungsmeßtechnik

D. Dopheide, M. Faber

1. Einleitung

Die Laser-Doppler-Anemometrie (LDA) wurde in den letzten Jahren von vielen Arbeitsgruppen zu einem führenden Meßverfahren in der Strömungsmeßtechnik entwickelt. In einer Reihe von Publikationen und Lehrbüchern wie z. B. von Ruck 1987, Durst 1987 oder Drain 1980 werden die LDA-Technik im Detail beschrieben sowie Anwendungsbeispiele aus Industrie und Forschung erläutert. Die Laser-Doppler-Anemometrie stellt heute eine Strömungsmeßtechnik dar, die auch Einsatz bei der Kontrolle verfahrenstechnischer Abläufe findet. Für solche speziellen Applikationen wurden entsprechende Sonden entwickelt und mit Erfolg erprobt. Im Bereich der Forschung kommen sehr große und aufwendige LDAs zum Einsatz, mit denen Strömungsfelder mehrdimensional gemessen werden können, siehe z. B. Leder und Geropp 1988.

In der Sendeoptik von LDAs wurden bisher grundsätzlich Gaslaser wie He-Ne und Argon-Ionenlaser und in der Empfangsoptik in der Regel Photomultiplier verwendet. Da die notwendigen leistungsstarken Gaslaser sehr groß und schwer sind, weisen auch die Sendeoptiken entsprechend große Abmessungen auf und können in Verbindung mit den Empfangsoptiken recht unhandlich werden.

Im vorliegenden Beitrag werden Möglichkeiten aufgezeigt, LDAs durch den Einsatz von kleinen leistungsstarken Diodenlasern in Verbindung mit empfindlichen Photodioden (Avalanchedioden) zu miniaturisieren und der industriellen betrieblichen Anwendung zugänglich zu machen. Vorgestellt wird in Kapitel 4 ein portables Halbleiter-Rückstreu-LDA mit Wellenlängenstabilisierung und integrierter Elektronik, welches auch für Hochgeschwindigkeitsanwendungen eingesetzt werden kann.

Um ein leichtes Verständnis und einen zeitökonomischen Einstieg in die Halbleitertechnik zu ermöglichen, werden die physikalischen Grundlagen der Halbleiter in Kapitel 3 kurz umrissen, die Unterschiede zwischen den verschiedenen Diodentypen, soweit sie für LDA-Einsatz von Bedeutung sind, herausgearbeitet und die wichtigsten Auswahl- und Anwendungskriterien zusammengestellt.

Eine eingehende Beschreibung der Problematik der Strahlfokussierung und der Wellenlängenstabilisierung in Kapitel 4 ermöglicht es dem Anwender, selber Sendeoptiken zu spezifizieren und in Verbindung mit den Erläuterungen über Halbleiterempfänger auch komplette Halbleiter-LDAs zu erstellen, Kapitel 5.

Hochleistungslaserdioden wie phasengekoppelte Diodenarrays bieten derzeit optische Ausgangsleistungen von 1 000 mW und lassen sich in sehr eleganter Weise für ein neues Meßverfahren zur Geschwindigkeitsmessung einsetzen, das sogenannte ''Laser Array Velocimeter, LAV'', wie Kapitel 6 zeigt.

Mit hochfrequent gepulsten Diodenlasern können in Verbindung mit neuen Verfahren der Signalverarbeitung mehrere Geschwindigkeitskomponenten in einer Strömung simultan mit nur einer Wellenlänge, einem Photodetektor und einer Signalverarbeitungskette bei gleichzeitig verbessertem Signal-Rausch-Verhältnis gegenüber cw-Betrieb gemessen werden, siehe Kapitel 7.

Die Vielzahl der optoelektronischen Halbleiter, die vorzugsweise für die optische Nachrichtentechnik entwickelt wurden, bieten sehr verschiedenartige Anwendungsmöglichkeiten in der Strömungsmessung und führen zu integrierten Miniatur-Strömungssensoren, die der optischen Strömungsmeßtechnik, besonders der LDA-Technik auch in Hinblick auf konventionelle Einsatzgebiete weitere Impulse geben und darüber hinaus ganz neue, bisher nicht erschlossene Einsatzmöglichkeiten in der Verfahrens- und Umweltmeßtechnik eröffnen werden.

2. Stand der Miniaturisierung optischer Strömungssensoren

Laser-Doppler-Anemometer konventioneller Bauart verwenden durchweg schwere und von den Abmessungen her recht große Gaslaser und in der Empfangsoptik in der Regel recht empfindliche und vergleichsweise störanfällige Photomultiplier. Bei stationären Aufbauten, insbesondere in der strömungsmeßtechnischen Forschung in großen Windkanälen, siehe Leder und Geropp 1988, haben sich solche Gaslaser-LDAs sehr bewährt.

2.1 Glasfasersysteme für die Laser-Doppler-Anemometrie (LDA)

Die hohen technischen Anforderungen an solche Systeme werden dadurch noch verstärkt, daß zur Traversierung großer Gaslaser-LDAs sehr aufwendige mechanische Verschiebetische erforderlich sind, die schwere Lasten über große Verfahrenswege positionieren müssen. Bedingt durch den Wunsch und die Nachfrage nach kleineren LDA-Systemen entwickelten eine Reihe von Arbeitsgruppen und Firmen Gaslaser-LDAs, die auf der Sendeseite den Gaslaser von der Sendeoptik durch einen Lichtwellenleiter entkoppeln und auf der Empfangsseite ebenfalls eine räumliche Trennung zwischen Empfangsoptik und Photomultiplier durch eine Verbindung über Lichtwellenleiter vornehmen. Man erzielt auf diese Weise sehr kleine Miniaturoptiken, siehe z. B. Ruck 1987, die erfolgreich bei Strömungsuntersuchungen in Verbrennungsmotoren eingesetzt wurden, Durst et al. 1986. Die experimentellen Untersuchungen ergaben, daß hohe Lichtleistungen in die sendeseitig notwendigen Monomode-Fasern nur schwer einzukoppeln sind, während auf der Empfangsseite auch Fasern mit größerem Kernquerschnitt verwendbar sind. Insgesamt bringen Glasfaser-LDAs zwar kleine und kompakte Bauweisen, aber an eine konsequente Miniaturisierung, die zu portablen Systemen führt, ist nicht zu denken, da die Sonden über den Lichtleiter nach wie vor mit den Gaslasern verbunden sind.

2.2 Diodenlaser für LDA

Eine rigorose Verkleinerung optischer Strömungssensoren kann nur erreicht werden, wenn die Gaslaser durch Halbleiterlaser (Diodenlaser) und die Photomultiplier durch Photodioden (PIN- und Avalanche-Dioden) ersetzt werden. Die weltweit betriebene stürmische Entwicklung von solchen Halbleiterbauelementen für die optische Nachrichtentechnik hat zu einer Vielzahl von Diodenlasern verschiedenster Bauart geführt, die auch sehr vorteilhaft für die optische Strömungsmessung einsetzbar sind.

Erste Versuche, Halbleiterlaser für LDA-Systeme einzusetzen, wurden schon vergleichsweise früh unternommen, jedoch nur, um die prinzipielle Verwendbarkeit zu demonstrieren. Franke et al. 1977 beschrieben ein kleines kompaktes System für Versuchsmessungen in Flügelmodellen. Shaushnessy et al. 1978 untersuchten die Kohärenzlängen von Diodenlasern für eine Referenzstrahlanordnung. Da die Diodenlaser in der Anfangsphase ihrer Entwicklung nur geringe optische Ausgangsleistung und sehr kleine Kohärenzlängen aufwiesen, ruhte die Halbleiter-LDA-Entwicklung offenbar, bis in jüngster Zeit weitere Fortschritte erzielt wurden. So berichten Brown et al. 1986 über hochempfindliche Avalanche-Photodioden für die Photonenzählung. Dopheide et al. 1986 stellten ein wellenlängenstabilisiertes Halbleiter-LDA mit einem 50-mW-Diodenlaser für Hochgeschwindigkeitsanwendungen in Verbindung mit hochempfindlichen Avalanche-Photodioden vor. Sie analysierten die für LDA-Einsatz wesentlichen Merkmale und Eigenschaften und entwickelten Halbleiter-Empfangssysteme mit breitbandigen integrierten HF-Verstärkern, die sehr viel bessere Signal-Rausch-Verhältnisse liefern als Photomultiplier-Empfangsmodule. Kurze Zeit später wurden die Halbleiterentwicklungen in verschiedenen anderen Laboratorien aufgegriffen. Damp 1988 erstellte ein sehr kompaktes batteriebetriebenes Miniatur-LDA für Rückstreubetrieb mit PIN-Dioden für robusten Feldbetrieb. Dopheide et al. 1988 entwickelten ein portables wellenlängenstabilisiertes Rückstreu-LDA mit hochempfindlicher Avalanche-Diode und integrierter Elektronik für genaue Geschwindigkeitsmessungen bei Arbeitsabständen bis 400 mm. Bopp und Durst 1988 präsentierten ein mit optischen Standardbauelementen aufgebautes Miniatur-LDA, jedoch ohne integrierte Elektronik und demonstrierten gezielt industrielle Nutzungsmöglichkeiten.

In der Physikalisch-Technischen Bundesanstalt (PTB) wurden in vergleichsweise umfassender Weise die Nutzungsmöglichkeiten von optoelektronischen Halbleitern für die Strömungsmeßtechnik untersucht mit dem Ziel, geeignete Diodenlaser und Photodioden auszuwählen und für die Laser-Doppler-Anemometrie (LDA) und andere Verfahren in meßtechnisch vorteilhafter Weise einzusetzen. Die Resultate dieser Untersuchungen werden in den folgenden Abschnitten in zusammenfassender und komprimierter Weise beschrieben, so daß dem Anwender ein mühsames Suchen in diversen Literaturstellen, die jedoch im Literaturverzeichnis aufgeführt sind, erspart bleibt.

3. Halbleiterbauelemente für die LDA-Technik (Einführung)

Wie bei jedem Meßverfahren, so kommt es auch bei der LDA-Technik darauf an, die Signalqualität, d. h. die Signal-Rausch-Verhältnisse der Meßgröße zu optimieren. Diese Signalqualität kann durch das Signal-Rausch-Verhältnis (SNR von signal-to-noise-ratio) definiert werden. Hier an dieser Stelle soll die wichtigste Abhängigkeit des SNR von der Laserlichtquelle und dem Photodetektor hervorgehoben werden. Die besten Signal-Rausch-Verhältnisse und das geringste Eigenrauschen wird durch eine Kombination von GaAlAs-Diodenlasern, die etwa im Wellenlängenbereich zwischen 780 nm und 850 nm emittieren, mit Si-Photodioden wie PIN- und Avalanche-Dioden erreicht. Diese Si-Dioden haben gerade bei Wellenlängen um 830 nm ein Maximum spektraler Empfindlichkeit mit Quantenwirkungsgraden bis zu 90 %. Bei der herkömmlichen Verbindung von Gaslaser und Photomultiplier werden demgegenüber nur Quantenwirkungsgrade zwischen 15 % und 20 % erzielt. Die Wirkungsweise dieser optoelektronischen Wandler soll deshalb näher beschrieben werden.

3.1 Diodenlaser

Laserlichtquellen für die LDA-Technik und optische Strömungsmessung, die in Miniatursonden eingesetzt werden sollen, müssen eine Reihe von Anforderungen erfüllen:

- geringe Abmessungen
- mechanisch robuste Ausführungen
- Betrieb bei normalen Temperaturen
- gute Quantenwirkungsgrade von wenigstens 20 %
- große Lebensdauer
- schmale spektrale Emission

Halbleiterlaser auf der Basis von GaAs sind seit ca. 25 Jahren bekannt, Nathan et al. 1962. Seitdem wurden diese Laser zu Bauelementen für kontinuierlichen Betrieb bei Raumtemperaturen mit geringem Betriebsstrom und langer Lebensdauer entwickelt. Sogenannte Mehrfachheterostrukturen in sandwichartiger Bauweise, die sowohl die über den PN-Übergang injizierten Ladungsträger führen als auch gleichzeitig die im Halbleiter erzeugte optische Strahlung führen, weisen Lebensdauern von 200 000 Stunden bei Raumtemperatur auf.

In Halbleiter-Sendedioden wird die stimulierte Emission von Strahlung bei der Rekombination von Elektronen und Löchern in geeignet dotierten PN-Halbleitermaterialien zur Erzeugung kohärenter Strahlung ausgenutzt. Eine sinnbildliche Darstellung dieses Vorganges zeigt Abbildung 1 im Energiebänder-Modell des Halbleiters.

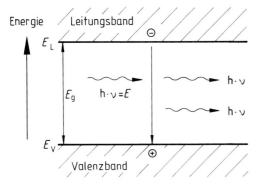

Abb. 1:
Schematische Darstellung der stimulierten Emission im Bändermodell

Stimulierte Emission tritt auf, wenn ein Photon mit wenigstens der Energie des Bandabstandes E_g mit einem angeregten Atom wechselwirkt. Dann kann dieses Photon das angeregte Atom zur Emission eines weiteren Photons veranlassen und zwar bei geeignetem Kristallaufbau phasengleich, so daß kohärente Strahlung entsteht. Eine Voraussetzung für die Realisierung einer leistungsstarken Lichtquelle ist die Erzeugung einer großen Anzahl rekombinationsfähiger Elektron-Loch-Paare. Die speziellen physikalischen Eigenschaften der Grenzschichten von P- und N-dotiertem Halbleitermaterial können dafür genutzt werden. Werden Fremdatome mit niedriger Valenz, d. h. Akzeptoren wie z. B. Ga in einen Si-Halbleiterkristall eingebaut, so entsteht eine ungesättigte Bindung, die die Eigenschaften eines Loches im Valenzband aufweist (P-Dotierung). Andererseits erhält man durch den Einbau eines Fremdatomes höherer Valenz wie z. B. As in das Si-Gitter ein Überschuß-Elektron, welches nur sehr schwach an das Fremdatom gebunden ist und sich bereits bei geringer thermischer Energiezufuhr im Leitungsband aufhält (N-Dotierung). Bringt man die P- und N-dotierten Schichten in Kontakt, so diffundieren Löcher und Elektronen durch die Grenzschicht in der Weise, daß im P-dotierten Gebiet die diffundierten Elektronen ungesättigte Bindungen füllen und umgekehrt Löcher, die in das N-dotierte Material diffundieren, Überschußelektronen aufnehmen. Als Folge davon entsteht im P-Kristall ein Gebiet negativer und im N-Kristall ein Gebiet positiver Raumladung nahe der Grenzschicht. Abbildung 2 verdeutlicht dieses Prinzip . Die Diffusion bewirkt in der Übergangszone eine Verarmung an freien Ladungsträgern, die den Namen Verarmungszone geprägt hat. Wird nun dieser PN-Übergang in Flußrichtung gepolt, d. h. eine externe positive Spannung an den P-dotierten Bereich bzw. eine negative an den N-dotierten Kristall angelegt, so verringert sich die Höhe der Potentialbarriere und auch die Breite der Verarmungszone, wie Abbildung 2 zeigt. Auf diese Weise werden Elektronen aus dem N-dotierten Bereich zu dem P-dotierten Bereich und Löcher aus dem P-dotierten Bereich in den N-dotierten Bereich injiziert und es entsteht eine erhöhte Anzahl rekombinationsfähiger Elektron-Loch-Paare im Übergangsgebiet.

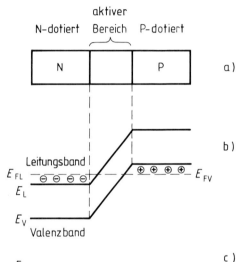

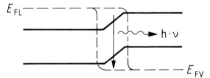

Abb. 2:
Darstellung des PN-Überganges einer Laserdiode
Teilbild a) Kristallaufbau,
Teilbild b) Bändermodell ohne Vorspannung,
Teilbild c) Bändermodell mit höherer Vorspannung in Flußrichtung

Es liegt nun eine über das thermische Gleichgewicht hinausgehende Konzentration von Elektronen im Leitungsband und von Löchern im Valenzband vor. Dies hat zur Folge, daß für strahlende Rekombination eine erhöhte Anzahl von Löchern im Valenzband zur Verfügung steht. Durch die Injektion der Ladungsträger in den PN-Übergang wird also eine Besetzungsinversion erreicht. Durch die nun mögliche induzierte Rekombination von Elektronen und Löchern werden Photonen erzeugt, die hinsichtlich Wellenlänge, Phase, Polarisation und Ausbreitungsrichtung mit dem stimulierenden Photon übereinstimmen.
Damit die erwähnte ausreichend hohe Besetzungsdichte im Leitungsband erreicht wird, muß ein bestimmter Mindestinjektionsstrom, auch Schwellstrom genannt, überschritten werden. Unterhalb dieses Schwellstromes tritt nur spontane Emission auf, die Laserdiode arbeitet in diesem Bereich wie eine Lumineszenzdiode. Damit nun in einer Halbleiter-Diode Laserbetrieb einsetzen kann, ist neben der Besetzungsinversion auch ein optischer Reso-

nator erforderlich. Dieser wird bei den Diodenlasern mit dem Halbleiterkristall selbst gebildet; dabei werden an den Spaltflächen des Kristalls die beiden zur Reflektion erforderlichen Laserspiegel in Fabry-Perot-Anordnung angebracht. Die gegenüberliegenden Stirnflächen des GaAs-Chips haben wegen des hohen Brechungsindexes von GaAs eine genügend hohe Reflektion (ca. 30 %), um als Resonatorspiegel wirken zu können. Den Aufbau eines Laserdiodenchips zeigt Abbildung 3.

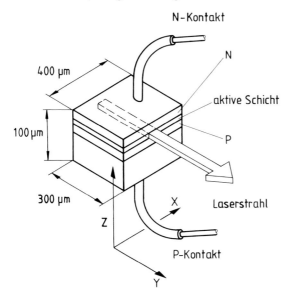

Abb. 3:
Aufbau eines Laserdiodenchips mit typischen Abmessungen

Im Prinzip liegt die aktive Schicht zwischen einem N- und P-dotierten GaAs-Kristall. Bei modernen Diodenlasern ist der Aufbau jedoch wesentlich komplizierter, hier wird die Schicht, aus der das Laserlicht emittiert wird, zwischen ''Doppelheterostrukturen'' eingebettet. Für das grundsätzliche Verständnis eines Diodenlasers sind diese Dinge weniger wichtig; ausführliche Literatur findet man in umfassenden Standardwerken wie Thompson 1985, Kressel 1977, Kersten 1983 sowie Kittel 1969 und auch zum Teil in den Manuals der Halbleiterhersteller.

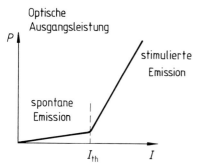

Abb. 4:
P/I-Kennlinie eines Diodenlasers; typische Licht-Strom-Charakteristik

Abbildung 4 zeigt eine typische Licht-Strom-Charakteristik einer Laserdiode. Bei kleinen Betriebsströmen in Vorwärtsrichtung tritt lediglich spontane Rekombination zwischen den

Elektronen und Löchern auf, ab dem Schwellstrom I_{th} (th = threshold current) setzt dann Laserwirkung ein, die Strahlung wird kohärent, es liegt induzierte Emission vor, die optische Ausgangsleistung wächst stark an, die Linienbreite und der Abstrahlwinkel des austretenden Lichtes werden schmaler. Im Gegensatz zum Gaslaser bleibt der Strahl jedoch stark divergent, da wegen der kleinen und schmalen aktiven Zone Beugung auftritt.

3.1.1 Aufbau von Diodenlasern

Eine einfache P-N-Laserdiode wie in Abbildung 3 skizziert, muß bei sehr hohen Schwellströmen betrieben werden. Es wurden deshalb sogenannte Heterostrukturen entwickelt, die eine wesentliche Verringerung der Schwellströme auf einige zehn Milliampere bewirken. Mit dem Doppelheterostrukturaufbau wird die aktive Zone in zwei Schichten eines N- und P-GaAlAs-Kristalls eingebettet, welche einen größeren Bandabstand und einen kleineren optischen Brechungsindex aufweisen wie in Abbildung 5 gezeigt. Unter dem schematisch dargestellten Kristallaufbau, an den eine Betriebsspannung in Flußrichtung angelegt ist, sind das vereinfachte Bändermodell des Lasers, der Verlauf des Brechungsindex und die

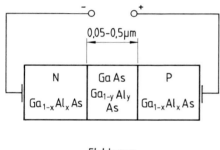

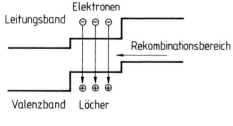

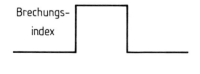

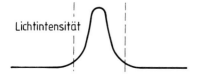

Abb. 5:
Diodenlaser mit Doppel-Heterostruktur
(indexgeführt)

Lichtintensität skizziert. Man erkennt, wie durch die Doppelheterostruktur die injizierten Ladungsträger von zwei Seiten begrenzt werden und die entstehende schmale Zone gleichzeitig als optischer Wellenleiter wirkt.

Die Differenz der Brechungsindizes bewirkt weitestgehend Totalreflektion, so daß ein großer Teil der Strahlung innerhalb des aktiven Bereiches bleibt.

Bei reinem GaAs als aktiver Schicht emittiert die Laserdiode etwa bei 860 nm. Bei Ga_{1-y}-Al_yAs als aktiver Schicht kann bei Variation des Aluminiumanteils die Wellenlänge des emittierten Lichtes im Bereich zwischen 0,68 µm bis 0,9 µm abgestimmt werden. Die Dicke der aktiven Schichten liegt zwischen 0,05 µm und 0,3 µm. Die beiden N- und P-Kristalle haben die Zusammensetzung $Ga_{1-x}Al_xAs$, wobei x und y die Mischungsverhältnisse von Aluminium in den verschiedenen Kristallschichten sind.

Typische Abmessungen der Diodenlaser mit Doppelheterostrukturen liegen entsprechend Abbildung 3 bei etwa 300 µm Länge, 100 µm Höhe und 400 µm Breite. Die Schichtfolge der Heterostrukturen begrenzt die Lichtemission in der z-Richtung, jedoch nicht in seitlicher x-Richtung. Diese seitliche Begrenzung des Laserlichtes kann auf zwei verschiedene Weisen erfolgen, die zu zwei Typen von Laserdioden führen.

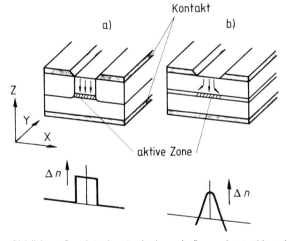

Abb. 6:
Struktur und Wellenführung von Diodenlasern mit
a) Brechungsindex-Führung,
b) Gewinn-Führung
Typische Dimensionen der aktiven Zone betragen ca. 0,3 µm × 2 µm

Abbildung 6 zeigt den typischen Aufbau eines a) brechungsindexgeführten Diodenlasers und b) eines gewinngeführten Diodenlasers.

Beim gewinngeführten Laser wird das Licht in der aktiven Zone durch das Verstärkungsprofil der vom Kontakt in die aktive Schicht injizierten Ladungsträger begrenzt, die Wellenführung erfolgt also aktiv. In lateraler x-Richtung existiert somit kein Wellenleiter wie in z-Richtung durch den Brechzahlsprung, sondern die über einen schmalen Kontaktstreifen geführte Strominjektion bewirkt einen stetigen Verlauf des Brechungsindex wie in Abbildung 6b angedeutet, so daß ein strominduzierter Wellenleiter entsteht, bei dem das elektrische Feld weiter in die benachbarten P- und N-Kristalle reicht. Ein typischer Vertreter dieses Typs ist der Oxydstreifenlaser.

Indexgeführte Diodenlaser sind gekennzeichnet durch eine passive Wellenführung, vgl. Abbildung 6a, infolge von Sprüngen der Brechungsindizes in lateraler Richtung, die einen Wellenleiter bilden, der die Strahlung auch seitwärts begrenzt. Typische indexgeführte Laser sind der vergrabene Diodenlaser (buried heterostructure BH) und der CSP-Laser (channeled substrate planar).

Der gewinngeführte und der indexgeführte Laser haben unterschiedliche charakteristische Eigenschaften, die bei LDA-Einsatz beachtet werden müssen.

3.1.2 Eigenschaften der Diodenlaser

Bei der Verwendung von Diodenlasern in der Strömungsmeßtechnik und besonders beim Einsatz in der Laser-Doppler-Anemometrie sollte auf einige entscheidende Eigenschaften von Halbleiterlasern geachtet werden, die für den Anwender, der bisher mit Gaslasern gearbeitet hat, neu und wichtig sind, wie

– Wellenlänge des Diodenlichtes
– Temperaturabhängigkeit der Wellenlänge dλ/dT.

Diese Eigenschaften sind durch das Halbleitermaterial selbst festgelegt, während andere physikalische Parameter wie

– optische Spektren
– Strahldivergenz

durch den strukturellen Aufbau der Dioden (Index- oder Gewinnführung) festgelegt werden.

Spektrum und Schwingungsmoden:
Da die Halbleiterkristalle in der Regel als Fabry-Perot-Resonatoren aufgebaut sind, vgl. Abbildung 3 und 7, können die spektrale und räumliche Modenstruktur leicht beschrieben werden. Um Resonanz zu erreichen, muß die optische Welle innerhalb des Resonators eine stehende Welle bilden, d. h., die optische Resonatorlänge muß ein ganzzahliges Vielfaches der halben Wellenlänge sein, was durch folgende Resonanzbedingung beschrieben wird:

$$m \cdot \lambda_m = 2\,Ln \qquad (1)$$

Dabei sind
L = Resonatorlänge
λ = Resonanzwellenlänge der Axialmode
n = Brechungsindex innerhalb des Resonators
m = ganze Zahl (Modenzahl) m = 1, 2, 3 . . .

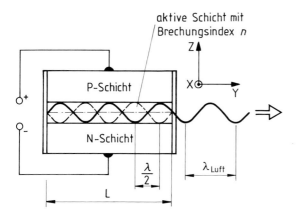

Abb. 7:
Prinzip des optischen Resonators eines Diodenlasers

21

Es muß sich im Resonator eine stehende Welle ausbilden können, so daß m halbe Wellenlängen in den Resonator passen. Somit sind mit gegebenem Wert von L und n prinzipiell viele diskrete Werte für λ möglich. Für den in Abbildung 7 gezeigen Kristall gilt bei einer Wellenlänge von $\lambda = 850$ nm, $n = 3{,}5$ und $L = 300$ µm : m = 2 500.

Der Frequenzabstand benachbarter Moden, $\Delta m = 1$, beträgt

$$\Delta \nu = \nu_m - \nu_{m-1} = \frac{c}{2\,Ln} \tag{2}$$

mit
$$\nu_m = c/\lambda_m = c \cdot m/2\,Ln \tag{3}$$

oder ausgedrückt als Linienabstand $\Delta\lambda$, der auch $\Delta\lambda_{FP}$ (Fabry Perot) genannt wird:

$$\Delta\lambda_{FP} = \frac{\lambda^2}{2\,Ln} \tag{4}$$

Der dispersionsabhängige Brechungsindex n ist gegeben durch

$$n = n_0 \left(1 - \frac{\lambda}{n_0}\ \frac{dn_0}{d\lambda} \right) \tag{5}$$

$$n \sim 4{,}5 \text{ für GaAlAs}$$

Der Wellenlängenabstand der Moden ist also umgekehrt proportional zur Länge L. Bei GaAlAs-Lasern beträgt $\Delta\lambda_{FP}$ typischerweise 0,2 nm bis 0,4 nm.

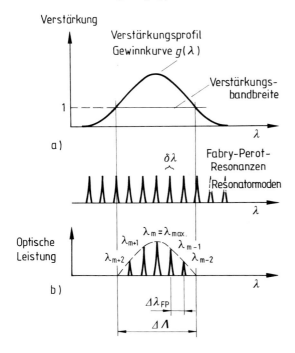

Abb. 8:
Schematische Darstellung der Gewinnkurve (Verstärkungsprofil) mit Resonanzspektren eines Fabry-Perot-Resonators

Die Oszillationswellenlänge des Lasers hängt von der relativen Lage der Fabry-Perot-Resonanzen zur spektralen Verteilung der optischen Gewinnkurve ab, wie Abbildung 8 zeigt. Dargestellt sind in Abbildung 8 die Resonatormoden, die Gewinnkurve des Kristalls, also der Wellenlängenbereich, in dem optische Verstärkung eintreten kann, und im unteren Teilbild 8b die resultierende optische Strahlungsleistung als Funktion der Wellenlänge. Nur die longitudinale Mode $\lambda_m = \lambda_{max}$ und jeweils die beiden Moden links und rechts davon oszillieren i. a. und führen zum longitudinalen Multimodenbetrieb. Bei schmalerer Verstärkungsbandbreite schwingt im Monomode-Betrieb nur die Mode mit der Wellenlänge λ_{max} an. Gewinngeführte Laserdioden, bei denen die Wellenführung im Resonator durch das Verstärkungsprofil selbst erfolgt, emittieren oftmals auch oberhalb der Laserschwelle mit mehreren longitudinalen Moden. Jedoch zeigt es sich, daß mit zunehmendem Injektionsstrom, besonders bei hohen optischen Ausgangsleistungen, die gewinngeführten Dioden oft im Monomode-Betrieb arbeiten, eine Eigenschaft, die sehr günstig für LDA-Einsatz ist. Indexgeführte Laserdioden dagegen mit eingebauter Wellenführung durch das Brechungsindex-Profil schwingen in der Regel schon gleich nach Überschreiten der Laserschwelle in einer longitudinalen Mode auch bei kleinen Ausgangsleistungen.

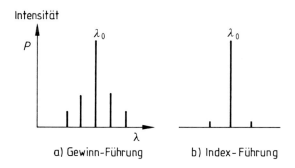

Abb. 9:
Longitudinale Modenspektren von gewinn- und indexgeführten Diodenlasern

Abbildung 9 zeigt typische Modenspektren von beiden Lasertypen. Die Kohärenzlängen von indexgeführten Diodenlasern betragen mehrere Meter; so haben die Autoren bei CSP-Dioden von HITACHI Kohärenzlängen von 8 Metern gemessen. Die Kohärenzlängen von Multimodenlasern sind geringer, besonders dann, wenn sehr viele Moden anschwingen. Allerdings spielt die relative Intensitätsverteilung der Moden eine wichtige Rolle. Wenn $\Delta\Lambda$ die Halbwertsbreite der spektralen Verteilung der Moden ist, so gilt für die Kohärenzlänge l in guter Näherung

$$ l \sim \frac{\lambda_0^2}{\Delta\Lambda} \tag{6} $$

Nimmt man z. B. $\Delta\Lambda = 2$ nm, was einem Anschwingen von ca. 10 Moden entspricht, und $\lambda_0 = 800$ nm an, so erhält man $l \approx 0,3$ mm. Es muß also mit solch einer Diode auf einen sehr gut weglängenkompensierten LDA-Aufbau geachtet werden. Experimenteller Befund ist, daß bei hohen optischen Ausgangsleistungen auch gewinngeführte Diodenlaser auf einer, maximal auf zwei Moden schwingen, so daß die Kohärenzlänge auch hier recht groß wird. Nimmt man eine Linienbreite von $\delta\lambda = 0,1$ nm an, so erhält man bereits Kohärenzlängen von $l \sim \lambda_0^2/\delta\lambda \sim 6,5$ mm.

3.1.3 Temperaturverhalten

Die Wellenlänge eines einmodigen Lasers bzw. die "Schwerpunkt"-Wellenlänge eines Laserspektrums ist im Gegensatz zum Gaslaser vergleichsweise stark temperaturabhängig. Die wesentlichen Ursachen hierfür sind die Temperaturabhängigkeit des Brechungsindex, der optischen Resonatorlänge und der Temperaturgang des Bandabstandes im Halbleiter. Bei geringen Temperaturerhöhungen ändert sich zunächst die Resonanzfrequenz gemäß

$$\left(\frac{d\lambda}{dT} \right)_{FP} = \frac{\lambda}{n} \; \frac{dn}{dT} \tag{7}$$

Diese Beziehung leitet sich ab aus Gleichung (3) $m = const.$, $L = const.$ und $\lambda = \lambda\,(n,T)$. Für GaAlAs mit $\lambda = 0,85\,\mu m$ erhält man mit $n = 4,5$ und $dn/dT = 5 \cdot 10^{-4}\,K^{-1}$: $(d\lambda/dT)_{FP} \sim 0,1\,nm/K$.
Die Temperaturdrift der Fabry-Perot-Resonanzen des Resonators ist somit vergleichsweise klein.
Bei großen Temperaturänderungen wird ein weiterer Effekt von Bedeutung, das sogenannte "mode-hopping". Der Temperaturgang der Wellenlänge wird auch noch durch die Verschiebung der Verstärkungskurve (Gewinnkurve) $g\,(\lambda)$ bestimmt, vgl. Abbildung 8. Bei Änderung der Temperatur ändert sich auch der Bandabstand und damit verschiebt sich die Gewinnkurve $g\,(\lambda)$.

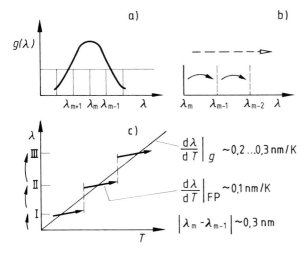

Abb. 10:
Temperaturabhängigkeit der Wellenlänge eines monomodigen Diodenlasers
a) Gewinnkurve mit Fabry-Perot Resonanzen des Lasers
b) Drift der Wellenlänge $(d\lambda/dT)_{FP}$; Änderung der Eigenresonanzen;
c) Einfluß der Temperatur auf Wellenlänge; Sprung der Wellenlänge (mode-hopping) an den markierten Stellen I, II, III

Die abgestrahlte Wellenlänge ergibt sich aus dem Bandabstand W_g zu

$$\lambda = h \cdot c / W_g \tag{8}$$

Dabei bedeuten:
h = Planck'sches Wirkungsquantum
c = Lichtgeschwindigkeit
W_g = energetischer Bandabstand zwischen Elektronen und Loch im GaAlAs-Kristall

Demzufolge läßt sich für die Temperaturabhängigkeit der Wellenlänge als Folge der Bandabstandsänderung abschätzen:

$$\left(\frac{d\lambda}{dT}\right)_g = \frac{d\lambda}{dW_g} \cdot \frac{dW_g}{dT} \sim \frac{-hc}{W_g^2} \cdot \frac{dW_g}{dT} \tag{9}$$

Experimentell zeigt sich, daß diese Änderung je nach Diodentyp bei etwa $(d\lambda/dT)_g \sim 0{,}2 \ldots 0{,}3\,nm/K$ liegt.

Diese große Änderung bewirkt ein Springen der Eigenresonanz auf die zum nächstniedrigen m-Wert gehörende Resonanzfrequenz. In Abbildung 10 werden diese Zusammenhänge skizziert und die Abhängigkeiten $(d\lambda/dT)_{FP}$ und $(d\lambda/dT)_g$ beschrieben.

Für LDA-Einsatz sind diese Parameter sehr wichtig, da für qualifizierte LDA-Messungen eine Wellenlängenstabilisierung erforderlich ist. Besonders störend wirkt sich im nichtstabilisierten Betrieb das ''mode-hopping'' aus, da es einen drastischen Anstieg des Rauschens durch starke Amplitudenfluktuation bewirkt. Für die LDA-Anwendung bedeutet das, daß eine Temperaturstabilisierung letztlich unumgänglich ist.

Diese Temperaturstabilisierung erfordert gleichzeitig auch eine Stabilisierung des Treiberstromes durch die Diode, da der in Flußrichtung gepolte Strom den PN-Übergang erwärmt. Für höhere Injektionsströme, d. h. größere Trägerdichte, nimmt der Brechungsindex ab, woraus nach Gleichung (1) eine Verkleinerung der Resonanzwellenlänge λ_m, also eine Erhöhung der Frequenz dν bei einer Stromänderung di. Es gilt

$$\frac{d\nu}{di} \sim 300\ MHz/mA \quad bis \quad 20\ GHz/mA \tag{10}$$

Auch dieser – allerdings weniger bedeutsame – Zusammenhang sollte bei der Auslegung eines optimierten Halbleiter-LDAs berücksichtigt werden.

3.1.4 Transversale Abstrahlcharakteristik

Die räumliche Intensitätsverteilung der aus der aktiven Zone emittierten Laserstrahlung wird durch die transversalen Moden beschrieben. Da die aktive Zone Abmessungen in der Größenordnung 0,1 µm bis 0,3 µm in der Dicke (z-Richtung) und einige Mikrometer in der Breite (x-Richtung) hat, erhält man auf Grund von Beugungseffekten Abstrahlkeulen unterschiedlicher Divergenz, wie in Abbildung 11 gezeigt wird. Die Strahlaufweitung parallel und senkrecht zum PN-Übergang wird durch die Divergenzwinkel $\theta_{\parallel}$ und $\theta_{\perp}$ beschrieben, bei denen die Lichtintensität auf die Hälfte gesunken ist. Typische Werte für $\theta_{\parallel}$ liegen zwischen 10 und 30 Grad und für $\theta_{\perp}$ zwischen 20 und 40 Grad je nach Lasertyp.

Die Begrenzungen des Strahls durch den Laserresonator führen dazu, daß nur bestimmte Intensitätsverteilungen senkrecht zur Strahlachse y möglich sind, sogenannte Transversalmoden. Viele Anwendungen wie insbesondere die Laser-Doppler-Anemometrie erfordern einen Laser, der in der niedrigst indizierten, der fundamentalen TEM$_{00}$-Mode arbeitet. Diese Mode wird dadurch charakterisiert, daß die Lichtintensitätsverteilung nahezu gaußförmig ist, einen Höchstwert in der optischen Achse (y-Richtung) hat und nach den Seiten in x- und z-Richtung gleichmäßig abfällt.

$$I = I_0\, exp\left[-\frac{1}{2}\left(\frac{X}{W_{X0}}\right)^2\right] \cdot exp\left[-\frac{1}{2}\left(\frac{Z}{W_{Z0}}\right)^2\right] \tag{11}$$

Die Elliptizität des Strahles wird durch die unterschiedlich großen Strahldurchmesser W_{z0}

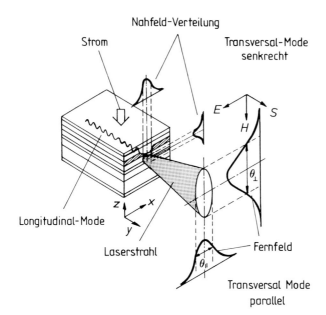

Abb. 11:
Strahlungsfeld eines Halb-
leiter-Lasers

und W_{x0} der Projektionen senkrecht und parallel zum PN-Übergang beschrieben. Die Gaußsche Näherung gilt recht gut entlang der Strahlachse, wird jedoch zu den Strahlgrenzen hin weniger genau.

Die Lichtintensitätsverteilung auf der Austrittsfläche des Laserchips wird "Nahfeldverteilung" genannt und muß für LDA-Anwendungen die transversale TEM_{00}-Mode sein. Der Grund liegt darin, daß diese "Nahfeldverteilung" in das LDA-Meßvolumen abgebildet werden muß, wie später noch gezeigt wird. Diese Nahfeldverteilung hat die höchste Leistung pro Fläche und geeignete Geometrie für LDA-Zwecke.

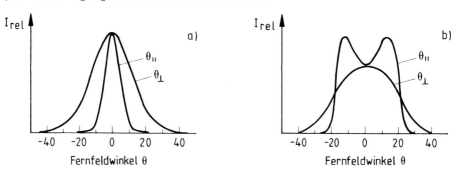

Abb. 12: Fernfeldverteilung von index- und gewinngeführten Diodenlasern
a) index-geführte Diode
b) gewinn-geführte Diode

Die Divergenz des Diodenstrahles in größeren Entfernungen heißt "Fernfeldverteilung" und ist in den Datenblättern meist gut in Form einer Meßkurve spezifiziert. Index- und gewinngeführte Diodenlaser zeigen auch bei gleichem Nahfeld unterschiedliche Fernfelder, die dadurch gekennzeichnet sind, daß bei der indexgeführten Diode meistens eine annähernd gaußähnliche Einhüllende vorliegt, während die gewinngeführte Diode oft eine Einsattelung der Lichtintensitätsverteilung aufweist, wie Abbildung 12 zeigt. Zur Veranschaulichung ist die Fernfeldverteilung einer gewinngeführten Diode in Abbildung 13 räumlich wiedergegeben.

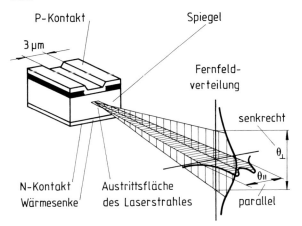

Abb. 13:
Fernfeldverteilung und Abstrahlcharakteristik eines typischen gewinngeführten Diodenlasers

Wichtig für LDA-Anwendungen ist jedoch nicht die Form der Fernfeldverteilung, sondern – wie erwähnt – nur die Nahfeldverteilung. Die Ursachen für die verschiedenen Intensitätsverteilungen liegen unter anderem in den verschiedenen Formen der Phasenfronten. Vereinfacht kann gesagt werden, daß beim Laser mit Indexführung die Phasenfronten etwa eben sind, während sie beim Laser mit Gewinnführung in Ausbreitungsrichtung (y-Richtung) zylindrisch vorgewölbt sind. Der emittierende Strahl besitzt einen Astigmatismus wie ihn Abbildung 14 zeigt.

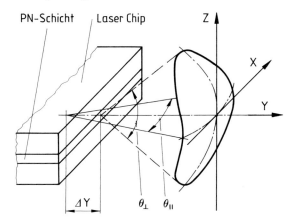

Abb. 14:
Diodenlaser mit Astigmatismus

Ein Strahl mit Astigmatismus hat Wellenfronten mit unterschiedlicher Krümmung in den Ebenen parallel zum PN-Übergang (x-y-Ebene) und senkrecht zum PN-Übergang (z-y-Ebene). Die Taille des Gaußschen Strahles senkrecht zum PN-Übergang liegt in der Austrittsfläche des Laserchips. Die Strahltaille, die die Ausbreitungsrichtung des Strahles parallel zum PN-Übergang beschreibt, liegt innerhalb des Laserchips um den Betrag Δy verschoben. Der Astigmatismus von Diodenlasern wird durch diesen axialen Abstand Δy beschrieben und ist von Bedeutung, wenn die Dioden für LDA-Zwecke eingesetzt werden. Für typische gute indexgeführte Dioden liegt der Astigmatismus bei 0,1–2 µm, bei gewinngeführten Dioden jedoch bei 10–30 µm oder sogar bei 100 µm. Wenn solch ein Strahl mit üblichen sphärischen Linsen an einen bestimmten Ort fokussiert wird, so erhält man zwei zueinander senkrecht stehende Brennlinien an zwei verschiedenen Orten d. h., es ist nicht mehr möglich, parallele Phasenfronten zu erzielen. Abbildung 15 verdeutlicht dies in einem Längs- und Querschnitt eines solchen astigmatischen Strahls. Der Diodenlaserstrahl mit TEM_{00}-Welle, seine Elliptizität und sein Astigmatismus kann durch einen elliptischen Gauß-Strahl gut angenähert werden. In bekannter Weise, siehe z. B. Ruck 1987, Durst 1987, können die Eigenschaften des Strahles an jeder Stelle des Raumes berechnet werden, wenn sie an einer bestimmten Stelle bekannt sind. Darüber hinaus sind die Strahleigenschaften einer zweidimensionalen Gaußverteilung, vgl. Gleichung 11, gegeben durch das Produkt der Gaußverteilungen in der x-y-Ebene und der y-z-Ebene, die unabhängig voneinander sind.

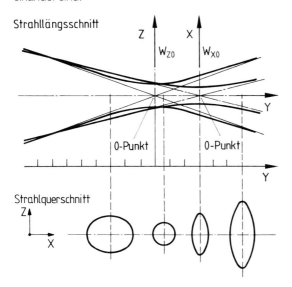

Abb. 15:
Längs- und Querschnitt eines astigmatischen Gaußschen TEM_{00}-Strahles

Bei indexgeführten Diodenlasern mit einem Astigmatismus von 0,1–2 µm ist eine Korrektur in der Regel nicht erforderlich, bei gewinngeführten Dioden ist jedoch bei höheren Ansprüchen an die Meßunsicherheit eine Korrektur angebracht.
Elliptizität und Astigmatismus können gleichzeitig durch zylindrische Linsen korrigiert werden. Die Elliptizität des Laserstrahles schränkt dessen Tauglichkeit für LDA-Zwecke nicht im geringsten ein, da die Strahldurchmesser senkrecht und parallel zum PN-Übergang höchstens um einen Faktor 2–3 verschieden sind. Es besteht die Möglichkeit, entweder die Längsachse der Ellipse parallel zur Strömung auszurichten, was zu einer höheren Anzahl von Interferenzstreifen führt, oder aber die Längsachse senkrecht dazu, so daß der Meßvolumenquerschnitt vergrößert wird.
Die geeignete Orientierung hängt von der Anwendung und den Strömungsverhältnissen

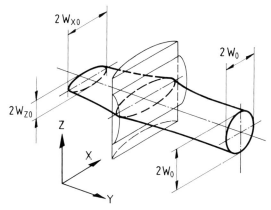

Abb. 16:
Strahlentransformation eines elliptischen Gaußstrahles mit zwei gekreuzten Zylinderlinsen

ab. Es kann festgehalten werden, daß eine Korrektur der Strahl-Elliptizität dem Anwender überlassen bleibt. Durchgeführt werden kann sie jedoch einfach durch anamorphische Prismen oder zylindrische Linsen. Gekreuzte Zylinderlinsen verschiedener Brennweite, die parallel zu den Hauptachsen d. h. der x- und z-Richtung angeordnet sind, können fast jede elliptische Strahlform auf eine andere transformieren, wie Abbildung 16 veranschaulicht.

Der Astigmatismus kann durch eine Kombination einer sphärischen und einer Zylinderlinse oder durch eine schräg in den Strahlengang eingefügte Glasplatte korrigiert werden.

Bei guten indexgeführten Diodenlasern kann man in erster Näherung annehmen, daß die beiden Taillen der Gauß-Strahlen an der Chip-Oberfläche liegen. Die Beugungstheorie beschreibt dann, wie der Strahl von der Ausgangsfacette fortschreitet. Im Nahfeld ändert sich die Divergenz stark und erreicht im Fernfeld den Divergenzwinkel θ, wie in Abbildung 17 gezeigt ist.

Dabei ist die Fernfelddivergenz θ gegeben durch

$$\theta \sim \frac{2\,\lambda}{\pi W_{Z0}} \qquad (12)$$

wobei λ die Laserwellenlänge und W_{Z0} der Durchmesser der Strahltaille an der Laserfacette bedeuten. Diese Beziehung kann sinngemäß angewendet werden für die Strahldivergenz parallel zum PN-Übergang in der y-x-Ebene.

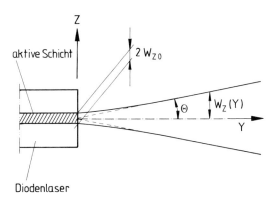

Abb. 17:
Emittierter divergenter Laserstrahl einer index-geführten Laserdiode

Brechungsindexgeführte Diodenlaser liefern einen Laserstrahl hoher Qualität, der mittels Kollimatorlinsen mit numerischen Aperturen zwischen 0,3 und 0,5 nach Bedarf auf verschiedene Durchmesser und Divergenzen gebracht werden kann. Diese Kollimatorlinsen enthalten 2–3 Linsenelemente und sollen so gestaltet sein, daß die sphärische Aberration kompensiert wird. Schwerpunktentspiegelte Mikroskopobjektive mit Vergrößerung zwischen 10 und 40 sind in optimaler Weise zur Fokussierung geeignet, da eine Korrektur der Strahlelliptizität für LDA-Einsatz in der Regel nicht erforderlich ist. Da die Kollimatoren einen Teil des gaußförmigen Profils abschneiden, ist es in der Praxis wichtig, den Diodenlaser genau in der optischen Achse des Kollimators auszurichten und möglichst die Einheit Laser und Kollimator thermisch zu kompensieren, damit Abstandsänderungen vermieden werden, denn diese führen zu Änderungen der Strahldivergenz und der Abbildung.

Eine Vielzahl von Herstellern bieten optische Komponenten für Diodenlaser an wie Kollimatoren, zylindrische Linsen, anamorphische Prismenpaare oder auch komplette ''Kollimator-Pens''. Diese bestehen aus einem Diodenlaser und der kompletten Fokussieroptik, die auch Elliptizität und gegebenenfalls Astigmatismus korrigiert.

3.1.5 Polarisation

Der von einem Diodenlaser emittierte Laserstrahl ist in der Regel linear polarisiert. Abbildung 4 zeigt die Kennlinie eines typischen Diodenlasers. Oberhalb des Schwellstromes I_{th} emittiert die Diode linear polarisiertes Licht, wobei es jedoch infolge der immer auftretenden spontanen Emission auch einen gewissen Anteil an nichtpolarisiertem Licht gibt. Entsprechend der Kennlinie steigt das Verhältnis von stimulierter zu spontaner Emission mit zunehmender optischer Ausgangsleistung, so daß der Polarisationsgrad bei maximalen Dauerleistungen im Bereich 10:1 bis 100:1 liegt.

Die Polarisationsebene, d. h. die Richtung des elektrischen Feldvektors, liegt parallel zum PN-Übergang in der x-Richtung, wie Abbildung 11 zeigt. Da bei LDA-Einsatz oftmals polarisationsempfindliche optische Strahlteiler verwendet werden, ist die Kenntnis der Lage des elektrischen Feldvektors relativ zu den Strahlellipsen wichtig. Auf dieses Problem wird bei der Beschreibung eines Halbleiter-LDA näher eingegangen.

3.1.6 Kennlinie, Arbeitspunkt und Wirkungsgrad

Unterhalb des Schwellstromes I_{th} verhält sich der Diodenlaser bei niedrigen Betriebsströmen wie eine Lumineszenzdiode infolge der vorliegenden spontanen Emission. Bei höheren Betriebsströmen rekombinieren die Elektron-Loch-Paare in der Weise, daß stimulierte Emission auftritt, siehe Abbildung 18. Aus der Steilheit der P/I-Kennlinie läßt sich der Quantenwirkungsgrad η bzw. das Verhältnis der injizierten Elektronen zu den emittierten Photonen berechnen:

$$\frac{\Delta P}{\Delta I} = \frac{n_p E_p}{n_e q} \tag{13a}$$

$$\eta = \frac{n_p}{n_e} = \frac{\Delta P}{\Delta I} \cdot \frac{q}{h \nu} \tag{13b}$$

Dabei gilt:
ΔP = Änderung der optischen Ausgangsleistung

ΔI = Änderung des injizierten Stromes
n_p = Zahl der emittierten Photonen pro Sekunde
n_e = Zahl der injizierten Elektronen pro Sekunde
h = Plancksches Wirkungsquantum $= 6{,}62 \cdot 10^{-34}\,\text{Ws}^2$
ν = abgestrahlte Frequenz
η = Quantenwirkungsgrad
q = Elementarladung $= 1{,}602 \cdot 10^{-19}\,\text{As}$
c = Lichtgeschwindigkeit $= 2{,}998 \cdot 10^{-8}\,\text{m/s}$
E_p = h $\cdot$ ν = Energie eines Photons

mit c = $\lambda\nu$ folgt

$$\frac{n_\mu}{n_e} = \lambda \; \frac{q}{hc} \; \frac{\Delta P}{\Delta I}$$

$$\sim 0{,}807 \cdot \lambda \; [\mu m] \; \frac{\Delta P}{\Delta I} \; \frac{[mW]}{[mA]} \tag{14}$$

Als Beispiel sei eine sehr große Steilheit von 0,5 mW/mA gewählt bei einer Emissionswellenlänge von $\lambda = 0{,}83\,\mu m$; dann erhält man für das Verhältnis der emittierten Photonen zur Anzahl der injizierten Elektronen den Wert $n_p/n_e = 0{,}807 \cdot 0{,}830 \cdot 0{,}5 \sim 0{,}33$ d. h. also, daß ca. 33 % aller in den PN-Übergang injizierten Elektronen die Emission eines Photons bewirken. Dieser im Vergleich zu Gaslasern extrem hohe Wirkungsgrad bewirkt die sehr geringe Leistungsaufnahme der Dioden.

In der Regel liegt der Quantenwirkungsgrad bei ca. 20 %. Die zu verschiedenen Ausgangsleistungen gehörende Nahfeldverteilung ist in Abbildung 18a ebenfalls skizziert, die illustrieren soll, daß die Diode bei allen Ausgangsleistungen in der transversalen Grundmode schwingt.

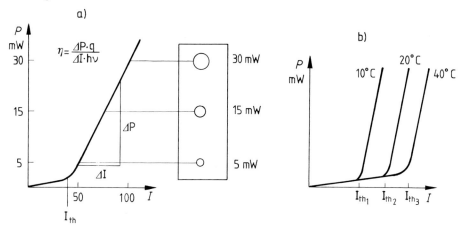

Abb. 18: Kennlinie eines Diodenlasers
a) P/I-Kennlinie mit Nahfeldcharakteristik
b) Temperaturabhängigkeit der P/I-Kennlinien

Wichtig für den Anwender beim Betreiben eines Diodenlasers ist der Einfluß der Temperatur auf die Kennlinie, vgl. Abbildung 18b, und besonders auf den Schwellstrom.

Mit steigender Temperatur nimmt der Schwellstrom zu, und die PI-Kennlinien werden in guter Näherung parallel zu höheren Betriebsströmen hin verschoben. Für den Schwellstrom I_{th} gilt ein exponentieller Zusammenhang

$$I_{th}(T) \sim T_{th}(T_o) \cdot exp(T/T_o)$$ (15)

T_0 = charakteristische Temperatur, welche etwa im Bereich 120–230 K für GaAlAs-Dioden liegt.

Bei GaAlAs-Lasern beträgt die Änderung des Schwellstromes T_0 ca. 1–2 % pro Grad Celsius. Es ist demzufolge bei einem sinnvollen Betrieb der Diode auch für eine Temperaturstabilisierung zu sorgen und die Diode vor Überlastung zu schützen. Das geschieht entweder durch eine Ableitung der entstehenden Wärme über einen Kühlkörper oder durch eine aktive Kühlung wie z. B. mit Péltier-Elementen.

3.1.7 Zusammenfassung der Eigenschaften

Die erhältlichen "single stripe"-Diodenlaser können im wesentlichen in zwei verschiedene Typen von Diodenlasern, die brechungsindexbegrenzten Dioden oder auch indexgeführten Dioden und die gewinngeführten Dioden, auch verstärkungsbegrenzte Dioden genannt, eingeteilt werden. Die für LDA-Einsatz wichtigen Eigenschaften lassen sich kurz zusammenfassen:

Indexgeführte Dioden:
– wenig oder kein Astigmatismus; $\Delta y = 0,1-2$ μm, vgl. Abbildung 14
– longitudinal einmodig, daher sehr große Kohärenzlänge
– transversale Grundmode
– geringer Schwellstrom
– Abstrahlrichtung manchmal stromabhängig
– rauscharm

Gewinngeführte Dioden:
– kleiner oder größerer Astigmatismus (10–30 μm, aber auch 100 μm), Korrektur bei hochwertigen LDA-Anwendungen notwendig
– meistens longitudinal einmodig, besonders bei höheren Betriebsströmen, daher auch große Kohärenzlänge
– transversale Grundmode
– Abstrahlrichtung manchmal stromabhängig
– rauscharm

Beide Diodentypen emittieren im Wellenlängenbereich zwischen $\lambda = 780$ nm und $\lambda = 850$ nm bei Ausgangsleistungen bis zu $P_0 = 70$ mW.

Wellenlängendrift
Durch die Änderung des Brechungsindex und des Bandabstandes ergeben sich Änderungen der Wellenlänge mit der Temperatur, die bis zu $d\lambda/dT \sim 0,5$ nm/K betragen können. Es sollte deshalb und zur Vermeidung von Rauschen durch "mode-hopping" für eine Wellenlängenstabilisierung gesorgt werden. Dies geschieht durch eine simultane Temperatur- und Stromstabilisierung.

Auf den Aufbau und die Wirkungsweise von "multi-stripe" Diodenlasern, phasengekoppelten Arrays und anderen Hochleistungsdiodenlasern wird im Kapitel 6 eingegangen.

3.2 Photodioden

3.2.1 Wirkungsweise von PIN und APD

Photodioden werden zunehmend in der Meß-, Regelungs- und Automatisierungstechnik sowie in der optischen Nachrichtentechnik eingesetzt. Sie lösen besonders die Photomultiplier ab, die als die empfindlichsten Detektoren gelten. Trotz ihres etwas größeren Rauschens und bei Raumtemperatur höheren Dunkelstromes konkurrieren die (Avalanche-) Photodioden schon sehr mit den Photomultipliern.

In den Empfangsoptiken von Laser-Doppler-Anemometern wurden bisher fast immer Photomultiplier eingesetzt, die recht groß und empfindlich sind, aber gleichzeitig nur vergleichsweise geringe Quantenwirkungsgrade von etwa 15 %–20 % aufweisen.

Demgegenüber zeigen Halbleiter-Photodioden Quantenwirkungsgrade bis zu 90 %, so daß man prinzipiell sehr gute SNRs erwarten kann. In Verbindung mit GaAlAs-Diodenlasern, die im Wellenlängenbereich um $\lambda = 780$ nm bis $\lambda = 830$ nm emittieren, können in optimaler Kombination Si-Photodioden eingesetzt werden, da diese bei etwa 830 nm ein Maximum der spektralen Empfindlichkeit aufweisen.

An optoelektronische Wandler als Empfänger für Streulichtsignale werden einige Anforderungen gestellt, die für praktischen LDA-Betrieb unerläßlich sind:

- hohe Empfindlichkeit
- niedriges Rauschen
- ausreichende Bandbreite
- kleine kompakte Abmessungen
- hohe Lebensdauer, Zuverlässigkeit
- niedrige Versorgungsspannung

All diese Forderungen werden durch PIN- und Avalanche-Halbleiterdioden in vorbildlicher Weise erfüllt.

Die PIN-Photodiode ist ein sehr robustes, unkompliziertes und sehr lineares Empfangselement, welches bei höheren Streulichtleistungen eingesetzt werden sollte, während die Avalanche-Diode für anspruchsvolleren LDA-Einsatz besonders bei sehr kleinen und kleinsten Streulichtleistungen zu verwenden ist.

Wie Vergleichsmessungen zwischen Photomultiplier und diesen Dioden zeigen, übertreffen Avalanche-Photodioden die Photomultiplier hinsichtlich der erzielbaren SNRs zum Teil erheblich.

Die Umwandlung des optischen Signals in eine elektrische Größe beruht auf dem inneren Photoeffekt, bei dem durch Ladungsträgererzeugung im äußeren Stromkreis der Diode ein der einfallenden Strahlung proportionales Signal geliefert wird. Wenn in den Halbleiter Lichtquanten mit genügend großer Energie eindringen, so können dort Elektronen vom Valenzband in das Leitungsband gehoben werden, d. h. es werden Elektron-Loch-Paare erzeugt, vgl. auch Abbildung 1. Die Energie E_p des Lichtquantes muß größer oder gleich dem energetischen Bandabstand E_g sein, der gegeben ist durch:

$$E_g = E_L - E_V \qquad (16)$$

Dabei gilt:

E_L = Energieniveau des Leitungsbandes
und E_V = Energieniveau des Valenzbandes

Der Zusammenhang zwischen der Energie des Photons E_p und der Wellenlänge λ ist gegeben durch:

$$E_p = h \cdot \nu = h \cdot c/\lambda. \qquad (17)$$

E_g ist für jedes Halbleitermaterial eine charakteristische Größe. Bei Silizium liegt E_g bei ~ 1.1 eV. Die Energie des einfallenden Lichtquantes muß größer oder wenigstens gleich diesem Bandabstand sein, damit ein Elektron-Loch-Paar erzeugt wird. Im Silizium wird Strahlung bis zu einer Wellenlänge von $\lambda \approx 1100$ nm absorbiert.

Der Quantenwirkungsgrad von Photodioden gibt an, mit welcher Wahrscheinlichkeit ein ausreichend energiereiches Photon ein Elektron-Loch-Paar erzeugen kann. In der Praxis gebräuchlicher ist die spektrale Empfindlichkeit S, die wie folgt definiert ist:

$$S(\lambda) = \frac{I_{Ph}}{P} = \frac{n_e\, q}{n_P\, E_P} = \frac{n_e}{n_P} \cdot \frac{q}{h\, \nu} \qquad (18a)$$

$$= \eta\, \frac{q\, \lambda}{h\, c}\ [A/W] \qquad (18b)$$

Dabei bedeuten:

I_{ph} = erzeugter Photostrom A
P = auffallende Lichtleistung W
E_p = Energie eines Photons Ws
n_e = Zahl der erzeugten Elektronen pro Sekunde
n_p = Zahl der auffallenden Photonen pro Sekunde
q = Elementarladung
η = n_p/n_e Quantenwirkungsgrad
c = Lichtgeschwindigkeit, $c = \lambda \cdot \nu$
h = Plancksches Wirkungsquantum

Mit $\eta = n_p/n_e$ folgt

$$S(\lambda) = \eta\, \frac{\lambda\,[\mu m]}{1,24}\ [A/W] \qquad (19)$$

Bei einem Quantenwirkungsgrad von $\eta = 1$ erhält man somit bei $\lambda = 830$ nm eine spektrale Empfindlichkeit von $S = 0{,}67$ A/W. Dieser Wert wird in der Praxis nahezu erreicht, und es ergeben sich sehr gute Werte, wie die Meßkurve der Abbildung 19 eines Herstellers (RCA) für eine Si-Diode zeigt. Die Physik der Photodioden wird z. B. von Unger 1985 und Knittel 1969 beschrieben und soll an dieser Stelle nur soweit wiederholt werden, wie für LDA-Anwendung wichtig ist.

34

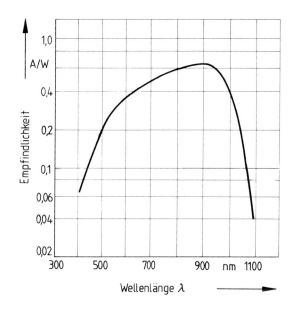

Abb. 19:
Spektrale Empfindlichkeit von Si-Pho-
todioden nach Herstellerangaben
(RCA)

Photodioden:
Durch die Wahl der Betriebsweise und durch geeigneten inneren Aufbau des Halbleiterma-
terials lassen sich Photodioden in weiten Grenzen den praktischen Erfordernissen anpas-
sen. In Zusammenhang mit LDA-Einsatz kommen die PIN-Diode (PIN = positiv intrinsic
negativ) und die Lawinen-Photo-Diode (Avalanche-Photo-Diode, APD) in Betracht, deren
Aufbau kurz beschrieben werden soll.
Bei PIN-Photodioden liegt zwischen einem hochdotierten P- und N-Bereich eine eigenlei-
tende i-Zone, wobei eine Betriebsspannung in Sperrichtung angelegt ist. Der schematische
Aufbau ist in Abbildung 20 wiedergegeben. Die Diode wird in Sperrichtung gepolt. Diese
Betriebsart zeichnet sich durch hohe Linearität, gute Stabilität, großen Dynamikbereich und
durch sehr kurze Ansprechzeiten aus, so daß Bandbreiten von vielen hundert MHz möglich
sind. Ohne Lichteinstrahlung fließt ein nur sehr geringer Dunkelstrom. Durch das Einfügen
einer eigenleitenden i-Zone wird die wirksame Raumladungszone, in der durch Absorbtion
von Photonen die Elektron-Loch-Paar-Erzeugung geschieht, sehr verbreitert, so daß auch
weniger energiereiche Photonen mit größerer Wellenlänge, die tiefer eindringen können,
noch in der Raumleitungszone absorbiert werden und zum Nutzsignal beitragen.

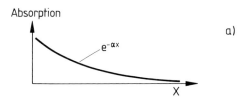

Abb. 20:
Aufbau einer PIN-Diode
a) Absorption der Photonen

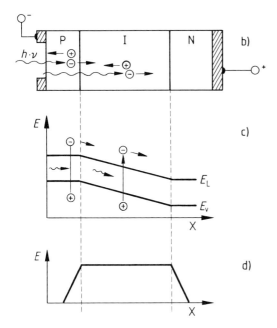

Abb. 20:
Aufbau einer PIN-Diode
b) schematischer Aufbau der Diode
c) Bändermodell
d) Feldstärkeverlauf

Bei zunehmenden elektrischen Feldstärken in der Raumleitungszone tritt Ladungsträger-vervielfachung durch Stoßionisation auf, und die Zahl der Elektron-Loch-Paare steigt lawi-nenartig an.
Eine optimale Ladungsträgermultiplikation in diesen Avalanche-Dioden setzt eine beson-dere Feldverteilung voraus, die durch einen speziellen Diodenaufbau zu erzielen ist. Abbil-dung 21 zeigt den prinzipiellen Aufbau und die Feldverteilung von PIN- und APD-Dioden.

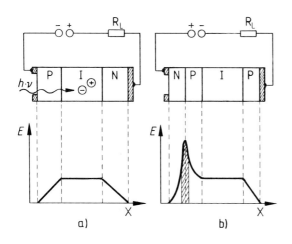

Abb. 21:
Aufbau und Feldverteilung von PIN-
und Avalanche-Photodiode
a) PIN-Diode mit Feldverlauf
b) APD mit Feldverlauf und Durch-
bruchbereich (schraffiert)

Bei PIN-Dioden werden Betriebsspannungen zwischen 20 Volt und 70 Volt benötigt, um möglichst kleine Driftgeschwindigkeiten der Elektron-Loch-Paare zu bewirken, damit maximale Bandbreiten gewährleistet sind.

Bei Avalanche-Photodioden (APDs) sind Betriebsspannungen zwischen 100 V und 500 V erforderlich, damit der Lawinenprozeß einsetzt. Die Ladungsträgermultiplikation findet in einer nur wenige Mikrometer breiten PN-Schicht statt, in der sich bei Sperrbetrieb eine hohe Feldstärke aufbaut, siehe Abbildung 21b. Die Feldstärke muß so hoch sein, daß Ladungsträger innerhalb ihrer freien Weglänge eine kinetische Energie bekommen, die größer als der Bandabstand ist. Der Verstärkungsfaktor M liegt meistens im Bereich zwischen M = 20 und M = 500. Der Strom I beträgt dann das M-fache des Photostromes I_{Ph}.

$$I = M I_{Ph} = M \eta \; \frac{q \lambda}{hc} \; P \tag{20}$$

Der Verstärkungsfaktor oder auch Multiplikationsfaktor M hängt von der Diodenstruktur, der Vorspannung und der Temperatur ab, wie Abbildung 22 zeigt.

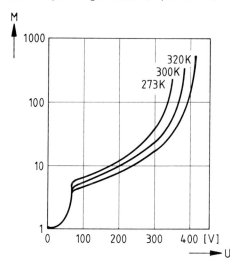

Abb. 22:
Multiplikationsfaktor einer Silizium Avalanche-Diode als Funktion der Sperrspannung U und der Temperatur

Der Multiplikationsfaktor M ist über die Sperrspannung U und über den Innenwiderstand R auch vom Strom I abhängig.

$$M = 1 \Big/ \left[1 - \left(\frac{U - IR}{U_{Br}} \right)^{m} \right] = I \big/ I_{Ph} \tag{21}$$

wobei gilt:

U_{Br} = Durchbruchspannung
m = Exponent $1,4 \leq m \leq 4$ für Si

U_{Br} ist die Spannung, bei der ein Lawinendurchbruch erfolgt. Sie wird mit zunehmender Temperatur größer, da die Ladungsträger bei höheren Temperaturen mehr Energie an die Gitterschwingungen abgeben und damit weniger häufig weitere Ladungsträger ionisieren.

Nur für sehr kleine Ströme, d. h. $IR \ll U_{Br}$, ist der verstärkte Strom dem Photostrom direkt proportional. Bei größeren Strömen, also bei sehr hoher Verstärkung und großen Streulichtintensitäten, muß auch der Spannungsabfall am Serienwiderstand der APD berücksichtigt werden und damit der nichtlineare Zusammenhang zwischen dem primären Photostrom I_{Ph} und dem Strom I der APD. Bei höheren optischen Leistungen kann die Ladungsträgermultiplikation auch die Sperrschicht erwärmen, wodurch M verändert wird und Nichtlinearitäten und Sättigungserscheinungen hervorgerufen werden. Die Folge sind Verzerrungen der Analogsignale (Dopplerbursts), die vermieden werden müssen.

Bei höheren Strömen gilt $U/U_{Br} \approx 1$; $I \cdot R/U_{Br} \ll 1$ und man erhält wegen $(1-x)^n \sim 1-n \cdot x$ für $x \ll 1$ eine maximale Verstärkung M_m, die gegeben ist durch

$$M_m = I \Big/ I_{Ph} = U_{Br} \Big/ m I R = \frac{U_{Br}}{m M_m I_{Ph} R} \tag{22a}$$

oder

$$M_m = \sqrt{\frac{U_{Br}}{mR}} \cdot \frac{1}{\sqrt{I_{Ph}}} \qquad \text{, so daß folgt} \tag{22b}$$

$$I = M_m I_{Ph} = \sqrt{\frac{U_{Br}}{mR}} \sqrt{I_{Ph}} \tag{22c}$$

Bei höheren Strömen gilt somit $I \sim (I_{Ph})^{1/2}$ an Stelle des linearen Zusammenhanges $I \sim I_{Ph}$.

Die Betriebsspannung muß genau temperaturgeregelt werden, da die Durchbruchspannung U_{Br} von der Temperatur abhängt. Für jede Diode und eine bestimmte Streulichtleistung gibt es hinsichtlich des Rauschverhaltens eine optimale Verstärkung M_{opt}, zu der eine entsprechende optimale Vorspannung U gehört, siehe auch Abbildung 24.

Das Frequenzverhalten von PIN und APDs ist für den LDA-Einsatz kein Problem, da Bandbreiten von einigen 100 MHz ohne weiteres zu erzielen sind.

3.2.2 Rauscheigenschaften

Zur Beurteilung der Einsetzbarkeit von Halbleiterdetektoren und Photomultipliern für LDA-Zwecke sind die erzielbaren Signal-Rausch-Verhältnisse (SNR) maßgebend. Durst und Heiber 1977 haben die verschiedenen Rauschquellen für die optoelektronischen Wandler untersucht und eine Wertung der Detektoren vorgenommen. An dieser Stelle sollen die wesentlichen Unterschiede im Rauschverhalten zwischen PIN- und Avalanche-Dioden zusammengefaßt und Hinweise für praktischen Einsatz gegeben werden.

Das Signal-Rausch-Verhältnis (SNR) beschreibt die Güte des Empfängers und wird definiert als:

SNR = Signalleistung/Rauschleistung (23)

Zum SNR tragen grundsätzlich folgende Anteile bei:

– Rauschen des Photostromes bzw. Schrotrauschen
– Dunkelstromrauschen
– Rauschen des internen Verstärkungsvorganges
– Thermisches Rauschen des Arbeitswiderstandes
– Verstärkerrauschen des nachfolgenden Verstärkers

Da das Zusammenwirken aller Beiträge sehr kompliziert ist, sollen die wesentlichen Rauschquellen beschrieben und im Anschluß daran die unterschiedlichen Einsatzbereiche der Dioden für LDA-Anwendung herausgestellt werden.

Das statistische Auftreffen von Photonen auf den Detektor erzeugt Fluktuationen im Photostrom, die mit Schrotrauschen (shot noise) bezeichnet werden. Dieses Rauschen wird beschrieben durch das mittlere Quadrat des Rauschstromes

$$\overline{I_{sh}^2} = 2\,q\,I_{Ph}\,B \tag{24}$$

dabei bedeuten:
q   = Elementarladung As
I_{Ph} = Photostrom A
B   = Bandbreite der Diode Hz

Hinzu kommt ein Rauschanteil durch den Dunkelstrom (Sperrstrom) der Diode. Er setzt sich zusammen aus einem Dunkelstromanteil I_{db}, der durch Generations- und Rekombinationsprozesse in der Raumladungszone hervorgerufen wird und einem Strom I_{ds} durch Leckströme an der Diodenoberfläche. Diese beiden Anteile sollen durch einen Dunkelstrom I_0 beschrieben werden.

Am Arbeitswiderstand R_L der Diode entsteht ein Thermisches Rauschen aufgrund statistischer Bewegung der Ladungsträger, wobei für das mittlere Quadrat des Rauschstromes gilt:

$$\overline{I_{th}^2} = \frac{4\,k\,T\,B}{R_L} \tag{25}$$

k   = Boltzmann Konstante = $1,38 \cdot 10^{-23}$ Ws/K
T   = absolute Temperatur K
B   = Bandbreite Hz
R_L = Arbeitswiderstand Ω

Diese zwei Phänomene des Rauschens sind von großer praktischer Bedeutung. Der Schroteffekt ist eine signalabhängige Eigenschaft und im wesentlichen durch die Streulichtleistung bestimmt. Das Thermische Rauschen dagegen kann in gewissen Bereichen durch Schaltungsauslegung beeinflußt werden. Mit zunehmendem Belastungswiderstand R_L sinkt das Thermische Rauschen, allerdings verringert sich dann auch die Bandbreite des Detektors, die gegeben ist durch

$$B = 1/2\,\pi R_L\,(C_p + C_i) \tag{26}$$

dabei bedeuten:
C_p = Parallelkapazität der Photodiode
C_i = Eingangskapazität der Verstärkerstufe
R_L = Belastungswiderstand

Hier wird implizit angenommen, daß die Rauschbandbreite gleich der Signalbandbreite ist. Für das SNR einer PIN-Diode gilt dann, vgl. Ersatzschaltbild Abb. 23.

$$SNR = \frac{\overline{I_{Ph}^2}}{2\,q\,B\,(I_{Ph} + I_0) + \dfrac{4\,k\,T\,B}{R_L}} \tag{27}$$

Die Höhe des SNR wird bei der PIN-Diode vom Thermischen Rauschen des Arbeitswiderstandes R_L festgelegt. Um diesen Anteil so klein wie möglich zu halten, muß der Arbeitswiderstand R_L bzw. der Eingangswiderstand des nachfolgenden Verstärkers so groß wie möglich gehalten werden. Das Rauschersatzschaltbild von einer PIN- und APD-Diode zeigt Abbildung 23.

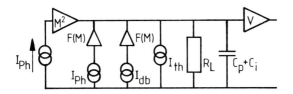

Abb. 23:
Vereinfachtes Rauschersatzschaltbild
einer Avalanche-Photodiode
Der Grenzfall der PIN-Diode folgt für
M = 1 und F(M) = 1

Die Betrachtungen, die für die PIN-Dioden gemacht wurden, gelten prinzipiell auch für Avalanche-Dioden. Die APDs unterscheiden sich von PIN-Dioden dadurch, daß infolge der inneren Verstärkung ein Zusatzrauschen auftritt. Diese Dinge werden von Webb 1974 im Detail beschrieben und sollen im folgenden in stark vereinfachter Form für die APD zusammengefaßt werden.

Der Signalstrom I_{Ph} und der Dunkelstrom I_{db} werden in der Multiplikationszone mit dem Verstärkungsfaktor M vervielfacht. Der Leckstrom I_{ds} von der Diodenoberfläche ist davon ausgenommen. Das durch die innere Verstärkung in der Multiplikationszone hervorgerufene Zusatzrauschen wird durch einen Faktor F(M) beschrieben, der seinerseits vom Multiplikationsfaktor M abhängt. Dabei ergibt sich für dies mittlere Quadrat des Rauschstromes

$$\overline{I_{sh1}^2} = 2 q \, (I_{Ph} + I_{db}) \, B \, M^2 \, F(M) \tag{28}$$

Der Faktor F gibt dies durch den Lawinenprozeß erhöhte Schrotrauschen an. M = 1 = F wäre der Grenzfall der PIN-Diode.

Für F(M) gilt in guter Näherung für Silizium

$$F(M) = \begin{cases} M^x \text{ mit } 0,3 \leq x \leq 0,5 & \tag{29a} \\[2ex] 0,98 \, (2 - 1/M) + 0,02 \, M & \text{nach Webb 1974} \tag{29b} \end{cases}$$

Der durch den Leckstrom hervorgerufene Rauschanteil ist

$$\overline{I_{sh2}^2} = 2 q \, I_{ds} \cdot B \tag{30}$$

Setzt man diese zwei Rauschanteile unter Berücksichtigung des Zusatzrauschens und der Bandbreitenbeziehung in die Gleichung 27 für das SNR ein, so erhält man

$$SNR = \frac{\overline{I_{Ph}^2}}{2 q B (I_{Ph} + I_{db}) \, F(M) + \dfrac{2 q B I_{ds}}{M^2} + \dfrac{8 \pi k T (C_p + C_i) B^2}{M^2}} \tag{31}$$

Diese Beziehung gibt die wesentlichen Eigenschaften einer Avalanche-Diode und einer PIN-Diode wieder, welche im Grenzfall F(M) = 1 und M = 1 beschrieben wird, vgl. Ersatzschaltbild der Abbildung 23.

Es lassen sich folgende wesentliche Eigenschaften ablesen:
1. Das Schrotrauschen des Photostromes I_{Ph} und des Dunkelstromes I_{db} steigt gegenüber der PIN-Diode mit dem Faktor F(M) an.
2. Das Thermische Rauschen, welches durch den dritten Term im Nenner der Gleichung 31 beschrieben wird, reduziert sich um den Faktor M^2.
3. Trägt man die innere Stromverstärkung M über dem SNR auf, wie in Abbildung 24 ge-

zeigt ist, so steigt das SNR zunächst mit M^2 an, da im Nenner von Gleichung 31 das Thermische Rauschen überwiegt. Bei größeren Werten von M überwiegt dagegen das Diodenrauschen und das SNR sinkt proportional M^{-x} wieder ab. Dazwischen liegt ein Maximum des SNR bei optimaler Verstärkung, d. h. optimal eingestellte Betriebsspannung.

Daraus sind folgende für die LDA-Anwendung wichtige Schlüsse zu ziehen:

a) Überwiegt das Schrotrauschen in der Empfangsschaltung, so ist eine PIN-Diode gegenüber einer APD vorzuziehen. Dies trifft zu bei Streulichtleistungen größer als etwa 10^{-6} bis 10^{-5} Watt bei LDA-Einsatz.

b) Bei sehr kleinem Schrotrauschen in der Größenordnung des Thermischen Rauschens, ist eine APD von Vorteil. Dies trifft etwa zu bei Streulichtleistungen kleiner als 10^{-5} bis 10^{-6} Watt. Hier bringt die Avalanche-Photodiode bessere Signal-Rausch-Verhältnisse, da die Empfindlichkeit in diesem Bereich unter Umständen schon durch das Thermische Rauschen eines 50-Ohm-Arbeitswiderstandes begrenzt werden kann.

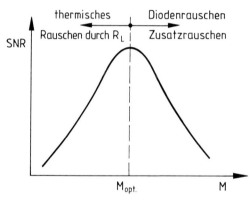

Abb. 24:
Abhängigkeit des Signal-Rausch-Verhältnisses SNR vom Stromverstärkungsfaktor M einer APD

Da man es bei LDA-Systemen fast immer mit sehr kleinen Streulichtleistungen zu tun hat, wird in der Regel die Empfindlichkeit des Detektors auch schon durch das Thermische Rauschen begrenzt, so daß die innere Verstärkung der APD eine entscheidende Erhöhung der Empfindlichkeit bringt.

Aus sinngemäß gleichem Grund wird für den Empfang von LDA-Signalen auch der Photomultiplier mit großem Erfolg eingesetzt, da auch hier die sehr hohe und rauscharme interne Verstärkung der Dynodenkette eine drastische Erhöhung der Empfindlichkeit bringt.

Den Übergang zum PM erhält man in guter Näherung, wenn in

Gleichung (31) $F(M) = \frac{1}{\delta-1} (\delta - \frac{1}{\delta^K})$ gesetzt wird

Dabei bedeuten:

$M = \delta^K$

K = Zahl der Dynoden

δ = Verstärkungsfaktor pro Dynode

Es kann festgehalten werden, daß eine APD sehr viel empfindlicher ist als eine PIN-Diode, diese jedoch einen großen Dynamikumfang hat und eine gute Linearität aufweist. Bei Streulichtleistungen oberhalb 10^{-6} bis 10^{-5} Watt könnte die PIN-Diode Vorteile gegenüber der APD zeigen. Die APD wird bei sehr kleinen Streulichtleistungen bessere SNRs liefern, ist dann aber bei großen Streulichtleistungen unter Umständen nichtlinear, siehe Gleichung 22c. Der Vergleich zwischen APD und Photomultiplier wiederum ist sehr kritisch abhängig vom Dunkelstrom und vom Quantenwirkungsgrad.

In der Praxis muß bei gegebener Streulichtleistung die optimale Verstärkung M experimentell durch Änderung der Betriebsspannung gefunden werden. Es existiert immer eine optimale Verstärkung M_{opt}, bei der das SRN ein Maximum annimmt. Bei zu großer Verstärkung steigt das Schrotrauschen drastisch an, bei zu kleiner Verstärkung wird der Beitrag des Thermischen Rauschens größer.

Bei der Auswahl einer APD sollte immer auf einen geringen Dunkelstrom in Verbindung mit einer hohen inneren Verstärkung geachtet werden.

Die Beschaltung der Diode mit einem nachfolgenden HF-Verstärker bestimmt jedoch entscheidend das Rauschverhalten der gesamten Empfangsvorrichtung mit. Hier bieten sich rauscharme Verstärker in 50-Ohm-Technik, hochohmigere Verstärker oder Transimpedanz-Verstärker an, bei denen durch besonderen Schaltungsaufbau der Beitrag des Thermischen Rauschens sehr verringert wird.

Da die Auswahl und Beschaltung geeigneter APDs, die auch noch bessere SNRs bei LDA-Einsatz liefern sollen als Photomultiplier, nicht ganz einfach ist, werden in einem gesonderten Abschnitt experimentelle Vergleichsmessungen zwischen APD und Photomultiplier bei LDA-Einsatz beschrieben.

4. Laser-Doppler-Anemometrie mit Diodenlasern

4.1 Prinzipaufbau

Ein einfaches Halbleiter-LDA nach dem Kreuzstrahlverfahren in Vorwärtsrichtung mit Diodenlasern und Photodiode zeigt Abbildung 25. Die nahezu gaußförmige Intensitäts (Nah-

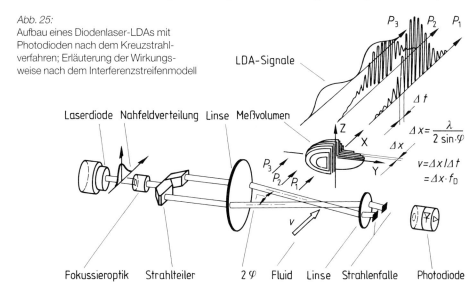

Abb. 25:
Aufbau eines Diodenlaser-LDAs mit Photodioden nach dem Kreuzstrahlverfahren; Erläuterung der Wirkungsweise nach dem Interferenzstreifenmodell

LDA-Signale

Laserdiode Nahfeldverteilung Linse Meßvolumen

$$\Delta x = \frac{\lambda}{2 \sin \cdot \varphi}$$

$$v = \Delta x / \Delta t$$
$$= \Delta x \cdot f_D$$

Fokussieroptik   Strahlteiler 2φ Fluid   Linse   Strahlenfalle   Photodiode

feld)-Verteilung der Diode wird mittels einer Fokussieroptik in das Meßvolumen des Anemometers abgebildet. Streulicht von Partikeln, die mit dem Fluid das Meßvolumen durchqueren, wird auf eine Halbleiter-Photodiode abgebildet. Entsprechend dem Interferenzstreifenmodell der LDA-Technik, siehe z. B. Ruck 1987, entsteht im etwa rotationselliptischen Meßvolumen ein System von Lichtschranken (Interferenzstreifen), deren Abstand Δx durch die Wellenlänge des Diodenlasers und den Schnittwinkel $2 \cdot \varphi$ zwischen den sich schneidenden Teilstrahlen gegeben ist:

$$\Delta X = \frac{\lambda}{2 \sin \varphi} \tag{32}$$

Durchquert ein mit dem Fluid mitgeführtes Partikel dieses Streifensystem, so streut es entsprechend der lokalen Lichtintensitätsverteilung im Meßvolumen Licht, welches mit der Frequenz f_D moduliert ist. Die Photodiode, die die LDA-Signale registriert, sieht eine Frequenz, die der Geschwindigkeitskomponente $V_\perp$ des Teilchens, d. h. der senkrecht zum Interferenzstreifenmuster, entspricht:

$$f_D = \frac{v_\perp}{\Delta X} = v_\perp \frac{2 \sin \varphi}{\lambda} \tag{33}$$

Daraus erhält man die bekannte Beziehung der Laser-Doppler-Anemometrie:

$$v_\perp = f_D \frac{\lambda}{2 \sin \varphi} \tag{34}$$

Die lineare Beziehung zwischen der Meßfrequenz f_D und der Teilchengeschwindigkeit (Fluidgeschwindigkeit) ist für die Anwendung dieses Verfahrens sehr vorteilhaft und bequem.

Der Einsatz von GaAlAs-Diodenlasern in Verbindung mit Si-Photodioden hat den besonderen Vorzug, daß die Photodioden ein Maximum der spektralen Empfindlichkeit $S(\lambda)$ gerade bei der Wellenlänge aufweisen, bei denen die Diodenlaser emittieren ($\lambda \sim 830$ nm), so daß Quantenwirkungsgrade von 80–90 % erzielt werden. Demgegenüber weisen Photomultiplier (PMs) nur Quantenwirkungsgrade von 10–20 % auf, so daß man aus physikalischen Gründen sehr viel bessere SNRs in den Empfangssignalen des LDA erhält, wie Vergleichsmessungen zwischen PMs und Dioden zeigen, siehe Abschnitt 5.

Etwas nachteilig für den Anwender wirken sich folgende Eigenschaften aus, da er selbst einen gewissen Entwicklungsaufwand betreiben muß:

– der Infrarotstrahl 750 nm $< \lambda <$ 900 nm ist nicht sichtbar, es müssen z. B. Infrarot-Wandlerschirme zur Justage und Sichtbarmachung benutzt werden
– die Wellenlänge des Diodenlasers muß stabilisiert werden, d. h. es ist eine Temperatur- und Stromregelung der Diode forderlich, die auch das Rauschen (mode-hopping) weitestgehend unterdrückt
– die Wellenlänge des Diodenlasers selbst ist für hochwertige LDA-Messungen zusätzlich zu messen
– die Spannungsversorgung für die Photodiode – in der Regel eine Avalanche-Diode – sollte über eine temperaturregelnde Hochspannungsquelle erfolgen

Die Vorteile der Halbleiter wie Kompaktheit, geringer Energiebedarf, niedrige Versorgungsspannung, guter Quantenwirkungsgrad und hohe Zuverlässigkeit, siehe Kapitel 3, überwiegen jedoch für den Anwender. In den folgenden Abschnitten werden komplette Lösungsvorschläge zur Erstellung von Halbleiter-LDAs vorgestellt und auch Hinweise auf eine Bauteileauswahl gegeben. Es sei jedoch ausdrücklich darauf hingewiesen, daß die vorgeschlagenen Typen von Diodenlasern und Photodioden den aktuellen Entwicklungsstand beschreiben und dieser aufgrund der rasanten Fortentwicklung der Optoelektronik bald überholt sein wird. Die in Kapitel 3 aufgeführten grundsätzlichen Auswahlkritierien werden jedoch ihre Gültigkeit behalten.

4.2 Sendeoptik mit Diodenlaser

Die praktische Anordnung eines Halbleiter-LDA mit Wellenlängenstabilisierung zeigt Abbildung 26. Der auf einem kleinen Montagekörper befestigte Diodenlaser wird mittels Peltier-Elementen temperiert und die vom Peltier-Element erzeugte Wärme über einen Kühlkörper abgeführt.
Die Temperatur von Diode und Montageblock wird in einem geschlossenen Regelkreis konstant gehalten. Die gemessene Temperatur des Montageblockes wird als Steuersignal für einen PI-Regler benutzt, der seinerseits den Strom durch das Peltier-Element regelt. Gleichzeitig hält eine Konstantstromquelle den Flußstrom des Diodenlasers konstant. Beide Steuereinheiten bewirken eine relative Stabilität der Wellenlänge $\Delta\lambda/\lambda \le 1 \cdot 10^{-4}$, was für LDA-Zwecke völlig ausreicht.

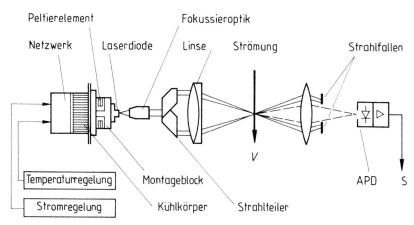

Abb. 26: Praktischer Aufbau eines Diodenlaser-LDAs mit Wellenlängenstabilisierung

Der von der Diode emittierte Laserstrahl kann sehr leicht und einfach mit einem Mikroskopobjektiv (Vergrößerung ca. 20fach) fokussiert werden. Eine optische Schwerpunktentspiegelung ist ratsam, da sie Lichtverluste vermeidet und eine Reflektion von Laserlicht nach rückwärts in die Diode hinein weitestgehend unterdrückt. Eine Reihe von Monomode-Dioden reagieren darauf empfindlich, was beim Justieren der Fokussieroptik beachtet werden sollte.
Indexgeführte Laserdioden von Hitachi, CSP-Dioden (channeled substrate planar) mit einem sehr kleinen, vernachlässigbaren Strahlastigmatismus und einer Strahlelliptizität von ca. 1:3 können mit guten korrigierten Mikroskopobjekten sehr leicht in das LDA-Meßvolumen so fokussiert werden, daß dort die beiden Teilstrahlen des LDA in den Strahltaillen in

der Weise überlappen, daß ein paralleles Interferenzstreifensystem entsteht. Die Elliptizität des Strahles kann durch gekreuzte Zylinderlinsen oder anamorphische Prismenpaare verringert werden, was jedoch grundsätzlich nicht erforderlich ist. Eine Korrektur sollte abhängig gemacht werden von den zu messenden Strömungsverhältnissen und den Anforderungen an die Streifenzahl im Meßvolumen. Folgende Hitachi-Dioden wurden erfolgreich eingesetzt: HL 7 801 5 mW bei 780 nm; HL 7 802 10 mW bei 790 nm; HL 8 312 20 mW bei 830 nm; HL 8 314 30 mW bei 830 nm und HL 8 351 60 mW bei 835 nm. Diese Dioden schwingen in der transversalen TEM_{00}-Mode, sind monomodig mit sehr großen Kohärenzlängen und leicht zu fokussieren.

Für gewinngeführte Diodenlaser können bei einfacheren Anforderungen an die Genauigkeit Mikroskopobjektive ebenfalls verwendet werden. Der bei diesen Dioden größere Strahlastigmatismus sollte jedoch bei steigenden Anforderungen korrigiert werden. Dies ist möglich mit geeigneten Glasplatten, korrigierten Laserdioden-Optiken oder auch eine geeignete Kombination von zylindrischen Linsen. Die eingesetzten gewinngeführten V-Nut LDs von Sharp mit VSIS-Struktur (V-channeled substrate inner stripe) liefern ebenfalls gut kollimierbare Strahlen im transversalen Grundmode bei gleichzeitiger großer Kohärenz. Auf eine Korrektur des Astigmatismus konnte verzichtet werden, da das LDA-Interferenzstreifensystem bei den zitierten Dioden hinreichend genau parallel ist. Zu den untersuchten und ebenfalls erfolgreich eingesetzten gewinngeführten Diodenlasern zählen LT 021 mit 15 mW bei 780 nm und LT 015 MD mit 40 mW bei 830 nm von Sharp.

Optische Ausgangsleistungen in der Größenordnung von 50 mW reichen in Verbindung mit hochwertigen Avalanche-Photodioden aus, um auch in Rückwärtsstreuung messen zu können.

Abb. 27: Photographie eines Halbleitersendekopfes mit Diodenlaser, Temperiervorrichtung, Fokussieroptik und Strahlteiler

Abbildung 27 zeigt eine Photographie einer LDA-Sendeoptik mit wellenlängenstabilisiertem Diodenlaser, Montagekörper, Peltier-Element mit Kühlkörper sowie Fokussieroptik und Strahlteiler. Die verwendete Optik ist schwerpunktentspiegelt und so ausgelegt, daß im LDA-Meßvolumen etwa 12–25 Interferenzstreifen entstehen.

Bei Rückstreuexperimenten ist es sinnvoll, die Streifenzahl auf ca. 15 zu reduzieren, da dann die Lichtintensität pro Streifen steigt. Grundsätzlich muß jedoch ein Kompromiß gefunden werden zwischen der von der Auswertelektronik verlangten Streifenzahl, der von der Optik her möglichen und der von der Strömung her notwendigen.

Die Fokussierung der Nahfeldverteilung der Diode in das LDA-Meßvolumen erfolgt am elegantesten mit einem "on-axis beam scanner". Dieser besteht aus einer Trommel mit alternativ wählbarem Spalt oder einer Lochblende (einige Mikrometer Durchmesser), welche vor einem feststehenden Detektor rotiert. Das Ausgangssignal des Detektors zeigt unmittelbar das Intensitätsprofil des einfallenden Laserstrahles an.

Zusammenfassend kann gesagt werden, daß mit indexgeführten Laserdioden ein LDA-Aufbau sehr leicht möglich ist, daß aber auch mit gewinngeführten Dioden sehr gute Ergebnisse erzielt werden. Derzeit sind "single stripe" Dioden dieses Types bis 100 mW Ausgangsleistung erhältlich, Spectra Diode Labs 1988.

4.3 Wellenlängenstabilisierung

Da die Emissionswellenlänge einer Monomode Laserdiode bzw. die Schwerpunktwellenlänge infolge des Temperaturganges der Fabry-Perot-Resonanzen $(d\lambda/dT)_{FP}$ nach Gleichung (7) und des temperaturabhängigen Bandabstandes $(d\lambda/dT)_g$, Gleichung (9), von der Temperatur und vom Diodenstrom abhängt, ist eine Wellenlängenstabilisierung vorzunehmen.

Einen typischen gemessenen Zusammenhang zwischen emittierter Wellenlänge und Diodentemperatur gibt Abbildung 28 wieder. Es sind deutlich verschieden breite Plateaus zu erkennen, die durch sprunghafte Änderung der Wellenlänge (mode-hopping) voneinander getrennt sind.

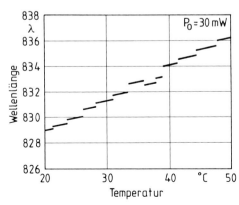

Abb. 28:
Abhängigkeit der Wellenlänge von der Diodentemperatur (Gehäusetemperatur) bei konstanter Ausgangsleistung für eine gewinngeführte Diode

Für einen qualifizierten Betrieb der Diode ist es erforderlich, diese Charakteristik zu messen, sich für ein geeignetes Plateau zu entscheiden und den Arbeitspunkt der Diode möglichst mittig darauf zu setzen. Es ist also notwendig, die Wellenlänge der Diode als Funktion der Temperatur bei konstanter, d. h. maximaler Ausgangsleistung zu messen.

Diese Wellenlängenmessung kann z. B. durch einen Wellenlängenvergleich zwischen der bekannten Wellenlänge eines frequenzstabilisierten He-Ne-Lasers und der zunächst unbekannten Wellenlänge des Diodenlasers in einem Michelson-Interferometer erfolgen, wie in Abbildung 29 gezeigt. In diesem zweiarmigen Interferometer werden der Referenzstrahl eines stabilisierten He-Ne-Lasers und der emittierte Strahl des Diodenlasers auf die zwei Spiegel eines beweglichen Reflektors gelenkt und danach auf zwei getrennte Detektoren jeweils mit dem zugehörigen Einfallstrahl vereint. Aus dem Verhältnis der gemessenen Hell-Dunkel-Streifen beim Hin- und Her-Verfahren des Reflektors erhält man sofort die Wellenlänge des Diodenlichtes. Relative Meßunsicherheiten der Wellenlänge des Diodenlaser von $1 \cdot 10^{-5}$ sind dabei leicht möglich.

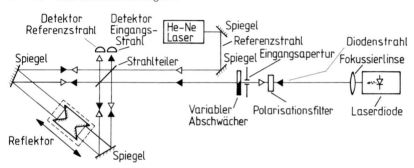

Abb. 29: Michelson-Interferometer zur Messung der Wellenlänge eines Diodenlasers durch Wellenlängenvergleich zwischen der bekannten He-Ne-Wellenlänge und der Diodenwellenlänge

Parallel zur Messung der Wellenlänge als Funktion der Temperatur ist es ratsam und sinnvoll, auch die optischen Spektren zu untersuchen, um beim gewählten Arbeitspunkt auch einen monomodigen Betrieb bei gewünschter optischer Ausgangsleistung ohne modehopping zu gewährleisten. Abbildung 30 zeigt optische Spektren einer MQW-Diode (multiple quantum well), die mit einem hochauflösenden Fabry-Perot-Interferometer gemessen wurden. Es ist sehr deutlich zu erkennen, daß die Diode bei den Temperaturen 16, 14 und 12 Grad Celsius im Multimode-Betrieb arbeitet. Dieser Arbeitsbereich sollte deshalb vermieden werden.

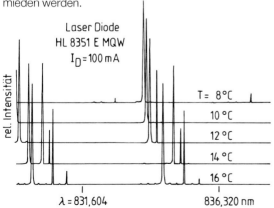

Abb. 30:
Gemessene optischen Spektren einer MQW-Diode (multiple quantum well Diode) als Funktion der Temperatur bei konstantem Strom. Die Diode schwingt nicht in allen Temperaturbereichen monomodig

Die Stabilisierung des Arbeitspunktes erreicht man durch eine sorgfältige Temperierung und eine genaue Konstantstromquelle. Ein geeignetes, im Laboratorium für Strömungsmeßtechnik der PTB entwickeltes Versorgungsaggregat zeigt Abbildung 31. Es besteht aus einer regelbaren Konstantstromquelle, die Ströme bis 1000 mA mit einer Auflösung von 0,1 mA liefert und einer Temperaturregelung, mit der die (Gehäuse-)Temperatur des Diodenlasers mit einer Auflösung von 0,01 K und einer absoluten Unsicherheit von 0,05 K eingestellt werden kann. Beide Einschübe bewirken eine Langzeitwellenlängenstabilität besser als 10^{-4} und sind damit für jede LDA-Anwendung ausreichend gut.

Mit diesem Aggregat kann fast jeder auf dem Markt erhältliche Diodenlaser und jede Avalanche-Diode betrieben werden. Eine Digitalanzeige ermöglicht ein bequemes und reproduzierbares Einstellen der Betriebsparameter.

Eine sorgfältige Stabilisierung des Arbeitspunktes verringert gleichzeitig auch ein Rauschen der Diode durch mode-hopping, was sich sehr störend in den LDA-Signalen bemerkbar machen kann.

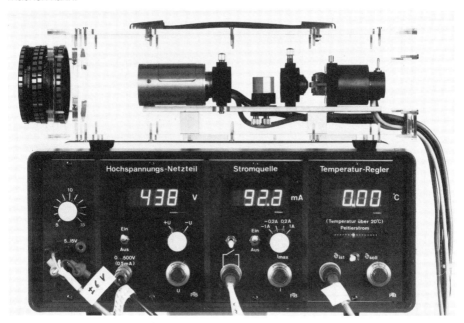

Abb. 31: Versorgungsaggregat für Halbleiter-LDA bestehend aus Temperatur-Regler, einstellbarer Stromquelle und temperaturgeregelter Hochspannungsquelle für Diodenlaser und Avalanche-Diode. Auf dem Netzteil befindet sich das Halbleiter-Rückstreu-LDA im Plexiglasgehäuse für Demonstrationszwecke

4.4 Miniatur-LDA für Rückstreuung

In Hinblick auf eine Miniaturisierung mit dem Ziel, ein portables Halbleiter-LDA zu entwikkeln, ist es unumgänglich, die erforderliche Elektronik zum Betreiben des Diodenlasers und der Photodiode in den Sendekopf zu integrieren und ein Rückstreusystem aufzubauen.

Für eine ausgewählte indexgeführte Hitachi-Diode mit 60 mW optischer Ausgangsleistung wurde deshalb eine speziell zugeschnittene Elektronik zur Wellenlängenstabilisierung und eine temperaturgeregelte Hochspannungsquelle für eine ausgewählte RCA-Avalanche-Diode mit 60 MHz Bandbreite und integriertem HF-Verstärker entwickelt.

Für Demonstrationszwecke erfolgte die Montage der Sende- und Empfangsoptik, vgl. Abbildung 32a, samt Elektronik in einem Plexiglasgehäuse. Die Photographie dieses kleinen Kompakt-LDA zeigt Abbildung 33.

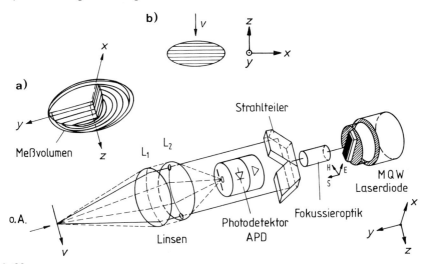

Abb. 32:
a) Rückstreu-LDA auf Halbleiterbasis mit 60 mW GaAlAs-Diodenlaser und Si-APD mit HF-Breitbandverstärker
b) Strahlquerschnitt bei Blickrichtung in der optischen Achse (O. A.); Elliptizitätsverhältnis ca. 1:3

Das in Abbildung 32a skizzierte LDA ist für Brennweiten zwischen $f = 200$ mm und $f = 500$ mm ausgelegt. Bei Laser-Doppler-Anemometern wird die Baugröße sehr entscheidend vom Arbeitsabstand, d. h. der Brennweite der Sendelinse bestimmt. Bei einem gewählten Strahlabstand von $d = 50$ mm erhält man ca. 12–20 Streifen im Meßvolumen. Die Streifenzahl wesentlich kleiner als 12 zu wählen ist nicht sinnvoll, da diese dann die Genauigkeit der Auswertung bei der Verwendung von Counter-Systemen unter Umständen reduziert. Der verwendete optische Strahlteiler ist polarisationsempfindlich. Der PN-Übergang des Diodenlasers steht senkrecht zu der von den beiden Teilstrahlen aufgespannten Ebene, so daß im LDA-Meßvolumen der elliptische Diodenstrahl mit seiner Breitseite senkrecht zur Strömungsrichtung liegt. Blickt man also in Richtung der optischen Achse des Anemometer, so erscheint der Schnitt durch den Kreuzungspunkt der beiden Strahlen nicht rund, sondern elliptisch wie in Abbildung 32b skizziert. Diese Anordnung kann strömungsmeßtechnische Vorteile bieten. Der Interferenzstreifenabstand Δx beträgt bei einer Brennweite von 300 mm etwa $\Delta x = 5$ µm und liegt damit in einer vernünftigen Größenordnung. Das System wurde in einer Luftströmung bei Geschwindigkeiten bis zu 200 m/s erprobt und lieferte sehr gute Signal-Rausch-Verhältnisse in den LDA-Signalen. Die Stromversorgung des LDA erfolgt mit Akkumulator, so daß ein portables, sehr leistungsfähiges Rückstreu-Anemometer zur Verfügung steht.

Abb. 33: Wellenlängenstabilisiertes Miniatur-Rückstreu-LDA mit Diodenlaser, Avalanche-Diode und integrierter Elektronik

Eine mechanische robuste Ausführung dieses Halbleiter-LDA gibt Abbildung 34 wieder. Für das System wurde die Versorgungselektronik in SMD-Bauweise (surface mounted devices) aufgebaut und wiederum in das Gehäuse integriert.

Solch ein Halbleiter-LDA mit einem 60 mW-GaAlAs-Diodenlaser liefert etwa die gleichen Signal-Rausch-Verhältnisse wie ein herkömmliches Photomultiplier-Gaslaser-LDA mit

Abb. 34: Miniatur-Halbleiter-LDA für Rückstreuanwendungen mit integrierter Elektronik und Batterieantrieb in 50-Ohm-Technik. Bandbreite des Empfangssystems ca. 300 MHz

180 mW optischer Leistung. Somit werden diese sehr leistungsfähigen Halbleiter-Systeme die konventionellen Gaslaser-LDAs bald ablösen und darüber hinaus auch neue Anwendungsgebiete erschließen.

5. Untersuchung von Photodioden für die LDA-Technik

5.1 APD-Empfänger

Für die LDA-Technik sind nicht nur leistungsstarke Lichtquellen von Bedeutung, sondern der Empfangsseite kommt auch durch geeignete Auswahl von möglichst empfindlichen Detektoren größte Wichtigkeit zu. Bisher wurden in der Regel Photomultiplier (PMs) sehr erfolgreich eingesetzt, besonders im sichtbaren Wellenlängenbereich bei $\lambda = 488$, $\lambda = 514$ nm und $\lambda = 633$ nm. Für den Infrarotbereich sind PMs weniger geeignet, da ihre Quantenwirkungsgrade drastisch sinken, auf etwa 10 % bei Wellenlängen um 800 nm.

Eine umfangreiche Marktstudie führte zu dem Ergebnis, daß Avalanche-Photodioden (APDs) vergleichbare oder bessere LDA-Signale liefern können als PMs, die sich mit den theoretischen Überlegungen in Kapitel 3.2 decken. Dort wurden grundsätzliche Betrachtungen über Photodioden, insbesondere das Rauschverhalten und die optimale Einstellung der Verstärkung vorgenommen, die andeuten, daß APDs vergleichbar oder besser als PMs sein können.

Die theoretischen Betrachtungen helfen nur qualitativ weiter, quantitative Aussagen über erzielbare Signal-Rausch-Verhältnisse, die für eine Beurteilung der Dioden entscheidend sind, können nur experimentell gewonnen werden, um eine gezielte Bauteileauswahl zu ermöglichen.

Die derzeit auf dem Markt erhältlichen Dioden sind vorwiegend für die optische Nachrichtentechnik vorgesehen und weisen dementsprechend extrem große Bandbreiten zur Übertragung von Digitalinformationen bei vergleichsweise großen optischen Lichtleistungen auf. In der LDA-Technik hingegen sind Analogsignale zu übertragen, die erforderlichen Bandbreiten gering (z. B. 100 MHz) und es ist darauf zu achten, daß die Dioden zur Vermeidung von Verzerrungen ein lineares Verhalten zeigen bei gleichzeitig hoher Empfindlichkeit und geringem Dunkelstrom. Die in diesem Kapitel vorgestellten Halbleiterdioden erfüllen all diese Bedingungen in vorbildlicher Weise.

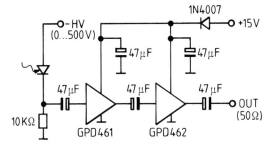

Abb. 35:
Beschaltung hochempfindlicher Avalanche-Dioden (APDs) für LDA-Einsatz mit HF-Verstärkern in 50 Ohm-Technik. Bandbreite des Empfangssystems ca. 300 MHz

Um einen Vergleich von Halbleiterdioden mit einem PM nachvollziehbar zu machen, wurde ein Referenz-Photomultiplier, Typ RCA 4526, der in der LDA-Technik weit verbreitet ist, verwendet und alle SNR-Messungen auf diesen PM bezogen. Die SNR-Vergleichsmessungen wurden durchgeführt bei den Wellenlängen $\lambda = 488/514$ mm, $\lambda = 633$ nm und $\lambda = 830$ nm, um die Leistungsfähigkeiten der Dioden sowohl in sichtbaren als auch im Infrarotbereich zu verifizieren.

Die selektierten APDs wurden zusammen mit HF-Breitbandempfängern zu rauscharmen Empfangsmodulen integriert wie Abbildung 35 zeigt. Diese Schaltung weist für die meisten APDs eine Bandbreite von 300 MHz auf und ist vergleichsweise störunanfällig. Die verwendeten GPD-Verstärker von Avantek sind in 50-Ohm-Technik ausgelegt und haben sich sehr bewährt.

5.2 SNR-Messungen von PM und APDs

Um vergleichende SNR-Messungen zwischen verschiedenen Avalanche-Dioden und dem Referenz-PM RCA 4526 zu erhalten, ist es am einfachsten, in einem LDA-Experiment das Streulicht auf den PM und auf die APD zu fokussieren und die SNRs als Funktion der Laserleistung zu messen. Einen solchen LDA-Versuchsaufbau mit einem He-Ne-Laser für einen Luft-Freistrahl bei Geschwindigkeiten bis 100 m/s ist in Abbildung 36 wiedergegeben.

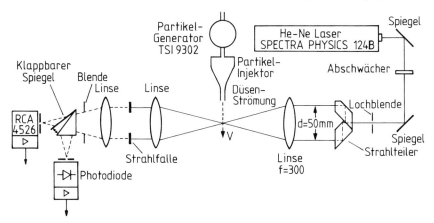

Abb. 36: Optischer Versuchsaufbau für den Vergleich der SNRs von Photomultiplier und Avalanche-Dioden bei He-Ne-Licht; Partikelgeschwindigkeit einstellbar bis $v \leq 200$ m/s

Wie erwähnt, hängen der Verstärkungsfaktor und das Zusatzrauschen stark von der eingestellten Vorspannung an den Dioden ab, so daß diese auf Grund von Vorversuchen einzustellen ist. Mittels eines Partikelgenerators werden Wassertröpfchen im Größenbereich von ca. 2 µm mit einer Geschwindigkeit von ca. 30 m/s erzeugt und die entstehenden Doppelsignale der Frequenz $f_D \sim 6$ MHz in einem AD-Wandler digitalisiert und eine Berechnung des SNR aus dem FFT-Leistungsspektrum vorgenommen. Die SNRs der bandpaßgefilterten Einzelsignale werden aus dem berechneten Leistungsspektrum als Verhältnis aus Fläche unter dem Signal-Peak zur Fläche der gesamten Rauschanteile ermittelt.

Das Ergebnis der SNR-Messungen für $\lambda = 633$ nm als Funktion der Laserleistung zeigt Abbildung 37. Der PM 4526 liefert gute SNRs, doch weisen eine Reihe ausgewählter Avalanche-Photodioden besonders auch bei kleinen Streulichtleistungen sehr deutlich bessere

Signal-Rausch-Verhältnisse auf. Die Resultate zeigen, daß eine ganze Reihe ausgewählter Dioden auch im sichtbaren Bereich bei $\lambda = 633$ bessere SNRs liefern als PMs, so daß sie in Zukunft verstärkt eingesetzt werden sollten.

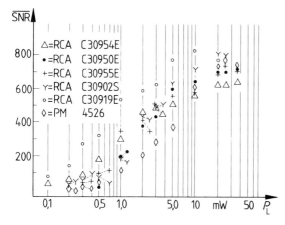

Abb. 37:
Gemessene mittlere Signal-Rausch-Verhältnisse SNR von Photomultiplier RCA 4526 und verschiedenen ausgewählten APDs als Funktion der Laserleistung P_L bei $\lambda = 633$ nm und einer Partikelgeschwindigkeit von $v \sim 30$ m/s, vgl. Abbildung 36

Noch interessanter ist ein solcher SNR-Vergleich bei der grünen bzw. blauen Wellenlänge des Argon-Lasers, da die Empfindlichkeit $S(\lambda)$ von Photodioden in diesem Bereich wieder abnimmt. In vielen Anwendungen, besonders bei Windkanalmessungen (Leder und Geropp 1988), werden leistungsstarke Argon-Ionen-Laser eingesetzt und, da infolge der geringen Streulichtleistungen nur sehr empfindliche Detektoren brauchbar sind, erleichtern noch empfindlichere APDs Windkanaluntersuchungen. Die SNR-Messungen erfolgten mit einer Apparatur nach Abbildung 36, jedoch mit dem Unterschied, daß nun ein Argon-Laser als Lichtquelle verwendet wurde. Die Ergebnisse der SNR-Messungen für selektierte und hinsichtlich des Rauschverhaltens optimierte APDs sind in Abbildung 38 wiedergegeben. Es ist deutlich zu sehen, daß auch bei kleinsten Streulichtleistungen einige Dioden vergleichbare und bessere Signal-Rausch-Verhältnisse liefern als die bisher grundsätzlich verwendeten Multiplier. Allerdings ist zu bemerken, daß es eine Reihe von APDs gibt, die sehr viel schlechtere SNRs liefern und daß in der Abbildung 38 nur die Resultate der besten und optimierten Dioden verzeichnet sind. Erreichen die Laserleistungen 30 mW und mehr, so sinken die SNRs wieder infolge einer Übersteuerung der Detektoren und der dabei auftretenden Sättigungserscheinungen.

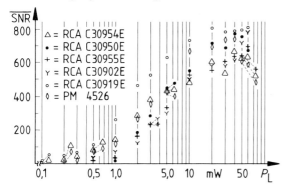

Abb. 38:
Gemessene mittlere Signal-Rauschverhältnisse SNR von Photomultiplier und Avalanche-Diode als Funktion der Laserleistung P_L für $\lambda = 514$ nm; Partikelgeschwindigkeit $v = 25$ m/s und $f_D \sim 6$ MHz

Im infraroten Wellenlängenbereich bei $\lambda = 830$ nm zeigen ähnliche Vergleichsmessungen, daß fast alle APDs deutlich bessere SNRs liefern als für diesen Bereich erhältliche Photomultiplier. Die ihn den Abbildungen 37 und 38 vermerkten Dioden können auch im infraroten Wellenlängenbereich in Verbindung mit GaAlAs-Diodenlasern mit glänzendem Erfolg eingesetzt werden. Eine detaillierte Beschreibung der experimentellen Resultate kann bei Dopheide et al. 1987 nachgelesen werden.

Zusammenfassend ist festzuhalten, daß Avalanche-Photodioden prinzipiell problemlos für LDA-Messungen verwendet werden können. Die untersuchten Si-APDs liefern bei geeigneter Beschaltung und richtigem Betrieb Empfangsmodule, die weitaus kompakter, leichter zu handhaben und zuverlässiger sind als Photomultiplier-Empfänger.

6. Hochleistungsdioden für die Strömungsmessung

6.1 Stand der Technik

Die "single-stripe" Diodenlaser, die in Kapitel 2 beschrieben wurden, liefern optische Ausgangsleistungen bis ca. 100 mW bei Dauerstrichbetrieb (cw-Betrieb). Da die aktive Spiegelfläche nur Abmessungen von etwa $0{,}2\,\mu$m x 5 μm hat, treten am Spiegel optische Leistungsdichten in der Größenordnung von mehreren MW/cm^2 auf. Infolge nichtstrahlender Rekombination auch an hochwertigen Spiegelbeschichtungen, wird die Spiegeloberfläche stark erwärmt und unter Umständen zerstört. Dieser Effekt begrenzt derzeit maßgeblich die optische Ausgangsleistung von diesen Dioden.

Um höhere Leistungen zu erreichen, bietet es sich an, die aktive emittierende Zone zu vergrößern. Zu diesem Zweck wurden seitens der Hersteller zwei verschiedene Wege beschritten:

● Verbesserung der aktiven emittierenden Zone in lateraler Richtung (x-Richtung), siehe Abbildung 39a
● Koppelung einer Reihe von einzelnen Dioden, die auf einem Substrat angebracht sind (phasengekoppeltes Dioden-Array), vgl. Abbildung 39b.

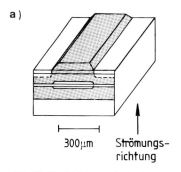 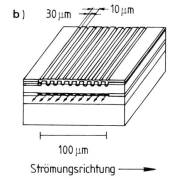

Abb. 39: Hochleistungsdiodenlaser
a) Aufbau einer "broad-area"-Diode mit breiter emittierender Schicht, TAP-Struktur von Sony, 1 000 mW optische Ausgangsleistung
b) Aufbau eines phasengekoppelten Diodenarrays bestehend aus 10 Einzeldioden, Hersteller Spectra Diode Labs, USA

Eine Verbreiterung des aktiven Streifens führt zu hohen Ausgangsleistungen, doch können leicht höhere Transversalmoden auftreten und da jede Mode eine geringfügig andere Wellenlänge hat, kann die Strahlung leicht inkohärent werden. Die in Abbildung 39a gezeigte TAP-Struktur (tapered stripe) emittiert aus einer Fläche von ca. 300 μm x 2 μm immerhin schon 1000 mW und kann mit erheblichem Fokussieraufwand auch für LDA verwendet werden.

Eine andere Möglichkeit der Vergrößerung der emittierenden Streifen (Fläche) führt zum Laser-Array, bei dem mehrere Streifen auf einem Substrat mit gemeinsamem Kontakt aufgebracht sind. Die einzelnen Laserstreifen liegen so nahe beieinander, daß die optischen Felder überlappen, so daß es zu einer Phasenkoppelung kommt, vgl. Abbildung 39b. Die Phasenkoppelung wird dadurch ermöglicht, daß die laterale Gewinnführung keine scharfe Wellenlängenbegrenzung zuläßt. Die Verkoppelung der Felder führt zu einer starren Phasenbeziehung der einzelnen Emitter, die je nach Phasenlage und Intensitätsverteilung der Einzeldioden zu sogenannten Supermoden führt, welche im Fernfeld eine besondere Intensitätsverteilung aufweisen, die vorzugsweise mit einer Abstrahlcharakteristik von zwei Keulen verbunden ist. Abbildung 40 soll diesen Sachverhalt veranschaulichen. Im Falle des Arrays nach Abbildungen 39 und 40 beträgt der Winkel zwischen den Keulen ca. 8–10 Grad, so daß man diesen Laser als kohärente Lichtquelle und als Strahlteiler simultan benutzen kann, siehe Dopheide et al. 1987.

a) 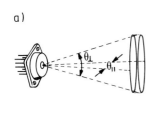 b)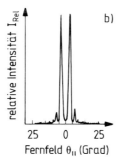

Abb. 40:
Abstrahlcharakteristik eines phasengekoppelten Arrays nach Abbildung 39b
a) räumliche Darstellung der Fernfeldverteilung parallel und senkrecht zum PN-Übergang
b) Intensitätsverteilung I_{rel} parallel zum PN-Übergang

6.2 Phasengekoppelte Dioden-Arrays, Laser-Array Velocimeter

Die Vorteile der hohen Ausgangsleistung von phasengekoppelten Dioden-Arrays können neben der LDA-Technik noch in anderer, sehr einfacher und eleganter Weise für die optische Strömungsmessung nutzbar gemacht werden. Solche "multiple-stipe" Dioden auf GaAlAs-Basis emittieren im Wellenlängenbereich von $\lambda \sim 800$ nm bis $\lambda \sim 830$ nm. Besondere Techniken wie z. B. "metal-organic chemical vapor deposition, MOCVD" und "molecular beam epitaxy, MBE" haben zu Dioden mit besonderem Aufbau geführt, die hohe Lichtleistungen von mehreren Watt emittieren. Einzelheiten werden in den Handbüchern der Hersteller beschrieben; Spectra Diode Labs 1988 und Siemens 1988.

Die typische Emissionsfläche einer Einzeldiode solch eines phasengekoppelten Arrays nach Abbildung 39b beträgt ca. 1 μm x 3 μm, wobei die Einzeldioden im Abstand von ca. 10 μm nebeneinander angeordnet sind.

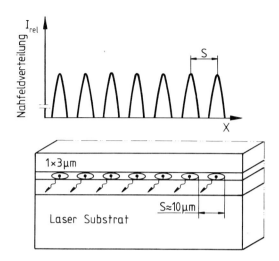

Abb. 41:
Schematischer Aufbau eines phasengekoppelten Diodenarrays

In der Abbildung 41 ist der prinzipielle Aufbau solch eines Arrays mit der zugehörigen Nah-feldverteilung schematisch wiedergegeben. Diese besteht nun aus einer Reihe von Intensi-täts-Maxima, die in guter Näherung den gaußförmigen Verlauf einer gewinngeführten Ein-zeldiode haben und die zum Rand hin mehr oder weniger stark überlappen.

Die Idee eines neuen Verfahrens zur Strömungsmessung besteht nun darin, diese Nahfeld-verteilung mittels einer Abbildungsoptik an den Meßort in die Strömung zu fokussieren. Es entsteht dann in der Strömung ein System von reellen Lichtschranken wie Abbildung 42 zeigt. Die im Teilbild skizzierte Nahfeldverteilung des Arrays wird an den Ort $x = y = 0$ abge-bildet, wobei der Abstand Δx der Lichtschranken durch den Abbildungsmaßstab m der Fo-kussieroptik und den Abstand S der Einzeldioden auf dem Substrat bestimmt wird.

$$\Delta x = S \cdot m \qquad (35)$$

Typische Abstände der Lichtschranken liegen bei ca. 50 μm. Das Lichtschrankensystem ist nicht nur in x- und z-Richtung durch den Strahldurchmesser begrenzt, sondern es ist in-folge der Ausbildung der Fernfeldverteilung im schraffiert gezeichneten Bereich auch in y-Richtung begrenzt und wohldefiniert. Das in Abbildung 42 und 39b gezeigte Array liefert 200 mW optische Ausgangsleistung, so daß auch bei miniaturisiertem Aufbau Hochge-schwindigkeitsanwendungen möglich sind. Arrays mit 40 Streifen emittieren derzeit sogar 1000 mW und es ist ein Ende der Entwicklung noch nicht abzusehen.

Im Gegensatz zum LDA-Verfahren sind nun zur Erzeugung von Interferenzstreifen bzw. Lichtschranken nicht mehr zwei sich schneidende Laserstrahlen erforderlich, sondern es reicht nun zur Erzeugung von Lichtschranken aus, die beliebig vom Array abgestrahlte Lichtkeule an den Meßort zu fokussieren. Es können somit sehr kleine optische Aperturen bei der Fokussierung und Abbildung verwendet werden und entsprechend klein kann das Velocimeter gestaltet werden.

Durchfliegt ein Streupartikel mit der Geschwindigkeit $V\perp$ das Lichtschrankensystem, so sieht der Detektor Streulichtsignale mit der Frequenz f_{str},

$$f_{str} = V\perp / x \qquad (36)$$

deren Amplitudenverteilung genau die lokale Intensitätsverteilung im Meßvolumen und da-

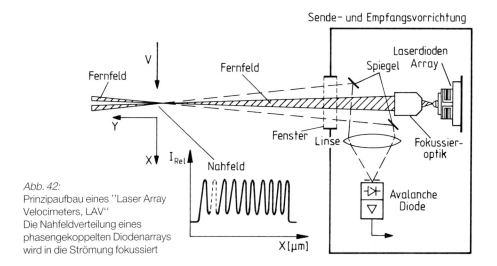

Abb. 42:
Prinzipaufbau eines "Laser Array Velocimeters, LAV"
Die Nahfeldverteilung eines phasengekoppelten Diodenarrays wird in die Strömung fokussiert

mit die Nahfeldverteilung des Arrays wiedergibt. Dementsprechend sehen die Streulichtsignale eines (sehr guten) Arrays aus, wie in Abbildung 42 in Form der Nahfeldverteilung wiedergegeben. Nach Filterung dieser Array-Bursts können die Signale in der gleichen Weise verarbeitet werden wie herkömmliche LDA-Signale. Ein ungefiltertes a) und ein gefiltertes b) Array-Signal zeigt Abbildung 43 und es ist sofort ersichtlich, daß die Signalverarbeitung in bekannter Weise wie bei der LDA-Technik erfolgen kann.

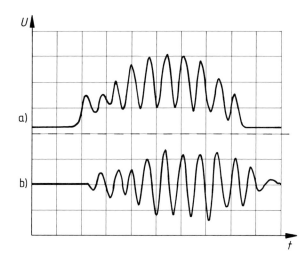

Abb. 43:
Signal eines Laser Array Velocimeters, LAV
a) ungefiltertes Signal
b) gefiltertes Signal

Die Vorteile dieses Dioden-Array-Velocimeters liegen in folgenden Besonderheiten:

– sehr einfaches Funktionsprinzip
– extrem einfacher Aufbau mit sehr wenigen optischen Komponenten
– unabhängig von der Wellenlänge; daher ist keine Wellenlängenstabilisierung erforderlich

- ein nur sehr kleiner optischer Zugang von einigen mm Durchmesser zum Meßort wird benötigt
- sehr kompakte und portable Aufbauten mit Batterieantrieb werden möglich

Das Laser-Array-Velocimeter (LAV) ermöglicht in Verbindung mit einer geeigneten Elektronik auch eine Richtungserkennung wie bereits in Abbildung 42 angedeutet ist. Bildet man nämlich die Nahfeldverteilung eines unsymmetrischen Dioden-Arrays in die Strömung ab, so erhält man ein System von Lichtschranken mit einem unsymmetrischen Verlauf. In Abbildung 42 wird ein Array verwendet, bei dem eine Einzeldiode, nämlich die zweite, nicht emittiert bzw. deren Strahlung unterdrückt wurde. Eine umfassendere Auswertung der Meßsignale mit einem Transientenrekorder, bei der auch der zeitliche Abstand der Nulldurchgänge bestimmt wird, ermöglicht dann die Zuordnung der Strömungsrichtung. Jedes gemessene Array-Signal wird mit einem gespeicherten Referenzsignal verglichen und aus der örtlichen Lage des "Defektes" im Meßsignal die Strömungsrichtung zugeordnet.

Der große Vorteil des Laser-Array-Velocimeters gegenüber der LDA-Technik liegt in dem einfacheren Aufbau, verbunden mit der hohen optischen Leistung des Dioden-Arrays, so daß es auch für Hochgeschwindigkeitsmessungen eingesetzt werden kann und dies besonders gut, wenn nur ein kleiner räumlich beschränkter Zugang zum Meßort möglich ist.

Bei Windkanalmessungen werden in der Regel LDA-Systeme verwendet, die große Arbeitsabstände und hohe optische Leistung aufweisen müssen. Demzufolge werden wassergekühlte leistungsstarke Argonlaser zusammen mit der Sende- und Empfangsoptik auf Traversierschlitten verfahren, um Geschwindigkeitsprofile an Modellen in der Regel über große Entfernungen zu messen. Ein alternativer Weg bestünde darin, miniaturisierte Laser-Array-Velocimeter in die Modelle selber zu integrieren oder die LAV-Sonden in die Strömung einzuführen, ohne diese selbst wesentlich zu stören.

Die Begrenzung der optischen Ausgangsleistung von Diodenarrays nach oben hin ist nicht abzusehen, da viele andere Anwendungen in der Meßtechnik wie z. B. Pumpen von Festkörperlasern wie Neodym-YAG-Laser mit Halbleitern die Chance eröffnen, portable und leistungsfähige Laser für medizinische Anwendungen oder die Materialbearbeitung zu erstellen. Weitere kommerzielle interessante Anwendungen von Diodenlasern werden zur Zeit untersucht:

- Infolge der Vorzüge der Halbleiter wie Geometrie, Lebensdauer und Modulierbarkeit sind diese für Laserdrucker sehr geeignet
- Optische Nachrichtenübertragung im freien Raum, die durch die Kohärenzeigenschaften und die hochfrequenten Modulationseigenschaften ermöglicht wird
- Frequenzverdoppelung in nichtlinearen Kristallen. Durch die Erzeugung der zweiten Harmonischen kann aus infraroter Strahlung ein blauer Laserstrahl erzeugt werden. Eine Anwendung dieses Verfahrens für LDA-Messungen mit hochfrequent gepulsten Diodenlasern ist in Kapitel 7 angedeutet.

7. Hochfrequent gepulste Diodenlaser für die LDA-Technik

7.1 Verbesserung von SNRs durch Pulsbetrieb

Das Signal-Rausch-Verhältnis (SNR) ist die entscheidende Größe bei der Beurteilung der

Qualität von LDA-Signalen. Das SNR wird von einer Vielzahl von Parametern bestimmt wie Geometrie der Sende- und Empfangsoptik, Mie'sches Streulichtverhalten, Teilchengröße, Detektorempfindlichkeit, Hintergrundstreulicht und Laserleistung. Diese Zusammenhänge sind sehr ausführlich untersucht worden, siehe z. B. Durst et al. 1987 und Drain 1980. An dieser Stelle soll ausschließlich die Verbesserung des SNR durch Erhöhung der Laserleistung diskutiert werden. Da das SNR direkt proportional zur optischen Sendeleistung ist, kann auf einfache Weise durch Erhöhung der optischen Ausgangsleistung das SNR verbessert werden. Bisher wurden cw-Laser eingesetzt oder auch gepulste cw-Laser mit Pulsdauern, die wenigstens größer oder gleich der Flugdauer der Partikel durch das Meßvolumen sind, wie in Abbildung 44 gezeigt.

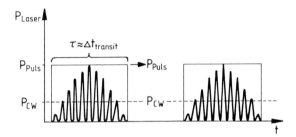

Abb. 44:
Puls- und cw-Betrieb von Lasern mit Pulsdauern die größer oder wenigstens gleich der Transitzeit $\Delta t_{transit}$ der Partikel sind

Wird ein geeigneter Laser, wie ein Nd-YAG Laser mit Pulsdauern im Nanosekundenbereich betrieben, wobei dann auch gilt $\tau \lesssim \Delta t_{transit}$, so kann die momentane optische Ausgangsleistung P_{Puls} sehr viel größer werden als die Dauerstrichleistung P_{cw}, siehe z. B. Sommer und Pfeifer 1976. Demzufolge wird das SNR proportional zum Verhältnis P_{Puls}/P_{cw} ansteigen. Das Problem bei diesem Verfahren besteht darin, daß die Pulswiederholraten nur gering sind und daß gerade während der Pulsdauer auch ein Partikel das Meßvolumen durchqueren muß. Die Pulsdauern sind bei den meisten LDA-Anwendungen sehr viel größer als 1 Mikrosekunde.

Die optische Ausgangsleistung eines Diodenlasers kann bei dieser Betriebsart mit Pulsdauern dieser Größenordnung nicht wesentlich erhöht werden, da am PN-Übergang bei Pulsdauern von $\tau \approx 1$ Mikrosekunde bereits thermisches Gleichgewicht erreicht wird und er damit im quasi-cw Betrieb arbeitet. Jedoch ist bekannt, daß bei Diodenlasern die zeitgemittelte optische Ausgangsleistung erhöht werden kann, wenn sie mit hochfrequenten Pulsen betrieben werden, d. h. mit hohen Wiederholraten bei gleichzeitig sehr kurzer Pulsdauer im Nanosekundenbereich. Es ist möglich, von dieser Betriebsart in der LDA-Technik zu profitieren, sofern neue Wege in der Signalauswertung beschritten werden:

1. Die hochfrequenten Empfangspulse des Photodetektors können mit einem Signalintegrator zum bekannten analogen LDA-Burst integriert, d. h. gefiltert werden.

2. Durch Synchronisation der hochfrequenten Sendepulse mit der Taktfrequenz eines Transientenrekorders, der die Pulshöhen der vom Partikel gestreuten Lichtpulse mißt, wird das Partikel nur dann beleuchtet, wenn das Empfangssystem meßbereit ist.

Diese Meßverfahren, besonders das zweite, ermöglichen auch die simultane Messung von mehreren Geschwindigkeitskomponenten mit nur einem Detektor und einer Signalverarbeitungskette wie erstmals von Dopheide und Pfeifer et al. 1987a beschrieben und in Abschnitt 7.4 im Detail erläutert wird.

7.2 Gepulstes LDA mit Signalintegration

Abbildung 45a zeigt den bekannten zeitlichen Verlauf eines LDA-Signals der Frequenz f_D bei Dauerstrich-(cw)-Betrieb eines Lasers. Abbildung 45b gibt den zeitlichen Verlauf des Empfangssignals bei hochfrequentem Pulsbetrieb wieder, wobei für die Pulsfrequenz f_P und die Pulsdauern gilt:

$$f_P \gg f_D \tag{37}$$

$$\tau \ll 1/f_D \text{ und } \tau < 1/f_P \tag{38}$$

Abb. 45:
LDA-Empfangssignal bei verschiedenen
Betriebsarten
a) cw-Betrieb
b) Pulsbetrieb bei hochfrequenter Pulsation

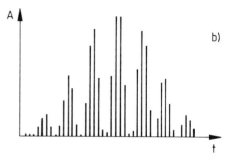

Infolge des Pulsbetriebes des Diodenlaser und der damit verbundenen Erhöhung der effektiven optischen Ausgangsleistung werden zwangsläufig auch die Empfangsimpulse am Detektor größer. Auch die zeitlich gemittelte optische Ausgangsleistung bei Pulsbetrieb kann größer sein, so daß die auf den Detektor gelangende Anzahl von Photonen sich erhöhen kann. Abbildung 46a zeigt den Zusammenhang zwischen der optischen Ausgangsleistung P_{cw} bei Dauerstrichbetrieb, der Pulsleistung P_{Puls} der Einzelpulse und der zeitlich gemittelten Pulsleistung $\overline{P_{Puls}}$. Wenn die zeitlich gemittelte Pulsleistung die Dauerstrichleistung übersteigt, kann mittels eines Signalintegrators die digitale Pulsfolge des Photodetektors in

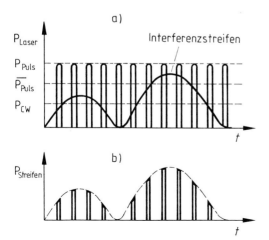

Abb. 46:
Hochfrequenter Betrieb von Diodenlasern
bei LDA-Einsatz
a) optische Ausgangsleistung bei verschiedenen Betriebsarten
P_{cw}: optische Leistung bei Dauerstrich
P_{Puls}: optische Leistung bei Pulsbetrieb
$\overline{P_{Puls}}$: zeitlich gemittelte Leistung bei Pulsbetrieb
b) Intensitätsverteilung $P_{Streifen}$ im abgetasteten Interferenzstreifenfeld

ein analoges LDA-Signal geformt werden. Als Signalintegrator ist ein Tiefpaßfilter mit geeigneter Zeitkonstante gezielt einzusetzen. Man erhält somit unter Umständen einen verbesserten Wirkungsgrad des Diodenlasers.

Das Prinzip der elektronischen Signalverarbeitung hochfrequent gepulster Diodenlaser mit Signalintegrator ist in Abbildung 47 wiedergegeben. Durch eine Temperaturregelung und eine Konstantstromquelle wird ein Diodenlaser in der Wellenlänge stabilisiert. Mittels eines elektronischen Netzwerkes erfolgt die hochfrequente Pulsation. Der Arbeitspunkt der Diode, die Pulsamplitude und die Taktrate sowie das Tastverhältnis der Pulse sind auf experimentelle Weise in der Form einzustellen, daß

● die mittlere Ausgangsleistung steigt,
● die Diode in der transversalen Grundmode schwingt,
● genügend Pulse pro Dopplerschwingung auftreten.

Die letzte Bedingung (oversampling) garantiert, daß der Integrator, dessen Integrationszeit der Doppler-Frequenz anzupassen ist, das analoge LDA-Signal formen kann.

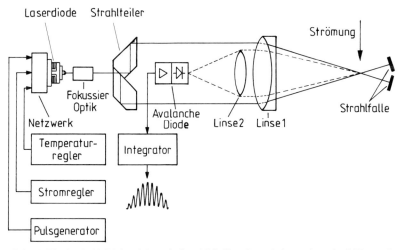

Abb. 47: Blockschaltbild der elektronischen LDA-Signalverarbeitungskette bei HF-gepulsten Diodenlasern mit Signalintegrator

Sämtliche optischen Komponenten und die Diodenbeschaltung sind analog wie bei einem herkömmlichen cw-Diodenlaser-LDA, außer der zusätzlichen Option der Pulsation, die asynchron erfolgen kann.

Die Form der Pulse und auch deren Reproduzierbarkeit spielt bei dieser Signalintegration nur eine sehr untergeordnete Rolle, da es lediglich darauf ankommt, eine höhere optische Ausgangsleistung zu erzielen. Auf der Empfangsseite wird eine breitbandige Avalanche-Photodiode benutzt, die eine Bandbreite von wenigstens 300 MHz besitzt. Die Beschaltung der APD erfolgt wie in Abbildung 35 angedeutet.

Der Integrator ermöglicht die Einstellung von 16 verschiedenen Integrationszeiten und besteht aus 16 Tiefpaß- und 16 Hochpaßfiltern. Die Filter befinden sich auf Steckkarten mit geeigneten Trennverstärkern in 50-Ohm-Technik. Eine Photographie dieses Integrators zeigt Abbildung 48. Das Gerät ist auch als Bandpaßfilter für analoge LDA-Bursts im Frequenzbereich bis 32 MHz einsetzbar und die Integrationszeiten bzw. die Filter können wahlweise vom Rechner oder manuell eingestellt werden.

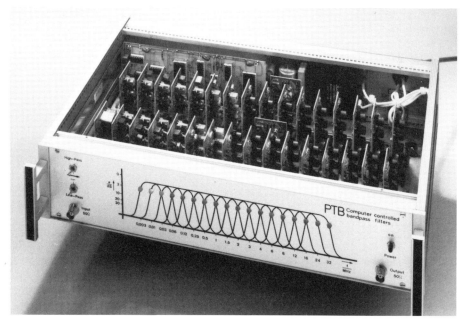

Abb. 48: Rechnergesteuerter Signalintegrator mit 16 diskreten Integrationszeiten für HF-gepulste Diodenlaser. Das Gerät ist auch als Bandpaßfilter für analoge LDA-Bursts konzipiert

Die resultierenden LDA-Bursts haben genau das gleiche Aussehen wie die mit einem cw-Laser erhaltenen Signale und können in konventioneller Weise mit Counter-Prozessoren (LDA-Frequenzzählern) verarbeitet werden. Ein weiterer Vorteil neben der möglichen Verbesserung des SNR liegt darin, daß bei synchronem Choppen des Detektors mit der Pulsfrequenz der Diode störendes Hintergrundlicht um den Betrag des Taktverhältnisses reduziert werden kann. Dies ist möglicherweise interessant bei Anwendungen in Verbrennungsmaschinen.

7.3 Puls-LDA mit koinzidenter Abtastung

Eine weitere Anhebung der SNRs von Doppler-Bursts beim Puls-LDA ist möglich, wenn die optische Leistung P_{Puls} im Einzelpuls, vgl. Abbildung 46a, für das Empfangssignal nutzbar gemacht wird. Zu diesem Zweck müssen entsprechend Abbildung 49 das Puls-LDA synchron mit einer geeigneten Signalverarbeitung betrieben und durch koinzidentes Sampling die Amplitudenmaxima der einzelnen Empfangspulse gemessen werden.
Entsprechend Abbildung 49 wird eine geeignete wellenlängenstabilisierte Diode mittels eines Pulsgenerators betrieben, der jetzt jedoch nicht frei läuft, sondern über eine Zeitbasis (HF-Generator) gesteuert wird. Dieser Generator dient gleichzeitig als externe Zeitbasis für

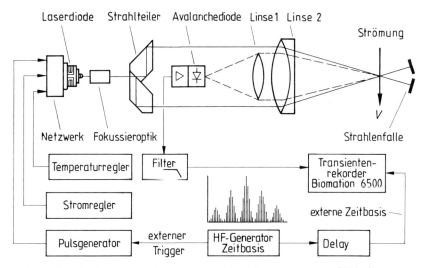

Abb. 49: Koinzidentes Abtasten beim Betrieb von hochfrequent gepulsten Diodenlasern

die Taktfrequenz eines schnellen A/D-Wandlers (Transientenrekorder) in der Weise, daß die Öffnungs-(Apertur-)Zeit des Transientenrekorders mit dem Maximum des Laserpulses synchronisiert ist. Eine variable Zeitverzögerung gleicht Laufzeitunterschiede der Pulse aus.

Die vom Diodenlaser emittierten Lichtimpulse erzeugen für die Dauer einiger Nanosekunden das Interferenzstreifensystem, wie in Abbildung 46b angedeutet ist. Während dieser Zeitintervalle streut das im Meßvolumen befindliche Partikel Licht entsprechend der dort vorliegenden lokalen Lichtintensitätsverteilung. Diese Streulichtimpulse registriert die Avalanche-Photodiode, deren elektrische Ausgangspulse ohne jegliche Filterung auf den Transientenrekorder gelangen, der dann exakt die Amplitudenmaxima mißt. Im Speicher des Transientenrekorders liegt somit das digitalisierte LDA-Signal mit Pedestal vor.

Im Gegensatz zum Puls-LDA mit Signalintegration, bei der die Form und Amplitude der hochfrequenten Pulse nicht von entscheidender Bedeutung ist, muß nun beim "koinzidenten Sampling" ein Pulsgenerator mit sehr guter Reproduzierbarkeit eingesetzt werden und gleichzeitig der Arbeitspunkt des Diodenlasers im lasenden Bereich der P/I-Kennlinie oberhalb des Schwellstromes I_{th}, wie in Abbildung 50 gezeigt, festgelegt werden. Die Diode wird bei einem Vorstrom I_{bias} so betrieben, daß die elektrischen Pulse mit dem Hub I_{Puls} im linearen Bereich der Kennlinie in unverzerrte analoge Ausgangsimpulse gewandelt werden. Bei hochfrequenter Pulsation der Diode mit einer Frequenz von $f_P \sim 100\,MHz$ muß ein genau impedanzangepaßtes Netzwerk verwendet werden.

Eine verzerrungsfreie Übertragung der Pulse ist nur bei entsprechend hohem Vorstrom I_b möglich, bei kleinen Vorströmen mit $I_b < I_{th}$ liegt der Arbeitspunkt im nichtlinearen Bereich der P/I-Kennlinie, die Diode neigt zu Oszillationen und kann multimodig werden wie ebenfalls in Abbildung 50 angedeutet. Ohne Vorstrom tritt auch eine Einschaltverzögerung zwischen dem angelegten Strom und optischer Ausgangsleistung auf, weil die zum lasenden Betrieb der Diode erforderliche Besetzungsumkehr nicht unmittelbar auf den Schwellstrom ansteigen kann, der für Laserbetrieb erforderlich ist.

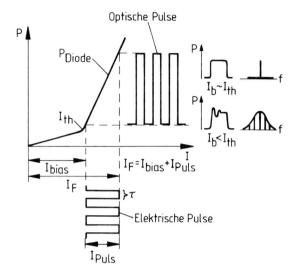

Abb. 50:
Arbeitspunktfestlegung beim hochfrequenten Pulsen von Diodenlasern

Die wichtigsten Eigenschaften und Merkmale von hochfrequent gepulsten LDAs lassen sich zusammenfassen:

1. Die Verbesserung der Signal-Rausch-Verhältnisse von gepulsten LDA-Systemen wird ausschließlich durch das Verhältnis der Pulsleistung zur cw-Leistung P_{Puls}/P_{cw} bestimmt. Das optimale Tastverhältnis und die mögliche Pulsamplitude P_{Puls} müssen experimentell ermittelt werden und sind für jeden Diodentyp unterschiedlich.

2. Die Betriebsbedingungen beim hochfrequenten Pulsen sind so zu wählen, daß die Kohärenz des Lasers erhalten bleibt und die Diode in der transversalen Grundmode schwingt. Diese Randbedingungen begrenzen oft die Steigerung der Ausgangsleistung um mehr als einen Faktor 5–10.

3. Die verwendeten Transientenrekorder müssen eine große analoge Bandbreite und eine sehr kleine Aperturzeit aufweisen. Die Abtastrate sollte wenigstens das Dreifache der Dopplerfrequenz betragen und extern einstellbar sein, so daß höchste Anforderungen an die technische Qualität der Transientenrekorder gestellt werden.

4. Die Empfangssignale der Photodetektoren dürfen vor der Digitalisierung nicht hochpaßgefiltert werden, so daß Filter prinzipiell entfallen können. Die benötigte hohe Bandbreite der Empfangssysteme muß mindestens das Dreifache der Pulsfrequenz betragen, damit die Analogsignale möglichst verzerrungsfrei übertragen werden. Im nachgeschalteten Rechner erfolgt entweder eine Fourier Transformation der LDA-Bursts oder eine digitale Filterung.

Ein hochfrequent gepulstes LDA kann auch bei Photon-Korrelation eingesetzt werden. Neben der Verbesserung der SNRs ist besonders auch eine Reduktion des Hintergrundlichtes möglich, wenn der Empfänger synchron im Takt der emittierten Lichtpulse gechoppt wird, so daß er nur während der Pulsdauern geöffnet bleibt. Dies dürfte bei long-range Anemometern und Rückstreuanordnungen besonders interessant sein.

7.4 Messung mehrerer Geschwindigkeitskomponenten

Neben der Verbesserung der Signal-Rausch-Verhältnisse ermöglichen hochfrequent gepulste Dioden auch die simultane Messung von mehreren Geschwindigkeitskomponenten mit nur einem Photodetektor und einer elektronischen Signalverarbeitungskette ohne Übersprechen der einzelnen Kanäle auch bei einer einzigen Wellenlänge. Auch ist es möglich, miniaturisierte Strömungssensoren wie das in Abschnitt 4.4 beschriebene Rückstreu-LDA aufzubauen und gegebenenfalls gleichzeitig die Signal-Rausch-Verhältnisse zu verbessern. Der entsprechende Versuchsaufbau ist in Abbildung 51 für ein 2-Komponenten-LDA wiedergegeben, welches in bekannter Weise wiederum zwei wellenlängenstabilisierte Diodenlaser benutzt, deren Wellenlänge unterschiedlich oder gleich sein kann. Über eine gemeinsame Zeitbasis werden beide Dioden zeitlich synchronisiert. Der Pulsgenerator betreibt die Diode LD1 mit der Frequenz f_P und über ein einstellbares Delay mit zeitlicher Phasenverzögerung auch den Diodenlaser LD2. Nach Frequenzverdopplung durch Addition der Pulsfrequenz f_P mit der um π phasenverschobenen Pulsfrequenz wird diese frequenzverdoppelte Zeitbasis als externe Taktfrequenz für den Transientenrekorder benutzt.

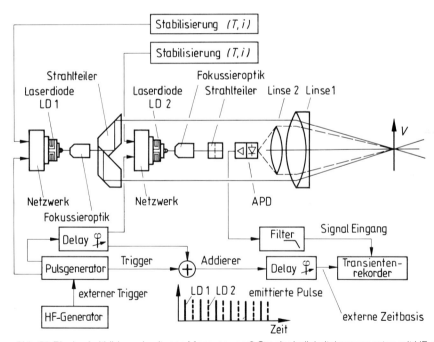

Abb. 51: Blockschaltbild zur simultanen Messung von 2 Geschwindigkeitskomponenten mit HF-gepulsten Diodenlasern durch sequentielles und koinzidentes Pulsen

Die im zeitlichen Nacheinander emittierenden Diodenlaser senden also abwechselnd Lichtimpulse aus, die das im Meßvolumen befindliche Partikel beleuchten, so daß es abwechselnd Lichtpulse der Diode LD1 (Kanal 1) und LD2 (Kanal 2) auf die Avalanche-Diode streut. Die Höhe der Empfangsimpulse wird durch die zeitsynchrone und phasenrichtige Ab-

tastung mit dem Transientenrekorder gemessen und die Pulse im nachgeschalteten Rechner sortiert und dann die Frequenz ermittelt bzw. eine digitale Filterung durchgeführt.
Dieses Verfahren erfordert eine doppelt so hohe Taktfrequenz wie die Messung von nur einer Geschwindigkeitskomponente und stellt entsprechend höhere Anforderungen an die Transientenrekorder.

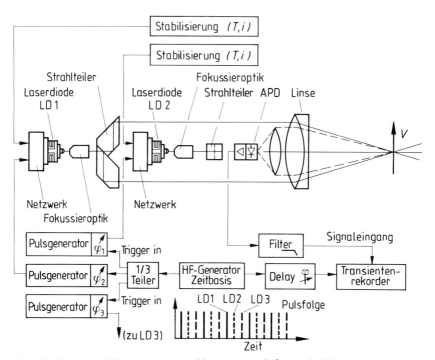

Abb. 52: Blockschaltbild zur simultanen Messung von 3 Geschwindigkeitskomponenten durch sequentielles Pulsen von Diodenlasern. Die Sendeoptik für die dritte Komponente wurde der Übersicht halber nicht eingezeichnet

Eine leicht modifizierte Anordnung der Zeitbasis zur Messung von 3 Geschwindigkeitskomponenten ist in Abbildung 52 wiedergegeben. Zur Bewahrung der Übersichtlichkeit ist die Sendeoptik für die dritte Geschwindigkeitskomponente in Abbildung 52 nicht eingezeichnet. Das Taktsignal f_T eines als Zeitbasis verwendeten Generators wird mittels eines Frequenzteilers gedrittelt und diese um einen Faktor 3 geteilte Frequenz $f_T/3$ als Triggersignal für 3 Pulsgeneratoren benutzt, die ihrerseits 3 wellenlängenstabilisierte Diodenlaser pulsen. Einstellbare Delays φ_1, φ_2 und φ_3 sorgen dafür, daß die Dioden synchron mit der Taktfrequenz f_T pulsen, die gleichzeitig wiederum die externe Zeitbasis für den Transientenrekorder bildet. Die einstellbaren Verzögerungen in Verbindung mit der Frequenzteilung bewirkt, daß die Lichtimpulse der drei Dioden in zeitlich äquidistanten Abständen sequentiell emittiert und phasenrichtig vom Transientenrekorder gesampelt werden. Im nachgeschalteten Rechner werden dann die Empfangsimpulse sortiert und die Dopplerfrequenz durch Fourieranalyse bzw. auch durch digitale Filterung bestimmt.

7.5 Zusammenfassung, zukünftige Entwicklungen

Der Einsatz von hochfrequent gepulsten Diodenlasern in der Strömungsmessung bringt folgende Vorteile:

- Verbesserung der SNRs durch Erhöhung der optischen Ausgangsleistung
- Simultane Mehrkomponentenmessung mit nur einem Photodetektor und einer Signalverarbeitungskette bei nur einer Wellenlänge
- Miniaturaufbau sehr einfach möglich
- Unterdrückung von Hintergrundsrauschen durch phasenrichtiges Choppen der Photodetektoren

Demgegenüber stehen die Nachteile eines erhöhten elektronischen Aufwandes der hochfrequenten Pulsation. Insgesamt jedoch dürfte diese Technik auch dann interessant sein, wenn die optische Ausgangsleistung durch Pulsation nicht erhöht wird, sondern nur die Möglichkeit der Mehrkomponentenmessung in einem Miniatur-LDA von Interesse ist. Die Anwendungsmöglichkeiten liegen besonders in der Windkanaltechnik, Luft- und Raumfahrt, Klima- und Umwelt- sowie der Verfahrensmeßtechnik.

Eine weitere interessante Zukunftsperspektive zeichnet sich in den diodengepumpten Festkörperlasern ab, die durch Frequenzverdoppelung auch einen sichtbaren Laserstrahl aussenden können. Da diese Frequenzverdoppelung ein nichtlinearer Prozeß ist, wird eine Pulsation den Wirkungsgrad dieser Verdoppelung stark steigern, so daß sehr hohe optische Ausgangsleistungen auch im sichtbaren Wellenlängenbereich möglich sind, was viele Anwendungen in der LDA-Technik erleichtern dürfte.

8. Zusammenfassung und Ausblick

Halbleiterbauelemente wie Diodenlaser und Photodioden, insbesondere PIN- und Avalanche-Dioden, werden in der optischen Strömungsmeßtechnik in der Zukunft einen immer größeren Stellenwert einnehmen und langfristig herkömmliche Gaslaser-Systeme mit Photomultipliern ersetzen. Die vorliegende Arbeit beschreibt die wichtigsten Eigenschaften von Diodenlasern auf GaAlAs-Basis nach dem derzeitigen Stand der Technik in Hinblick auf Anwendungen in der Strömungsmessung und arbeitet die wesentlichen Auswahlkriterien für Halbleiterlaser und auch Photodioden heraus.

Die Probleme des Einsatzes von Diodenlasern und Avalanche-Dioden wie Fokussierung, Wellenlängenstabilisierung und Wellenlängenmessung werden so weit beschrieben, daß der Anwender seine eigenen Systeme für seine speziellen Anwendungen konzipieren und bauen kann. Im Detail erläutert wird ein wellenlängenstabilisiertes Rückstreu-LDA in Miniatur-Bauform für Arbeitsabstände bis 500 mm.

Ein neues Verfahren zur Messung von Strömungsgeschwindigkeiten, welches phasengekoppelte Dioden-Arrays mit hohen optischen Ausgangsleistungen bis 1000 mW einsetzt, kann für viele Anwendungen interessant sein, bei denen eine kleine Bauform unumgänglich ist und nur ein räumlich sehr begrenzter Zugang zum Meßort möglich ist.

Neue Verfahren zur mehrkomponentigen Geschwindigkeitsmessung mit hochfrequent gepulsten Diodenlasern eröffnen Wege zur simultanen Messung von 3 Geschwindigkeitskomponenten mit nur einem Photodetektor und nur einer elektronischen Signalverarbeitungskette auch ohne Übersprechen der einzelnen Kanäle, selbst wenn für alle Kanäle die gleiche Wellenlänge verwendet wird. Dieses System kann gleichzeitig ebenfalls in miniaturisierter Bauform erstellt werden, jedoch sind neue Verfahren der Signalverarbeitung wie ''Signalintegration'' und ''koinzidentes Abtasten'' unumgänglich, wie im Detail beschrieben wird. Ein zusätzlicher Vorteil der hochfrequent gepulsten LDAs liegt im verbesserten Signal-Rausch-Verhältnis gegenüber cw-Betrieb. Der Überblick über die neue Halbleitertechnologie soll dem Anwender Anregung geben, seine eigenen Systeme zu erstellen und neue Perspektiven eröffnen.

9. Literaturverzeichnis

Bopp, S.; Durst, F.; Müller, R.; Naqui, A. und Tropea, C. 1988: Small laser Doppler anemometers using semiconductor lasers and avalanche-diodes. LDA-Symposium, Lisbon 11–14 July 1988, Conference Proceedings paper 6.4

Brown, R. G. W.; Ridley, K. D. und Rarity, J. G. 1986: Miniature, solid state photodetectors for photon correlation laser anemometry. LDA-Symposium, Lisbon 7–9 July 1986, Conference Proceedings paper 8.1

Damp, S. 1988: Battery driven miniature LDA-System with semiconductor laser diode. LDA-Symposium, Lisbon 11–14 July 1988, Conference Proceedings paper 5.4

Dopheide, D.; Taux, G.; Reim, G. und Faber, M. 1986: Laser Doppler anemometry using laser diodes and solid state photodetectors. LDA-Symposium, Lisbon 7–9 July 1986, Conference Proceedings paper 8.2

Dopheide, D.; Pfeifer, H. J.; Faber, M. und Taux, G. 1989: The use of high-frequency pulsed laser diodes in fringe type laser Doppler anemometry. PTB-Mitteilungen 1/1989, p. 15–19

Dopheide, D.; Faber, M.; Reim, G. und Taux, G. 1988: A portable frequency stabilized laser diode backscatter semiconductor LDA for high velocity applications. LDA-Symposium, Lisbon 11–14 July 1988, Conference Proceedings paper 4.4

Dopheide, D.; Faber, M.; Reim, G. und Taux, G. 1987: Laser- und Avalanche-Dioden für die Geschwindigkeitsmessung mit Laser-Doppler-Anemometrie. Technisches Messen, tm 7/8, p. 291–303

Dopheide, D.; Pfeifer, H. J.; Faber, M.; Taux, G. und Reim, G. 1987a: Laser-Doppler-Anemometer, Europäische Patentanmeldung Nr. 87 111 472.8, August 1987

Drain, L. E. 1980: The Laser Doppler Technique. Wiley-Interscience Publication, John Wiley & Sons, Chicester

Durst, F.; Melling, Adrian; Whitelaw, J. H. 1987: Theorie und Praxis der Laser-Doppler-Anemometrie. Verlag G. Braun, Karlsruhe 1987

Durst, F. und Heiber, K. F. 1977: Signal-Rausch-Verhältnisse von Laser-Doppler-Signalen, Optica Acta, Vol. 24, No. 1, p. 43–67

Durst, F.; Krebs, A. 1986: Adaptive optics for IC-engine measurements. Experiments in Fluids 4, p. 232–240

Franke, J. M.; Ocheltree, S. L.; Hunter, W. W. and Meyers, J. F. 1977: Laser velocimetry with diode junction semiconductor lasers. Proceedings of the technical program electro-optics laser conference and exhibition, p. 374–380, Electro-Optics/Laser, Boston, MA

Hitachi, LTD 1988: Laser diode manual. Hitachi, Tokyo, Japan

Kersten, Ralf 1983: Einführung in die optische Nachrichtentechnik. Springer, Berlin 1983

Kittel, Charles, 1969: Einführung in die Festkörperphysik. R. Oldenbourg Verlag, München

Kressel, Henry und Butler, J. K. 1977: Semiconductor Laser and Heterojunction LEDs. Academics Press 1977

Leder, A.; Geropp, D. 1988: Ermittlung kohärenter Strömungsstrukturen in hochturbulenten Ablösegebieten mit dem Laser-Doppler-Anemometer. Jahrbuch der Deutschen Gesellschaft für Luft- und Raumfahrt (DGLR) 1988, p. 345–353

Nathan, M. I.; Dumke, W. P., Burns, G.; Dill, F. H. und Lasher, G. J. 1962: Stimulated Emission of Radiation from GaAs-PN-Junctions. Appl. Phys. Lett. 1, p. 62–64, 1962

RCA Inc. 1988: Produkt-Katalog, Radio Corporation of America, Mount Joy, PA, USA

Ruck, B. 1987: Laser-Doppler-Anemometrie. AT-Fachverlag, Stuttgart 1987

Sharp Corporation 1988: Laser diode manual. Osaka, Japan

Shaushnessy, E. J. und Zu'bi, F. H. 1978: GaAlAs diode sources for laser Doppler anemometry. Appl. Phys. Lett. 33 (9), p. 835–836

Siemens AG 1988: Laser diode manual. Bereich Bauelemente, 8000 München 80

Sommer, E. und Pfeifer, H. J. 1976: LDA-system for crosswind velocity measurements using pulsed laser radiation. LDA-Symposium, Lisbon 7–9 July, Conference Proceedings paper 3.8

Sony Corporation 1988: Laser-diode manual. Sony, Tokyo, Japan

Spectra Diode Labs 1988: Laser diode manual. SDL, San Jose, CA, USA

Thompson, G. H. B. 1985: Physics of Semiconductor Laser Devices. John Wiley & Sons

Unger, Hans Georg 1985: Optische Nachrichtentechnik Teil II: Komponenten, Systeme, Meßtechnik. Dr. Alfred Hüthig Verlag, Heidelberg

Webb, P. P.; McIntyre, R. J. und Conradi, J. 1974: Properties of Avalanche Photodiodes. RCA Review Vol. 35, p. 235–279

Laser-Speckle-Velocimetrie

W. Merzkirch

1. Einleitung

Die Laser-Speckle-Velocimetrie, gelegentlich auch "particle image velocimetry" (PIV) oder "particle image displacement velocimetry" (PIDV) genannt, ist eine Methode der Geschwindigkeitsmessung in Strömungen, die mit Streuteilchen beladen sind. Im Gegensatz zur Laser-Doppler-Anemometrie und zum Laser-Zweifokus-Verfahren wird die Geschwindigkeit nicht in einem Punkt gemessen, sondern gleichzeitig für alle, bzw. für eine große Zahl von Punkten in einer Ebene des Strömungsraums ermittelt, jedoch nur für einen ausgewählten Zeitpunkt. Dabei werden nur die beiden Geschwindigkeitskomponenten in der betreffenden Ebene bestimmt; die Komponente senkrecht zu dieser Ebene kann entsprechend dem heutigen Entwicklungsstand nicht erfaßt werden.

Die Abgrenzung gegenüber den beiden anderen Meßmethoden ist klar: Dort handelt es sich um die punktweise, aber zeitabhängige Bestimmung der Geschwindigkeit durch optische Sonden. Hier liegen die Voraussetzungen vor, die in der optischen Meßtechnik als "Ganzfeldmethode" bezeichnet werden, wobei das "Feld" nur ein ebener Schnitt aus dem Strömungsraum ist. Die Zeitabhängigkeit der Meßgröße Geschwindigkeit wird nicht ermittelt. Bezüglich des statistischen Raum-Zeit-Verhaltens der Meßgröße können im ersten Fall zeitliche Korrelationen, bei der Speckle-Technik räumliche Korrelationen ausgeführt werden. Die beiden Meßprinzipien stehen also nicht so sehr in direkter Konkurrenz; vielmehr erscheint ihre Anwendung in gegenseitiger Ergänzung sinnvoll.

Die Messung der Strömungsgeschwindigkeit durch das Verfolgen der Bewegung von Streupartikeln in der Strömung ist keine neue Idee. Viele Methoden zur geeigneten Beleuchtung und photographischen Erfassung der Bewegung solcher Partikeln sind in der Literatur beschrieben worden (siehe z. B. Merzkirch, 1987). Neu an der hier beschriebenen Methode ist das Einbeziehen von Elementen und Verfahrensschritten, die aus der Speckle-Photographie stammen. Zum einen ist die Geschwindigkeitsmessung nicht mehr an die Identifizierung einzelner Streupartikeln gebunden. An die Stelle individueller Bilder von Partikeln können "speckles" treten. Zum anderen wird zur Ausmessung der Bewegung der "speckles" oder der Partikelbilder ein Verfahren herangezogen, das einer optischen Fourier-Transformation des Meßsignals entspricht und das speziell in der Speckle-Photographie zur Signalauswertung entwickelt wurde.

Ein Speckle-Muster entsteht durch ungeordnete Streuung und Vielfach-Interferenz von kohärentem Licht. Die unregelmäßig auftretenden hellen und dunklen Punkte oder Flecken des Musters sind die "speckles"; zur Theorie des Speckle-Effektes siehe z. B. Françon (1979). Unter dem Begriff "Speckle-Photographie" wird dieser Effekt als Meßmethode zur Bestimmung der Deformation rauher Oberflächen verwandt (Stetson, 1975). Interessanterweise wurde die Anwendbarkeit der Speckle-Photographie zur Messung von Strömungsgeschwindigkeiten von vier, offenbar unanbhängig voneinander arbeitenden Gruppen nachgewiesen, und zwar jeweils durch eine Publikation im Jahr 1977 (Barker und Fourney, 1977; Dudderar und Simpkins, 1977; Grousson und Mallick, 1977; Lallement et al. 1977). Der Beginn dieser Entwicklung und die ersten erfolgreichen Anwendungen auf reale Strömungsprobleme sind eng mit dem Namen Meynart (z. B. 1980, 1982, 1983) verbunden.

Erwähnenswert ist, daß der Speckle-Effekt, unabhängig von seiner Anwendung zur Geschwindigkeitsmessung, auch zur Untersuchung von Strömungen mit Dichteänderungen Verwendung findet. Aufbauend auf den Ideen von Debrus et al. (1972) und Köpf (1972) sind verschiedene Anordnungen beschrieben worden, mit denen die Lichtablenkung in Strömungen variabler Gasdichte, ähnlich wie in einem Schlierenverfahren, gemessen wird. Im Unterschied zu den klassischen optischen Verfahren erlaubt hier der Speckle-Effekt auch die Analyse turbulenter Strömungen mit fluktuierender Dichte (Erbeck und Merzkirch, 1988).

Nach einer Darstellung des Prinzips der Speckle-Velocimetrie werden im folgenden die möglichen Elemente einer Anordnung und die einzelnen Verfahrensschritte diskutiert. Besondere Bedeutung kommt einer Automatisierung der Datenauswertung über Bildverarbeitungssysteme zu. Auch eine direkte visuelle Darstellung der Information ist durch die sogenannte Raumfilter-Analyse möglich. Wegen der vielen und unterschiedlichen Verfahrensschritte ist eine präzise Eingrenzung der Meßgenauigkeit noch schwierig. Zum Schluß der Arbeit werden bekannte und typische Anwendungen dieser Meßmethode vorgestellt.

2. Meßprinzip

Gemäß der einfachsten Beschreibung der Methode wird eine mit der Strömung bewegte Streupartikel durch eine Doppelbelichtungsaufnahme auf photographischem Film zweimal abgebildet, und zwar an zwei verschiedenen Positionen entsprechend der Verschiebung der Partikel im Zeitintervall zwischen den beiden Einzelaufnahmen. Bei bekanntem Wert des Zeitintervalls ergibt eine Ausmessung der Verschiebung die Geschwindigkeit der Partikel, gemittelt über das Zeitintervall. Auf die Frage, inwieweit die Partikelgeschwindigkeit die Strömungsgeschwindigkeit darstellt, soll hier nicht weiter eingegangen werden. Die Problematik ist dieselbe wie bei anderen Methoden der Strömungsmeßtechnik, die von der Präsenz von Streupartikeln abhängen. In der Doppelbelichtungsaufnahme sind die Doppelbilder einer Vielzahl von Streupartikeln festgehalten, deren jeweilige Verschiebung bestimmt werden muß. Eine der Besonderheiten dieser Methode liegt in der Art der Verschiebungsmessung, die weiter unten erklärt ist. Individuelle Streupartikeln müssen nicht identifiziert werden, und deshalb ist die Betrachtungsweise in vielen Punkten unabhängig davon, ob von Partikelbildern oder von ''speckles'' die Rede ist.

Eine Standard-Konfiguration der optischen Anwendung zeigt Abbildung 1.

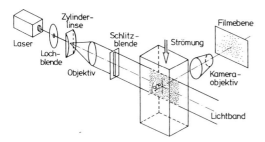

Abb. 1:
Standardanordnung der Speckle-Velocimetry unter Verwendung eines ebenen Laser-Lichtschnitts; Beobachtung unter 90°-Streuung

Ein Laserstrahl wird durch eine Zylinderlinse zu einem ebenen Lichtband aufgeweitet. Dieses Lichtband wird durch den Strömungsraum gelenkt, wo alle Streupartikeln, die sich innerhalb dieser Ebene befinden, beleuchtet werden. Die Ebene wird durch ein Objektiv auf den photographischen Film abgebildet. Der Film wird durch das von den Partikeln seitwärts gestreute Licht belichtet. Für die Herstellung einer Doppelbelichtungsaufnahme ist es zweckmäßig, einen gepulsten Laser zu verwenden, der zwei kurze Lichtimpulse in definiertem zeitlichem Abstand auslösen kann (z. B. ein Rubin-Laser). Auf dem Film findet sich dann eine Vielzahl von Doppelbildern solcher Partikeln, die sich während des Zeitintervalls zwischen den beiden Laserpulsen in der beleuchteten Ebene ("Lichtschnitt") über eine bestimmte Strecke hinweg bewegt haben. Die Betrachtungsweise für "speckles" ist ähnlich. Der Film kann auch eine Reihe von einzelnen Partikelbildern enthalten. Diese stammen von Partikeln, die sich während des Zeitintervalls in die Ebene hinein oder aus der Ebene heraus bewegt haben und die nur von einem der beiden Lichtimpulse erfaßt wurden. Solche Partikeln besitzen eine Geschwindigkeitskomponente senkrecht zur Lichtschnittebene. Wie später gezeigt, tragen diese Einzelbilder zu einer Verschlechterung der Signalqualität bei.

Die Verschiebungsmessung, also die Bestimmung der Wegstrecke, die jede Partikel innerhalb des Zeitintervalls der Doppelbelichtungsaufnahme zurückgelegt hat, kann auf verschiedene Weise erfolgen. Am gebräuchlichsten ist eine Anordnung, in der die entwickelte Aufnahme ("Specklegramm") mit einem (nicht aufgeweiteten) Laserstrahl punktweise abgetastet wird (Abb. 2). Dabei entsteht auf einem Beobachtungsschirm im Abstand d vom Specklegramm ein optisches Signal, das einer Fourier-Transformation der zu bestimmenden Verschiebung entspricht und das einer Messung besser zugänglich ist als der Verschiebungsvektor selbst.

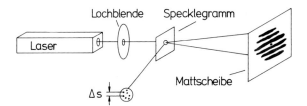

Abb. 2:
Abtasten des Specklegramms mit dem Strahl des Analyselasers; Entstehung der Youngschen Interferenzstreifen als Meßsignal

Dieses Signal ist ein System von parallelen, äquidistanten Interferenzstreifen ("Youngsche Streifen"), die gemäß dem klassischen Youngschen Interferenzversuch auf die Interferenz zweier Lichtwellen zurückgehen, die von zwei punktförmigen, räumlich abgetrennten Lichtquellen ausgehen. Diese beiden Lichtquellen werden durch die Partikeldoppelbilder gebildet, die in dieser Anordnung durch den Strahl des Analyselasers beleuchtet werden. Der Abstand der Youngschen Interferenzstreifen S ist umgekehrt proportional zur gesuchten Verschiebung Δ:

$$\Delta = \frac{\lambda \cdot \ell}{S \cdot M} , \qquad (1)$$

wobei λ die Wellenlänge des Analyselasers und M der photographische Vergrößerungsmaßstab der Doppelbelichtungsaufnahme ist. Die Richtung der Interferenzstreifen ist senkrecht zur Richtung der Verschiebung Δ. Eine Messung des Streifenabstandes S und der Streifenrichtung ermöglicht also eine Bestimmung der Verschiebung als Vektor in der Ebene des Lichtschnitts. Allerdings bleibt bei diesem Vorgehen das Vorzeichen des Vektors offen. Das daraus resultierende Problem ist ähnlich der Situation in der Laser-Doppler-Anemometrie und kann wie dort durch das Überlagern einer künstlichen Geschwindigkeit gelöst werden.

Durch Abtasten des Specklegramms mit dem Laserstrahl erhält man für jeden Abtastpunkt (x_i, y_j) ein Youngsches Streifenmuster und daraus den Geschwindigkeitsvektor (u, v) in dem entsprechenden Punkt der Lichtschnittebene. Dieser Analysevorgang kann mit Hilfe eines Computers und eines geeigneten Bildverarbeitungssystems automatisiert werden. Da in einem Specklegramm eine Vielzahl von Signalen, manchmal mehrere tausend, enthalten sind, ist die automatisierte Signalanalyse eine unabdingbare Forderung für eine rationelle

Anwendung der Speckle-Velocimetrie. In den Analysevorgang kann auch noch die Präsentation der Daten, z. B. in Form von Vektordiagrammen, integriert werden.

Die oben gegebene Erklärung der Bildung der Youngschen Interferenzstreifen ist nur eine von mehreren Möglichkeiten, dieses Phänomen physikalisch zu beschreiben. Eine andere Interpretation beruht auf dem Prinzip der Beugung am Doppelspalt. Die nullte Ordnung des an den beiden Partikelbildern gebeugten Lichts bildet einen Lichtkegel ("Halo"), innerhalb dessen die Lichtintensität durch die Youngschen Streifen moduliert ist.

Der Analyselaser beleuchtet auf dem Specklegramm eine kreisförmige Fläche, deren Durchmesser etwa 1 mm oder darunter beträgt. Innerhalb dieser Fläche können ein oder mehrere Paare von Partikelbildern liegen. Im groben ist die Situation bei mehreren beleuchteten Partikelpaaren nicht anders als hier beschrieben, vorausgesetzt, daß die auszumessende Verschiebung bei allen Paaren innerhalb des Kreisgebiets gleich ist. Im Detail ergibt sich aber bei der Beleuchtung mehrerer Paare immer eine Signalverschlechterung infolge Korrelationen zwischen nicht zusammengehörigen Partikelbildern. Die Signalqualität ist von entscheidendem Einfluß auf die Genauigkeit dieser Art von Geschwindigkeitsmessung.

3. Herstellung des Specklegramms

3.1 Lichtquelle und Lichtschnitt

Die Aufweitung eines Laserstrahls durch eine Zylinderlinse zu einem ebenen Lichtband ("Lichtschnitt") ist eine in der Strömungssichtbarmachung häufig angewandte Methode (siehe z. B. Véret 1985; Philbert et al. 1979). Bewegt man den Lichtschnitt senkrecht zu einer Ebene durch die Strömung, so erhält man im Fall einer stationären Strömung einen Eindruck vom räumlichen Strömungsverhalten. Ein paralleles Lichtband, wie es in der Abbildung 1 gezeigt ist, hat gegenüber einem divergenten Band den Vorteil gleichmäßiger Beleuchtung der Streupartikeln. Die Tiefe des Lichtbandes ist, wenn keine besonderen Vorkehrungen vorgesehen sind, von der Größenordnung des Durchmessers des Laserstrahls, also etwa 1 mm. Mit der Verwendung einer zusätzlichen Optik läßt sich diese Tiefenausdehnung vermindern. Sehr flexibel wird das System durch eine Teleskopanordnung (Abb. 3). Durch Verschieben des Objektivs L_2 im System von Abbildung 3 lassen sich Tiefe und Höhe des Lichtschnitts am Testort in der Strömung kontrollieren (Prenel et al. 1989). Die Tiefe des Lichtbandes (d. h. die Ausdehnung senkrecht zur Lichtschnittebene) ist um ein bis zwei Größenordnungen größer als der Durchmesser hier üblicher Streupartikeln. Deshalb spielt diese Dimension eine entscheidende Rolle in der Unsicherheit bezüglich der Geschwindigkeitskomponente w, die i. a. nicht detektiert werden kann.

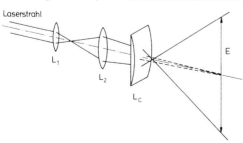

Abb. 3:
Teleskopanordnung zur Erzeugung eines ebenen Lichtschnitts

Koga et al. (1987) geben eine Beschreibung, die Herstellung eines Lichtschnitts durch die Verwendung von Lichtleitern flexibler zu gestalten. Dies ist jedoch mit einem Intensitätsverlust verbunden.

Parameter, die die Auswahl der Lichtquelle beeinflussen, sind: spektrale Eigenschaften, Intensität, möglicher Pulsbetrieb. Wie später diskutiert, ist für die Erzeugung eines Specklegramms in gewissen Fällen auch eine Weißlichtquelle verwendbar. Sie ist aber wegen der Diffusivität des weißen Lichtes nicht für die Herstellung eines dünnen, homogenen Lichtschnitts geeignet. Die spektralen Eigenschaften sind vor allem im Hinblick auf die Empfindlichkeit des Filmmaterials von Interesse. So sind z. B. viele Filme für die Wellenlänge des Rubinlasers (0,6943 µm) vollkommen unempfindlich. I. a. haben photographische Filme die höchste Empfindlichkeit im grün/blauen Bereich. Deshalb sind die Werte der Laserintensität bzw. der in den Laserblitzen enthaltenen Energie immer im Zusammenhang mit der Filmempfindlichkeit zu sehen. Rubinlaser gewährleisten einen zuverlässigen Doppelpuls-Betrieb. Typische Werte sind 50 ns für die Länge der Einzelpulse, und Pulsintervalle zwischen 1 µs und 800 µs, bei Energiewerten von 30 mJ bis zu mehreren Joule, verteilt auf den gesamten Doppelpuls. Dauerstrich-Laser (Gaslaser) erfordern eine mechanische oder elektro-optische Vorrichtung zur Erzeugung des Doppelpulses. Wie im Abschnitt über Meßbereich und Meßfehler gezeigt, sind Wahl der Pulslänge und der Intervallänge von dem zu erwartenden Geschwindigkeitsbereich abhängig. Für nähere Informationen sei auf die Übersicht von Hugenschmidt und Vollrath (1981) verwiesen.

3.2 Photographie der Streupartikel

Die durch den Lichtschnitt ausgeleuchtete Ebene wird auf den photographischen Film abgebildet. Zur Herstellung einer für die anschließende Auswertung und Messung geeigneten Doppelbelichtungsaufnahme ist es wichtig, eine Reihe von Parametern zu optimieren. Dies sind insbesondere: Partikelgröße, Partikelkonzentration (Anzahl der Partikel pro Volumeneinheit), Belichtungszeit (Länge der Einzelpulse), Abbildungsmaßstab, Filmempfindlichkeit, räumliche Auflösung des Films (Korngröße). Die Optimierung erfolgt unter zwei grundlegenden Gesichtspunkten: Das von den Partikeln seitwärts gestreute Licht muß den Film in ausreichendem Maße schwärzen; der Film muß das Partikel bzw. ''speckle''-Muster genügend fein auflösen.

Aus strömungstechnischen Gründen sollten die Streupartikeln möglichst klein sein, weil sie dann um so besser der Fluidströmung folgen. Andererseits wird bei abnehmendem Partikeldurchmesser die Intensität des Streulichts geringer, so daß es vor allem bei Seitwärtsstreuung zu erheblichen Intensitätsproblemen kommen kann. Dies erklärt, daß in den meisten in der Literatur berichteten Anwendungen relativ große Streupartikeln verwendet wurden (siehe unten). Die Intensitätsminderung bei der Verwendung kleiner Partikeln kann zum Teil durch eine höhere Partikelkonzentration kompensiert werden.

Gemäß Adrian (1984) werden durch den Wert der Partikelkonzentration zwei grundsätzlich verschiedene Moden des Meßverfahrens unterschieden. Bei geringer Beladung liegt eine normale Abbildung der Streupartikeln bei der Doppelbelichtungsaufnahme vor (''particle image velocimetry''). Dabei haben die Partikelbilder, auch bei einer 1:1-Abbildung, nicht notwendigerweise dieselbe Größe wie die Partikeln. In der Regel sind die Bilder infolge Beugungserscheinungen größer als die geometrischen Abbilder der Objekte (Partikeln). Wenn die Beladung so hoch ist, daß sich die Beugungsbilder der Partikeln überlappen, liegt die "speckle"-Mode vor. Sie setzt kohärentes Licht voraus. Das "speckle"-Muster läßt sich auch durch Vielfach-Interferenz des an vielen Partikeln gestreuten Lichts erklären.

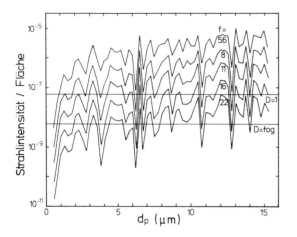

Abb. 4:
Strahlungsenergie pro Fläche (in relativen Einheiten) des auf dem Film empfangenen Streulichts der Partikel in Abhängigkeit vom Partikeldurchmesser d_p; Kurven für verschiedene f-Zahlen des Kameraobjektivs (nach Adrian und Yao, 1985)

Adrian und Yao (1985) haben eine systematische Parameterstudie über die Schwärzung des photographischen Films durch das Streulicht ausgeführt. Auf der Grundlage der Mie-Theorie für die 90°-Streuung berechnen sie für verschiedene Partikel/Fluid-Kombinationen die minimale Partikelgrößen bzw. (für die "speckle"-Mode) die minimalen Partikelkonzentrationen, die für eine ausreichende Filmschwärzung bei gegebener Pulsenergie notwendig ist. Dabei werden die durch das Kameraobjektiv bedingten Beugungseffekte wie auch reale Filmeigenschaften berücksichtigt. Ein Ergebnis dieser Untersuchungen zeigt Abbildung 4. Die durch eine Partikel auf dem Film bewirkte Strahlungsenergie pro Fläche (in dimensionsloser Form) ist in Abhängigkeit vom Partikeldurchmesser dargestellt. Dieses Resultat der Berechnungen von Adrian und Yao bezieht sich auf sphärische Öltröpfchen oder Glaskugeln in Luft. Die Kurven tragen als Parameter die Öffnungszahl (f-Zahl) des Kameraobjektivs. Die Maxima und Minima sind eine Folge der Anwendung die Mie-Theorie. Die beiden horizontalen Linien beziehen sich auf die unterste Empfindlichkeitsgrenze (D = fog) des angenommenen Filmmaterials (Kodak 2415) und auf die Sättigungsgrenze des Films. Zwischen diesen beiden Grenzen besitzt der Film lineares Schwärzungsverhalten. Kodak Technical Pan Film 2415 ist für die ebenfalls angenommene Strahlung eines Rubin-Lasers von ausreichender spektraler Empfindlichkeit.
Man entnimmt der Abbildung 4, daß Partikeln mit einem Durchmesser $d_p > 0{,}5\,\mu m$ schon die geforderte Filmschwärzung bewirken können. Die Rechnungen setzen allerdings eine Strahlungsenergie von 2,5 J, verteilt auf eine Fläche von 100 mm^2 (des Lichtschnitts) voraus, und dies erscheint in Anbetracht der Pulsenergie normaler Rubin-Laser als unrealistisch (vgl. Abschnitt 3.1), zumal die Berechnungen auch von einem 1:1-Abbildungsmaßstab ausgehen. Konkrete experimentelle Hinweise über die photographisch noch registrierbare Partikelgröße gibt es für diese Lichtwellenlänge ($\lambda = 0{,}6943\,\mu m$) nicht. Kompenhans und Reichmuth (1988) berichten über Geschwindigkeitsmessungen mit 1-μm-Partikeln im grünen Licht eines Nd-YAG-Lasers. Peters und Paikert (1989) studieren den Einfluß von Beugung und photographischer Abbildungsschärfe auf die Bildgröße von monodispersen Alkohol-Tröpfchen mit einem Durchmesser von 6 μm. Die Bildgröße hängt in drastischer

Weise von der Scharfeinstellung ab, was in den Fehlerbetrachtungen zu berücksichtigen ist (siehe Abschnitt 5).

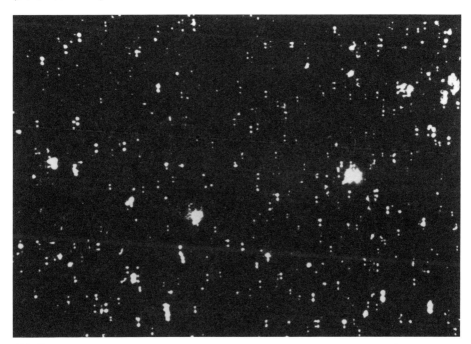

Abb. 5:
Doppelbelichtungsaufnahme (''Specklegramm'') bei niedriger Partikelkonzentration (Grobel, 1988)

Abbildung 5 ist eine Doppelbelichtungsaufnahme eines Systems polydisperser Wassertröpfchen in einem Luftstrom bei geringer Partikelkonzentration. Die Doppelbilder der einzelnen, bewegten Partikeln sind deutlich zu erkennen. Die Strahlungsintensität von Streupartikeln in einer Wasserströmung liegt wegen des höheren Brechungsindex von Wasser unterhalb der Intensität, die man von gleichgroßen Partikeln in einer Luftströmung erhält. Dies wird jedoch dadurch kompensiert, daß man in einer Wasserströmung i. a. größere Streupartikeln tolerieren kann.

Wie bereits erwähnt, besteht zur Lösung des Intensitätsproblems eine Wahlmöglichkeit zwischen wenigen großen oder vielen kleinen Partikeln. Für den zweiten Fall (''speckle''-Mode) haben Adrian und Yao (1985) Intensitätsberechnungen unter den gleichen Annahmen und Randbedingungen ausgeführt, wie sie für die Rechnungen zu Abbildung 4 verwendet wurden. Abbildung 6 gibt in Abhängigkeit von der Partikelgröße die Partikelkonzentration, deren 90°-Streustrahlung die unterste Empfindlichkeitsgrenze von Kodak 2415-Film gerade übertrifft. Wieder ist eine Strahlungsenergie von 2,5 J, verteilt auf eine Fläche von 100 mm², vorausgesetzt worden. Die beiden Kurven, deren Minima und Maxima Folgen der Mie-Theorie sind, beziehen sich auf Öffnungszahlen (f-Zahlen) 16 und 22 des Kameraobjektivs. Die horizontale Linie $SD = 1$, die für die f-Zahl 22 gilt, trennt die Bereiche der ''speckle''-Mode (oben) und der reinen Abbildungs-Mode (''particle image''-Mode). Der Abbildung ist zu entnehmen, daß auch mit den kleinsten Partikelgrößen eine ausreichende Filmschwärzung erzeugt werden kann, wenn nur die Konzentration hoch genug gewählt wird. Bei einzelnen größeren Partikeldurchmessern, z. B. $d_p \approx 3,5\ \mu m$, können ungünstige Bedingungen auftreten, die eine Erhöhung der Konzentration um eine Größenordnung erfordern. Man muß aber auch diese Ergebnisse immer unter der Einschränkung angenommener sphärischer Partikeln und relativ hoher Laserenergie bewerten.

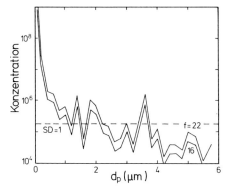

Abb. 6:
Unterste Partikelkonzentration (Teilchenzahl pro cm³), die zur Filmschwärzung unter 90°-Streuung notwendig ist, in Abhängigkeit vom Partikeldurchmesser (nach Adrian und Yao, 1985; siehe auch Text)

Die Aufzeichnungen der Partikelbilder bzw. des ''speckle''-Musters erfordert bezüglich des Empfängers eine hohe räumliche Auflösung. In dieser Hinsicht gibt es bis jetzt zum photographischen Film keine Alternative. Die Aufzeichnung durch eine elektronische Kamera wäre natürlich für die anschließende Auswertung oder für eine zeitabhängige Messung ein gewaltiger Fortschritt, doch ist bis jetzt keine Kamera verfügbar, die wie photographischer Film eine Auflösung von mehreren hundert Linien pro mm erreicht (Kodak 2415 = etwa 300 Linien/mm). Über den Einfluß der Filmeigenschaften auf die Signalqualität liegen einige Untersuchungen vor (Pickering und Halliwell, 1984; Lourenco und Krothapalli, 1987). Filme besonders hoher Linienzahl, z. B. der für holographische Zwecke verwendete Agfa 10E75, neigen in der Speckle-Photographie zur Erzeugung eines hohen Grundrauschens. Als besondere Maßnahme zur Erzielung eines kontrastreichen Musters empfiehlt sich die Herstellung eines Positivs durch Umkopieren, das dann für die Analyse durch Youngsche Streifen benutzt wird.

3.3 Weißlicht-Speckle und Vorwärtsstreuung

Grundsätzlich ist die Erzeugung eines auswertbaren Musters auch mit weißen Lichtquellen möglich. In der Optik hat sich der Begriff ''Weißlicht-Speckle'' gebildet, obwohl dieses Licht nicht kohärent ist und damit die Voraussetzungen für eine eigentliche ''speckle''-Erzeugung fehlen. Es ist aber einleuchtend, daß weißes Licht für die reine Abbildungs-Mode ausreichend ist. Ein dünner Lichtschnitt läßt sich mit weißem Licht nur unter erheblichen Intensitätsverlusten herstellen (Bernabeu et al., 1982). Deshalb ist die Verwendung von weißem Licht eigentlich nur dann geeignet, wenn ein Lichtschnitt zur Auflösung eines dreidimensionalen Feldes nicht notwendig ist. Dies sind insbesonders zwei Fälle: Einmal die Geschwindigkeitsmessung auf der freien Oberfläche einer Wasserströmung. Die Messung erfolgt anhand von Streupartikeln, die auf der Wasseroberfläche schwimmen, z. B. Aluminiumflitter (Suzuki et al. 1983). Diese Situation entspricht der Messung an rauhen Oberflächen.

80

Der zweite Fall bezieht sich auf Strömungen, die nominell eben (zweidimensional) sind. Das ebene Strömungsfeld wird mit einem parallelen Lichtbündel in der Richtung durchstrahlt, in der die Strömungszustände konstant sind (z-Richtung; die Strömungsgeschwindigkeit ist nur Funktion von x und y). In der Photoebene wird das von den Partikeln nach vorn gestreute Licht empfangen. Dabei kann das direkte (ungestreute) Licht durch eine Blende ausgeschaltet werden (Gärtner et al. 1986), oder der Film wird auf eine Ebene z = const. in der Strömung fokussiert (Grobel und Merzkirch, 1988). Der zweite Fall ist möglich, wenn die Partikelkonzentration und dadurch der Streulichtanteil hoch sind.

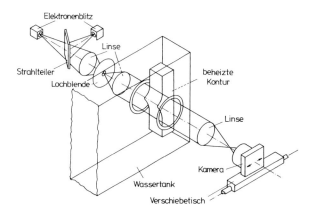

Abb. 7:
Anordnung für Weißlichtaufnahmen mit Vorwärtsstreuung; ebenes Strömungsfeld im Wassertank (Grobel und Merzkirch, 1988)

Abbildung 7 zeigt eine solche Anordnung, bei der die Strömung in einem von ebenen Wänden begrenzten Tank untersucht wird. Als Lichtquelle dienen zwei Elektronenblitze, die über einen Strahlteiler beide auf der optischen Achse angeordnet sind. Die Blitze werden nacheinander in definiertem zeitlichen Abstand ausgelöst. Blitzdauer und Pulsintervall sind erheblich länger, als dies bei einem Rubin-Laser möglich ist, so daß diese Weißlicht-Anordnung nur für relativ geringe Geschwindigkeiten geeignet ist. Als Vorteil sei aber hervorgehoben, daß die Vorwärtsstreuung um bis zu 1 000mal intensiver ist als die beim Lichtschnitt angewandte 90°-Streuung.

3.4 Grundverschiebung

Die Bestimmung der Verschiebung der Partikelbilder oder ''speckles'' in der Doppelbelichtungsaufnahme bleibt hinsichtlich des Vorzeichens der Verschiebung bzw. des Geschwindigkeitsvektors doppeldeutig. Es kann nicht entschieden werden, welcher der beiden Bildpunkte der ersten Aufnahme und welcher der zweiten Aufnahme zuzuordnen ist. In manchen Verfahren, bei denen die Geschwindigkeit durch direkte Beobachtung von Streupartikeln in Doppel- oder Mehrfachbelichtungs-Aufnahmen ermittelt wird, kann das Vorzeichen durch unterschiedliche Pulsformen der Lichtblitze deutlich gemacht werden (siehe z. B. Merzkirch, 1987). Dies ist in der Speckle-Velocimetrie nicht möglich. Das Problem ist ähnlich der Situation in der Laser-Doppler-Anemometrie, wo nicht zwischen positiven und negativen Frequenzen unterschieden werden kann.
Die Lösung dieses Problems erfolgt ähnlich wie in der Laser-Doppler-Anemometrie: Es

muß dem auszumessenden Geschwindigkeitsfeld künstlich eine konstante Geschwindigkeit überlagert werden. Eine negative oder positive Geschwindigkeitsrichtung erkennt man dann daran, daß die im neuen System bestimmte Geschwindigkeit kleiner oder größer als die konstante Referenzgeschwindigkeit ist. Diese Überlagerung wird realisiert durch eine Parallelverschiebung der Filmebene innerhalb des Zeitintervalls der Doppelbelichtungsaufnahme, bzw. durch eine äquivalente Maßnahme. Im Youngschen Streifenmuster erscheint dann ein Streifensystem, das der Verschiebung Null bzw. der Geschwindigkeit Null entspricht. Größere oder geringere Streifenabstände bedeuten negative oder positive Geschwindigkeit. Man spricht auch von einer "Grundverschiebung" des ganzen Systems.

Dieses Problem der Vorzeichenbestimmung des Geschwindigkeitsvektors wird eingehend von Adrian (1986) diskutiert, der auch eine technische Realisierung durch einen Drehspiegel beschreibt (vgl. auch Grant et al. 1988). Die Größe der Grundverschiebung muß dem zu erwartenden Geschwindigkeitsbereich angepaßt sein. Grobel und Merzkirch (1988) benutzen ein System, in dem die Kamera während des Experiments mit konstanter, niedriger Geschwindigkeit auf einer Schiene bewegt wird (siehe Abb. 7). Diese Lösung ist wegen der dort auftretenden geringen Strömungsgeschwindigkeiten möglich. In jedem Fall ist eine Detektion des Vorzeichens notwendig, wenn abgelöste Strömungen mit möglicher Rückströmung untersucht werden.

Eine Grundverschiebung in dem hier beschriebenen Sinn ist aber auch dann angebracht, wenn sehr kleine absolute Geschwindigkeitsbeträge gemessen werden sollen. Wie in Abschnitt 2 ausgeführt, ist dann ein Youngsches Streifenmuster mit sehr großem Streifenabstand zu erwarten. Unsicherheiten in der Ausmessung des Streifenabstands lassen sich durch die hier beschriebene Maßnahme verringern (vgl. auch Laser-Doppler-Anemometrie).

4. Signalauswertung

4.1 Youngsche Interferenzstreifen

In Abbildung 2 ist das Prinzip beschrieben worden, nach dem die im Specklegramm eingefrorene Information über die Geschwindigkeits- bzw. Verschiebungsvektoren in meßbare Signale umgewandelt werden kann. Das Youngsche Interferenzstreifensystem ist die so erhaltene Signalform. Die Signalqualität kann von Fall zu Fall sehr unterschiedlich sein. Sie hängt u. a. von den folgenden Parametern ab: Anzahl der Paare von Partikelbildern bzw. "speckles" im kreisförmigen Gebiet, das vom Analyselaser auf dem Specklegramm ausgeleuchtet wird (damit ist eine Abhängigkeit von der Partikelkonzentration gegeben); Einschluß von Einzelbildern im Kreisgebiet; Lichtstreuung am Korn des Films und damit Bildung sekundärer "speckles" (Speckle-Rauschen); ungleichmäßige Intensitätsverteilung im Strahlquerschnitt des Analyselasers. Darüber hinaus nimmt die Signalqualität ab, wenn die Gesamtzahl der Youngschen Streifen einen bestimmten Wert unter- bzw. überschreitet. Diese beiden Werte legen im übrigen den Geschwindigkeitsbereich fest, der mit der Messung durch eine Aufname abgedeckt werden kann (siehe auch Abschnitt 5).

In Abbildung 8 ist ein ideales Youngschen Streifensystem gezeigt, das durch ein einziges Partikelbild-Paar im Analysequerschnitt erzeugt wird sowie ein reales Streifenmuster, das in verschiedener Weise verrauscht ist. Beim zweiten Muster sind mehrere Bildpaare im Analysequerschnitt vorhanden, so daß Interferenz auch zwischen nicht korrelierenden Partikelbildern erfolgen kann (siehe Abb. 9). Dies führt zur Bildung verschiedener, sich überlagernder Streifensysteme oder räumlicher Frequenzen, von denen aber eine Frequenz, die der auszumessenden Verschiebung entspricht, dominiert.

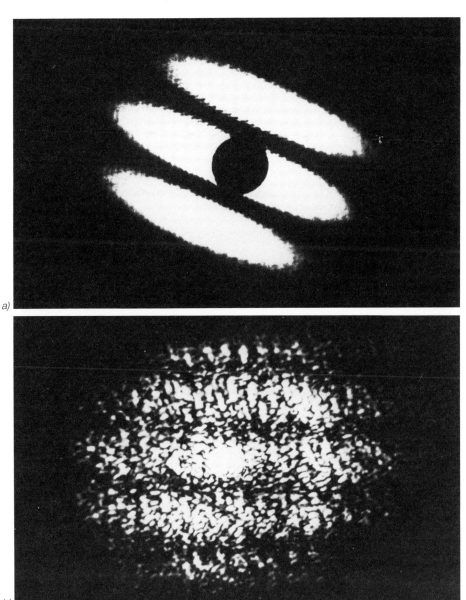

a)

b)

Abb. 8: Youngsche Interferenzstreifenmuster; a) Muster durch ein Partikelbild-Paar; b) verrauschtes Muster infolge Vielfachkorrelationen und Speckle-Rauschen

In Abbildung 9 ist zu erkennen, daß innerhalb des Analysequerschnitts auch Einzelbilder von Partikeln auftreten können, z. B. wenn von einem Bildpaar am Rand des Kreisgebiets nur ein Bild innerhalb des Kreises liegt und beleuchtet wird. Eine andere Ursache sind Partikeln mit einer Geschwindigkeitskomponente quer zur Ebene des Lichtschnitts, die sich nur während eines der beiden Lichtpulse innerhalb des Lichtbandes befinden. Diese einzeln auftretenden Partikelbilder, die keinen ''Partner'' für die Interferenzbildung finden, bewirken ein Grundrauschen im Signal; d. h. die Intensität der Minima im Youngschen Muster ist nicht Null. Das Signal in Abbildung 8b ist offensichtlich auch durch Speckle-Rauschen gestört. Darüber hinaus wird deutlich, daß die Grundintensität zum Rande des Bildes geringer wird. Dies ist eine Folge des Gaußschen Intensitätsprofils im Strahlquerschnitt des Analyselasers. Zum Zweck einer sicheren Signalauswertung (Bestimmung von Streifenabstand und -richtung) lassen sich diese Störeinflüsse durch entsprechende Maßnahmen kompensieren.

Wie in Abschnitt 2 erwähnt, kann die Bildung des Youngschen Interferenzstreifensystems auch mit der Theorie der Lichtbeugung an den Partikelbildern im Specklegramm beschrieben werden. Am Bild einer einzelnen Partikel vom Durchmesser d_p wird das Licht des Analyselasers (Wellenlänge λ) gebeugt. In der Beobachtungsebene im Abstand d vom Specklegramm ist der Radius des 1. Beugungsminimums

$$R_H = 1{,}22 \cdot \frac{\lambda}{d_p} \cdot d \qquad (2)$$

Dies kann als Radius des sog. Beugungskegels (''Halo'') genommen werden. Bei Beleuchtung von zwei Partikelbildern aus der Doppelbelichtungsaufnahme interferiert das Licht der beiden überlappenden Halos; das Licht im Halo ist moduliert (Abb. 10); Der Abstand der Streifen wird durch Gleichung (1) beschrieben. Aus Gl. (2) geht hervor, daß der Halo-Durchmesser umgekehrt proportional zum Durchmesser des Partikelbildes ist, so daß dieser Wert zur Bestimmung der Partikelgröße herangezogen werden könnte, also im Prinzip eine simultane Messung von Partikelgeschwindigkeit und -größe.

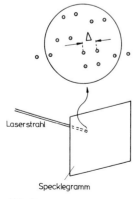

Abb. 9:
Partikel-Doppelbilder im kreisförmigen Gebiet,
das vom Analyselaser ausgeleuchtet wird

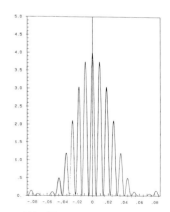

Abb. 10:
Berechnete Intensitätsverteilung
im Halo (Grobel, 1988)

4.2 Automatisierte Signalauswertung

Das Abtasten des Specklegramms mit dem Analyselaser und das Ausmessen des Young-schen Interferenzstreifen-Musters kann ein sehr langwieriger und mühsamer Prozeß sein, wenn das Specklegramm sehr viele Datenwerte enthält. In gewissen Fällen lassen sich einer Doppelbelichtungsaufnahme mehrere tausend Werte über den Geschwindigkeitsvektor entnehmen. In diesen Fällen ist eine automatisierte Signalauswertung unabdingbar. Verschiedene Systeme zur Signalauswertung sind in der Literatur beschrieben worden. Hier sollen nur solche Systeme interessieren, die vollautomatisch arbeiten, also von einem Operateur unabhängig sind. Ein solches System erfüllt i. a. die folgenden Funktionen:

– Steuerung des Abtastvorgangs und Bestimmung der Koordination des Abtastpunktes,
– Digitalisierung des Bildes der Youngschen Interferenzstreifen,
– Anwenden eines geeigneten Algorithmus' zur Bestimmung von Streifenabstand und Streifenrichtung,
– Speicherung der Daten und Darstellung der Ergebnisse, z. B. in Form eines Vektordia-gramms.

Gegebenenfalls können in das System noch Maßnahmen zur Bildverbesserung integriert sein (sog. ''preprocessing''), falls das Signal der Interferenzstreifen sehr verrauscht ist.
Automatische Auswertesysteme sind auch in anderen Anwendungsgebieten der Speckle-Photographie beschrieben worden. Eine komplette Literaturübersicht ist deshalb schwierig. Systeme, die den Bedürfnissen der Speckle-Velocimetrie angepaßt sind, wurden beschrieben von Meynart (1982), Erbeck (1985), Toyooka et al. (1985), Erbeck und Keller (1987) sowie Gauthier et al. (1987). Übersichten wurden von Halliwell (1988) und Navone und Kaufmann (1989) gegeben. Die Digitalisierung des Bildes der Youngschen Interferenz-streifen ist eine Standardaufgabe der Bildverarbeitung. Für die Bestimmung von Streifen-abstand und Streifenrichtung gibt es im wesentlichen zwei Algorithmen: Korrelationsbil-dung längs vorgegebener Richtungen und 2-D Fourier-Transformation. Im folgenden werden zwei Systeme beschrieben, die jeweils einem dieser Algorithmen entsprechen. Neben diesen beiden Problemlösungen für eine automatische Auswertung gibt es eine Reihe von Modifikationen, von denen jede für bestimmte Anwendungsfälle Vorteile bietet.

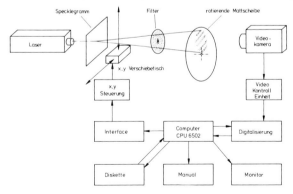

Abb. 11:
Automatisiertes Auswertesystem
nach Erbeck (1985, 1986)

Das System von Erbeck (1985) zeichnet sich durch die Verwendung eines sehr kleinen (8 Bit) Mikrorechners aus (Abb. 11). Der Rechner steuert die beiden Schrittmotoren einer x-y-Verschiebeeinheit, die das Specklegramm trägt, während der Strahl des Analyselasers

(30-mW-He-Ne-Laser) stationär ist. Das Bild der Youngschen Interferenzstreifen entsteht auf einer rotierenden Mattscheibe. Die Rotation dieser Scheibe sowie ein davor befindliches Filter sind Maßnahmen zur Bildverbesserung, auf die in Abschnitt 4.3 näher eingegangen wird. Eine Videokamera nimmt das Bild des Streifenmusters, das zum Abtastpunkt (x_i, y_j) gehört, auf. Das elektrische Ausgangssignal der Kamera wird über einen schnellen Analog/Digital-Wandler digitalisiert und in den Speicher des Rechners übertragen, wo das digitale Streifenmuster zur weiteren Verarbeitung und Analyse zur Verfügung steht.

Die Analyse besteht in einer Bestimmung der Wellenlänge der Intensitätsschwankungen in mehreren Richtungen des Youngschen Bildes. Dazu werden die Korrelationsfunktionen der Bildintensität, ausgedrückt durch die Grauwerte der Pixel, in vier aufeinander senkrecht stehenden Richtungen berechnet (Abb. 12).

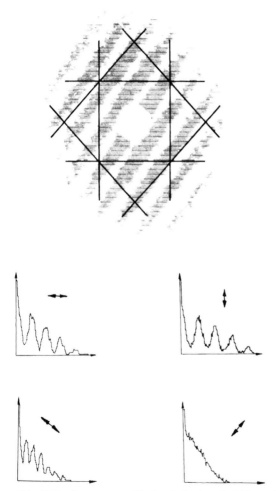

Abb. 12: Bestimmung von Streifenabstand und -richtung durch Berechnung der Korrelationsfunktionen der Bildintensität in vier verschiedenen Richtungen (nach Erbeck, 1985, 1986)

Zur Ermittlung des Streifenabstandes reicht die Berechnung der Korrelationsfunktionen in zwei Richtungen. Die Bestimmung der Streifenrichtung erfordert die Berechnung einer dritten Korrelationsfunktion. Die Bestimmung von Korrelationsfunktionen in vier Richtungen dient der Absicherung für den Fall, daß die Richtung der Streifen mit der Richtung der Korrelation zusammenfällt. In Abbildung 12 ist angedeutet, daß jede Korrelationsrichtung an zwei unterschiedlichen Positionen ausgeführt wird. Das ist dann ratsam, wenn wie in Abbildung 12 im Zentrum ein Teil des Musters durch das direkte Licht des Analyselasers überblendet wird.

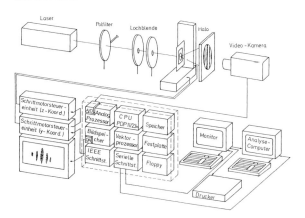

Abb. 13:
Automatisiertes Auswertesystem nach Keller (1989)

Das System von Erbeck und Keller (1987; siehe auch Keller, 1989) basiert auf einem Rechner mit größerem Speicherplatz (PDP 11/23+; siehe Abb. 13). Dieser Speicherplatz ist notwendig, um den Algorithmus der 2-D Fourier-Transformation zur Anwendung zu bringen. Durch Transformation der Bilddaten vom Ortsbereich in den Orts-Frequenzbereich wird die Bildinformation in ihr Frequenzspektrum zerlegt. Periodische Anteile im Bild, hier das äquidistante Youngsche Streifenmuster, werden durch Maxima (''peaks'') im Frequenzspektrum dargestellt (Abb. 14). Der Abstand zwischen dem zentralen ''peak'' und einem der beiden Nebenmaxima ist umgekehrt proportional zum Streifenabstand. Die Verbindungslinie der ''peaks'' ist senkrecht zur Streifenrichtung.

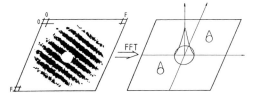

Abb. 14:
Zweidimensionale Fourier-Transformation des Youngschen Streifenmusters in den Orts-Frequenzbereich

Im Vergleich zur Korrelationsmethode ist die Fourier-Transformation unempfindlicher gegenüber Störungen durch Rauschen. Sie gewährleistet also i. a. eine höhere Genauigkeit, allerdings auf Kosten eines größeren Aufwandes an Rechenzeit und Speicherplatz. Typische Werte für die Zeit, die zur Erfassung eines Youngschen Musters notwendig ist, also die Auswertezeit für einen Abtastpunkt im Specklegramm, sind 2 − 3 Sekunden mit dem Algorithmus der Korrelationsfunktion, und etwa eine Größenordnung mehr mit der Fourier-Transformation.

4.3 Verbesserung der Bildqualität

Die Bildqualität der Youngschen Interferenzstreifen kann, wie schon erwähnt, aus verschiedenen Gründen stark reduziert sein. Das Auswertesystem wird deshalb durch Komponenten ergänzt, die vor der eigentlichen Auswertung durch einen der Analyse-Algorithmen die Bildqualität verbessern. Andererseits kann in das Bildverarbeitungssystem auch ein Funktionsschritt eingebaut sein, so daß beim Unterschreiten einer bestimmten Bildqualität keine Auswertung durchgeführt wird.

Es sind im wesentlichen zwei Fehlerquellen, deren Einfluß auf die Bildqualität verringert werden soll: Signalrauschen und Inhomogenität der mittleren Intensität im Halo-Kegel. In dem in Abbildung 11 gezeigten System befinden sich zwei Komponenten, mit denen die Bildverbesserung auf optisch-mechanischem Weg erreicht wird. Ein Filter, dessen Transparenz zur Mitte hin umgekehrt zur Gauß-Verteilung der Lichtintensität eines Laserstrahls abnimmt, bewirkt eine gleichmäßig mittlere Intensität im Querschnitt des Halo. Die Wirkung dieses Filters ist in Abbildung 15 demonstriert. Eine ähnliche Wirkung läßt sich auch durch entsprechende Subroutine-Programme im Prozeß der Bildverarbeitung herstellen (Meynart, 1984; Georgieva, 1989; Keller, 1989).

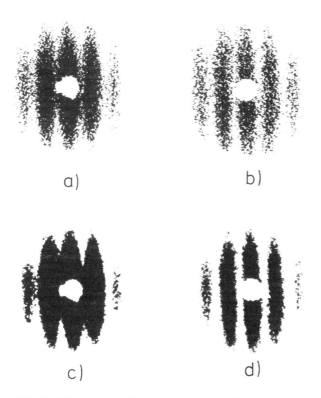

a)   b)

c)   d)

Abb. 15: Maßnahmen zur Bildverbesserung nach Erbeck (1985, 1986): a) verrauschtes Streifenmuster, b) Halo-Kompensation, c) Verschmieren des Speckle-Rauschens, d) gleichzeitiges Anwenden der Maßnahmen b) und c)

Durch die Rotation der Mattscheibe, auf der in der Anordnung von Abbildung 11 die Youngschen Streifen beobachtet werden, wird zu einem gewissen Grad das im Bild enthaltene Speckle-Rauschen verschmiert (siehe Abb. 15). Auch diese Funktion kann dem Bildverarbeitungssystem übertragen werden. Keller (1989) beschreibt darüber hinaus eine Reihe von weiteren Maßnahmen, die zum Zwecke der Bildverbesserung in das Programm der Bildverarbeitung eingebaut werden können, z. B. Kontrastanhebung, progressive Grauwertverteilung. Unklar ist, inwieweit diese Eingriffe Auswirkungen auf den Meßfehler haben.

4.4 Alternative Auswertemethoden

Eine kritische Größe, mit der die in Abschnitt 4.2 beschriebenen Systeme zur automatisierten Analyse der Youngschen Muster charakterisiert werden, ist die Analysezeit je Abtastpunkt. Eine kurze Analysezeit oder hohe Auswertegeschwindigkeit erfordert einen hohen Aufwand bezüglich der Hard- und Software des Bildverarbeitungssystems. Es sind deshalb eine Reihe von Versuchen unternommen worden, gewisse Schritte im Analyseprozeß zu vereinfachen oder sie auf optischem statt auf numerischem Weg auszuführen. Solche Versuche sollen hier kurz erwähnt werden. Keiner dieser Schritte hat sich allerdings als Alternative zu dem rein numerischen Vorgehen durchgesetzt.

Yao und Adrian (1984) komprimieren das Youngsche Streifensystem durch Zylinderlinsen und einen Strahlteiler in zwei, aufeinander senkrecht stehende lineare Muster mit periodischer Hell-Dunkel-Verteilung (Abb. 16). Diese linearen Muster werden durch CCD-Leisten empfangen. Die Wellenlänge der jeweiligen Hell-Dunkel-Verteilung entspricht dem Streifenabstand des Youngschen Musters in je einer vorgegebenen Richtung. Sie kann durch eine eindimensionale Korrelation des Ausgangssignals der CCD-Leiste bestimmt werden. Zur Ermittlung von Streifenabstand und -richtung sind zwei Systeme wie in Abbildung 16 notwendig.

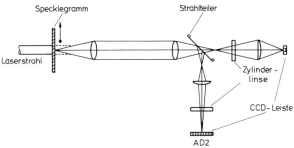

Abb. 16:
Eindimensionale Kompression des Youngschen Streifenmusters durch Zylinderlinsen (nach Yao und Adrian, 1984)

Die in Abschnitt 4.2 beschriebenen Fourier-Transformationen bzw. Korrelationen können im Prinzip von optischen Prozessoren ausgeführt werden. Entsprechende Verfahren werden z. B. von Coupland und Halliwell (1988), Arnold und Hinsch (1988) sowie Wernet und Edwards (1988) beschrieben. Collicott und Hesselink (1986) berichten über eine Methode, durch optische Kompression eine Geschwindigkeitskomponente längs einer geraden Linie im Feld darzustellen. Dies ist bezüglich des Informationsgehaltes eine Lösung in der Mitte zwischen dem punktweisen Abtasten durch den Analyselaser und der im folgenden zu besprechenden Raumfiltermethode.

4.5 Sichtbarmachung des Geschwindigkeitsfeldes durch Raumfilteranalyse

Das Specklegramm erlaubt neben der Bereitstellung quantitativer Daten auch eine direkte qualitative Sichtbarmachung des Geschwindigkeitsfeldes durch eine Raumfilteranalyse. Im Rahmen der herkömmlichen Speckle-Photographie ist dies schon von Celaya et al. (1976) aufgezeigt worden. Merzkirch und Wintrich (1989) geben eine Übersicht im Rahmen der Strömungssichtbarmachung.

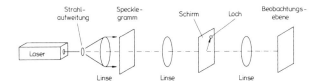

Abb. 17:
Anordnung zur optischen
Raumfilteranalyse

In der Anordnung zur optischen Raumfilteranalyse (Abb. 17) wird das gesamte Specklegramm durch einen aufgeweiteten Lichtstrahl beleuchtet. Es ist nicht notwendig, dabei Laserlicht zu verwenden. Durch eine Linse wird das Specklegramm auf einen Schirm abgebildet (''Fourier-Ebene''), der eine exzentrische lichtdurchlässige Öffnung besitzt (exzentrische Lochblende). Eine zweite Linse liefert ein weiteres Bild des Specklegramms in der Be-

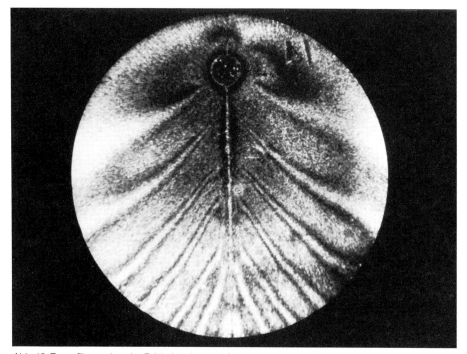

Abb. 18: Raumfilteranalyse im Feld einer inneren Schwerewelle. Die Welle entsteht hinter einem Zylinder, der sich mit konstanter Geschwindigkeit in senkrechter Richtung durch eine dichtegeschichtete Salz-Wasser-Lösung bewegt (Gärtner et al., 1986)

obachtungsebene. In der Ebene der Lochblende entstehen die Youngschen Interferenz-streifen, und zwar gleichzeitig alle Systeme, die entsprechend dem Informationsgehalt des Specklegramms möglich sind, da ja die ganze Bildebene beleuchtet ist. Durch das exzentrische Loch kann Licht hindurchtreten, das solchen Systemen zugeordnet ist, die am Ort des Lochs einen hellen Interferenzstreifen aufweisen. Dies bedeutet, daß das Loch bestimmte räumliche Frequenzen herausfiltert. Die ausgewählten Raumfrequenzen sind durch die Lage des Lochs (Winkellage und Abstand von der optischen Achse) bestimmt. Als Ergebnis erhält man in der Beobachtungsebene eine Schar von Kurven, auf denen eine bestimmte Geschwindigkeitskomponente konstant ist; von Kurve zu Kurve ändert sich der Betrag dieser Komponente um einen festen Wert.

Mit der beschriebenen Anordnung sind verschiedene Strömungsfälle sichtbar gemacht worden: natürliche Konvektionsströmung (Meynart, 1980); die Strömung auf der freien Oberfläche einer Flüssigkeit (Suzuki et al., 1983); die Fluidbewegung in einer inneren Schwerewelle (Gärtner et al., 1986; siehe Abb. 18). Bei Verwendung von weißem Licht erscheint das Muster bunt durch Beugungsfarben.

5. Begrenzung des Meßbereichs

Der Geschwindigkeitsbereich, der aus einer Doppelbelichtungsaufnahme (''Speckle-gramm'') ausgemessen werden kann, ist nach oben und unten begrenzt. Die Begrenzung folgt im wesentlichen aus der Wahl des Zeitintervalls Δt zwischen den beiden Lichtpulsen. Die kleinste meßbare Geschwindigkeit u_{min} ergibt sich aus der Forderung, daß sich ein Partikel während der Zeit Δt um mindestens einen Partikeldurchmesser d_p weit bewegt haben soll:

$$u_{min} = d_p / \Delta t \tag{3}$$

Der Wert der größten, noch meßbaren Geschwindigkeit u_{max} hängt mit der Signalform der Youngschen Streifen zusammen. Die Anzahl der Streifen im Muster sollte 20 nicht überschreiten. Mit D_H = Halodurchmesser und S = Streifenabstand gemäß Gl. (1) heißt diese Forderung

$$D_H = 20 \cdot S$$

Der zu u_{max} gehörende Streifenabstand S ist

$$S = (\lambda \cdot d) / (u_{max} \cdot \Delta t \cdot M),$$

wobei hier noch ein Abbildungsmaßstab M berücksichtigt wurde. Die Obergrenze u_{max} berechnet sich also aus

$$u_{max} = (20\lambda \cdot d) / (D_H \cdot \Delta t \cdot M) \tag{4}$$

Während die untere Grenze des meßbaren Geschwindigkeitsbereichs u_{min} vom Abbildungsmaßstab M nicht abhängt, kann man die Obergrenze u_{max} durch eine Verkleinerung in der Abbildung erhöhen. Wegen der gleichzeitigen Verkleinerung der Partikelbilder (oder der ''speckles'') sind einer solchen Maßnahme durch die Auflösung des photographischen Films Grenzen gesetzt.

In der Messung geringer Geschwindigkeiten gibt es keine prinzipielle Begrenzung. Die Realisierung eines großen Pulsabstandes Δt ist mit einem Rubinlaser nur bedingt möglich; im

Doppelpulsbetrieb beträgt bei herkömmlichen Rubinlasern der größte Pulsabstand 800 µs. Größere Werte von Δt lassen sich aber durch andere Maßnahmen erzielen (siehe z. B. Abb. 7). Grobel (1988; siehe auch Grobel und Merzkirch, 1988) ist es gelungen, Geschwindigkeiten bis 0,1 mm/s mit guter Genauigkeit aufzulösen.

Die Abschätzung der Obergrenze u_{max} ist schwieriger; es liegen bisher auch keine verläßlichen experimentellen Angaben in dieser Richtung vor. In der Gl. (4) kann man näherungsweise $\lambda = 0,5 \cdot 10^{-6}$m, $(d/D_H) = 10$, $M = 0,2$ setzen. Mit dem für einen Rubinlaser an der unteren Grenze liegenden Pulsabstand $\Delta t = 5$ µs berechnet man dann $u_{max} = 100$ m/s. Dies ist ein hypothetischer Wert, vor allem weil in ihm die Partikelgröße keine Berücksichtigung findet. Gasströmungen hoher Geschwindigkeit verlangen eine geringe Größe der Streupartikeln, z. B. $d_p \approx 1$ µm. Über den Abbildungsprozeß solch kleiner Partikeln und die photographische Auflösung ist bisher wenig bekannt.

Der zu einem Pulsabstand Δt gehörende meßbare Geschwindigkeitsbereich ist nach Gl. (3) und (4)

$$\Delta u = u_{max} - u_{min} = \frac{1}{\Delta t} \left(2o\lambda \cdot \frac{\ell}{D_M} \cdot \frac{1}{M} - d_p \right) \quad .$$

Mit den vorher angenommenen Zahlenwerten hat der erste Summand in der Klammer den Wert $0,5 \cdot 10^{-3}$ m. Demgegenüber ist der zweite Summand klein, wenn Streupartikeln im Bereich $10-20$ µm verwandt werden, d. h. $d_p \approx 10^{-5}$ m. Der ''Dynamikbereich'' des Specklegramms beträgt dann bei

$$\Delta t = 1 \, \text{ms} : \Delta u \approx 0,5 \, \text{m/s}$$

$$\Delta t = 5 \, \text{µs} : \Delta u \approx 100 \, \text{m/s}.$$

Ähnliche Abschätzungen des Meßbereichs und der Genauigkeit finden sich auch bei Lourenco und Whiffen (1984), Landreth et al. (1988), Grant und Smith (1988) sowie Bloch und Heller (1988).

Die Begrenzung des Meßbereichs ist für die Frage von Bedeutung, ob mit dieser Methode die Schwankungsgrößen in einer turbulenten Strömung aufgelöst werden können. Die Frage des Partikelverhaltens soll hierbei ausgeklammert werden.

Wichtig erscheint der Hinweis, daß die 3. Geschwindigkeitskomponente nicht gemessen wird. Versuche von Cenedese und Paglialunga (1988), die dritte Komponente durch zwei nebeneinanderliegende, unterschiedlich gefärbte Lichtschnitte zu erkennen, haben nur qualitative Ergebnisse gebracht.

Eine Abschätzung des gesamten Meßfehlers ist äußerst schwierig wegen der vielen Verfahrensschritte und Einflüsse in der Anwendung der Methode. Die größten Fehlerquellen sind wohl in der Unsicherheit des Pulsintervalls Δt und in der photographischen Abbildung zu suchen. Unklar ist der Einfluß von Maßnahmen bei der automatisierten Signalauswertung wie auch die durch die verschiedenen Fourier-Transformationen entstehenden Fehler. Vor einer zu optimistischen Einschätzung, vor allem in der Messung hoher Geschwindigkeiten und von Schwankungsgrößen, muß gewarnt werden.

6. Anwendungen

Bei den in der Literatur berichteten Anwendungen fällt auf, daß sich ein hoher Anteil auf

Messungen in Wasserströmungen bei nicht zu großen Geschwindigkeiten bezieht. Angesichts der zuvor geschilderten Probleme bezüglich Lichtausbeute der 90°-Streuung, Partikelgröße und Meßbereich erscheint dies plausibel. Die ersten Anwendungen erfolgten bei natürlichen Konvektionsströmungen, die durch sehr niedrige Geschwindigkeiten gekennzeichnet sind (z. B. Simpkins und Dudderar, 1978: Iwata et al., 1978; Meynart, 1980). Die Speckle-Velocimetrie hat sich für dieses Gebiet, in dem Geschwindigkeitsmessungen mit anderen Methoden häufig auf große Probleme stoßen, als sehr erfolgreich erwiesen, und sie ist auf bestem Wege, hier zu einer Standardmeßmethode zu werden (Meynart et al., 1987; Arroyo et al., 1988; Grobel und Merzkirch, 1988).

Andere, im Medium Wasser studierte Strömungsprobleme dienen eher der Demonstration und der Absicherung der Methode; z. B. Wirbelströmungen und Freistrahlen (Meynart, 1983; Lourenco et al., 1986; Landreth et al., 1988). Über diesen Demonstrationscharakter hinaus gehen die Untersuchungen über peristaltische Bewegungen (Kawahashi et al., 1986), Dynamik von Kavitationsblasen (Vogel und Lauterborn, 1988), Strömungen in Pumpen (Paone et al., 1989), innere Schwerewellen (Gärtner et al., 1986), Brechung von Oberflächenwellen (Gray et al., 1988). Kompenhans und Reichmuth (1987) diskutieren die Möglichkeiten zur Ermittlung der Strömungsgeschwindigkeit in Windkanälen. Die Tröpfchengeschwindigkeit beim Zerstäuben einer Flüssigkeit wird von Brandt und Merzkirch (1988) gemessen. Das Ergebnis solcher Messungen ist die Geschwindigkeitsverteilung in einer Ebene der Strömung, die häufig in Form eines Vektordiagramms dargestellt wird (Abb. 19).

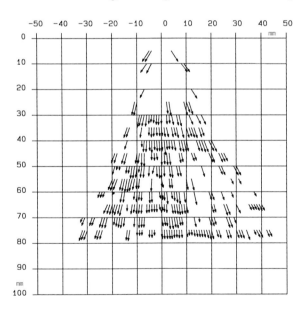

Abb. 19:
Verteilung der Tröpfchengeschwindigkeit in der Symmetrieebene eines Sprühkegels beim Zerstäuben einer Flüssigkeit; Vergleichsmaßstab entspricht einer Geschwindigkeit von 10 m/s (Brandt und Merzkirch, 1988)

Durch eine Analyse der Helligkeitsverteilung der Youngschen Streifenmuster schließen Hinsch et al. (1984) auf den Turbulenzgrad einer Strömung. In einer Windkanalströmung mit einer mittleren Geschwindigkeit von 5 m/s ist dies experimentell verifiziert worden (Arnold et al., 1986). Eine direkte Messung und Auflösung der Schwankungskomponenten in einer turbulenten Strömung wurde bisher nicht bekannt. Wenn dies gelingt, wird die Entwicklung der Speckle-Velocimetrie einen interessanten Stand erreicht haben; denn dann wird es möglich sein, räumliche Korrelationen und die daraus resultierenden Turbulenzgrößen aus einem einzigen Specklegramm zu ermitteln, als Alternative zu den bisher höher auflösenden Sondenmessungen.

7. Literatur

Adrian, R. J. 1984: Scattering particle characteristics and their effects on pulsed laser measurements of fluid flow: speckle velocimetry vs particle image velocimetry. Appl. Opt. 23, 1690–1691

Adrian, R. J. 1986: Image shifting technique to resolve directional ambiguity in double-pulsed velocimetry. Appl. Opt. 25, 3855–3858

Adrian, R. J.; Yao, C.-S. 1985: Pulsed laser technique application to liquid and gaseous flows and the scattering power of seed materials. Appl. Opt. 24, 44–52

Arnold, W.; Hinsch, K. 1988: Purely optical parallel processing in particle image velocimetry and the study of flow structures. LIA Vol. 67 (Proceedings ICALEO '88), ed. R. J. Adrian, pp. 157–165, Laser Institute of America, Toledo, OH

Arnold, W.; Hinsch, K. D.; Mach, D. 1986: Turbulence level measurement by speckle velocimetry. Appl. Opt. 25, 330–331

Arroyo, M. P.; Quintanilla, M.; Saviron, J. M. 1988: Three-dimensional study of the Rayleigh-Bénard convection by particle image velocimetry measurements. LIA Vol. 67 (Proceedings ICALEO '88), ed. R. J. Adrian, pp. 187–195, Laser Institute of America, Toledo, OH

Barker, D. B.; Fourney, M. E. 1977: Measuring fluid velocities with speckle patterns. Optics Letters 1, 135–137

Bernabeu, E.; Amare, J. C.; Arroyo, M. P. 1982; White-light speckle method of measurement of flow velocity distribution. Appl. Opt. 21, 2583–2586

Bloch, A.; Heller, P. 1988: Analyse des Meßbereichs und der Genauigkeit eines bestehenden Particle-Image-Velocimetry-Systems. 2D-Meßtechnik, DGLR-Bericht 88–04, 121–133

Brandt, A.; Merzkirch, W. 1988: Measurement of droplet velocity in a spray jet by laser speckle velocimetry. Proceed. 4th Int. Sympos. Application of Laser Anemometry to Fluid Mechanics, Lisbon

Celaya, L.; Jonathan, J. M.; Mallick, S. 1976: Velocity contours by speckle photography. Opt. Commun. 18, 496–498

Cenedese, A.; Paglialunga, A. 1988: A new approach for the direct analysis of speckle photograph. Proceedings ICALEO '87 (ed. W. H. Stevenson), LIA Vol. 63, 89–96, Laser Institute of America, Toledo, OH

Collicott, S. H.; Hesselink, L. 1986: Anamorphic optical processing of multiple-exposure speckle photographs. Opt. Lett. 11, 410–412

Coupland, J. M.; Halliwell, N. A. 1988: Particle image velocimetry: rapid transparency analysis using optical correlation. Appl. Opt. 27, 1919–1921

Debrus, S.; Françon, M.; Grover, C. P.; May, M.; Roblin, M. L. 1972: Ground glass differential interferometer. Appl. Opt. 11, 853–857

Dudderar, T. D.; Simpkins, P. G. 1977: Laser speckle photography in a fluid medium. Nature 270, 45–47

Erbeck, R. 1985: Fast image processing with a micro-computer applied to speckle photography. Appl. Opt. 3838–3841

Erbeck, R. 1986: Die Anwendung der Speckle-Photographie zur statistischen Analyse turbulenter Dichtefelder. VDI-Fortschrittberichte, Reihe 8, Nr. 112, VDI-Verlag, Düsseldorf

Erbeck, R.; Keller, J. 1987: Image processing of Young's fringes in laser speckle velocimetry. In: The Use of Computers in Laser Velocimetry (eds. H. J. Pfeifer, B. Jaeggy) pp. 26/1–26/5, ISL St. Louis, France

Erbeck, R.; Merzkirch, W. 1988: Speckle photographic measurement of turbulence in an air stream with fluctuating temperature. Exp. Fluids 6, 89–93

Françon, M. 1979: Laser speckle and application in optics. Academic Press, New York

Gauthier, V.: Moraitis, C. S.; Riethmullor, M. L 1987: An automated processing system for particle image displacement velocimetry. In: The Use of Computers in Laser Velocimetry (eds. H. J. Pfeifer, B. Jaeggy), pp. 27/1–27/11, ISL St. Louis

Georgieva, J. 1989: Removing the diffraction halo effect in speckle photography. Appl. Opt. 28, 21–22, 1989

Grant, I.; Smith, G. H. 1988: Modern development in particle image velocimetry. Optics und Lasers in Engineering 9, 245–264

Grant, I.; Smith, G. H.; Owens, E. H. 1988: A directionally sensitive particle image velocimeter. J. Phys. E: Sci. Instrum. 21, 1190–1195

Gray, C.; Skyner, D.; Greated, C. A. 1988: The measurement of breaking waves using particle image velocimetry. LIA Vol. 67 (Proceedings ICALEO '88), ed. R. J. Adrian, pp. 166–177, Laser Institute of America, Toledo, OH

Grobel, M. 1988: Ein optisches Weißlicht-Speckle-Verfahren in Vorwärtsstreuung zur Messung des Geschwindigkeitsfeldes in freien Konvektionsströmungen. Dissertation, Universität Essen

Grobel, M.; Merzkirch, W. 1988: Measurement of natural convection by speckle velocimetry. LIA Vol. 63 (Proceedings ICALEO '87), ed. W. H. Stevenson, pp. 97–99, Laser Institute of America, Toledo, OH

Grousson, R.; Mallick, S. 1977: Study of flow pattern in a fluid by scattered laser light. Appl. Opt. 16, 2334–2336

Gärtner, U.: Wernekinck, U.; Merzkirch, W. 1986: Velocity measurements in the field of an internal gravity wave by means of speckle photography. Exp. Fluids 4, 283–287

Halliwell, N. A. 1988: Particle image velocimetry: Automatic data processing. LIA Vol. 67 (Proceedings ICALEO '88), ed. R. J. Adrian, pp. 148–156, Laser Institute of America, Toledo, OH

Hinsch, K.; Schipper, W.; Mach, D. 1984: Fringe visibility in speckle velocimetry and the analysis of random flow components. Appl. Opt. 23, 4460–4462

Hugenschmidt, M.; Vollrath, K. 1981: Light sources and recording systems. Methods of experimental physics, Vol. 18 B: Fluid dynamics (ed. R. J. Emrich), 687–753, Academic Press, New York

Iwata, K.; Hakoshima, T.; Nagata, R. 1978: Measurement of flow velocity distribution by multiple-exposure speckle photography. Optics Commun. 25, 311–314

Kawahashi, M.; Hosoi, K.; Toyooka, S.; Suzuki, M. 1986: Measurement of velocity distributions of flow in a peristaltic pump of means of white-light speckle method. J. Flow Visualization Soc. Japan 6, 25–28

Keller, J. 1989: Statistische Turbulenzanalyse isotroper Dichtefelder unter Anwendung der Speckle-Photographie. Dissertation, Universität, Essen

Koga, D. J.; Abrahamson, S. D.; Eaton, J. K. 1987: Development of a portable laser sheet. Exp. Fluids 5, 215–216

Kompenhans, J.; Reichmuth, J. 1987: Application of particle image velocimetry in windtunnels. In: Flow Visualization IV (ed. C. Véret), 133–138, Hemisphere, Washington

Köpf, U. 1972: Application of speckling for measuring the deflection of laser light by phase objects. Opt. Commun. 5, 347–350

Lallement, J. P.; Desailly, R.; Froehly, C. 1977: Mesure de vitesse dans un liquide par diffusion cohérente. Acta Astronautica 4, 343–356

Landreth, C. C.; Adrian, J. R.; Yao, C. S. 1988: Double pulsed particle image velocimeter with directional resolution for complex flows. Exp. Fluids 6, 119–128

Lourenco, L.; Krothapalli, A. 1987: The role of photographic parameters in laser speckle or particle image displacement velocimetry. Exp. Fluids 5, 29–32

Lourenco, L.; Krothapally, A.; Buchlin, J. M.; Riethmuller, M. L. 1986: Noninvasive experimental technique for the measurement of unsteady velocity fields. AIAA J. 24, 1715–1717

Lourenco, L. M. M.; Whiffen, M. C. 1984: Laser speckle methods in fluid dynamics applications. In "Laser Anemometry in Fluid Mechanics" (ed. D. F. G. Durao), pp. 51–68, Ladoan-Instituto Superio-Tecnico, Lisboa

Merzkirch, W. 1987: Flow Visualization, 2nd edition. Academic Press, Orlando

Merzkirch, W.; Wintrich, H. 1989: Flow visualization by spatial filtering of speckle photographs. Proceed. 5th Int. Sympos. Flow Visualization, Prague

Meynart, R. 1980: Equal velocity fringes in a Rayleigh-Bénard flow by a speckle method. Appl. Opt. 19, 1385–1386

Meynart, R. 1982: Digital image processing for speckle flow velocimetry. Rev. Sci. Instrum. 53, 110–111

Meynart, R. 1983: Instantaneous velocity field measurements in unsteady gas flow by speckle velocimetry. Appl. Opt. 22, 535–540

Meynart, R. 1983: Speckle velocimetry study of vortex pairing in a low-Re unexcited jet. Phys. Fluids 26, 2074–2079

Meynart, R. 1984: Diffraction halo in speckle photography. Appl. Optics 23, 2235–2236

Meynart, R.; Simpkins, P. G., Dudderar, T. D. 1987: Speckle measurements of convection in a liquid cooled from above. J. Fluid Mech. 182, 235–254

Navone, H. D.; Kaufmann, G. H. 1989: Automatic digital processing in speckle photography: comparison of two algorithms. Appl. Opt. 28, 350–353

Paone, N.; Riethmuller, M. L.; Van den Braembussche, R. A. 1989: Experimental investigation of the flow in the vaneless diffuser of a centrifugal pump by particle image displacement velocimetry. Exp. Fluids 7, 371–378

Peters, F.; Paikert, B. 1989: Particle image formation in speckle velocimetry tested by means of homogeneously condensed droplets. Proceed. 5th Int. Symp. Flow Visualization, Prague

Philbert, M.; Beaupoil, R.; Faleni, J. P. 1979: Application d'un diapositif d'éclairage laminaire à la visualisation des écoulements aérodynamiques en soufflerie par émission de fumée. Rech. Aérosp. no. 1979–3, 173–179

Pickering, C. J. D.; Halliwell, N. A. 1984: Laser speckle photography and particle image velocimetry: photographic film noise. Appl. Opt. 23, 2961–2969

Prenel, J. P.; Porcar, R.; El Rhassouli, A. 1989: Three-dimensional flow analysis by means of sequential and volumic laser sheet illumination. Exp. Fluids 7, 133–137

Simpkins, P. G.; Dudderar, T. 1978: Laser speckle measurements of transient Bénard convection. J. Fluid Mech. 89, 665–671

Stetson, K. A. 1975: A review of speckle photography and interferometry. Opt. Eng. 14, 482–489

Suzuki, M.; Hosoi, K.; Toyooka, S.; Kawahashi, M. 1983: White-light speckle method for obtaining an equi-velocity map of a whole flow field. Exp. Fluids 1, 79–81

Toyooka, S.; Iwaasa, Y.; Kawahashi, M.; Hosoi, K.; Suzuki, M. 1985: Automatic processing of Youngs's fringes in speckle photography. Optics and Lasers in Engineering 6, 203–212

Véret, C. 1985: Flow visualization by light sheet. Flow visualization III (ed. W.-J. Yang), 106–112, Hemisphere, Washington

Vogel, A.; Lauterborn, W. 1988: Time-resolved particle image velocimetry used in the investigation of cavitation bubble dynamics. Appl. Opt. 27, 1869–1876

Wernet, M. P.; Edwards, R. V. 1988: Real time optical correlator using a magnetooptic device applied to particle imaging velocimetry. Appl. Opt. 27, 813–815

Yao, C. S.; Adrian, J. R. 1984: Orthogonal compression and 1-D analysis technique for measurement of 2-D particle displacements in pulsed laser velocimetry. Appl. Opt. 23, 1687–1689

Laser-Doppler-Anemometrie

B. Ruck

1. Einleitung

Optische, berührungslose Meßtechniken werden in zunehmendem Maße in der Strömungsmeßtechnik eingesetzt. Eine besondere Bedeutung kommt in der strömungsmeßtechnischen Praxis Verfahren zu, die es ermöglichen, die Strömungsgeschwindigkeit in Betrag und Richtung zu erfassen. Aus der Kenntnis der Strömungsgeschwindigkeit lassen sich wichtige Informationen gewinnen, die sich von einfachen volumetrischen Durchflußbestimmungen über Impulsstrombilanzen bis hin zu detaillierten Analysen von ein- oder mehrphasigen Ausbreitungs- und Transportvorgängen erstrecken.

Die Erfindung des Lasers durch Maiman 1960 a, und hierauf aufbauende Arbeiten, z. B. die Realisierung kontinuierlich arbeitender Gaslaser durch Javan et al. 1961, eröffneten die Möglichkeit, durch die Detektion des Überlagerungssignals zweier an einer bewegten Phasengrenze gestreuter kohärenter Lichtwellen Geschwindigkeitsinformationen zu erhalten. Das Meßverfahren wurde erstmals von Yeh et al. 1964 auf suspendierte Kleinstteilchen in einer Wasserströmung angewandt, womit die Geschwindigkeit des Fluides bestimmbar wurde. Bald darauf wurde von Foreman et al. 1965 über die Bestimmung von Strömungsgeschwindigkeiten in Gasen, basierend auf dem gleichen Meßprinzip, berichtet.

In Anlehnung an die Vorgänge beim akustischen Doppler-Effekt, die auch zur analytischen Beschreibung des Verfahrens herangezogen werden können, entstand die Bezeichnung Laser-Doppler-Anemometrie. Die Vorteile des neuen Meßverfahrens lagen auf der Hand. Zum einen kamen die Eigenschaften des Laserstrahls, d. h. seine Fokussierbarkeit, dem räumlichen Auflösevermögen der Meßmethode zugute, zum anderen wurden ablaufende Strömungsvorgänge nicht mehr durch das Einbringen einer Sonde beeinflußt. Hierdurch konnten erstmals hochauflösende Messungen in komplexen Strömungsfeldern durchgeführt werden, bei denen sich die Anwendung bis dahin bekannter konventioneller Sondentechniken verbot. Hinzu kam, daß im Laufe der Zeit LDA-Systeme mit zusätzlichen optoelektronischen Komponenten versehen werden konnten, die eine Diskretisierung der Strömungsrichtung zuließen, und die im Vergleich zu den konventionellen Sondensystemen wesentlich vorteilhafter in Strömungsgebieten mit Rezirkulationszonen eingesetzt werden konnten. Kalibrationen der Meßsysteme entfielen zudem vollständig, da sich das Meßprinzip auf bekannte physikalische Konstanten und Systemparameter zurückführen ließ. Informationen grundlegender Art zum LDA-Meßverfahren finden sich bei Pfeifer et al. 1967, Lehmann 1968, Rudd 1969, Farmer 1972, Dändliker et al. 1974, Durst et al. 1981, Drain 1980, Ruck 1981, 1987.

Die Laser-Doppler-Anemometrie stellt heutzutage eine Strömungsmeßtechnik dar, die eine weite Verbreitung nicht nur in Forschung und Entwicklung, sondern auch bei der Kontrolle industrieller Produktionsabläufe gefunden hat. Strömungsmessungen in Hochgeschwindigkeitsströmungen, Verbrennungsmotoren, Turbomaschinen und in explosionsgefährdeten Prozeßräumen können mittlerweile ohne große Probleme durchgeführt werden. Während bei der LDA-Anwendung im Bereich Forschung und Entwicklung hauptsächlich Systeme eingesetzt werden, die es erlauben, das betrachtete Strömungsfeld mehrdimensional zu vermessen, haben sich im Bereich des großtechnischen, industriellen ''monitoring'' in letzter Zeit mit der Entwicklung von glasfasergestützten LDA-Sondensystemen neue Anwendungsbereiche aufgetan. Insbesondere konnte durch die Verwendung von Lichtwellenleitern in Verbindung mit Einfachsondenkonzepten das Kostenniveau für einfache Meßanwendungen, das der Anschaffung eines LDA-Systems vielfach entgegenstand, beträchtlich gesenkt werden. Im folgenden werden die Grundzüge der Laser-Doppler-Anemometrie erläutert und deren instrumentelle Verwirklichung aufgezeigt. Hierbei wurde besonderer Wert auf die Einarbeitung neuester Forschungsergebnisse auf diesem Gebiet gelegt.

2. Prinziperläuterungen

Die grundlegenden Voraussetzungen zur Realisierung von Laser-Doppler-Anemometern wurden mit der Entwicklung von Lasern in Serienreife geschaffen. Es existierte nunmehr eine Lichtquelle, die monochromatisches Licht mit kohärenten Phasenbeziehungen lieferte. Diese Lichtquellen stehen heutzutage in einer großen Vielfalt zur Verfügung und werden meist anhand ihres aktiven Lasermediums klassifiziert. Es wird folglich zwischen Gas-, Feststoff-, Flüssigkeits- und Halbleiterlasern unterschieden. Eine weitere Klassifizierung kann anhand der Intermittenz der Ausgangsstrahlung erfolgen, die entweder im Dauer-strichbetrieb (continuous wave → cw-laser) oder im Pulsbetrieb abgegeben wird. Für die Laser-Doppler-Anemometrie eignen sich alle Lasertypen, die über die Länge eines vorge-gebenen Meßzeitraumes Monochromasie und Kohärenz der Strahlung aufweisen.

Ein Laser-Doppler-Anemometer besteht i. a. aus einer Laserlichtquelle, der Sende- und der Empfangsoptik. Die Leistungsklasse der eingesetzten Laser liegt üblicherweise im Milli-watt- bis wenigen Watt-Lichtleistungsbereich. Laseroszillatoren, wie sie in der Meßtechnik eingesetzt werden, arbeiten vorwiegend in einem Grundmode, der als TEM_{00}-Mode (Trans-versal-Elektro-Magnetisch) bezeichnet wird und der durch eine Gaußverteilung der Intensi-tät über den Strahlquerschnitt charakterisiert wird, siehe hierzu Tradowski 1977, Weber et al. 1978. Das Prinzip der Laser-Doppler-Anemometrie beruht auf der Gegebenheit, daß ko-härente Lichtwellen, die von bewegten Phasengrenzflächen gestreut werden, eine Dopp-ler-Frequenzverschiebung aufweisen und somit Geschwindigkeitsinformationen enthalten. Im Fall eines Fluides können suspendierte Teilchen, Tröpfchen, natürliche Verunreinigun-gen etc. für das Meßverfahren als Streuteilchen ausgenützt werden. Kann vorausgesetzt werden, daß die Streuzentren hinreichend klein sind und keine Eigendynamik im Strö-mungsraum entwickeln, so kann ihre lokale Geschwindigkeit als lokale Geschwindigkeit des Fluides angesehen werden.

Die Frequenzverschiebung, die eine monochromatische Lichtquelle durch die Streuung an einem bewegten Teilchen erfährt, läßt sich gemäß einer Doppler-Effekt-Betrachtung ange-ben zu

$$f' = f_0 \left(1 - \frac{\vec{u}\vec{l}}{c} \right) \tag{1}$$

Hierin bedeuten f_0 die Laserlichtfrequenz, $\vec{u}\vec{l}$ das Skalarprodukt aus Teilchengeschwin-digkeitsvektor und Richtungsvektor der Laserstrahlausbreitung des beleuchtenden Laser-strahls, c die Lichtgeschwindigkeit und f' die vom bewegten Teilchen wahrgenommene Lichtfrequenz. Ein Detektor, der im Raum das Streulicht empfängt (Detektionsrichtungs-vektor $\vec{l}_D$), registriert das vom Teilchen emittierte Licht mit einer Frequenz:

$$f_D = f_0 \frac{\left(1 - \frac{\vec{u}\vec{l}}{c} \right)}{\left(1 - \frac{\vec{u}\vec{l}_D}{c} \right)} \tag{2}$$

In einer Taylorreihe entwickelt, wie dies in der Wellenoptik üblich ist, ergibt sich hieraus näherungsweise:

$$f_D \approx f_0 \left(1 - \frac{\vec{u}\vec{l}}{c} + \frac{\vec{u}\vec{l}_D}{c} \right) \tag{3}$$

Wie man sieht, wäre die Geschwindigkeitsinformation zwar in der Detektionsfrequenz enthalten, jedoch liegt die Frequenz im Bereich von $10^{14} - 10^{15}$ Hz, d. h. im Bereich der eigentlichen Lichtfrequenz. Eine diskrete Auflösung dieser Frequenzen kann nicht mehr durchgeführt werden, zumal die durch das bewegte Teilchen verursachte Frequenzänderung viel zu klein, d. h. $8 - 9$ Größenordnungen kleiner als die eigentliche Lichtfrequenz ist.

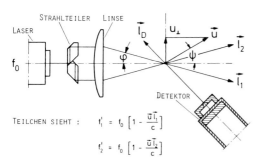

TEILCHEN SIEHT : $f'_1 = f_0 \left[1 - \frac{\vec{u}\vec{l}_1}{c} \right]$

$f'_2 = f_0 \left[1 - \frac{\vec{u}\vec{l}_2}{c} \right]$

DETEKTOR SIEHT ÜBERLAGERUNG BEIDER WELLEN :

$f_{D_2} = \dfrac{f'_2}{1 - \frac{\vec{u}\vec{l}_D}{c}}$ DIFFERENZBILDUNG UND REIHENENTWICKLUNG (TAYLOR) FÜHRT ZU :

$f_{D_1} = \dfrac{f'_1}{1 - \frac{\vec{u}\vec{l}_D}{c}}$ $\Delta f = f_{D_1} - f_{D_2} \approx f_0 \left[\frac{\vec{u}\vec{l}_2 - \vec{u}\vec{l}_1}{c} \right] = f_0 \, k \, u_\perp$

Abb. 1:
Zur Ableitung des LDA-Meßverfahrens

Bei der Laser-Doppler-Anemometrie wird deshalb der Lichtstrahl eines Lasers durch eine geeignete Strahlteilungsoptik in zwei Partialstrahlen aufgespalten, siehe Abbildung 1. Die beiden Partialstrahlen werden mit einer Konvexlinse fokussiert und am Brennpunkt der Linse zum Schnitt gebracht. Der Schnittpunkt der beiden Laserstrahlen stellt den Meßort dar, an dem die Geschwindigkeitsmessungen durchgeführt werden. Die beiden Laserstrahlen bilden am Ort ihrer Überlagerung ein Schnittvolumen, das vielfach als Meßvolumen bezeichnet wird. Durch die Verwendung zweier Laserstrahlen nimmt ein Detektor entsprechend den vorangegangenen Ausführungen gleichzeitig die Überlagerung zweier Doppler-verschobener Lichtfrequenzen wahr. Setzt man die Gültigkeit der Doppler-Betrachtung voraus, so sieht das Teilchen, entsprechend den vorangegangenen Betrachtungen zwei Lichtwellen mit den Frequenzen f'_1 und f'_2.

$$f'_1 = f_0 \left(1 - \frac{\vec{u}\vec{l}_1}{c} \right) \tag{4}$$

$$f'_2 = f_0 \left(1 - \frac{\vec{u}\vec{l}_2}{c} \right) \tag{5}$$

Die sich ergebenden Skalarprodukte in den Gleichungen (4) und (5) sind aufgrund der unterschiedlichen Richtungsvektoren der einfallenden Laserstrahlen nicht identisch, so daß sich zwei unterschiedlich Doppler-verschobene Lichtwellen mit den Frequenzen f_{D_1} und f_{D_2} ergeben.

$$f_{D_1} = \frac{f_1'}{1 - \frac{\vec{u}\vec{l}_D}{c}} \tag{6}$$

$$f_{D_2} = \frac{f_2'}{1 - \frac{\vec{u}\vec{l}_D}{c}} \tag{7}$$

Aus der skalaren Wellentheorie ist bekannt, daß Lichtwellen unterschiedlicher Frequenzen f_1 und f_2, vereinfacht bezeichnet durch die Angabe der elektrischen Feldstärke

$$E_1 = E_0 \cos 2\pi \left(f_1 t - \frac{x}{\lambda_1} \right) \tag{8}$$

$$E_2 = E_0 \cos 2\pi \left(f_2 t - \frac{x}{\lambda_2} \right) \tag{9}$$

(λ: Lichtwellenlänge)
bei der Überlagerung eine resultierende Lichtwelle ergeben von der Form

$$E_1 = 2E_0 \cos 2\pi \left(\frac{f_1 + f_2}{2} t - \frac{\lambda_1 + \lambda_2}{2\lambda_1\lambda_2} x \right) \cos 2\pi \left(\frac{f_1 - f_2}{2} t - \frac{\lambda_1 - \lambda_2}{2\lambda_1\lambda_2} x \right) \tag{10}$$

Es ergibt sich somit eine hochfrequente Signalwelle, die von einer niederfrequenten Schwebung $\Delta f = f_1 - f_2$ moduliert wird. Übertragen wir diese Zusammenhänge auf die vorangegangenen Betrachtungen, so ergibt sich eine Schwebungsfrequenz $\Delta f = f_{D_1} - f_{D_2}$. Diese real detektierbare und diskretisierbare Schwebungsfrequenz liegt nun in einem leicht auflösbaren Frequenzbereich und zeigt zudem keine Abhängigkeit mehr von der Detektionsrichtung. In der Laser-Doppler-Anemometrie wird die Schwebungsfrequenz Δf als Signalfrequenz oder auch "Doppler-Frequenz" bezeichnet.

$$\Delta f = f_{D_1} - f_{D_2} \approx f_0 \frac{\vec{u}\vec{l}_2 - \vec{u}\vec{l}_1}{c} \tag{11}$$

Unter Zugrundelegung der Notation aus Abbildung 1 ergibt sich bei Auflösung der Skalarprodukte und mit $f_0/c = 1/\lambda$

$$\Delta f = \frac{|\vec{u}|[\cos(\psi - \varphi) - \cos(\psi + \varphi)]}{\lambda} \tag{12}$$

Eine trigonometrische Umformung liefert die Verknüpfung zwischen Detektionsfrequenz und gemessener Geschwindigkeitskomponente.

$$\Delta f = |\vec{u}| \sin \psi \frac{2 \sin \varphi}{\lambda} \tag{13}$$

Die Gleichung (13) besagt, daß die Frequenz detektiert wird, die der Geschwindigkeitskomponente senkrecht auf der Winkelhalbierenden zwischen den Laserstrahlrichtungen $\vec{l}_1$ und $\vec{l}_2$ entspricht.
Die bisherigen Betrachtungen beschränkten sich auf die anschauliche Ableitung mit Hilfe des akustischen Doppler-Effektes, der zwischen Sender und Empfänger unterscheidet. Nach der Einsteinschen Relativitätstheorie besteht dieser Unterschied jedoch nicht, da kein Inertialsystem als bevorzugt betrachtet werden kann. Demnach muß Gleichung (1) für je-

den Streuprozeß eines Partialstrahles sowohl für den Sende- als auch für den Empfangs-vorgang angesetzt werden. Dies führt zu einer Vorzeichenänderung des letzten Klammer-ausdruckes in Gleichung (3). Dieser Ausdruck beschreibt die Abhängigkeit der verschobe-nen Lichtfrequenz von der Beobachtungsrichtung. Durch die Differenzbildung gemäß Gleichung (11) fällt dieser Term jedoch unabhängig von seinem Vorzeichen heraus, so daß sich das gleiche Ergebnis ergibt. Es ist bei dieser Sachlage nicht verwunderlich, daß der akustische, anschauliche Doppler-Effekt häufig zur Beschreibung des LDA-Meßprinzips herangezogen wird.

In der meßtechnischen Praxis hat sich neben der Beschreibung durch Doppler-Betrach-tungen ein weiteres, vereinfachtes Beschreibungsmodell durchgesetzt, das Interferenz-streifenmodell. Bei diesem Modell wird vorausgesetzt, daß am Überlagerungsort zweier ko-härenter monochromatischer Lichtwellen Interferenzstreifen existieren, deren Abstand Δx eine Funktion des Überlagerungswinkels φ und der Lichtwellenlänge λ darstellt. In Abbil-dung 2 wird skizziert, wie die Überlagerung ebener Wellenfronten im Meßvolumen zur Aus-bildung von ebenen Interferenzstreifen führt. Zur Herleitung des Interferenzstreifenmodells betrachten wir zwei Wellen gleicher Frequenz, die wir vereinfacht ansetzen zu

$$E_1 = E_0 \cos(\omega t - k y_1) \tag{14}$$

$$E_2 = E_0 \cos(\omega t - k y_2) \tag{15}$$

mit $\omega = 2\pi f$ und $k = 2\pi/\lambda$

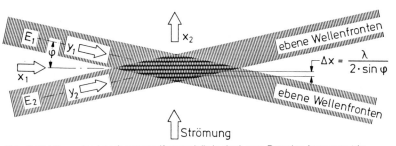

Abb. 2: Ableitung des Interferenzstreifenmodells in der Laser-Doppler-Anemometrie

Die Summe zweier Kosinusterme kann trigonometrisch umgeschrieben werden als Pro-dukt zweier Kosinusterme mit der Differenz bzw. Summe der ursprünglichen Argumente, so daß sich für $E = E_1 + E_2$ ergibt:

$$E = 2 E_0 \cos\left(\frac{k y_2 - k y_1}{2}\right) \cos\left(\frac{2\omega t - k y_2 - k y_1}{2}\right) \tag{16}$$

Für die Intensität einer elektromagnetischen Welle kann bei dieser Betrachtung geschrie-ben werden

$$I = \lim_{T \gg 1/f} \frac{1}{T} \int_0^T E^2 \, dt \tag{17}$$

Quadrieren und Substituieren von $\left(\frac{2\omega t - k y_2 - k y_1}{2}\right) = w$ führt über

$$I = \frac{4 E_0^2}{\omega T} \cos^2\left(\frac{k y_2 - k y_1}{2}\right) \int_{\frac{-k y_2 - k y_1}{2}}^{\frac{2\omega T - k y_2 - k y_1}{2}} \cos^2 w \, dw \tag{18}$$

zum Ausdruck

$$I = 2E_0^2 \cos^2\left(\frac{ky_2 - ky_1}{2}\right)\left[1 + \frac{1}{2\omega T}(\sin\ldots)\right] \tag{19}$$

Nach Abschätzung für den Fall $T \gg 1/f$ gelangt man zu der zeitunabhängigen, ortsabhängigen Beziehung

$$I = 2E_0^2 \cos^2\left(\frac{ky_2 - ky_1}{2}\right) \tag{20}$$

Eine Koordinatentransformation mit den in Abbildung 2 angegebenen Koordinatenrichtungen ergibt für y_1 und y_2

$$y_1 = x_1 \cos\varphi - x_2 \sin\varphi \tag{21}$$

$$y_2 = x_1 \cos\varphi + x_2 \sin\varphi \tag{22}$$

Subtrahiert man Gleichung (21) von (22), so ergibt sich

$$y_2 - y_1 = 2x_2 \sin\varphi \tag{23}$$

Betrachten wir nun die Gleichung (20), so zeigt sich, daß die Intensitätsmaxima dadurch charakterisiert sind, daß das Argument der Kosinusfunktion ein Vielfaches von π ergibt. Es folgen deshalb für den n-ten und (n + 1)-ten Interferenzstreifen die Bestimmungsgleichungen

$$\pi 2x_{2,n} \sin\varphi = n\lambda\pi \tag{24}$$

$$\pi 2x_{2,n+1} \sin\varphi = (n + 1)\lambda\pi \tag{25}$$

Hieraus läßt sich durch Subtraktion der Interferenzstreifenabstand errechnen zu

$$\Delta x = x_{2,n+1} - x_{2,n} = \frac{\lambda}{2\sin\varphi} \tag{26}$$

Setzt man die Existenz der Interferenzstreifen im Meßvolumen voraus, so kann der physikalische Vorgang der Signalerzeugung einfach erklärt werden. Ein Teilchen, das sich in der Strömung mitbewegt, streut bei seinem Durchtritt im Meßvolumen die Hell-Dunkel-Abschnitte (Interferenzstreifen). Ein im Raum angeordneter Detektor empfängt diese Lichtinformation mit der Frequenz, die der Geschwindigkeitskomponente $u_\perp$ des Teilchens, senkrecht zum Interferenzstreifenmuster, entspricht. Die sich ergebende Frequenz erhält man dann zu

$$\Delta f = \frac{u_\perp}{\Delta x} = u_\perp \frac{2\sin\varphi}{\lambda} \tag{27}$$

bzw.

$$u_\perp = \frac{\Delta f \lambda}{2\sin\varphi} \tag{28}$$

Die Einfachheit des Interferenzstreifenmodells wird insbesondere bei Betrachtung der Formel (28) deutlich, die zeigt, daß die gemessene Geschwindigkeitskomponente sich aus der

Multiplikation der detektierten Schwebungsfrequenz mit dem Interferenzstreifenabstand erhalten läßt. Der Interferenzstreifenabstand eines LDA-Systems ist somit eine charakteristische Systemgröße, die nur von dem (Halb)winkel der sich überkreuzenden Laserstrahlen und der Wellenlänge des Laserlichtes abhängt. Die vorangegangenen Ableitungen zeigen ferner, daß die erhaltene Geschwindigkeitsinformation in linearer Proportionalität zur Signalfrequenz steht.

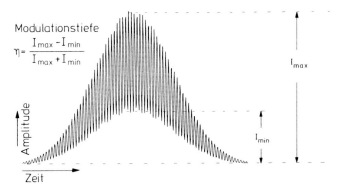

Modulationstiefe

$$\eta = \frac{I_{max} - I_{min}}{I_{max} + I_{min}}$$

Amplitude

Zeit

I_{max}

I_{min}

Abb. 3:
Typisches LDA-Signal;
Modulationstiefe η

In Abbildung 3 wird ein typisches LDA-Signal gezeigt, wie es nach Erfassung durch den Photodetektor an einem angeschlossenen Oszilloskop betrachtet werden kann. Das Signal baut sich aus einer Schwingung auf, die die zuvor abgeleitete Signalfrequenz des LDA-Systems darstellt. Die Einhüllende des Signals wird durch die Gaußsche Intensitätsverteilung über den Laserstrahlquerschnitt vorgegeben. Der Grad der Durchmodulation des Signales wird mit Hilfe der Modulationstiefe η, im Englischen auch "visibility" genannt, bewertet. Die Modulationstiefe η hängt u. a. von der Teilchengröße, dem Grad des Hintergrundstreulichts, der Intensitätsverteilung in beiden Laserstrahlen sowie von der Teilchenkonzentration ab.

Anhand Gleichung (11) läßt sich zeigen, daß die sich ergebende Signalfrequenz unabhängig von der Detektionsrichtung empfangen werden kann. Die Position des Photodetektors im Raum spielt hinsichtlich der Frequenzinformation keine Rolle, wohl aber hinsichtlich der Intensität des Signals. Die räumliche Verteilung des Streulichtes, das von einem Streuteilchen erzeugt wird, zeigt keine konstante Verteilung. Die Streulichtausbeute setzt sich vielmehr aus mehreren Anteilen zusammen, die stark richtungsabhängig sind. In Vorwärtsrichtung, d. h. in Richtung des beleuchtenden Strahls, dominiert der Beugungsanteil. Dem Beugungsanteil überlagern sich Anteile aus Brechung und Reflexion, die ebenfalls winkelabhängig sind. Eine analytische Behandlung der räumlichen Streulichtverteilung wurde erstmals von Mie 1908 durchgeführt und erhielt seinen Namen, die Mie-Theorie. Die Mie-Theorie wurde für kugelförmige Teilchen abgeleitet, auf die ebene Wellenfronten treffen, siehe hierzu auch van de Hulst 1957 und Kerker 1966. In Abbildung 4 wird die räumliche Verteilung der Streuintensität für ein Wassertröpfchen von 1 µm Durchmesser, aufgespalten in zwei Polarisationsrichtungen, wiedergegeben. Die Streuintensität der Vorwärtslichtstreuung kann durchaus bis zum Faktor 10^3 von der Intensität der Rückwärtslichtstreuung abweichen. Aus dieser Gegebenheit leitet sich auch die Erfordernis ab, bei Rückstreuanordnungen stärkere Laser einzusetzen. Abbildung 5 zeigt eine weitere wichtige Abhängigkeit der Streulichtintensität, nämlich den Zusammenhang zwischen Streulichtausbeute und Teilchengröße. Setzt man voraus, daß das Streulicht in einer Raumrichtung mit kon-

107

stantem Raumwinkel detektiert wird, so weist die gestreute Leistung einen typischen, in Abbildung 5 dargestellten Verlauf auf. Man erkennt, daß im Bereich sehr kleiner Teilchen, dem Bereich der Dipolstreuung, eine Abhängigkeit der Streuleistung eines beleuchteten Teilchens von d^6 besteht. Diesem Bereich schließt sich der Übergangsbereich (Mie-Bereich) an, der, abhängig von den optischen Eigenschaften des Streuteilchens, bis wenige μm Durchmesser betragen kann. Anschließend geht die Kurve in den Bereich der geometrischen Optik über, in dem die Projektionsfläche des Teilchens den Betrag der gestreuten Leistung bestimmt. Berechnungen der Streulichtausbeute sowie des Absorptionsverhaltens kleiner Teilchen unter Berücksichtigung wesentlicher Einflußfaktoren werden mit Computerprogrammen durchgeführt, die überwiegend, aber nicht ausschließlich auf der Mie-Theorie basieren, siehe hierzu Cherdron et al. 1978, Gréhan et al. 1979, Durst und Heiber 1977, Ruck 1981.

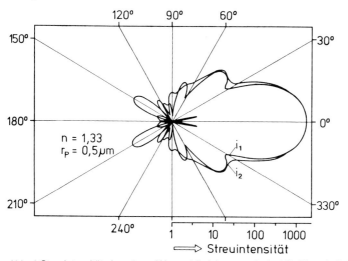

Abb. 4: Streuintensität eines 1 μm-Wassertröpfchens nach der Mie-Theorie (i_1, i_2, senkrecht bzw. parallel zur Polarisationsrichtung des einfallendes Lichtes)

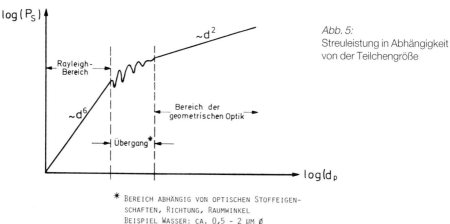

Abb. 5:
Streuleistung in Abhängigkeit von der Teilchengröße

* BEREICH ABHÄNGIG VON OPTISCHEN STOFFEIGEN-
SCHAFTEN, RICHTUNG, RAUMWINKEL
BEISPIEL WASSER: CA. 0,5 - 2 μM Ø

Die Photodetektion des Streulichtes kann auf verschiedene Arten erfolgen. Es kommen hierfür sowohl Photodioden wie auch Photomultiplikatoren zum Einsatz. Die Auswahl des geeigneten Photodetektors muß anhand der zu erwartenden Streuintensität und des erforderlichen Frequenzbereiches ausgewählt werden (Durst et al. 1977, Ruck et al. 1982). Besondere Beachtung muß hierbei die Abbildung des Meßvolumens auf die Blende des Photodetektors finden, da sichergestellt werden muß, daß der Detektor nur Streulicht aus dem Überlagerungsbereich beider Laserstrahlen erhält. Die das Meßvolumen bildenden Laserstrahlen müssen vor der Detektionslinse ausgeblockt werden, um Schäden durch Überbelichtung am Photodetektor zu vermeiden.

Die bisherigen Betrachtungen gingen von der häufigsten aller LDA-Anordnungen aus, dem Zweistrahlverfahren.

Zweistrahlverfahren

Das LDA-Zweistrahlverfahren ist dadurch gekennzeichnet, daß die beiden das Meßvolumen bildenden Laserstrahlen gleiche Lichtleistungen aufweisen, was durch eine 50%–50%-Aufteilung der Laserlichtleistung durch einen Strahlteiler erzielt wird. Abbildung 6 zeigt ein LDA-Zweistrahlverfahren, das in Vorwärtslichtstreuung arbeitet. Unter dem Begriff "Vorwärts(licht)streuung" versteht man die Anordnung des Photodetektors, der in diesem Falle der Sendeseite gegenübersteht und vorwiegend Streulicht detektiert, das nach vorne in Laserstrahlausbreitungsrichtung gestreut wird. Analoges gilt für die Erklärung des Begriffes "Rückwärts(licht)streuung". Der wesentliche Vorteil des LDA-Zweistrahlverfahrens besteht in der Richtungsunabhängigkeit des Signales für die Detektion. Hinzu kommt, daß insbesondere bei kleinen Kreuzungswinkeln wegen der annähernd gleichen Intensität beider Streustrahlen sich Signalzüge bester Durchmodulation ergeben. Die Lichtsammlung über größere Aperturen, wie dies in Abbildung 6 gezeigt wird, stellt bei dieser Anordnung kein Problem dar. Charakteristisch beim LDA-Zweistrahlverfahren ist ferner, daß die das Meßvolumen bildenden Laserstrahlen auf der Detektionsseite ausgeblendet werden müssen und nicht zum auszuwertenden Streulicht beitragen. Das LDA-Zweistrahlverfahren ist die weitaus am häufigsten verwendete Anordnung in der Laser-Doppler-Anemometrie.

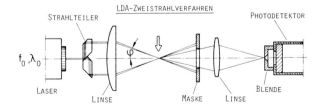

Abb. 6:
LDA-Zweistrahlverfahren

Referenzstrahlverfahren

Die ersten einsatzfähigen LDA-Meßsysteme waren Referenzstrahlanordnungen. Dieses Verfahren ergibt sich als Sonderfall aus den zuvor angegebenen allgemeingültigeren Ableitungen zum LDA-Meßprinzip. Wird nämlich der Photodetektor exakt in Richtung der Ausbreitung eines der beiden Laserstrahlen positioniert, so ergibt sich für das Streulicht aus diesem Strahl, das von Teilchen im Meßvolumen erzeugt wird, keine Doppler-Verschiebung. Dies kann leicht anhand von Gleichung (2) und (3) unter Berücksichtigung der Vorzeichen der Richtungsvektoren nachgeprüft werden.

Es werden folglich nicht zwei Doppler-verschobene Lichtwellen zur Überlagerung gebracht, sondern in diesem Spezialfall eine Doppler-verschobene Lichtwelle mit der ungestörten Laserlichtfrequenz superponiert. Abbildung 7 zeigt das LDA-Referenzstrahlverfahren. Charakteristisch für das LDA-Referenzstrahlverfahren sind zwei ungleich starke, sich überkreuzende Laserstrahlen. Die genaue Anpassung der Intensitäten beider Strahlen stellt eine Schwierigkeit bei der Verwendung der Referenzstrahlmethode dar. Wie bereits zuvor erwähnt, ergeben sich qualitativ die besten Signale, d. h. sehr gute Signal- zu Rauschverhältnisse für den Fall annähernd gleicher Intensitäten der beiden detektierten Streuwellen. Demzufolge muß der Referenzstrahl, d. h. der Laserstrahl, dem der Photodetektor direkt exponiert wird, intensitätsmäßig so geschwächt werden, daß seine verbleibende Leistung der Streuleistung eines Teilchens in Detektorrichtung entspricht, das vom anderen Laserstrahl beaufschlagt wird.

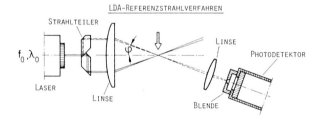

Abb. 7:
LDA-Referenzstrahlverfahren

Aus der Theorie der Lichtstreuung an kugelförmigen Teilchen ist hinreichend bekannt, daß die Streuleistungen an Kleinstteilchen sehr stark von der Teilchengröße abhängen. Während sich z. B. der Durchmesser eines Streuteilchens um eine Größenordnung ändert, kann die Veränderung hinsichtlich der Streuleistung gleich mehrere Größenordnungen betragen. Da bei einer Referenzstrahlanordnung das Verhältnis zwischen der Intensität des Referenzstrahls und der teilchengrößenabhängigen Intensität des Streustrahls meist veränderlich ist, ergibt sich ein etwas schwieriges Anwendungsverhalten des Verfahrens, insbesondere in Strömungen mit unterschiedlich großen, suspendierten Teilchen.

Im Gegensatz zum LDA-Zweistrahlverfahren muß das Streulicht beim Referenzstrahlverfahren i. a. aus Gründen der räumlichen Kohärenzerhaltung mit sehr kleinen Aperturen detektiert werden. Ein für die Praxis ganz entscheidender Nachteil der Referenzstrahlmethode ist darin zu sehen, daß sich, im Gegensatz zum LDA-Zweistrahlverfahren, die Signalfrequenz als detektionsrichtungsabhängig erweist. Dies gilt sowohl für den Fall der sich kreuzenden Laserstrahlanordnung gemäß Abbildung 7 als auch für neuere Anordnungen, bei denen der Referenzstrahl separat, z. B. durch einen Lichtwellenleiter, zum Photodetektor geführt wird.

Referenzstrahlverfahren werden heutzutage nur noch vereinzelt eingesetzt. Neuere Einsatzmöglichkeiten finden sich in Kombination mit Zweistrahlverfahren bei der dreidimensionalen Vermessung von Strömungsgeschwindigkeiten.

Zweistreustrahlverfahren

Wie bereits Ende des letzten Abschnitts erwähnt, reicht es beim LDA-Referenzstrahlverfahren aus, nur einen Laserstrahl zu einem Meßvolumen zu fokussieren, das Streulicht zu detektieren und es an der Kathode des Detektors mit dem ungestörten Laserlicht, z. B. mit Hilfe von Lichtwellenleitern, zu überlagern. Ähnliches gilt für das letzte der drei gebräuchlichen LDA-Verfahren.
Beim LDA-Zweistreustrahlverfahren wird ein Laserstrahl mittels einer Linse am Meßort fokussiert. Im Fluid suspendierte Teilchen, die diesen Fokuspunkt passieren, streuen das Laserlicht im Raum. Die Idee bei Zweistreustrahlverfahren ist nun, mittels einer geeigneten Blenden-Linsen-Kombination, zwei Streulichtbündel, sogenannte Streustrahlen, aus dem Raumfeld auszugrenzen, siehe Abbildung 8. Der formale Ansatz gemäß Gleichung (2) und (3) führt zum gleichen Endergebnis für die Schwegungsfrequenz Δf, die sich aus der Überlagerung beider Doppler-verschobener Lichtwellen ergibt. Der Vorteil des LDA-Zweistreustrahlverfahrens im Vergleich zum Referenzstrahlverfahren liegt i. a. in der Verwendung von zwei gleich starken Streustrahlen, was zu besseren Signal-Rausch-Verhältnissen führt. Hingegen erweist sich das Zweistreustrahlverfahren vielfach als justierempfindlicher als das am häufigsten verwendete LDA-Zweistrahlverfahren.

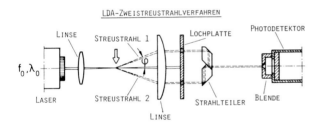

Abb. 8:
LDA-Zweistreustrahlverfahren

Signalform

In Abbildung 3 wurde ein typisches LDA-Signal, auch "burst" genannt, gezeigt, wie es z. B. von einem Speicherscope bei der Detektion durch einen Photoempfänger festgehalten werden kann. Die Frequenz, aus der sich das Signal aufbaut, stellt die Signalfrequenz, d. h. die Schwebungsfrequenz beider Doppler-verschobener Lichtwellen dar. Laser, wie sie überwiegend in der Laser-Doppler-Anemometrie eingesetzt werden, weisen über den Laserstrahlquerschnitt eine gaußförmige Intensitätsverteilung auf. Diese Gaußsche Intensitätsverteilung, siehe auch Abbildung 9, spiegelt sich im Meßvolumen bei der Überlagerung beider Laserstrahlen wider und führt zu der gaußförmigen Einhüllenden des detektierten LDA-Signals. Der gaußförmige Verlauf der Intensitätsverteilung im Strahlquerschnitt eines Laserstrahls, ebenso wie der entsprechende Verlauf eines LDA-Signals bringen die Notwendigkeit mit sich, Begrenzungsdefinitionen, z. B. Strahldurchmesser oder zeitliche Signaldauer zu definieren. Es hat sich durchgesetzt, daß der $1/e^2$-Punkt, bei dem die Mittenintensität der Intensitätsverteilung des Signals auf den $1/e^2$-ten Teil abgefallen ist, vereinbarungsgemäß als Begrenzungsradius definiert wird. Am $1/e^2$-Punkt einer Gaußschen Kurvenform hat demnach die Mittenintensität auf 13,53% abgenommen.

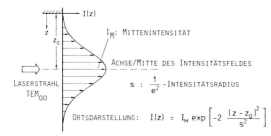

Abb. 9:
Gaußsche Intensitätsverteilung über
den Laserstrahlquerschnitt

In älterer Literatur und z. T. heute noch im angelsächsischen Sprachraum wird eine hiervon abweichende Definition, nämlich der 1/e-Radius als Begrenzungsdefinition verwendet. Zwischen den beiden Radien s_{1/e^2} und $s_{1/e}$ besteht der Zusammenhang

$$s_{1/e^2} = \sqrt{2}\ s_{1/e} \tag{29}$$

Die Signalgüte eines LDA-Signals wird mit Hilfe der Modulationstiefe η bewertet, siehe hierzu auch Abbildung 10. Ein LDA-Signal ist analytisch darstellbar durch Angabe der Photonenrate $\frac{dN}{dt}$, die von einem Empfänger detektiert wird. Da es durchaus sinnvoll sein kann, LDA-Signale zu Simulationsgründen in numerischen Studien zu verwenden, wird der analytische Ausdruck für den zeitlichen LDA-Signalverlauf, also die Photonenrate, mit angegeben.

Photonenrate:

$$\frac{dN}{dt} = A \exp\left[-\frac{2(t-\tau_0)^2}{\tau_b}\right] [1 + \eta \cos(2\pi\Delta f(t-\tau_0) + \phi)] \tag{30}$$

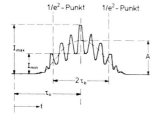

$$\eta = \frac{I_{max} - I_{min}}{I_{max} + I_{min}}$$

Δf : LDA-SIGNALFREQUENZ

t : ZEIT

η : MODULATIONSTIEFE
(VISIBILITY)

Φ : PHASE

Abb. 10:
LDA-Signal-Definitionen

Einzelteilchen- und Mehrteilchensignale

Allen LDA-Verfahren liegt die Auswertung am Einzelteilchen zugrunde, das im Fluid suspendiert vorliegt. Nun können durchaus Teilchenanzahlkonzentrationen angetroffen werden, die eine Koinzidenz von mehreren Teilchen im Meßvolumen wahrscheinlich werden läßt, und es erscheint sinnvoll, mögliche Einflüsse auf das resultierende Signal zu diskutieren, siehe hierzu Abbildung 11. Hierbei hilft die Vorstellung, zwei Teilchen würden das Interferenzstreifenmuster im Meßvolumen durchqueren und die Hell-Dunkel-Gebiete mit einer Frequenz streuen, die ihrer Durchtrittsgeschwindigkeit proportional ist. Gehen wir davon aus, daß die Geschwindigkeitsdifferenz beider Teilchen sowie die Geschwindigkeitsänderung über die Länge des Meßvolumens vernachlässigbar klein sind, so bleiben als Einflußgrößen die variable Größe und der variable Abstand beider Teilchen zueinander im Meßvolumen (Farmer 1972) übrig. Es bleibt zu klären, ob die Signalanteile sich destruktiv überlagern können oder die resultierende Frequenz sogar verfälschen können. Um es vorwegzu-

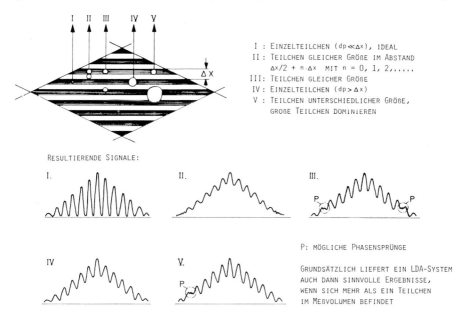

I : EINZELTEILCHEN (dp≪Δx), IDEAL
II : TEILCHEN GLEICHER GRÖSSE IM ABSTAND
Δx/2 + n·Δx MIT n = 0, 1, 2,.....
III: TEILCHEN GLEICHER GRÖSSE
IV : EINZELTEILCHEN (dp > Δx)
V : TEILCHEN UNTERSCHIEDLICHER GRÖSSE,
GROSSE TEILCHEN DOMINIEREN

RESULTIERENDE SIGNALE:

I.   II.   III.

P: MÖGLICHE PHASENSPRÜNGE

IV   V.

GRUNDSÄTZLICH LIEFERT EIN LDA-SYSTEM
AUCH DANN SINNVOLLE ERGEBNISSE,
WENN SICH MEHR ALS EIN TEILCHEN
IM MESSVOLUMEN BEFINDET

Abb. 11: Mehrteilchensignale in der Laser-Doppler-Anemometrie

nehmen, weder das eine noch das andere tritt in der Realität merkbar auf. Der ungünstigste Fall tritt dann ein, wenn zwei Teilchen von ideal gleicher Größe, Form und Konsistenz im Abstand ($\Delta x/2 + n\Delta x$) mit n = 0, 1, 2, 3 . . . das Interferenzstreifenmuster im Meßvolumen gemeinsam durchqueren. Genau dann nämlich würde während des Meßvolumendurchtritts im Mittel immer die gleiche Lichtleistung gestreut werden, d. h. eine Modulation nicht detektierbar sein. Glücklicherweise wird dies nie beobachtet, da die Wahrscheinlichkeit für das Auftreten der Identität zweier oder mehrerer Teilchen im Meßvolumen, verbunden mit einem bestimmten Teilchenabstand, äußerst gering ist. Hinzu kommt, daß die Intensitätsverteilung im Meßvolumen, wie zuvor erwähnt, sich aufgrund der Gauß-Verteilung mit der Lauflänge ändert und selbst der äußerst unwahrscheinlich geltende Fall der absoluten Identität beider Teilchen im ungünstigsten Abstand zueinander sich nicht bemerkbar machen könnte, da die Intensitäten an verschiedenen Punkten im Meßvolumen sich nicht entsprechen. Viel wahrscheinlicher und auch mit Speicheroszilloskopen gut beobachtbar sind resultierende Signale von zwei oder mehreren Teilchen, die in regellosem Abstand und mit unterschiedlicher Größe das Meßvolumen durchqueren. In letzterem Falle ergeben sich LDA-Signale, die zwar Phasensprünge aufweisen können, dennoch aber Signalzüge ausreichender Länge und Frequenzkonstanz zur Auswertung aufweisen, siehe Abbildung 11. Obwohl Mehrteilchensignale nicht wesentlich die Signalinformation eines LDA-Systems beeinträchtigen, sollte, um eine unnötige Komplizierung der Auswertung zu vermeiden, darauf geachtet werden, die Teilchenkonzentration und Meßvolumengröße so zu wählen, daß eine Einzelteilchenauswertung gewährleistet wird.

Bei der Signalentstehung von Einzel- und Mehrteilchensignalen sollte stets berücksichtigt werden, daß der modulierte Teil des Signals, charakterisiert durch die Modulationstiefe, mit zunehmender Teilchengröße abnimmt. Aus den vorangegangenen Ableitungen wird deutlich, daß immer dann mit einem Streulichtminimum zu rechnen ist, wenn die Teilchengröße ein ganzzahliges Vielfaches des Interferenzstreifenabstandes beträgt. In diesem Fall wird nach den ''ebenen'' Interferenzstreifenmodellüberlegungen im Mittel näherungsweise die Hälfte der Teilchenfläche beleuchtet, die andere nicht, siehe hierzu auch Abbildung 12. Ähnlich den vorangegangenen Mehrteilchenbetrachtungen im Meßvolumen läßt auch dieses Anschauungsmodell die realen physikalischen Tatbestände, z. B. dreidimensionale Form der Teilchen, veränderliche Intensität im Meßvolumen, weitgehend außer Betracht. Es werden somit auch in diesem Fall keine Auslöschungen angetroffen, wie sie von den ''ebenen'' Interferenzstreifenbetrachtungen herleitbar sind. In Abbildung 12 ist ein realistischer Verlauf der Modulationstiefe als Funktion der Teilchengröße eingezeichnet, der in ähnlicher Form und unter Betrachtung einer ganzen Reihe von Einzelparametern theoretisch hergeleitet werden kann, siehe hierzu auch Dändliker und Eliasson 1974 sowie Durst und Heiber 1977.

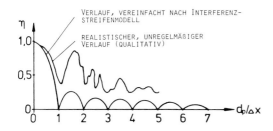

Abb. 12:
Modulationstiefe η als Funktion des Teilchendurchmessers d_p; Δx Interferenzstreifenabstand

Richtungsempfindlichkeit

Mit Laser-Doppler-Anemometern in ihrer einfachsten Bauform kann nicht unterschieden werden, von welcher Seite die Streuteilchen das Meßvolumen durchqueren. Folglich können mit solchen Systemen Richtungsumkehrungen in Strömungen, wie sie in turbulenten oder abgelösten Strömungen auftreten, nicht erfaßt werden. Eine Diskriminierungsmöglichkeit besteht in der Verwendung von frequenzverschiebenden optischen Komponenten, die in den Strahlengang eines oder beider Partialstrahlen eines Laser-Doppler-Anemometers eingebracht werden. Hierdurch wird bewirkt, daß die das Meßvolumen bildenden Laserstrahlen leicht unterschiedliche Frequenzen aufweisen, was bildlich gesprochen in einer Bewegung des Interferenzstreifenmusters im Meßvolumen resultiert. Teilchen, die mit der Bewegungsrichtung der Interferenzstreifen das Meßvolumen durchqueren, erzeugen eine niedrigere Signalfrequenz als Teilchen, die sich entgegen dieser Richtung bewegen. Auf diese Weise kann nun anhand des Absolutbetrags der Signalfrequenz die Richtung des Teilchendurchtritts erkannt werden (selbstverständlich nur die Richtung der Geschwindigkeitskomponente senkrecht zum Interferenzstreifenmuster).

114

Braggzellen

Als sehr praktikabel und unanfällig hat sich die Verwendung von optoakustischen Modulatoren (Braggzellen) erwiesen. Diese verändern die Frequenz eines Laserstrahls, der unter dem Winkel δ die Zelle durchläuft, um einen Betrag $K \cdot f_E$, wobei K die Ordnung und f_E die Erregungsfrequenz der optoakustischen Zelle bezeichnet. Der Laserstrahl wird an erzeugten laufenden Dichteunterschieden der Frequenz f_E im Medium der Braggzelle, z. B. Kristall, gebeugt, frequenzverschoben und verläßt die Zelle unter dem Winkel 2δ.

OPTOAKUSTISCHER MODULATOR

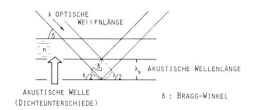

AKUSTISCHE WELLE
(DICHTEUNTERSCHIEDE)

δ : BRAGG-WINKEL

IM MEDIUM GILT: $\delta = \dfrac{\lambda}{2\,\lambda_s\,n}$ EXAKT: $2\,\lambda_s \sin\delta = \dfrac{\lambda}{n}$

Abb. 13:
Bragg-Reflexion an akustischen Wellen

Die Beugung an akustischen Wellen und somit das Prinzip der Braggzelle soll anhand Abbildung 13 etwas näher erklärt werden. Stellen wir uns einen Kristall vor, im dem akustische Wellen, d. h. Dichteunterschiede, die sich als Brechungsindexschwankungen bemerkbar machen, propagieren. Die akustische Wellenlänge sei λ_s. Weiter nehmen wir an, daß ein Lichtstrahl der Wellenlänge λ den Kristall im Winkel δ zu den laufenden Dichteunterschieden durchquere. Im "eingefrorenen" Bewegungszustand, wie dies in Abbildung 13 skizziert ist, müssen nun benachbarte Lichtwege einen Lauflängenunterschied von λ aufweisen. Nur in diesem Fall wird der reflektierende Lichtstrahl nicht durch destruktive Überlagerung einzelner Lichtbündel geschwächt. Der Winkel δ, bei dem diese Bedingung erfüllt ist, wird Braggwinkel genannt.
Übertragen wir nun diese Betrachtungen auf den bewegten Zustand, so bedeutet dies für die Partialstrahlen eines Lichtstrahls, daß bei einer Bewegung der Dichteunterschiede um den Betrag von λ_s, d. h. einer akustischen Wellenlänge, sich in allen Partialstrahlen eine Veränderung um eine optische Wellenlänge λ ergibt. Eine Veränderung der Wellenlänge äußert sich bei Konstanz der Wellenausbreitungsgeschwindigkeit in einer Veränderung der Frequenz. Somit bewirken akustische Wellen der Frequenz f_E unter der Bragg-Bedingung exakt eine Veränderung des Lichtstrahles in seiner Frequenz um den Betrag f_E. Es ist mit dieser Anordnung nun möglich, die Frequenz von Laserstrahlen in Abhängigkeit der Erregerfrequenz der optoakustischen Zelle zu verändern. Es bleibt anzumerken, daß die Beugung des kohärenten Lichtstrahls an akustischen Wellen in einem optischen Medium nicht unidirektional, sondern in verschiedene Ordnungen aufgefächert erfolgt. Analog zu den Ausführungen für die Strahlen 1. Ordnung, gilt für die Strahlen K-ter Ordnung, daß eine Änderung um eine akustische Wellenlänge λ_s, eine K-fache optische Wellenlängenänderung bewirkt. Die Beugungseffizienz im Strahl 1. Ordnung kann bis zu 80% der einfallenden Lichtleistung betragen.
Der Braggzellenaustrittswinkel ϑ, siehe Abbildung 14, ergibt sich aus der Braggbedingung im Medium. Um die ursprüngliche Richtung des Laserstrahles wiederherzustellen, müssen

Korrekturprismen (Keilprismen) vor und hinter der Braggzelle angebracht werden. Abbildung 14 zeigt die Verwendung und Funktionsweise von Braggzellen beim LDA-Zweistrahlverfahren. Da die Signalfrequenzen üblicherweise im unteren Megahertzbereich liegen, die Braggzellen jedoch mit 40–120 MHz je nach Bauart erregt werden müssen, empfiehlt sich die Verwendung von zwei Braggzellen. Durch die Einstellung unterschiedlicher Treiberfrequenzen können beliebig kleine Differenzfrequenzen beider Laserstrahlen erhalten werden, was ein elektronisches Heruntermischen der hohen Treiberfrequenz von der Signalfrequenz bei Verwendung von nur einer Braggzelle erübrigt. Gleichzeitig wird durch die Doppel-Braggzellen-Anordnung bewirkt, daß die Intensitäten beider Partialstrahlen verhältnisgleich erhalten bleiben. Die Bestimmung der Differenzfrequenz zweier Braggzellen muß sich nach den zu erwartenden Strömungsgegebenheiten richten. Insbesondere ist hierbei zu berücksichtigen, in welchen Größenordnungen Richtungsumkehrungen auftreten.

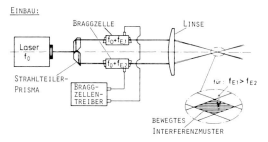

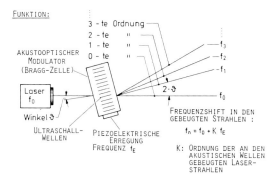

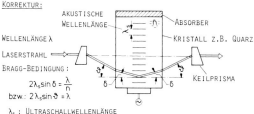

Abb. 14:
Optoakustische Modulatoren (Braggzellen) zur Richtungsdetektion in LDA-Systemen, aus Ruck 1987

Rotierendes Gitter

Eine Alternative zur Verwendung von Braggzellen stellt das rotierende Gitter dar. Der Einbau erfolgt in einem der beiden Strahlen z. B. eines Zweistrahlanemometers. Die physikalische Grundlage dieses frequenzverschiebenden Verfahrens stellt die Beugung eines Laserstrahls an Strich- bzw. Phasengitter (z. B. Oldengarm 1977) dar. Strichgitter werden dergestalt realisiert, daß runde Glasscheiben, typischer Durchmesser ca. 3 cm, mit einer Vielzahl von geätzten Vertiefungen (10^3–10^4) auf ihrem Umfang versehen werden. Die Strichgitterscheiben werden im rotierenden Zustand bei ca. 2000–3000 Umdrehungen pro Minute in den Strahlengang eines Laserstrahls eingebracht. Trifft ein Laserstrahl nun auf diese Striche, so wird er gleichzeitig vielfach, je nach Strichabstand und Laserstrahldurchmesser, gebeugt. Die Vorzugsrichtungen der gebeugten Strahlen ergeben sich aus den Bedingungen für ganzzahlige Wellenlängendifferenzen der an den Strichen gebeugten Partialwellen. Die Bewegung des Strichgitters induziert hierbei die Frequenzverschiebung in den unterschiedlichen Ordnungen, was sich auch vereinfacht anhand von Doppler-Überlegungen (raumfeste Detektion des Streulichtes eines bewegten Senders) erklären läßt. In Abbildung 15 wird die Frequenzverschiebung durch ein rotierendes Gitter schematisch dargestellt. Die Anwendung von rotierenden Gittern zur Frequenzverschiebung beschränkt sich auf die Erzeugung von Shiftfrequenzen im Kilohertzbereich. Die Beugungseffizienz für die Strahlen 1. Ordnung beträgt i. a. kleiner 25%. Die Strahlen höherer Ordnung erreichen nur noch Bruchteile der Beugungseffizienz der ersten Ordnung, was insgesamt betrachtet das rotierende Gitter hinsichtlich der Intensitätsausnutzung der einfallenden Laserstrahlung als nachteilhaft im Vergleich zu Braggzellen-Anordnungen erscheinen läßt.

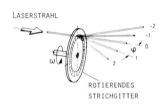

LASERSTRAHL

ROTIERENDES
STRICHGITTER

DIE ABWEICHUNG VON DER URSPRÜNGLICHEN LASERTSRAHLAUSBREITUNGSRICHTUNG WIRD DURCH DEN WINKEL φ GEGEBEN:

$$\sin \varphi = \frac{K \lambda}{S}$$

DIE DIFFERENZFREQUENZ ZUR 0-TEN ORDNUNG: $\qquad \Delta f_R = K\,N\,\omega$

MIT K: ORDNUNG DER AUFGEFÄCHERTEN STRAHLEN
S: STRICHABSTAND AUF UMLAUFBAHN
N: ANZAHL DER STRICHE
λ: WELLENLÄNGE DES LASERLICHTES

Abb. 15:
Frequenzverschiebung
durch rotierendes Gitter

Im Gegensatz zu der Verwendung von Braggzellen kann das rotierende Gitter normal zur Laserstrahlausbreitungsrichtung betrieben werden. Da bei vertretbaren Drehzahlen relativ geringe Shiftfrequenzen erzeugt werden, kann das rotierende Gitter gleichzeitig als Strahlteiler eingesetzt werden, was bedeutet, daß Strahlen der + 1-ten und −1-ten Ordnung für den Aufbau einer LDA-Anordnung herangezogen werden können.
Bei der Verwendung von rotierenden Gittern sollte berücksichtigt werden, daß es sich z. T. um rotierende mechanische Bauteile handelt, die Vibrationen und Drehzahlschwankungen unterworfen sind. Rotierende Gitter werden im Vergleich zu Braggzellen in der Laser-Doppler-Anemometrie nur vereinzelt eingesetzt.

Bestimmung der notwendigen Frequenzshift

Wie bereits zuvor angedeutet wurde, richtet sich die notwendige Frequenzshift nach der Höhe der zu erwartenden Rückströmgeschwindigkeiten in dem zu vermessenden Strömungsfeld. Betrachten wir den am häufigsten anzutreffenden Fall einer Doppel-Braggzellen-Anordnung, so ergibt sich die gemessene Geschwindigkeit $u_\perp$ nach der Formel

$$u_\perp = \frac{(\Delta f \pm \Delta f_E)\lambda}{2\sin\varphi} \tag{31}$$

Hierin bedeutet Δf die bei Anwendung von frequenzverschiebenden Braggzellen gemessene Doppler-Signalfrequenz und Δf_E die Braggzellen-Differenzfrequenz. Das Minuszeichen in Gleichung (31) bezieht sich auf den allgemeineren Fall der ''Gegenshift'', bei der sich die Interferenzstreifen entgegen der Hauptgeschwindigkeitsrichtung der Strömung bewegen. Das Pluszeichen bezeichnet den Fall der ''Mitshift'', die nicht zur Bestimmung der Strömungsrichtung, sondern zur Meßbereichserweiterung bei Hochgeschwindigkeitsströmungen erzeugt wird.

Die Differenzfrequenz beider Braggzellen muß im Gegenshiftbetrieb stets so gewählt werden, daß die Geschwindigkeit der Interferenzstreifen im Meßvolumen größer als die maximal auftretende Rückströmgeschwindigkeit u^-, siehe hierzu auch Abbildung 16, bleibt. Nur

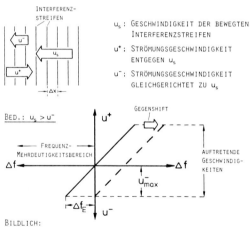

Abb. 16:
Bestimmung der notwendigen Frequenzshift

in diesem Fall ist gewährleistet, daß der ganze Geschwindigkeitsbereich von u^+ bis u^- eindeutig durch Signalfrequenzen charakterisiert wird. Gemäß Gleichung (31) ergeben sich für Teilchen- bzw. Strömungsgeschwindigkeiten in Richtung der Bewegung des Interferenzstreifenmusters demnach negative Ausdrücke für die Geschwindigkeit u. Selbst die ''Ge-

118

schwindigkeit Null", die mit einem Laser-Doppler-Anemometer ohne frequenzverschiebende Komponenten nicht aufzulösen ist, kann detektiert werden. Im letzteren Fall ergibt sich als Signalfrequenz Δf die Braggzellen-Differenzfrequenz Δf_E. Weiterführende Informationen über die in diesem Abschnitt erwähnten physikalischen Vorgänge finden sich bezüglich der Ausbreitung einer Lichtwelle im Kristall bei Raman et al. 1935, bezüglich der Braggstreuung z. B. bei Hecht et al. 1974 oder bei Bergmann-Schäfer 1978.

LDA-Systeme zur mehrdimensionalen Geschwindigkeitsmessung

Ein LDA-System mit Frequenzverschiebung, wie es bisher beschrieben wurde, ermöglicht die Messung einer Komponente des i. a. dreidimensionalen Geschwindigkeitsvektors an einem Raumpunkt im Strömungsfeld. Viele Strömungsuntersuchungen lassen sich auf ein ebenes, zweidimensionales oder sogar eindimensionales Problem reduzieren, so daß durch eine geschickte Anordnung des Einkomponenten-LDA-Systems durchaus wertvolle Informationen gewonnen werden können. Dreidimensionale Probleme können durch hintereinander ausgeführte Messungen in allen drei Ebenen erfaßt werden. Dies gilt jedoch nur für die Bestimmung sogenannter mittlerer Strömungsgrößen, nicht aber wenn Korrelationen z. B. der Schwankungsgrößen der Geschwindigkeit in verschiedenen Richtungen gemessen werden sollen. In diesem Fall muß die zwei- oder dreidimensionale gleichzeitige Messung der Geschwindigkeitskomponenten durchgeführt werden.

Zweidimensionale Systeme

Die gleichzeitige Messung zweier Geschwindigkeitskomponenten kann mit verschiedenen optischen Systemen erreicht werden. Für zweidimensionale Messungen kommen in erster Linie Zweikomponenten-Einfarbensysteme mit Polarisations- und/oder Frequenzbereichstrennung (Neti et al. 1979, Lourenço et al. 1980) und Zweikomponenten-Zweifarbensysteme (z. B. Snyder et al. 1981, TSI 1988, Dantec 1988) in Betracht. All diesen Systemen gemein ist, daß drei oder vier Laserstrahlen mit entweder völlig verschiedenen oder paarweise verschiedenen Eigenschaften (Polarisation, Frequenz) unter verschiedenen Winkeln oder in zwei senkrecht zueinander verlaufenden Ebenen im Meßvolumen fokussiert werden. Derartige Systeme stellen i. a. die Kombination zweier Einkomponentensysteme in zwei zueinander unterschiedlich orientierten Ebenen dar. Abbildung 17 zeigt die verschiedenen Ausführungsformen. Die Trennung der Streulichtsignale bei der Detektion erfolgt bei Zweikomponentensystemen entweder durch Farb-, Polarisations- oder Frequenzbereichsdiskriminierung. Bei Dreistrahl-Zweikomponentensystemen muß die Bestimmung beider Geschwindigkeitskomponenten über einfache trigonometrische Umrechnungen erfolgen, da die sich ergebenden Frequenzen nicht von orthogonal zueinander angeordneten Meßebenen herrühren. Neuerdings befinden sich auch Verfahren zur zweidimensionalen Geschwindigkeitsmessung auf dem Markt, die einen elektrooptischen Modulator verwenden, der die Polarisation und durch geeignete Optikauslegung die Meßebene innerhalb der Meßvolumendurchtrittszeit eines Teilchens wechselt (EPA 1985). Auf diese Weise können durch die zeitliche Umschaltung der Orientierung der Meßebene beide Geschwindigkeitskomponenten mit nur einer Wellenlänge gemessen werden.

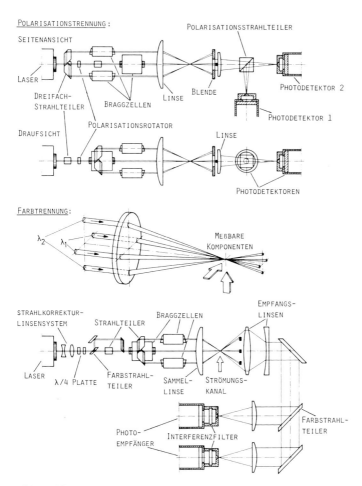

Abb. 17: LDA-Zweikomponenten-Einfarben- und Zweikomponenten-Zweifarbensystem

Dreidimensionale Systeme

LDA-Systeme zur dreidimensionalen Geschwindigkeitsbestimmung sind erheblich komplexer als zweidimensionale Ausführungen. Dies liegt daran, daß die dritte Geschwindigkeitskomponente, i. a. die 'on-axis'-Komponente, wesentlich schwieriger erfaßt werden kann, da ihre Orientierung meist parallel zu den Interferenzstreifenmustern der zweidimensionalen Systemausführungen verläuft. Dennoch existieren eine ganze Reihe von 3-D-Systemvarianten, die unterschiedliche optische Anordnungen besitzen. Hallermeier 1973 verwendete zur dreidimensionalen Messung des Geschwindigkeitsvektors eine Anordnung, bei der drei unterschiedlich frequenzverschobene Laserstrahlen einer Farbe ins Meßvolumen geführt werden. Die gleichseitige triangelförmige Führung der Laserstrahlen ins Meßvolumen erlaubt die Bestimmung aller drei Geschwindigkeitskomponenten mit nur einem Detektor. Die Auswertung der Signalfrequenzen muß frequenzbandselektiv durchgeführt werden. Dubnistchev et al. 1976 schlugen eine Anordnung vor, bei der mittels dreier ins Meßvolumen geführter Laserstrahlen die drei orthogonalen Geschwindigkeitskomponenten durch ein zweimaliges Durchleuchten des Meßvolumens infolge der Rückführung der Strahlen bestimmbar wurden. Andere Systemvarianten verwendeten vier Laserstrahlen, die in drei nicht orthogonal zueinander verlaufenden Meßebenen das Meßvolumen bilden (Johansson et al. 1976). Bei diesen Systemen, ebenso wie bei den Fünfstrahlsystemen (TSI 1988, Dantec 1988) verwendet man mindestens zwei Laserfarben und verschiedene ''geshiftete'' Frequenzen, was zur Ausbildung dreier bewegter Interferenzstreifenmuster von unterschiedlicher Orientierung führt. Eine Methode, bei der drei Doppler-Frequenz-Komponenten gleichzeitig von drei unterschiedlich im Raum angeordneten Detektoren empfangen werden, wurde von Sato et al. 1978 vorgestellt. Müller 1985 zeigte, daß durch eine räumlich unterschiedlich orientierte Anordnung von Referenzstrahlverfahren ein Dreikomponenten-LDA realisiert werden kann. Schließlich kommen zur dreidimensionalen Geschwindigkeitsbestimmung Kombinationen von verschiedenen LDA-Verfahren zur Anwendung, so z. B. die Kombination eines Zweikomponenten-Zweifarbensystems mit einem Referenzstrahlverfahren für die Messung der dritten Geschwindigkeitskomponente auf der Systemachse.

3. Signaldetektion

Der Detektionsseite eines LDA-Systems sollte besondere Aufmerksamkeit gewidmet werden, da eine schlechte Auslegung zu erheblichen Signalgüteeinbußen führen kann. Die Aufgabe der Detektionsoptik besteht i. a. darin, das Meßvolumen, also den Überlagerungsbereich zweier oder mehrerer Laserstrahlen, auf die lichtempfindliche Schicht eines Photodetektors abzubilden. Die Abbildung muß dergestalt erfolgen, daß ausschließlich Streulicht aus dem Überlagerungsbereich zum Photodetektor gelangt. Die zusätzliche Überlagerung von Streulichtanteilen aus den Randbereichen des Meßvolumens bzw. aus den einzelnen Laserstrahlen außerhalb des Meßvolumens muß durch eine geeignete Auslegung des Abbildungssystems verhindert werden. Streulichtanteile aus den erwähnten Teilbereichen ergeben z. T. unmodulierte und somit für die Laser-Doppler-Anemometrie wertlose Signale, die zu einer Erhöhung des Hintergrundrauschens führen und die Signalgüte von Signalen aus dem Meßvolumen schmälern. In Abbildung 18 werden die zur Berechnung der Abbildung notwendigen, einfachen Beziehungen angegeben. Der abzubildende Meßvolumendurchmesser d_M muß nach den Gesetzmäßigkeiten der Gaußschen Optik errechnet werden. Es kann sich als vorteilhaft erweisen, den Durchmesser des Meßvolumens für die Auslegungsberechnungen als kleiner anzunehmen als er sich durch die $1/e^2$-Definitionen ergibt. Hierdurch wird erreicht, daß intensitätsschwächere Randgebiete des Meßvolumens ausgeblendet werden, was zu einer Verbesserung der Signalgüte führen kann.

Als Photodetektionselemente kommen in der Laser-Doppler-Anemometrie überwiegend Photodioden und Photomultiplier zur Anwendung. Dem Nachweis der Streulichtstrahlung liegt somit die Ausnutzung der Umwandlung von Photonen in Elektronen zugrunde, wie sie sich durch den inneren Photoeffekt (Photodiode) oder den äußeren Photoeffekt (Photomultiplier) ergibt.

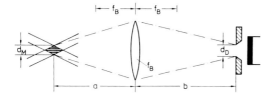

MEßVOLUMENDURCHMESSER: d_M

ABBILDUNGSVERHÄLTNIS : b/a

ABBILDUNGSDURCHMESSER: $d_D = \dfrac{b}{a}\, d_M$

LINSENGLEICHUNG : $\dfrac{1}{f_B} = \dfrac{1}{a} + \dfrac{1}{b}$

Abb. 18:
Auslegung der Detektionsseite eines
LDA-Systems

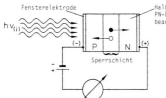

Fensterelektrode

Halbleitermaterial (rückwärts gepolter PN-Übergang) wird von einfallendem Licht beaufschlagt.

Photodioden sind Halbleiterdioden, die in Sperrichtung mit einer Vorspannung betrieben werden. Das Diodenmaterial ist P- und N-dotiert (besitzt Fremdatome mit einem Valenzelektron weniger oder mehr)

Das Anlegen einer Spannung am rückwärts gepolten PN-Übergang führt zum Ausbilden einer Sperrschicht. Im unbeleuchteten Zustand fließt nur ein geringer Dunkelstrom, der durch thermische Einflüsse bedingt ist. Unter Lichteinfall werden die Photonen in der Sperrschicht absorbiert und erzeugen zusätzliche Ladungsträger, d.h. Elektronen/Defektelektronen-Paare.

Abb. 19:
Aufbau einer Photodiode

Photodiode

Photodioden sind Halbleiterdioden, bei denen der pn-Übergang unmittelbar der Lichteinwirkung ausgesetzt wird. Am pn-Übergang liegt in Sperrichtung eine Vorspannung an. Auftretende Photonen induzieren in der Übergangsschicht eine Elektron-Loch-Paar-Bildung, was zu einer Ladungsträgererzeugung und zu einem Ansteigen des Sperrstromes führt, siehe hierzu Abbildung 19. Der Sperrstromverlauf verhält sich proportional zum detektierten Intensitätsverlauf. Anstiegszeiten im Nanosekundenbereich sind für Photodioden keine Seltenheit. Demzufolge eignen sich Photodioden ganz besonders für den Nachweis hochfrequenter Schwebungssignale. Die gebräuchlichsten Dioden sind Silizium- und Germanium-Photodioden. Sie unterscheiden sich durch ihre wellenlängenabhängige Empfindlichkeit. Silizium-Photodioden weisen ihre Höchstempfindlichkeit bei einer Lichtwellenlänge von ca. 0,8 µm auf, wohingegen Germanium-Photodioden ihr Empfindlichkeitsmaximum im Infraroten bei Wellenlängen von ca. 1,5 µm besitzen. Als Bewertungsgröße der wellenlängenabhängigen Empfindlichkeit eines Photoelements wird die Quantenausbeute η_Q definiert. Die Quantenausbeute gibt die Konversionseffizienz einer lichtempfindlichen Schicht an und berechnet sich aus dem Verhältnis der Anzahl der erzeugten Elektronen zu der hierfür benötigten Anzahl einfallender Photonen.

$$\eta_Q = \frac{\dot{N}_e}{\dot{N}_p} \tag{32}$$

Avalanche-Photodioden stellen eine Kombination von Photodiode und Avalanche-Diode dar. Die Avalanche-Photodiode wird in der Nähe ihrer Durchbruchsspannung betrieben. Infolge der hohen Sperrspannung werden freie Elektronen, die von einfallenden Photonen erzeugt werden, so sehr im Halbleiterkristall beschleunigt, daß sie beim Auftreffen auf Atome Valenzelektronen aus deren Bindung herausschlagen und weitere Ladungsträger freisetzen (Lawineneffekt). Auf diese Weise wird das nachzuweisende Streulicht bereits im Photodetektionselement verstärkt.

Photomultiplier

Photomultiplier sind die am häufigsten in der Laser-Doppler-Anemometrie eingesetzten Photodetektionselemente. Ein Photomultiplier besteht aus einer Vakuumröhre, die eine Kathodenschicht und eine nachgeordnete Dynodenkette enthält. Der Verstärkungseffekt beruht auf dem Prinzip der Sekundärelektronenvervielfachung. Auf die Kathode einfallende Photonen lösen entsprechend der wellenlängen- und materialabhängigen Quantenausbeute, Primärelektronen aus der Kathodenschicht. Dieser Vorgang wird als äußerer Photoeffekt bezeichnet. Die Primärelektronen treffen infolge des Anliegens einer Beschleunigungsspannung mit hoher Geschwindigkeit auf nachgeordnete Elektroden, die sogenannten Dynoden. Die Dynoden besitzen eine Form, die zusammen mit anliegenden Spannungsdifferenzen eine Führung der Elektronen durch die Dynodenkette ermöglicht. Jede Dynode hat gegenüber der vorhergehenden Dynode jeweils eine positive Spannung, die über einen Spannungsteiler aus der Betriebsspannung von ca. 500–1 500 Volt erhalten werden kann. Beim Auftreffen der Primärelektronen auf die erste Dynode werden aus dem Dynodenmaterial Sekundärelektronen herausgelöst. Diese treffen, wiederum beschleunigt durch die anliegende Spannungsdifferenz, auf die zweite Dynode und schlagen aus dem Dynodenmaterial weitere Sekundärelektronen heraus. Dieser Vorgang wiederholt sich nun von Dynode zu Dynode und führt dazu, daß der Elektronenstrom auf dem Weg zur Anode sehr stark anwächst. In Abbildung 20 wird das Prinzip des Photomultipliers schematisch dargestellt. Die Dynodenzahl schwankt je nach Ausführung des Photomultiplikators zwischen 8–16 Einzeldynoden. Die Effizienz η_D, die die Sekundärelektronenausbeute angibt, ist vom Dynodenmaterial abhängig. Typische Werte liegen bei 3–5. Die Verstärkung des Photomultipliers ergibt sich aus der Sekundärelektronenausbeute mit m, der Dynodenzahl als Exponent zu 10^6 bis 10^8. Die Bandbreite von Photomultipliern kann je nach Version und Bauart bis zu Spitzenwerten von 200 MHz variieren. Im allgemeinen begrenzt nicht die Konversionszeit zwischen Photonen und Primärelektronen die nutzbare Bandbreite des Photomultipliers, sondern die Laufzeitdifferenz, die die Sekundärelektronen beim Durchgang durch die Dynodenkette zueinander erfahren. Dieser Vorgang wird in Abbildung 21 skizziert. Wie Abbildung 21 entnommen werden kann, führen singuläre Ereignisse an der Kathode, z. B. sehr kurze Nadelpulse, an der Anode zu einem zeitlich ausgedehnten Signalverlauf. Dies ist auf unterschiedliche Laufzeiten der Sekundärelektronen in den Dynodenketten zurückzuführen. Man kann sich leicht vorstellen, daß durch die Laufzeitspreizung hochfrequente Eingangsinformationen an der Anode nicht mehr auflösbar sind, da resultierende Signalanteile sich zeitlich ausgedehnt überlagern, wobei die Eingangsfrequenz nicht mehr nachgezeichnet werden kann.

Ein Maß für die Ansprechzeit des Photomultiplikators stellt die Anodenanstiegszeit T_a dar, die als die Zeit definiert ist, die zwischen der 10 %- und 90 %-Amplitude des Anodensignals

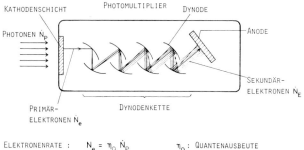

ELEKTRONENRATE : $N_e = \eta_Q \dot{N}_P$ η_Q : QUANTENAUSBEUTE

SEKUNDÄR-
ELEKTRONENRATE : $\dot{N}_E = \eta_Q \dot{N}_P \eta_D^m$ η_D : SEKUNDÄRELEKTRONEN-
AUSBEUTE, DYNODENMATERIAL

         m : DYNODENANZAHL

Abb. 20: Aufbau und Funktionsweise eines Photomultipliers

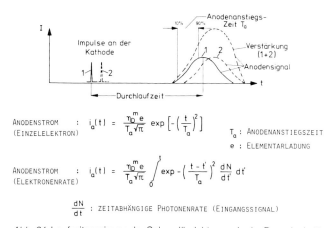

ANODENSTROM : $i_a(t) = \dfrac{\eta_D^m e}{T_a \sqrt{\pi}} \exp\left[-\left(\dfrac{t}{T_a}\right)^2\right]$
(EINZELELEKTRON) T_a : ANODENANSTIEGSZEIT

                                                  e : ELEMENTARLADUNG

ANODENSTROM : $i_a(t) = \dfrac{\eta_D^m e}{T_a \sqrt{\pi}} \displaystyle\int_0^t \exp-\left(\dfrac{t-t'}{T_a}\right)^2 \dfrac{dN}{dt'} dt'$
(ELEKTRONENRATE)

$\dfrac{dN}{dt}$: ZEITABHÄNGIGE PHOTONENRATE (EINGANGSSIGNAL)

Abb. 21: Laufzeitspreizung der Sekundärelektronen in der Dynodenkette, aus Ruck und Durst 1982

verstreicht, das von einer Eingangsstoßfunktion erzeugt wird. Die Anodenanstiegszeit ist eine Kennzahl der Photomultiplierröhre und wird üblicherweise vom Hersteller angegeben. Aus ihr lassen sich direkte Rückschlüsse auf die Bandbreite der Röhre ziehen.

Bei nichtsingulären Eingangsinformationen, z. B. harmonischen Intensitätsschwankungen, muß das resultierende Anodensignal mit Hilfe eines Faltungsintegrals beschrieben werden. Der Vorgang der Faltung berücksichtigt, daß das Anodensignal zu jedem Beobachtungszeitpunkt sich auch aus Anteilen der Vorgeschichte zusammensetzt. Die entsprechenden Ausdrücke sind in Abbildung 21 mit angegeben. Eine große Anzahl von Dynoden ist i. a. gleichzusetzen mit einer großen Laufzeitspreizung und einer größeren Anodenanstiegszeit im Vergleich zu einer Version mit geringer Dynodenzahl. Dies bedeutet, daß hohe Bandbreiten meist nur mit Ausführungen zu erzielen sind, die einige wenige Dynoden besitzen. Dies bedeutet aber auch, sozusagen als gegenläufige Tendenz, daß die Empfindlichkeit des Photomultipliers mit steigender Anforderung an die Bandbreite sinkt. Der beschriebene Zusammenhang erklärt, warum zur Nachfolge hochfrequenter Signale meist Photodioden eingesetzt werden, die keine Laufzeitspreizungseffekte zeigen. Die kennzeichnenden

Merkmale des Photomultipliers liegen hingegen auf dem Verstärkungsaspekt lichtschwächerer Signale.

Die inhärenten Laufzeiteffekte im Photomultiplier führen dazu, daß die sich ergebenden elektrischen Signalamplituden LDA-signalfrequenzabhängig werden. Ein schnelles Teilchen, das das LDA-Meßvolumen durchquert, wird im Verhältnis zu einem gleich großen langsamen Teilchen eine geringere elektrische Signalamplitude mit sich bringen. Ein ähnlicher Zusammenhang ergibt sich, wenn identische Signale in gleicher Raumrichtung mit unterschiedlichen Photomultipliern, charakterisiert durch unterschiedliche Anodenanstiegszeiten, detektiert werden. Die Verwendung von Photomultipliern mit größerer Anodenanstiegszeit reduziert die sich ergebende Signalamplitude, wie dies in Abbildung 22 für drei verschiedene Anodenanstiegszeiten wiedergegeben wird. Die spektrale Empfindlichkeit von Photomultipliern kommt von den bisher beschriebenen Photodetektionselementen der subjektiven Empfindlichkeit des menschlichen Auges am nächsten. Die Maxima der Empfindlichkeit von Photomultipliern liegen zwischen 0,4 bis 0,5 μm und sind vom Kathodenmaterial abhängig.

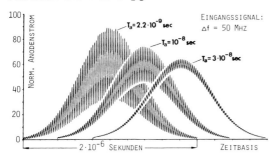

Abb. 22:
Elektrischer Signalverlauf am Ausgang eines Photomultipliers in Abhängigkeit der Anodenanstiegszeit bei konstanter optischer Eingangsamplitude und Frequenz

4. Signalverarbeitung

Für die Signalauswertung in der Laser-Doppler-Anemometrie stehen eine Reihe von unterschiedlichen Signalprozessoren zur Verfügung. Die Wahl des Signalauswertesystems richtet sich nach der im Experiment zu erwartenden Teilchenrate und Streulichtausbeute sowie nach dem Signalfrequenzbereich. Optische und analoge Frequenzfolgemethoden oder Frequenzanalysen werden heutzutage nur noch selten in der Laser-Doppler-Anemometrie eingesetzt. Hingegen haben sich direkt verarbeitende Systeme wie Transientenrecorder, Counter, Tracker und Photonkorrelatoren durchgesetzt. Die Vorteile eines Laser-Doppler-Anemometers liegen in der "on-line"-Verwendbarkeit der Meßmethode, dem bei der Auswahl des Signalverarbeitungssystems Rechnung getragen werden muß. Die nachfolgenden Ausführungen beschränkten sich auf die gebräuchlichsten Signalerfassungs- und Signalauswertungsmethoden.

Signalerfassung

Transientenrecorder und Digitaloszilloskop

Die von einem Photodetektionselement erzeugten elektrischen Analogsignale werden vom Transientenrecorder digitalisiert und über einen Interface-Ausgang einem Computer zur Auswertung (Frequenzbestimmung) zugeführt. Der Transientenrecorder ist somit ein Signalerfassungssystem, das nur im Dialog mit einem Computer zu einem vollständigen LDA-Datenauswertesystem wird.

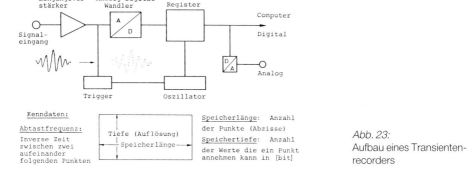

Abb. 23:
Aufbau eines Transienten-recorders

Transientenrecorder stellen schnelle Analog-Digital-Wandler dar, die durch ihre Abtastfrequenz von Punkt zu Punkt sowie durch die Speicherlänge und -tiefe charakterisiert werden. Abbildung 23 zeigt den Aufbau eines Transientenrecorders. Für die Verarbeitung muß das Signal bandpaßgefiltert werden, so daß es bezüglich einer Nullinie symmetrisch vorliegt. Die Bandpaßfilterung beseitigt den DC-Anteil des ursprünglichen LDA-Bursts, was die Auswertung durch hardwaremäßig oder softwaremäßig implementierte Auswertealgorithmen entscheidend vereinfacht.

Ein nachgeschalteter Kleincomputer oder ein Nullstellendetektor bestimmt aus der Datenfolge die Nulldurchgänge des Signals, wobei n gemessene gleichsinnige Nulldurchgänge n−1 Perioden entsprechen. Abbildung 24 skizziert die Nullstellenbestimmung. Die Doppler-Signalfrequenz errechnet sich als Quotient aus der Anzahl der Perioden und der benötigten Zeit. Die Zeitbestimmung kann bei Kenntnis der Abtastzeit von Punkt zu Punkt (inverse Abtastfrequenz) durch Multiplikation mit der Anzahl der digitalisierenden Punkte im betrachteten Auswertungsbereich durchgeführt werden.

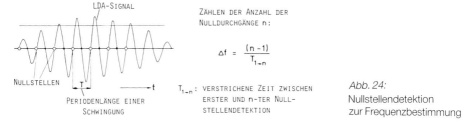

$$\Delta f = \frac{(n-1)}{T_{1 \to n}}$$

Abb. 24:
Nullstellendetektion
zur Frequenzbestimmung

Transientenrecorder eignen sich in der Laser-Doppler-Anemometrie nur zur Auflösung von Frequenzen, die deutlich niedriger liegen als die Abtastfrequenz. Man spricht in diesem Zusammenhang von der Grenzauflösung des Recorders, die sich aus der Division der Abtastfrequenz des Gerätes durch die Anzahl der geforderten Digitalisierungspunkte pro Schwingung ergibt. Häufig anzutreffende Grenzauflösungen liegen bei 5–10% der Abtastfrequenz, was der Digitalisierung einer Schwingung durch 20–10 Einzelpunkte entspricht. Kommerziell erhältliche Geräte besitzen Abtastraten bis 500 MHz.

Die Entwicklung von schnellen digitalen Speicheroszilloskopen hat eine billige Alternativlösung zu den meist teuren und voluminösen Transientenrecordern eröffnet. Derartige Digitaloszilloskope verfügen über genormte Datenschnittstellen und können von Kleinstcomputern gesteuert werden.

Digital speichernde Signalerfassungseinheiten wie Transientenrecorder und Digitaloszilloskope werden vornehmlich in der LDA-Geräteentwicklung eingesetzt. Sie erlauben eine ständige Rückkopplung zwischen erhaltener Signalinformation und detektierter Signalqualität. Sie eignen sich aber auch für routineartige LDA-Messungen, sind jedoch im Vergleich zu den nachfolgend beschriebenen Countern und Trackern mit dem Nachteil einer geringeren verarbeitbaren Datenrate behaftet. Daß Transientenrecorder und Digitaloszilloskope dennoch häufig in der Laser-Doppler-Anemometrie angewendet werden, ist darauf zurückzuführen, daß diese Geräte keine spezifischen LDA-Auswertesysteme darstellen, sondern vielseitig im Labor Verwendung finden können.

Tracker
LDA-Tracker sind Frequenznachlaufdemodulatoren. Das meist bandpaßgefilterte Doppler-Signal wird intern mit der Frequenz eines spannungskontrollierten Oszillators (VCO) verglichen. Stimmen Dopplerfrequenz und Oszillatorfrequenz nicht überein, so ergibt sich eine Differenzfrequenz, die über einen Frequenzdiskriminator den Oszillator stets so nachregelt, daß die Differenz beider verglichener Frequenzen verschwindet. Die Spannung des Oszillators dient als Maß für die Dopplerfrequenz. Abbildung 25 verdeutlicht das Funktionsprinzip eines Trackers. Zur exakten Frequenznachfolge benötigt der Tracker ein kontinuierliches Eingangssignal, das aus einer Vielzahl von LDA-Bursts kettenförmig aufgebaut ist. Signale dieser Art werden bei hohen Teilchenanzahlkonzentrationen im Fluid vorgefunden und charakterisieren gleichzeitig den Einsatzbereich eines Trackers. Liegen intermittierende Eingangssignale vor, so kann durch einen ''drop-out''-Mechanismus der zuletzt ermittelte Wert bis zum Auftreten eines neuen Signals gehalten werden. Letzteres kann sich bei niedrigen Teilchenraten fehlerhaft auf die Bestimmung zeitgemittelter Strömungsgrößen auswirken.

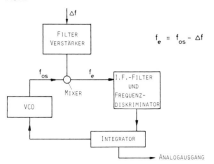

$$f_e = f_{os} - \Delta f$$

Abb. 25:
Frequenznachlaufdemodulator

Tracker eignen sich für die Auswertung verrauschter Signale. Die obere Signalfrequenz liegt bei typisch 15 MHz. Die durch die Nachlaufdemodulation erhaltene Frequenzinformation wird i. a. digital am Gerät angezeigt, wobei die Ausgabe als Mittelwert verschiedener Integrationszeiten optional vorgewählt werden kann.

Counter

Die Funktionsweise eines LDA-Counters basiert auf einer Zeitmessung zwischen einem Start- und einem Stop-Ereignis. Die Zeitmessung erfolgt durch Zählen von Pulsen eines internen Hochfrequenzoszillators. Die Anzahl der Schwingungen eines LDA-Signals, die in den Meßzeitraum fallen, werden anhand der Nulldurchgänge des hochpaßgefilterten Signals in Analogie zu den vorangegangenen Ausführungen registriert. Die Doppler-Frequenz ergibt sich aus der Division der Anzahl der Schwingungen durch die benötigte Zeit. Die Counterauswertung erfolgt hardwaremäßig in digitalen elektronischen Schaltungen. Counter eignen sich besonders für Meßsituationen, bei denen keine hohen Teilchenraten angetroffen werden. Zur Auswertung werden typisch 5–8 Nulldurchgänge herangezogen. Hierbei wird vielfach dergestalt verfahren, daß durch zwei separate Zeitschaltungen, beginnend von einem gemeinsamen Startpuls, die Zeiten gemessen werden, die für zwei verschiedene Anzahlen von Nulldurchgängen benötigt werden, siehe Abbildung 26. Ein Vergleich der hieraus zu erhaltenden Signalfrequenzinformationen soll die Diskriminierung von gestörten LDA-Signalen erlauben.

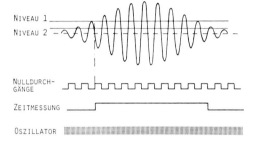

Abb. 26:
Prinzip eines LDA-Counters

Es bleibt abschließend anzumerken, daß die Zeitmessung im Counter durch das Überschreiten eines vorgegebenen Triggerniveaus ausgelöst wird. Das Überschreiten der Triggerniveaus, die entweder symmetrisch zur Nullinie oder einseitig doppelt angeordnet sein können, soll eine zusätzliche Diskriminierungsmöglichkeit darstellen, um fehlerhafte Frequenzbestimmungen durch stark verrauschte oder gestörte Signale zu vermeiden. LDA-Counter verarbeiten vorwiegend intermittierende Signale mit Frequenzen bis zu 100 MHz und stellen im Vergleich zu Trackern wesentlich höhere Anforderungen an die Signalgüte.

Photonkorrelator

Photonkorrelationstechniken werden besonders für schwache und/oder stark verrauschte LDA-Signale angewendet. Die Auswertung basiert auf der Autokorrelation des Signals, d. h. der Bildung des zeitlichen Mittelwertes aller Produkte von Signalwerten, die um ein Zeitintervall τ auseinanderliegen. Das Signal wird sozusagen zur Erkennung innerer Regelmäßigkeiten mit sich selbst in verschiedenen Zeitversätzen multipliziert. In Abbildung 27 wird das Prinzip der Autokorrelation eines Signalverlaufes x(t) verdeutlicht. Aus mehreren Korrelationen ergibt sich durch Aufsummieren der Autokorrelationsverlauf. Photonkorrelatoren verkörpern im eigentlichen Sinne keine ''real-time''-LDA-Prozessoren. Da mehrere LDA-Signale zur Bestimmung der Korrelationsfunktion herangezogen werden, wird die ''real-time''-Information des LDA-Signals zerstört. Die Gewinnung der Turbulenzinformation gestaltet sich schwierig, da die Form der Wahrscheinlichkeitsverteilung der auftretenden Geschwindigkeiten (z. B. Gauß-Verteilung) a priori angenommen werden muß.

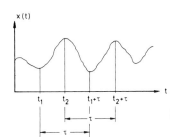

DIE AUTOKORRELATION ERMÖGLICHT
AUSKUNFT ÜBER INNERE GESETZ-
MÄßIGKEITEN UND ZUSAMMENHÄNGE
IN VERRAUSCHTEN SIGNALVERLÄUFEN

AUTOKORRELATIONSFUNKTION

$$R_x(\tau) = \lim_{T \to \infty} \frac{1}{T} \int_0^T x(t)\, x(t-\tau)\, dt$$

Abb. 27: Autokorrelation eines zeitveränderlichen Signalverlaufes x(t)

Durch die Bildung der Autokorrelationsfunktion, zu der eine größere Anzahl verrauschter LDA-Signale herangezogen werden kann, werden Regelmäßigkeiten im Signalverlauf, z. B. periodische Schwingungen eines Doppler-Signals, bestimmbar. Wie anhand Abbildung 28 deutlich wird, ergibt sich für den Autokorrelationsverlauf die gleiche Periodenlänge wie sie beim ursprünglichen Signal angetroffen wird. Mit Hilfe des erhaltenen Autokorrelogramms läßt sich deshalb relativ einfach die mittlere Geschwindigkeitsinformation von autokorrelierten LDA-Signalen bestimmen. Aus den Amplituden A und B in Abbildung 28 lassen sich Aussagen über die Turbulenz gewinnen, sofern, wie bereits erwähnt, die Form der Wahrscheinlichkeitsverteilung der auftretenden Geschwindigkeiten als bekannt vorausgesetzt werden kann. Die Werte A und B charakterisieren sozusagen die Breite, d. h. die Standardabweichung oder RMS-Geschwindigkeit der Wahrscheinlichkeitsverteilung auftretender Geschwindigkeiten.

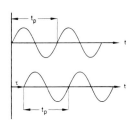
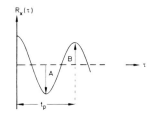

MULTIPLIKATION DES SIGNALS MIT SEINER UM τ ZEITLICH
VERSETZTEN FORM.

MITTLERE GESCHWINDIGKEIT (LDA) : $\quad u = \Delta x \cdot f = \dfrac{\lambda}{t_p\, 2\, \sin \varphi}$

TURBULENZINTENSITÄT (LDA) : $\quad \dfrac{u'}{u} = \dfrac{1}{\pi} \sqrt{\dfrac{2}{3} \ln\!\left(\dfrac{A}{B}\right)}$

Abb. 28:
Bestimmung der mittleren Geschwindigkeit und Turbulenz-intensität (hier: Gaußsche Turbulenz) anhand der Auto-korrelationsfunktion

Die maximal mit Photonkorrelatoren verarbeitbaren Signalfrequenzen in der Laser-Doppler-Anemometrie liegen bei ca. 50 MHz. Photonkorrelatoren ergeben erst in Kombination mit einem Computersystem, das die entsprechenden Rechenoperationen zur Signalwertbestimmung durchführt, eine geschlossene LDA-Auswerteeinheit.
Zusätzliche Informationen über die Anwendung von Photonkorrelationstechniken zur Auswertung intensitätsschwacher LDA-Signale lassen sich den Arbeiten von Durrani et al. 1974, Abbis et al. 1975, Pike 1977 und Richter 1983 entnehmen.

Schnelle Fourier-Transformation

Bei der schnellen Fourier-Transformation (FFT) wird die Bestimmung der Signalfrequenz anhand einer Fourier-Transformation des Doppler-Signals vorgenommen. Das entsprechend aufgearbeitete Signal wird dem FFT-Prozessor zugeführt, der ein Frequenzspektrum aus einer vorwählbaren Anzahl von Doppler-Signalen aufbaut. Zur genauen Bestimmung der Doppler-Frequenz wird die Hüllkurve des Spektrums anschließend durch eine Ausgleichskurve höherer Ordnung bestimmt. Eine Weiterverarbeitung der erhaltenen Meßdaten, so z. B. die Bestimmung der Turbulenz einer Strömung, muß mittels eines nachgeschalteten Computers auf Softwarebasis erfolgen.

Anwendungsempfehlungen

In Abbildung 29 werden die Anwendungsbereiche der zuvor beschriebenen Signalverarbeitungsmethoden zusammengefaßt, über die ausreichende Erfahrungen vorliegen. Nach dem gegenwärtigen Erfahrungsstand können gewisse Abgrenzungen im Anwendungsbereich der einzelnen Geräte angegeben werden. Hierbei werden Flüssigkeitsströmungen erfahrungsgemäß mit dem Vorhandensein hoher Teilchenraten, Luftströmungen mit niederen Teilchenraten gleichgesetzt. Für routinemäßig durchzuführende LDA-Messungen muß die Schnelligkeit des Gerätes, charakterisiert durch die Datenrate, besonders bewertet werden. Die Genauigkeit von Transientenrecordern, Trackern und Countern muß als ausgezeichnet bezeichnet werden. Die Verwendung dieser Geräte trägt dazu bei, daß das bereits vom Prinzip her kalibrierfreie, exakte LDA-Verfahren nicht zusätzlich an Genauigkeit verliert und den nichtoptischen Strömungsgeschwindigkeits-Meßmethoden in puncto Genauigkeit überlegen bleibt.

Anwendung	Flüssig-keits-strömung (hohe Teilchen-raten)	Luft-strömungen (kleine Teilchen-raten)	Verrauschte LDA-Signale	Real-time Infor-mation	LDA-Frequenz-bereich bis	Daten-rate**	Genauig-keit*** (%)
Transienten-rekorder	X	X	(X)*	X	50 Mhz	mäßig	< 0.5 %
Tracker	X		(X)	X	15 Mhz	sehr gut	≈1 %
Counter	(X)	X		X	100 Mhz	sehr gut	≈1 %
Photon-korrelator		X	X		50 Mhz	schlecht	≈2-3 %

( ) beschränkt einsetzbar
* Software-abhängig
** Hardware-abhängig
*** frequenzabhängig

Abb. 29: Anwendungsbereiche von LDA-Signalverarbeitungssystemen

5. Teilchenfolgevermögen in Strömungen

In der Laser-Doppler-Anemometrie wird ein ideales Folgevermögen der Tracerteilchen im Fluid angestrebt. Das Folgevermögen kann durch eine geeignete Auswahl der Teilchen hinsichtlich ihres spezifischen Gewichtes und ihrer Größe in bestimmten Grenzen beeinflußt werden. Solange Tracerteilchen jedoch eine endliche Ausdehnung besitzen, zumeist starre Oberflächen aufweisen und das Teilchenmedium nicht dem des Strömungsmediums entspricht, kann kein ideales Folgeverhalten erzielt werden. Die Beseitigung der Unterschiede in den Medieneigenschaften wie z. B. in der Dichte kann das Folgevermögen zwar deutlich verbessern, bedauerlicherweise verschlechtert sich hierdurch aber gleichzeitig der für das LDA-Verfahren notwendige Unterschied in den optischen Eigenschaften. Schließlich kann ein Teilchen nur Licht streuen, wenn zwischen ihm und der Umgebung ein Brechungs-indexunterschied besteht, der mit der Dichte des Mediums gekoppelt ist. In der Laser-Doppler-Anemometrie wird man deshalb immer darauf angewiesen sein, Teilchen als Lichtstreuzentren einzusetzen, die sich in ihren optischen und materiellen Eigenschaften deutlich unterscheiden. Je nach Teilchenmedium, -größe und -form kann sich die Teilchen-bewegung somit von der Strömung mehr oder weniger unterscheiden.

Der Teilchentransport in turbulenten Strömungen hängt in starkem Maße von den Wech-selwirkungen zwischen den Strömungsberandungen, den Teilchengrößen und den lokalen Strömungsgeschwindigkeiten ab. Zur analytischen Beschreibung der Teilchenwanderung in turbulenten Strömungen und nahe Wänden wurden in der Vergangenheit Theorien ent-wickelt, deren Gültigkeit sich z. T. nur auf einen der drei Bereiche, die viskose Unterschicht, den Bereich der Wandturbulenz und den Bereich der freien Turbulenz bezogen, siehe Friedlander et al. 1957, Davis 1966. Einige Theorien unterscheiden sich in ihren grundle-genden Annahmen über die Teilchenwanderung in der viskosen Unterschicht. Die Teil-chendeposition an Wandungen wird entsprechend durch unterschiedliche Konzepte be-schrieben, die auf Trägheitsbetrachtungen unterschiedlicher Art zurückgreifen. Viele Auto-ren gehen bei der Beschreibung des Teilchenfolgevermögens davon aus, daß Teilchen im Mikrometerbereich einer turbulenten Kernströmung gut folgen, wohingegen in Wandnähe von einem unterschiedlichen Verhalten von Teilchen und Fluid ausgegangen wird. Friedlan-der et al. 1957 verwendeten ein "stopping distance concept", das den Transport der Teil-chen durch Wirbel bis in einen Bereich beschreibt, der durch eine "stopping distance" charakterisiert wird, und in dem die Teilchen durch ihre Trägheit an die Wand gelangen. Dieses Konzept basierte auf der Annahme der Gleichheit zwischen Partikeldiffusivität und Wirbeldiffusivität des Trägerfluids, was im Widerspruch steht zu der Arbeit von Soo 1967, der feststellte, daß die Teilchendiffusivität kleiner als die des Trägerfluids ist. Rouhiainen et al. 1970 stellten ein Konzept vor, das das Folgevermögen von Teilchen in einer oszillieren-den Strömung anhand ihres Frequenzganges beschreibt, siehe hierzu auch Hjelmfelt et al. 1966. Ebenso verwendeten Lee et al. 1982 zur Beschreibung der Teilchenbewegung in ei-nem oszillierenden Strömungsfeld den Frequenzgang als charakteristische Größe und führ-ten eine "cut off frequency" ein, die es ihnen erlaubte, das Teilchenfolgeverhalten in oszil-lierenden Strömungen quantitativ zu beschreiben. Einige dieser theoretischen Konzepte befinden sich in guter Übereinstimmung mit experimentellen Ergebnissen, siehe z. B. Kon-dić 1970, Trela 1982, Moujaes et al. 1985. Was das Teilchenverhalten in Wandnähe anbe-langt, so bleibt jedoch festzuhalten, daß die experimentellen Ergebnisse nur teilweise die meist theoretisch hergeleiteten Konzepte zur Beschreibung des Partikeltransportes in Wandnähe bestätigen. Insbesondere bestehen begründete Zweifel, daß die Teilchenbewe-gung in abgelösten Strömungsgebieten durch diese Konzepte exakt beschrieben wird.

Die Teilchendispersion in turbulenten Strömungen wurde in der Vergangenheit intensiv experimentell untersucht, siehe z. B. Farmer et al. 1970, Simpson et al. 1974, Hetsroni et al. 1971, Popper et al. 1974, Ruck et al. 1984, Lee et al. 1987. Verglichen mit der großen Anzahl experimenteller Studien in teilchenbeladenen Kanalströmungen lassen sich detail-lierte experimentelle Untersuchungen über die Teilchendispersion und das Teilchenfolge-verhalten in Abhängigkeit der Teilchengröße, z. B. in abgelösten Strömungen, nur selten nachweisen. Dies gilt insbesondere für den in der Laser-Doppler-Anemometrie relevanten Teilchendurchmesserbereich von 1–100 µm. Das lückenhafte Wissen auf diesem Gebiet muß auf experimentelle und finanzielle Unzulänglichkeiten zurückgeführt werden. Einerseits stellt die Meßtechnik zur Simultanerfassung von Teilchengrößen und Teilchengeschwindigkeiten in einer Strömung mit polydisperser Teilchengrößenverteilung hohe Anforderungen an die Fachkenntnisse des Bedienungspersonals, zum anderen müssen die Kosten für die eingesetzte Meßtechnik und für monodisperse Teilchenfraktionen, mit denen vorzugsweise größenabhängige Studien durchgeführt werden können, als beträchtlich bezeichnet werden.

Aufgrund der zur Beschreibung des Teilchentransports in Strömungen nur beschränkt verwendbaren theoretischen Modelle müssen quantitative Aussagen über das Teilchenfolgevermögen in der Laser-Doppler-Anemometrie z. T. noch im Experiment gewonnen werden.

Beschreibung des Teilchenfolgevermögens in Strömungen

Setzgeschwindigkeiten

Zwecks Einschätzung des Teilchenfolgevermögens in Strömungen kann auf unterschiedliche Kenngrößen zurückgegriffen werden, die das viskose Verhalten des Fluides und die Trägheit der Teilchen zueinander in Bezug setzen. Aussagen über das Folgeverhalten von Teilchen lassen sich durch einfache Experimente herleiten. So kann als Maß für das Teilchenfolgevermögen in einer Fluidströmung z. B. die Setzgeschwindigkeit des Teilchens in ruhender Umgebung herangezogen werden. Abbildung 30 zeigt eine Kräftebilanz, anhand derer nach dem Newtonschen Kräfteansatz die Bewegungsgleichung für ein Teilchen aufgestellt werden kann. Die Ableitungen in diesem Abschnitt beziehen sich auf sphärische Teilchen.

Der Newtonsche Ansatz – Summe aller angreifenden Kräfte gleich Masse mal Beschleunigung – liefert

$$\ddot{x} = \left(1 - \frac{\rho_f}{\rho_p}\right) g - \frac{3}{8} \frac{\zeta_W}{r} \frac{\rho_f}{\rho_p} \dot{x}^2 \qquad (33)$$

Bei Annahme einer laminaren Kugelumströmung, was sicherlich bei den geringen Relativgeschwindigkeiten zwischen Teilchen und Fluid vorausgesetzt werden darf, kann der Widerstandsbeiwert des Teilchens angegeben werden mit

$$\zeta_W = \frac{24}{Re} = \frac{12\nu}{\dot{x}r} \qquad (34)$$

Hierin bezeichnet ν die kinematische Zähigkeit des Fluides. Einsetzen von Gleichung (34) in Gleichung (33) liefert

$$\ddot{x} = \left(1 - \frac{\rho_f}{\rho_p}\right) g - \frac{9\rho_f\nu}{2\rho_p r^2} \dot{x} \qquad (35)$$

Gleichung (35) stellt eine Differentialgleichung linear in $\dot{x}$ dar. Die Integration dieser Gleichung liefert für die Teilchengeschwindigkeit den Ausdruck

$$\dot{x} = \frac{2}{9} \frac{\rho_p r^2}{\rho_f \nu} \left(1 - \frac{\rho_f}{\rho_p}\right) g \left[1 - \exp\left(-\frac{9}{2} \frac{\rho_f \nu}{\rho_p r^2} t\right)\right] \qquad (36)$$

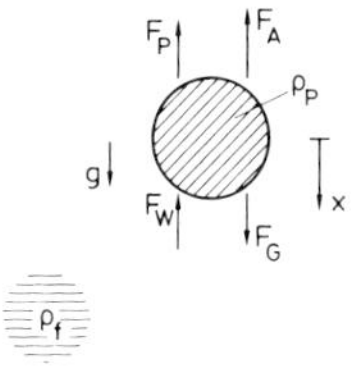

GEWICHT	:	$F_G = \rho_P\, g\, \frac{4}{3}\,\pi\, r^3$
AUFTRIEB	:	$F_A = \rho_f\, g\, \frac{4}{3}\,\pi\, r^3$
WIDERSTAND:		$F_W = \frac{\rho_f}{2}\,\dot{x}^2\,\pi\, r^2\,\zeta_W$
TRÄGHEIT	:	$F_P = \rho_P\, \frac{4}{3}\,\pi\, r^3\,\ddot{x}$

ρ_f : DICHTE DES FLUIDS

ρ_P : DICHTE DES TEILCHENMEDIUMS

g : ERDBESCHLEUNIGUNG

ζ_W : WIDERSTANDSBEIWERT DES KUGELFÖRMIGEN TEILCHENS

r : TEILCHENRADIUS

$\dot{x}$: GESCHWINDIGKEIT

$\ddot{x}$: BESCHLEUNIGUNG

Abb. 30:
Aufstellen der Kräftebilanz für ein suspendiertes Teilchen

Nach Beendigung der anfänglichen Beschleunigungsphase befindet sich das Teilchen im Gleichgewicht, und es ergibt sich für die Endgeschwindigkeit u_E bei laminarer Kugelumströmung im Falle $t \to \infty$

$$\dot{x} = u_E = \frac{2}{9}\,\frac{\rho_p r^2}{\rho_f \nu}\left(1 - \frac{\rho_f}{\rho_p}\right) g \tag{37}$$

Die Teilchensetzgeschwindigkeit ergibt sich somit in Abhängigkeit von den Dichten der beteiligten Medien, der geometrischen Abmessung des Teilchens und der Viskosität des Fluides. Markante Unterschiede findet man bei der Verwendung verschiedener Trägermedien. So verhalten sich die Setzgeschwindigkeiten von Sandteilchen in Wasser zu denen in Luft ($\rho_p/\rho_l \approx 2\,000;\ \rho_p/\rho_w \approx 2.5$) in etwa wie 1:80. Entsprechend muß das Teilchenfolgevermögen für diese Teilchen-Fluid-Kombination bewertet werden.

Relaxationszeit, Bremsweg und Stokes-Zahl
Teile der Gleichung (37) können zur sogenannten Relaxationszeit τ zusammengefaßt werden.

$$\tau = \frac{2\, r^2 \rho_p}{9\,\nu \rho_f} \tag{38}$$

Setzt man Gleichung (37) und (38) in Gleichung (36) ein, so erhält man für einen beliebigen Zeitpunkt t des Teilchensetzvorganges die Teilchengeschwindigkeit u_p

$$u_p = u_E\left[1 - \exp\left(-\frac{t}{\tau}\right)\right] \tag{39}$$

Gleichung (39) beschreibt, daß ein Teilchen, das sich zu Beginn in Ruhe befindet für $t > 0$ sich exponentiell seiner Setzendgeschwindigkeit nähert. Hieraus folgt, daß nur die Teilchen ein gutes Teilchenfolgevermögen im Fluid ergeben, die zum einen eine kleine Endgeschwindigkeit aufweisen, zum anderen diese Endgeschwindigkeit möglichst schnell erreichen. Beides wird durch eine kurze Relaxationszeit charakterisiert. Die Bedeutung der nach Gleichung (38) eingeführten Relaxationszeit zur Einschätzung des Teilchenfolgeverhaltens kann auf zwei Arten physikalisch veranschaulicht werden. In den Abbildungen 31 und 32 werden die beiden Herleitungen wiedergegeben. Hiernach kann die Relaxationszeit entweder als die charakteristische Zeit eingeführt werden, die verstreicht, bis ein kugelförmiges Teilchen mit der Geschwindigkeit u_o bei plötzlichem Wirken einer Widerstandskraft auf den 1/e-Teil von u_o abgebremst wird oder als die Zeit bezeichnet werden, die vergeht, bis ein fallendes Teilchen aus der Ruhelage heraus einen charakteristischen Wert für seine Endgeschwindigkeit erreicht hat. In der Literatur wird das dynamische Teilchenverhalten z. T. auch mit dem sogenannten Bremsweg beschrieben. Dieser Bremsweg-"stopping-distance"-Charakterisierung liegt die Vorstellung zugrunde, daß ein Teilchen ohne Beteiligung von Feldkräften mit der Geschwindigkeit u_0 horizontal in ein reibungsbehaftetes Medium fliegt. Der Bremsweg kann als charakteristisches Maß für die Fähigkeit des Teilchens angesehen werden, auftretenden Veränderungen im Strömungsfeld hinreichend schnell zu folgen. Die Bewegungsgleichung reduziert sich in diesem Fall und unter Verwendung der Relaxationszeit auf

$$m\frac{d^2x}{dt^2} = -F_W \qquad \longrightarrow \qquad \frac{d^2x}{dt^2} = -\frac{1}{\tau}\frac{dx}{dt} \qquad (40)$$

Eine zweimalige Integration liefert

$$x(t) = u_0\tau\left[1 - \exp\left(-\frac{t}{\tau}\right)\right] \qquad (41)$$

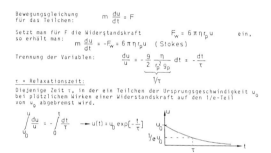

Abb. 31:
Veranschaulichung der Relaxationszeit, I

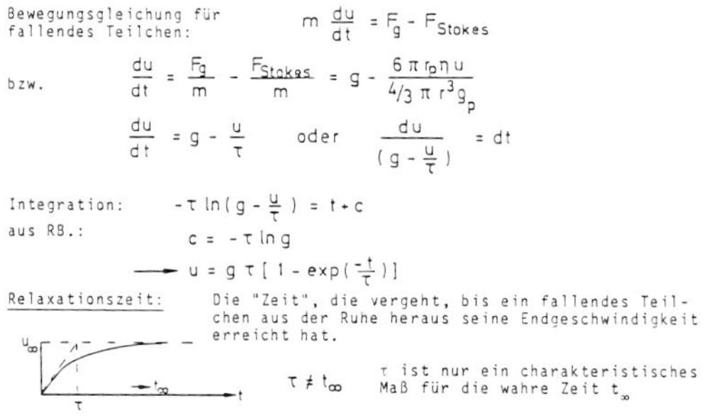

Abb. 32:
Veranschaulichung der Relaxationszeit, II

Das Bremswegende ist der Ort, bei dem die Teilchengeschwindigkeit Null, d. h. t = ∞ ist. Es ergibt sich somit für den Bremsweg x_s

$$x_s = u_0\tau \qquad (42)$$

Kürzere Bremswege bedeuten ein besseres Teilchenfolgevermögen, was letztlich auch in diesem Fall durch die Relaxationszeit beschrieben werden kann, die möglichst klein sein sollte. Der Bremsweg kann auch in dimensionsloser Form verwendet werden gemäß

134

$$x_s^+ = \frac{x_s u_0}{\nu_f} \tag{43}$$

υ_f: kinematische Zähigkeit des Fluides.

Wird die Abbremsung eines Teilchens durch eine charakteristische geometrische Größe R des Strömungssystems (oder durch deren Veränderung) hervorgerufen, so bezieht man häufig den Bremsweg eines Teilchens auf diese charakteristische Größe. Als Bezugsgrößen können z. B. Stufenhöhen in Strömungen oder Düsenradien bei teilchenbeladenen Freistrahlen dienen. Die so erhaltene Kenngröße wird in der Aerosolmeßtechnik als Stokes-Zahl (STK) bezeichnet, siehe auch Richardson 1960.

$$STK = \frac{x_s}{R} = \frac{u_0 \tau}{R} \tag{44}$$

Bewegungsgleichung eines kugelförmigen Teilchens in einem zähen Fluid.

Die Bewegung eines kugelförmigen Teilchens in einer turbulenten Strömung wird durch Gleichung (45) wiedergegeben, die erstmals von Tchen 1947 formuliert wurde, siehe auch Hinze 1959, Maxey et al. 1983.

$$\frac{\pi}{6} d_p^3 \rho_p \frac{du_p}{dt} = 3\pi\mu_f d_p(u_f - u_p) + \frac{\pi}{6} d_p^3 \rho_f \frac{du_f}{dt} + \frac{\pi}{12} d_p^3 \rho_f \left(\frac{du_f}{dt} - \frac{du_p}{dt} \right)$$
$$+ \frac{3}{2} d_p^2 (\pi\rho_f\mu_f)^{\frac{1}{2}} \int\limits_{t_0}^{t} \frac{\left(\frac{du_f}{dT} - \frac{du_p}{dT} \right)}{(t - T)^{\frac{1}{2}}} \, dT \tag{45}$$

Hierin bedeuten d_p: Teilchendurchmesser, ρ_p: Dichte des Teilchenmediums, ρ_f: Dichte des Strömungsmediums, u_p: Teilchengeschwindigkeit, u_f: Fluidgeschwindigkeit, μ_f: dynamische Zähigkeit des Fluides. Hjelmfelt et al. 1966 wiesen darauf hin, daß die Annahme der Gültigkeit von Gleichung (45) voraussetzt, daß lokal homogene, stationäre Turbulenz angetroffen wird, der Teilchendurchmesser d_p wesentlich kleiner ist als der Längenmaßstab der energiereichen Wirbel, die Reynoldszahl (gebildet mit der Relativgeschwindigkeit zwischen Fluid und Teilchen) klein ist und geringe Teilchenkonzentrationen vorliegen, die die Strömungsvorgänge der Kontinuumsströmung nicht beeinflussen. Darüber hinaus kann nach Hinze 1959 die Fluidgeschwindigkeit näherungsweise als konstant angesehen werden, so daß sich mit entsprechenden faktoriellen Zusammenfassungen aus Gleichung (45) die als Basset-Boussinesq-Osseen-Gleichung (BBO) bezeichnete Beziehung (46) ergibt. Ausführliche Beschreibungen und einen Überblick über die in der Literatur dokumentierten Anwendungen der BBO-Gleichung wurden von Hinze 1959 und Sommerscale 1981 gegeben.

$$\frac{du_p}{dt} = a(u_f - u_p) + b\frac{du_f}{dt} + c \int\limits_{t_0}^{t} \frac{d(u_f - u_p)}{dT} \frac{dT}{(t - T)^{\frac{1}{2}}} + D \tag{46}$$

$$a = \frac{18\nu_f}{\left[(\rho_p/\rho_f) + \frac{1}{2} \right] d^2}$$

$$b = \frac{3}{2 \left[\rho_p/\rho_f + \frac{1}{2} \right]} \tag{47}$$

$$c = \frac{9}{\left[(\rho_p/\rho_f) + \frac{1}{2} \right] d} \sqrt{\frac{\nu_f}{\pi}}$$

Hierin beschreibt der erste Term auf der rechten Seite a $(u_f - u_p)$ die Reibungskräfte pro Partikelmasse, wobei nun die Relativgeschwindigkeit zwischen Teilchen und Fluid in die Wider-

standsbestimmung eingehen muß. Es wird von der Gültigkeit des Stokesschen Reibungs-
gesetzes ausgegangen. Der letzte Term D auf der rechten Seite beschreibt die zuvor erwähnten externen Kräfte wie Schwer- und Auftriebskräfte. Der zusätzliche Term auf der
rechten Seite b (du$_f$/dt) beschreibt Beschleunigungen aufgrund instationärer Bewegungen
des Fluides und erlaubt hierdurch die Einbeziehung nichtstationärer Strömungsabläufe. Der
zusätzliche Integralterm bezieht die Vorgeschichte der Relativgeschwindigkeit zwischen
Teilchen und Fluid innerhalb eines Faltungszeitintervalls T mit ein und erfaßt somit die Dynamik von Partikel- und Fluidphase. Nach Hinze 1959 kann die Partikelgeschwindigkeit in
einem Fluidfeld, dessen fluktuierende Geschwindigkeit durch ein Fourier-Intergral beschrieben werden kann, ebenfalls in Form einer Fourier-Integrals ausgedrückt werden. Die BBO-
Differentialgleichung ist unter Verwendung der Fourier-Integralmethode von Hjelmfelt und
Mockros 1966 geschlossen gelöst worden. Das Teilchenfolgevermögen kann hiernach
charakterisiert werden durch das Amplitudenverhältnis η aus der Schwankung des Fluides
zur Schwankung des suspendierten Teilchens und durch einen Phasenwinkel β, der die
Schwankungsverzögerung des Teilchens im Verhältnis zum Fluid angibt.

$$\eta = \sqrt{(1 + f_1)^2 + f_1^2} \tag{48}$$

$$\beta = \tan^{-1}\left\{\frac{f_2}{1 + f_1}\right\} \tag{49}$$

mit

$$f_1 = \frac{\left[1 + \frac{9}{\sqrt{2}\left(s+\frac{1}{2}\right)}N_s\right]\left[\frac{1-s}{s+\frac{1}{2}}\right]}{\frac{81}{\left(s+\frac{1}{2}\right)^2}\left[2N_s^2 + \frac{N_s}{\sqrt{2}}\right]^2 + \left[1 + \frac{9}{\sqrt{2}\left(s+\frac{1}{2}\right)}N_s\right]^2} \tag{50}$$

$$f_2 = \frac{\frac{9(1-s)}{\left(s+\frac{1}{2}\right)^2}\left[2N_s^2 + \frac{N_s}{\sqrt{2}}\right]}{\frac{81}{\left(s+\frac{1}{2}\right)^2}\left[2N_s^2 + \frac{N_s}{\sqrt{2}}\right]^2 + \left[1 + \frac{9}{\sqrt{2}\left(s+\frac{1}{2}\right)}N_s\right]^2} \tag{51}$$

wobei ein Dichteverhältnis s

$$s = \rho_p/\rho_f \tag{52}$$

und eine als Stokes-Zahl bezeichnete Größe N_s (entspricht nicht der Stokes-Zahl aus
Gleichung [44])

$$N_s = \sqrt{\frac{\nu_f}{\omega d_p^2}} \tag{53}$$

eingeführt wird ($\omega = 2\pi f$ mit f: Frequenz der Schwankung). Das Amplitudenverhältnis η und
der Phasenwinkel β können demnach ausschließlich als Funktion des Dichteverhältnisses s
und der Stokes-Zahl N_s angegeben werden. Setzt man das Dichteverhältnis s, das bei der
Verwendung von Teilchen einer bestimmten Sorte und bei Kenntnis der Fluideigenschaften
als bekannt vorausgesetzt werden kann, in Gleichung (48) oder (49) ein und fordert z. B.,
daß das Amplitudenverhältnis η oder der Phasenwinkel β einen bestimmten Wert nicht
überschreitet, so ergeben sich iterativ auflösbare Gleichungen für die Stokes-Zahl N_s, die
nicht überschritten werden dürfen. Mit Gleichung (53) kann nun bei vorgegebenem Amplitudenverhältnis entweder bei festem Teilchendurchmesser die Grenzfrequenz des Teilchens oder bei vorgegebener Grenzfrequenz der maximal noch zulässige Teilchendurchmesser bestimmt werden. Abbildung 33 zeigt für unterschiedliche Teilchen/Fluid-Kombina-

tionen, charakterisiert durch das Dichteverhältnis s, die zugehörigen Stokes-Zahlen N_s, für die Fälle, daß die Amplitude der Teilchenbewegung der Amplitude der Fluidbewegung noch zu 99 %, 95 % und 90 % nachfolgt. Für eine experimentell vorgegebene Teilchen/ Fluid-Kombination kann aus Abbildung 33 die Stokes-Zahl N_s, abgelesen werden und der Zusammenhang zwischen Grenzfrequenz des Teilchens und Teilchengröße hergeleitet werden. In Abbildung 34 wurde die Teilchengrenzfrequenz in Abhängigkeit vom Teilchendurchmesser für drei näher untersuchte Teilchen/Fluid-Kominationen berechnet. Voraussetzung dieser Berechnung war die Forderung, daß die Amplitude der Teilchenbewegung bis auf 1 % Genauigkeit der der Fluidbewegung entspricht – eine Forderung, die in der als "prozentgenau" bekannten Laser-Doppler-Anemometrie nicht unrealistisch sein dürfte. Wie man aus Abbildung 34 entnehmen kann, folgen Wasser- und Öltröpfchen mit einem

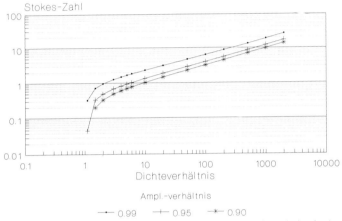

Abb. 33: Stokes-Zahlen, N_s als Funktion des Dichteverhältnisses bei gefordertem Amplitudenverhält-nis η = 99%, 95% und 90%

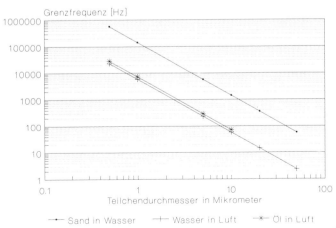

Abb. 34: Teilchengrenzfrequenz in Abhängigkeit des Teilchendurchmessers bei drei unterschiedlichen Dichteverhältnissen s = 2,65 (Sand in Wasser), s = 1 000 (Wasser in Luft), s = 800 (Öl in Luft) und einem geforderten Amplitudenverhältnis von η = 0.99

Durchmesser von ca. 1 μm noch Fluidschwankungen mit einer Frequenz von 5–10 kHz mit einer Genauigkeit der Schwankungsamplitude von 1 %. Da die Schwankungsfrequenzen in turbulenten Strömungen üblicherweise im Bereich 1–10 000 Hz liegen, können Teilchen dieser Größe, wie oft praktiziert, problemlos als Tracerteilchen in der Laser-Doppler-Anemometrie eingesetzt werden. Aus Abbildung 34 zeigt sich ferner, daß günstigere Teilchen/Fluid-Kombinationen (kleineres Dichteverhältnis) zu deutlich höheren zugelassenen Grenzfrequenzen führen können, was für den Fall von Sandteilchen in Wasser angegeben wird. Hierbei sollte jedoch berücksichtigt werden, daß Sandteilchen der angegebenen Größe nicht sphärokristallin vorliegen und die der Berechnung zugrunde liegenden Annahme von kugelförmigen Teilchen keine Gültigkeit besitzt, so daß die Angabe der Grenzfrequenz nur von der Größenordnung her der Realität zu entsprechen vermag.

6. Bewertung von Fehlereinflüssen in der LDA-Strömungsmeßtechnik

Die Laser-Doppler-Anemometrie wurde in den vorangegangenen Kapiteln als eine äußerst präzise Geschwindigkeitsmeßmethode für Strömungsgeschwindigkeiten vorgestellt. Sie ist dies auch, was sich anhand zahlloser Untersuchungen von verschiedenen Experimentatoren belegen läßt, siehe z. B. Adrian et al. 1971, Durst 1972, Dopheide et al. 1984. Dennoch darf die Laser-Doppler-Anemometrie nicht bedenkenlos zur Messung für jede Art von Strömung eingesetzt werden. Es gibt nämlich, wenn auch selten, Bedingungen, bei denen das Verfahren der Laser-Doppler-Anemometrie gewichtete Geschwindigkeitsinformationen oder zu hohe ''scheinbare'' Turbulenzwerte liefern kann. Um ein möglichst vollständiges Bild der LDA-Meßmethode zu geben, seien im folgenden die möglichen Fehlereinflüsse diskutiert.
Die Strömungsgeschwindigkeitsmessung mit einem LDA-System muß als ein Vorgang betrachtet werden, bei dem mehrere elektrische, optische, elektronische, z. T. mechanische und statistische Abläufe und Manipulationen vonstatten gehen. Demzufolge kann eine für den Anwender nützliche und umfassende Bewertung von Fehlereinflüssen einzelner Komponenten nur bei Betrachtung der gesamten Meßkette und Wechselwirkung der einzelnen Komponenten untereinander erfolgen. Dem steht entgegen, daß kaum ein Anwender identische Meßgeräte für seinen Versuch verwenden wird, so daß zwangsläufig Einzelkomponenten, losgelöst von der Meßkette, untersucht werden müssen und deren Verhalten aufgrund der erhaltenen Ergebnisse dann im Verbund mit anderen Systemkomponenten nur extrapoliert bzw. tendenziell abgeschätzt werden kann. Bedauerlicherweise wird diese Tatsache von vielen Experimentatoren, die Einzelkomponenten detailliert untersucht haben und hieraus Korrekturen für das Gesamtsystem abgeleitet haben, nicht berücksichtigt. Es verwundert deshalb nicht, daß die meisten zur Korrektur von z. B. Gewichtungsvorgängen vorgeschlagenen Prozeduren nicht den gewünschten Erfolg bringen. Im folgenden werden die wichtigsten Fehlerquellen in der Laser-Doppler-Anemometrie erläutert.

Örtliche Integrationseffekte
In der Laser-Doppler-Anemometrie wird die Geschwindigkeitsinformation dem Streulicht von Streuteilchen entnommen, die das Meßvolumen durchqueren. Unter ungünstigen Bedingungen können Teilchen im Meßvolumen aufgrund hoher turbulenter Fluktuationswerte

oder des Vorhandenseins eines starken, in Strömungsrichtung verlaufenden Geschwindigkeitsgradienten beschleunigt oder abgebremst werden. Dies kann dazu führen, daß die Wahrscheinlichkeitsdichtefunktion der Geschwindigkeit künstlich verbreitert wird (''signal broadening''). Die Messungen liefert in diesem Fall eine sogenannte ''scheinbare'' Turbulenzerhöhung. Die Werte der mittleren Geschwindigkeit sind jedoch im eigentlichen Sinne nicht falsch, sie müssen nur präzise als örtliche Mitteilung über die Meßvolumenerstrekkung interpretiert werden. Eine Verkleinerung des Meßvolumens minimiert die örtlichen Integrationseffekte. Man sollte in diesem Zusammenhang berücksichtigen, daß ein Teilchen, das mit einer Geschwindigkeit von 1 m/sec das Meßvolumen durchquert, bei einer typischen Meßvolumenerstreckung von 100 µm eine Meßvolumenverweilzeit von 10^{-4} Sekunden aufweist. An diesem Beispiel kann abgeschätzt werden, wie unwahrscheinlich im experimentellen Alltag Strömungskonfigurationen angetroffen werden, bei denen sich der Strömungszustand innerhalb solch kleiner Zeitdauern signifikant ändert.

Unter dem Begriff ''signal broadening'' werden nicht nur die zuvor erläuterten Vorgänge durch positive oder negative Beschleunigung im Meßvolumen in longitudinaler Richtung verstanden, sondern auch die scheinbare Turbulenzerhöhung infolge der lateralen Meßvolumenerstreckung und des vorhandenen starken Geschwindigkeitsgradienten senkrecht zu Wandungen. Werden z. B. turbulente Wandgrenzschichten vermessen, so muß sichergestellt werden, daß die Meßvolumengröße an den zu erwartenden Geschwindigkeitsgradienten angepaßt wird. Betrachtet man beispielsweise eine turbulente Wandgrenzschicht mit einer für Luftströmungen typischen Grenzschichtdicke $\delta = 3$ mm, so ergibt sich bei einer Strömungsgeschwindigkeit $u_\delta \approx 10$ m/sec ein Geschwindigkeitsgradient von du/dy = 3,3 m/sec pro mm Grenzschichtdicke. Eine typische Meßvolumenerstreckung beträgt ca. d = 200 µm, so daß an einem Meßpunkt in der Grenzschicht mit einem LDA-System gemessen wird:

$$u_{gemessen} = u_{Meßvolumenmitte} \pm \frac{d}{2} \frac{du}{dy} \qquad (54)$$

Für einen mittleren Punkt in der Grenzschicht ergibt sich für das zuvor zitierte Beispiel $u_{gem} = 5$ m/sec $\pm$ 0.1 mm 3.3 m/sec mm, also $u_{max} = 5.33$ m/sec und $u_{min} = 4.67$ m/sec. Dieses Beispiel zeigt, daß beträchtliche ''turbulente Schwankungen'' in zweistelliger Prozenthöhe durch die Meßanordnung vorgetäuscht werden können. Dieser Tatsache muß nicht nur bei der Bestimmung mittlerer konvektiver Strömungsgrößen sondern auch bei der Messung der Korrelation von Geschwindigkeitsschwankungen (Reynoldssche Schubspannungen) Rechnung getragen werden.

Bei der Bestimmung der Wandschubspannung muß gerade bei LDA-Messungen durch eine vorangegangene Abschätzung der Meßvolumengröße geklärt werden, ob physikalisch nicht existente Reynoldssche Schubspannungen nicht erst durch die Meßmethode induziert werden. Eine allgemeingültige Korrekturformel kann für den LDA-Anwender aufgrund der mannigfaltigen Unterschiede in Experiment und Instrumentierung nicht angegeben werden. Für die Untersuchung von Wandgrenzschichten empfiehlt es sich aus den zuvor erläuterten Gründen, wenn möglich, auf Flüssigkeitsströmungen überzugehen, da gemäß der Reynoldsschen Ähnlichkeit übertragbare Ergebnisse bei kleineren Geschwindigkeiten und größeren Grenzschichtdicken erzielt werden können, siehe z. B. Tropea 1982, Nezu et al. 1986, die das Wandgesetz sehr exakt experimentell verifizieren konnten.

Digitalisierungsfehler

Bei digitalisierenden Datenerfassungsgeräten kann infolge der endlichen Punktauflösung des Signals bei der Nullstellenbestimmung eine Unsicherheit von ± ¹/₂ Punkt auftreten. Dies ist darauf zurückzuführen, daß die Nullstelle, also der Schnittpunkt zwischen Signal- kurve und Nullinie des Signals, in den seltensten Fällen mit der Lage eines Digitalisierungs- punktes übereinstimmt. Eine exakte Nullstellenbestimmung ist in den meisten Fällen des- halb nur durch eine Interpolation möglich, die von manchen Auswertealgorithmen auf Soft- warebasis durchgeführt wird. Die Unsicherheit von ± ¹/₂ Punkt, dividiert durch die Anzahl der Punkte pro Schwingung, ergibt den Diskretisierungsfehler δ bei der Einzelschwin- gungsbestimmung. Die Größe des Diskretisierungsfehlers bei n Schwingungen ergibt sich aus δ durch Division mit n, da die Gesamtdiskretisierungsunsicherheit für n Schwingungen die gleiche ist wie für eine Einzelschwingung. Der Fehler pro gemittelter Einzelschwingung ist somit nur von der Größe δ/n. Man sieht anhand dieses Beispiels, daß die LDA-Fre- quenzbestimmung mit digitalisierenden Signalerfassungsgeräten um so genauer wird, je mehr Schwingungen zur Bestimmung einer Frequenz ausgewertet werden und je mehr Punkte zur Darstellung einer Einzelschwingung durch die Wahl einer hohen Abtastfrequenz herangezogen werden. Abbildung 35 zeigt in Skizzenform die Verhältnisse, wie sie bei der Digitalisierung von Analogsignalen vorliegen. Physikalisch exakte Nullstellen (bezogen auf die Signalsymmetrielinie) stimmen meist nicht mit den Start- und Stoppunkten der digitali- sierenden Auswertung überein.

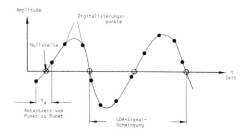

Abb. 35:
Digitalisierungsfehler bei der Nullstellenbestimmung

Geschwindigkeits- und Konzentrationseinflüsse
Bei der Bildung von Geschwindigkeitsmittelwerten sollte klar zwischen Anzahlmittelwerten und Zeitmittelwerten unterschieden werden. Diese Größen können sich in turbulenten fluk- tuationsintensiven Strömungen voneinander im Prozentbereich unterscheiden. Theoretisch kann dies dadurch begründet werden, daß Strömungsintervalle hoher Geschwindigkeit bei räumlich konstanter Teilchenanzahlkonzentration im Strömungsfeld verhältnismäßig mehr Signale zum Anzahlmittelwert beitragen als langsame Geschwindigkeitsabschnitte. Bei der Signalverarbeitung können sich somit durch die Anzahlmittelung (''ensemble average'') Geschwindigkeitswerte ergeben, die leicht über den wirklichen, zeitgemittelten Werten (''time average'') liegen. Die Geschwindigkeitsinformation wird einseitig gewichtet (''biasing'').
Über das ''biasing'' wurde in der Vergangenheit eine Fülle von Arbeiten veröffentlicht, von denen, zum Leidwesen des Anwenders, einige sogar Gegensätzliches berichten. Die meist theoretisch abgeleiteten Korrekturen der erhaltenen Geschwindigkeitsmeßwerte halten zu- dem häufig einer experimentellen Überprüfung nicht stand. Bei der Anwendung rein theo- retisch abgeleiteter Korrekturvorschriften ist deshalb Vorsicht angebracht. Sie liefern meist eine Überkorrektur der Meßdaten. Dies wird von neueren experimentellen Arbeiten bestä- tigt, z. B. Driver et al. 1982, Adams et al. 1984, die keine oder wesentlich geringere ''bia- sing''-Effekte nachweisen als sie theoretisch angenommen werden. Im folgenden seien zur

140

Bewertung der gängigen "biasing"-Korrekturen einige Anmerkungen angebracht. Der Anzahlmittelwert einer Reihe von Meßwerten berechnet sich zu

$$< u >= \frac{1}{n} \sum_{i=1}^{n} U_i \qquad (55)$$

Hierin bedeutet n die Anzahl der Einzelwerte U_i die zur Mittelwertbildung herangezogen werden. Im Gegensatz hierzu berechnet sich der Zeitmittelwert gemäß

$$u = \frac{1}{T} \sum_{i=1}^{n} U_i \Delta t_i \qquad T = \sum_{i=1}^{n} \Delta t_i \qquad (56)$$

T bezeichnet das Zeitintervall, über das die Messung erstreckt wird. Die Werte Δt_i repräsentieren die Zeitabschnitte innerhalb des betrachteten Zeitintervalls, in denen die Geschwindigkeitswerte U_i vorliegen. Die Fragestellung, die sich hieraus ergibt, ist nun, ob, in welchem Maße und unter welchen Abhängigkeiten sich die Anzahlmittelwerte von den Zeitmittelwerten unterscheiden.

Zur Beschreibung der Teilchenbeladung, des Strömungszustandes und des Datenerfassungssystems werden die Begriffe Teilchenrate (Ankunftsrate) f_p, das inverse turbulente Zeitmaß f_t und die Verarbeitungsfrequenz f_s eingeführt.

McLaughlin und Tiedermann 1973 berichteten erstmals über die einseitige Wichtung der Geschwindigkeitsinformation bei der Mittelwertbildung. Sie korrigierten den "biasing"-Einfluß der erhaltenen Geschwindigkeitsdaten durch eine anzahlmäßige Wichtung, die sie invers proportional zu den einzelnen Teilchengeschwindigkeiten ansetzten. Buchhave 1975 und Hösel und Rodi 1977 verwandten für die "biasing"-Korrektur eine Wichtung, die aus der Aufenthaltszeit der Teilchen im Meßvolumen abgeleitet wurde. Barnett und Bentley 1974 schlugen vor, die Zeitabstände zwischen aufeinanderfolgenden Signalen als Korrekturwichtung einzuführen. Stevenson et al. 1982 zeigten, daß der Unterschied zwischen dem Anzahlmittelwert und Zeitmittelwert der Geschwindigkeit ("bias error") durch ein periodisches Erfassen der Daten ("periodic sampling") ungeachtet ihrer strömungsrelevanten Herkunft (Niedergeschwindigkeits- oder Hochgeschwindigkeitsbereich) eliminiert werden kann. Eine Reihe von Arbeiten wurden unter ganz speziellen theoretischen Vorgaben durchgeführt, so z. B. Erdmann et al. 1983, die die "bias"-Effekte in sinusoidalen Strömungsfeldern untersuchten. Nach neuestem Kenntnisstand ergeben sich bezüglich der "biasing"-Korrektur folgende Schlußfolgerungen:

1. Die einzelne LDA-Messung unterliegt keinem "biasing"-Effekt. Vielmehr beziehen sich die Korrekturen auf eine formale Vorschrift, nach der Mittelwerte, bestehend aus Einzel-LDA-Meßwerten, berechnet werden.

2. Die Wichtungsfehler durch die Anzahlmittelwertbildung erwiesen sich bei der experimentellen Nachprüfung als wesentlich geringer als theoretisch angenommen. Die Maximalwerte der auftretenden Fehler liegen bei 2–4 %, bezogen auf die örtliche mittlere Geschwindigkeit im Strömungsfeld, siehe Adams et al. 1984.

3. Wird sichergestellt, daß, wie u. a. bei einem Transientenrecorder, die Verarbeitungszeit des Datenerfassungssystems und nicht die inverse Teilchenankunftsrate den Meßzeitpunkt bestimmt, so treten keine "biasing"-Effekte auf. Die zeitliche Regelmäßigkeit des durch das LDA-Auswertesystem vorgegebenen Zugriffs eliminiert die strömungs- und konzentrationsbedingte Abhängigkeit des Unterschiedes zwischen Anzahlmittelwert und Zeitmittelwert der Geschwindigkeit.

4. Um sicherzustellen, daß ein Datenerfassungssystem zu jedem Zeitpunkt Signale vorfin-

det, wenn es zur Auswertung bereit ist, sollte in jedem Fall die Teilchenrate f_p wesentlich größer als die systembedingte Datenauswertungsrate f_s sein.

5. Die Teilchenrate f_p muß wegen eines möglichst exakten Nachzeichnens der turbulenten Strömung deutlich größer als das inverse turbulente Zeitmaß f_t sein.

Gould et al. 1988 quantifizieren die obigen Angaben durch systematische Messungen in einer Stufenströmung. Hiernach muß die Datenauswertungsrate mindestens das Dreifache des inversen turbulenten Zeitmaßes (''microscale frequency'') betragen, um bei zusätzlicher periodischer Erfassung die mittleren und turbulenten Strömungsgrößen exakt messen zu können.

Bei der Korrektur geschwindigkeitsabhängiger Mittelwertbildung sollte ganz generell berücksichtigt werden, daß sich ein Meßvorgang, wie er durch eine LDA-Messung dargestellt wird, nicht auf ein rein statistisches Problem reduzieren läßt. So wird beispielsweise vorausgesetzt, daß alle Signale , egal ob hochfrequent oder niederfrequent, mit der gleichen Wahrscheinlichkeit vom Erfassungssystem akzeptiert werden. Dies muß jedoch nicht sein, sondern es ergibt sich eine vielfältige Abhängigkeit von Triggerniveaus, endlichen Bandbreiten der Datenverarbeitungsanlagen, unzureichende Signaldiskriminierungen durch Auswertelogiken und Auswertealgorithmen etc., siehe z. B. Durst et al. 1987, Ruck 1984, die sicherlich daran beteiligt sind, daß die auf statistisch theoretischer Grundlage hergeleiteten Abweichungen zwischen Anzahl- und Zeitmittelwert sich nicht so signifikant auswirken.

Signaltriggerung

Die meisten LDA-Strömungsgeschwindigkeitsmessungen werden ohne gleichzeitige Kontrolle der Größenverteilung der involvierten partikulären Phase durchgeführt. Die Signalerfassung und die Signalauswahl erfolgt hierbei durch die Amplitudentriggerung der Eingangssignale, die vom Photodetektor aufgrund der Photon-Elektronen-Konversion erzeugt werden. Wie sich durch neuere Untersuchungen herausgestellt hat, bedeutet die Amplitudentriggerung des LDA-Signals eine Vorauswahl von Signalen, die aufgrund des Zusammenhangs zwischen Streulichtleistung eines Teilchens und dessen Größe mit einer Bevorzugung bestimmter Teilchengrößenbereiche einhergeht. Da die Laser-Doppler-Anemometrie eine partikelbezogene Meßmethode darstellt und von der Teilchenbewegung auf die Kontinuumsbewegung geschlossen wird, ist die Kenntnis der Teilchengröße für die Einschätzung des Teilchenfolgevermögens im Fluid von großer Bedeutung. Insbesondere bei der Messung turbulenter Schwankungsgrößen muß sichergestellt sein, daß die ausgewerteten Signale nicht von großen ''trägen'' Teilchen herrühren, die ein Zerrbild der turbulenten Verhältnisse der Kontinuumsphase widerspiegeln. Es zeigte sich, daß durch Erhöhung des Triggerniveaus und Auswertung an ungefilterten LDA-Signalen die Beiträge von großen Teilchen an der Gesamtgeschwindigkeitsinformation zunehmen. Bei Erhöhung des Triggerniveaus und Auswertung an hochpaßgefilterten LDA-Signalen zeigte sich im Gegensatz hierzu eine Bevorzugung von Signalen kleiner Teilchen. Der Zusammenhang muß als Multiplikation der teilchengrößenabhängigen Streuleistungscharakteristik mit einem teilchengrößenabhängigen Modulationstiefenverlauf verstanden werden. Abbildung 36 zeigt einen quantitativen Verlauf der wirksamen Teilchengrößenverteilung für beide Auswertefälle und eine Teilchengrößenrealverteilung, wie sie durch den Anfangspunkt auf der Abszisse charakterisiert wird. Die Ergebnisse zeigen auch, daß die Triggerung an hochpaßgefilterten LDA-Signalen der Forderung nach Informationsauswertung an kleinen Streuteilchen, wegen ihres besseren Teilchenfolgevermögens, entgegenkommt. Die Signalauswahl durch

Triggerung an ungefilterten Originalsignalen muß in jedem Fall als nachteilig bezeichnet werden, da hierdurch größeren Teilchen, d. h. Streuzentren mit einem schlechten Teilchenfolgeverhalten, die Präferenz gegeben wird.

Der Einfluß der Signaltriggerung muß verstärkt Beachtung finden, wenn z. B. durch Strömungsablösungen Größenseparierungen der Partikelphase bewirkt werden (Ruck et al. 1986b). Abbildung 37 zeigt gemessene Teilchengrößenverteilungen vor und hinter einer einseitigen Strömungsquerschnittserweiterung (Stufe). Werden, wie in Abbildung 37 dargestellt, in Strömungsgebieten mit unterschiedlicher Teilchengrößenzusammensetzung LDA-Messungen durchgeführt, so können die erhaltenen Strömungsmeßwerte nur miteinander verglichen werden, wenn sie von dem gleichen Größenbereich der Partikelphase herrühren. Letzteres kann nur durch die Auswertung der Information von kleinen Teilchen der vorhandenen Teilchengrößenverteilung erreicht werden, die gleichermaßen in allen Strömungsgebieten vorkommen.

Signaltriggerungseffekte lassen sich nicht vermeiden, jedoch kann ihr Einfluß auf die resultierende Geschwindigkeitsinformation vermindert werden. Hierzu trägt insbesondere bei,

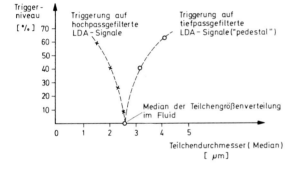

Abb. 36:
LDA-Signaltriggerung und deren Einfluß auf die LDA-wirksame Teilchengrößenverteilung (Median)

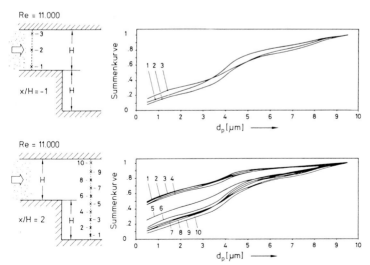

Abb. 37: Separierung von Teilchengrößenbereichen durch Strömungsablösungen (hier: Ablösung hinter einer Stufe)

daß möglichst nur kleine Teilchen im Submikron- oder unteren Mikronbereich als Tracer-partikel Verwendung finden. Die Breite der Teilchengrößenverteilung sollte so eng wie mög-lich gehalten werden. Zur Diskriminierung möglicher triggerinduzierter Teilchengrößenein-flüsse kann sich die Verwendung von monodispersen Latex-Verteilungen anbieten. Trigge-rungseffekte können nicht umfassend analytisch behandelt oder quantifiziert werden, da sie von einer Vielzahl von Einflußparametern (Teilchengrößenverteilung, Triggerniveaus, Fil-terverhalten der Elektroniken etc.) abhängen. Es empfiehlt sich deshalb speziell bei dem Vorhandensein einer breiten polydispersen Teilchengrößenverteilung im Fluid, das Teil-chenfolgevermögen der involvierten Teilchengrößenbereiche abzuschätzen oder durch sukzessives Verstellen des Triggerniveaus experimentell den Nachweis der Triggerniveau-unabhängigkeit der Ergebnisse zu erbringen.

Tracerteilchengröße
Größere, in einem Fluid suspendierte LDA-Tracerteilchen besitzen einen höheren Impuls, was dazu führt, daß sie bei plötzlichem Abbremsen oder Beschleunigungen der Konti-nuumsströmung, z. B. durch eine plötzliche Querschnittsveränderung des Strömungska-nals, eine längere Relaxationszeit, d. h. eine längere Abbrems- oder Beschleunigungsdi-stanz benötigen, um sich an die veränderte Strömungsgeschwindigkeit anzupassen, siehe Ruck und Makiola 1988. In der meßtechnischen Praxis kann dies zu Fehlbestimmungen bei der mit Laser-Doppler-Anemometern gemessenen Strömungsgeschwindigkeit führen, wenn z. B. in Rezirkulationsgebieten oder in Gebieten mit großen Geschwindigkeitsgra-dienten die Fluidgeschwindigkeit erfaßt werden soll. In Abbildung 38 werden exemplarisch für diesen physikalischen Sachverhalt die Geschwindigkeitsverläufe hinter einer stufenför-migen Erweiterung eines Strömungskanals gezeigt, wobei als LDA-Tracerteilchen 1 μm – φ – Öltröpfchen ($\rho = 810$ kg/m³) und 70 μm – φ – Stärketeilchen ($\rho = 1\,500$ kg/m³) verwen-det wurden. Man erkennt deutlich die Abweichungen in den gemessenen Strömungs-

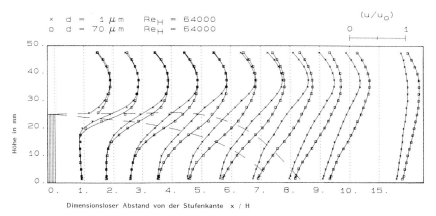

Abb. 38: Gemessene mittlere Geschwindigkeitsprofile hinter einer Stufe ($H = 25$ mm) bei unterschied-lichen LDA-Tracerteilchengrößen; hier: 1 μm-φ- und 70 μm-φ-Stärketeilchen

geschwindigkeitsprofilen, die sich ebenso für alle aus den Geschwindigkeitsdaten ableitba-ren Größen ergeben. So zeigt Abbildung 39 die für die erwähnte Stufenströmung erhaltenen Trennstrom- und Nullgeschwindigkeitslinien (Charakteristika einer abgelösten Strömung mit ausgeprägtem Rezirkulationsgebiet) in Abhängigkeit von unterschiedlichen LDA-Tracerteilchengrößen. Eine unangepaßte Tracerteilchengröße kann darüber hinaus bei der Volumenstrombestimmung in Querschnitten mit starken Teilchenrelaxationsprozessen zu fehlerhaften Meßergebnissen führen, was durch eine Veränderung des eigentlich konstanten Volumen- oder Massenstromes (Kontinuität) offenkundig wird.

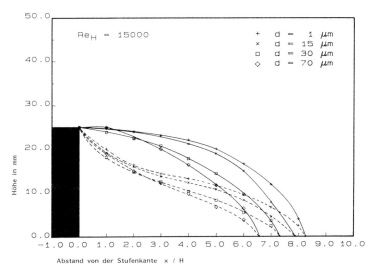

Abb. 39: Aus LDA-Messungen mit unterschiedlichen Tracerteilchendurchmessern abgeleitete Trennstrom- und Nullgeschwindigkeitslinien hinter einer Stufe (H = 25 mm); 1 μm:Öl; 15, 30, 70 μm:Stärke

Aufgrund einer Reihe von experimentellen Untersuchungen zu diesem Themenkreis konnten in der Vergangenheit Abhängigkeiten aufgezeigt werden, mit denen der LDA-Anwender zu rechnen hat, wenn die Tracerteilchengröße nicht an den zu vermessenden Strömungsvorgang angepaßt wird. Zusammenfassend gilt deshalb zu beachten:

● Auch Tracerteilchen mit Durchmessern im Bereich von Mikrometern können sich in ihrer Bewegung deutlich von der des Trägerfluids unterscheiden.
● Eine Abschätzung der maximalen Nachfolgefrequenz eines Teilchens, z. B. bezüglich hochturbulenter Fluktuationen, kann erfolgen durch die Angabe von (siehe hierzu Abschnitt 5):

    – Sinkendgeschwindigkeit des Teilchens
    – Relaxationszeit des Teilchens
    – Stokes-Zahl STK
    – Lösung der BBO-Gleichung

● Größere Tracerteilchen besitzen bei gleicher Fluidgeschwindigkeit einen höheren Impuls. Dies führt insbesondere bei der Veränderung der Wandgeometrie eines Strömungsraumes und somit der Strömungsgeschwindigkeit zu Relaxationsprozessen (Anpassungsverzögerungen) der Partikelphase in bezug auf die Kontinuumsströmung.
● Werden teilchenbezogene Meßverfahren zur Vermessung von Strömungsvorgängen

eingesetzt, so führen in ihrer Größe unangepaßte Tracerteilchen insbesondere bei abgelösten Strömungen zu:

- zu kurz bestimmten Wiederanlegelängen
- zu kleinen Rezirkulationsgebieten
- beträchtlichen Fehlbestimmungen von integralen, querschnittsbezogenen Größen, wie z. B. Volumenströmen
- zu einer Abnahme der Wiederanlegelänge bei zunehmender Strömungsgeschwindigkeit in Bereichen, in denen die Wiederanlegelänge der Kontinuumsströmung eigentlich zunimmt.

Anhand der aufgezeigten Trends und experimentellen Erfahrungen kann die Empfehlung abgeleitet werden, daß in der Laser-Doppler-Anemometrie, wenn irgend möglich, mit monodispersen Fraktionen von geringstmöglicher Teilchengröße gearbeitet werden sollte. Gelingt dies aufgrund experimenteller Vorgaben nicht, so sollte auf jeden Fall sichergestellt werden, daß der Bremsweg der Tracerteilchen, der die viskosen Eigenschaften des Fluides mit der Trägheit von Teilchen in der Strömung in Beziehung setzt, ein Vielfaches kleiner ist als die charakteristische Länge der Strömungsraumveränderung, in deren Nähe die Messung durchgeführt werden soll.

7. Schlußbemerkungen

Die Laser-Doppler-Anemometrie wird in den letzten Jahren in zunehmendem Maße für Strömungsgeschwindigkeitsmessungen in den Laboratorien von Hochschule und Industrie eingesetzt. Das LDA-Meßverfahren zeichnet sich durch eine ganze Reihe von Vorzügen gegenüber herkömmlichen, nichtoptischen Strömungsmeßmethoden aus. Genannt seien hierbei nur die berührungslose, störungsfreie Geschwindigkeitsmessung im Fluid, die Kalibrationsfreiheit des Verfahrens und die direkte lineare Proportionalität zwischen gemessener Referenzgröße (Frequenz) und Strömungsgeschwindigkeit des Fluides. Mit der zunehmenden Verbreitung der Meßmethode stieg auch die Anzahl der Anwendungen in komplexen Strömungskonfigurationen, z. B. in Ablösegebieten oder in Nachläufen von Hindernissen bei z. T. sehr unterschiedlichen Strömungsgeschwindigkeitsbereichen. Wie durch eine Vielzahl von Veröffentlichungen belegt werden kann, stellt die Laser-Doppler-Anemometrie das gegenwärtig exakteste ''on-line''-Meßverfahren für Fluidgeschwindigkeiten dar. Meßgenauigkeiten im Promillebereich bei rückströmfreien Fluidströmungen stellen keine Seltenheit dar. Selbst in Strömungsgebieten mit großen Geschwindigkeitsgradienten und in Ablösegebieten kann bei sachgemäßer Anwendung der LDA-Meßtechnik von einer prozentgenauen Bestimmung der lokalen Strömungsgeschwindigkeit ausgegangen werden. Die sich in Zusammenhang mit der LDA-Messung und der LDA-Signalauswertung ergebenden Fehlermöglichkeiten können weitgehend unterdrückt werden, wenn den physikalischen Randbedingungen, wie etwa dem möglichst idealen Teilchenfolgevermögen durch die Wahl geeigneter Tracerteilchen, Rechnung getragen wird.
Da die Laser-Doppler-Anemometrie wie die gesamte moderne Lasermeßtechnik einen starken interdisziplinären Charakter aufweist, erscheint es nicht verwunderlich, daß Neukonzeptionen Forschungsarbeiten und Entwicklungen auf mehreren technischen Gebieten

erfordern. Neben mechanisch-konstruktiven Arbeiten stehen deshalb gegenwärtig Weiterentwicklungen auf den Gebieten der Laser-, Lichtwellenleiter- und Mikroprozessortechnik im Mittelpunkt des Interesses bei der Erstellung neuer LDA-Systemkonzepte. Ein Trend in Richtung weiterer Miniaturisierung der LDA-Systeme ist abzusehen, wobei der Einsatz von Halbleiterlasern eine wichtige Rolle spielen wird.

8. Literatur

Abbis, J. B.; Bradbury, L. J. S.; Wright, M. P. 1975: Proceedings oft the LDA-Symposium, Copenhagen, S. 319–335

Adams, E. W.; Eaton, J. K.; Johnston, J. P. 1984: An examination of velocity bias in a highly turbulent separated and reattaching flow, Laser Anemometry in Fluid Mechanics, Lisbon, 21–37

Adrian, R. J.; Goldstein, R. J. 1971: Analysis of a laser Doppler anemometer, J. Phys. E., vol. 4, 505–511

Barnett, D. O.; Bentley, H. T. 1974: Statistical bias of individual realization laser velocimeter, Proc. 2nd Int. Workshop on Laser Velocimetry (eds. H. D. Thompson, W. H. Stevenson) Purdue Univ. Bulletin no. 144, 428–444

Bergmann, L.; Schäfer, C. 1978: Lehrbuch der Experimentalphysik, Band III: Optik, Gruyter und Co., Berlin

Buchhave, P. 1975: Biasing Errors in Individual Particle Measurements with the LDA-Counter Signal Processor, Proc. of the LDA-Symp. Copenhagen, 258–278

Cherdron, W.; Durst, F.; Richter, G. 1978: Computer Programs to Predict the Properties of Scattered Laser Radiation, Sonderforschungsbereich 80, Universität Karlsruhe, Bericht SFB 80/TM/121

Dändliker, R.; Eliasson, B. 1974: A theoretical analysis of laser Doppler flowmeters, Optica Acta, Vol. 21, No. 2, 119–149

Dantec, 1988: Laser-Doppler-Anemometrie, Produktinformation, Dantec, Karlsruhe

Davis, C. N. 1966: Deposition of aerosols through pipes, Proc. R. Soc. A 289, 235–246

Dopheide, D.; Taux, G. 1984: Accurate frequency measurements of noiseadded Doppler-signals by means of transient recorders and LDA-counters using a laser diode LDA-simulator, Second Int. Symp. on Applications of Laser Anemometry to Fluid Mechanics, paper 4.3, Lisbon

Drain, L. E. 1980: The laser Doppler technique, Wiley-Interscience Publ. John Wiley & Sons, Chichester

Driver, D. M.; Seegmiller, H. L. 1982: Features of a reattaching turbulent shear layer subject to an adverse pressure gradient, AIAA, 82–1029

Dubnistchev, N.; Vasilenko, G. 1976: A laser Doppler velocimeter which measures the three components of velocity, Optics and Laser Technology 121–131

Durrani, T. S.; Greated, C. 1974: Statistical analysis of velocity measuring systems employing the photon correlation technique, Trans. IEEE AES-10, 17

Durst, F. 1972: Development and Application of Optical Anemometers, Ph. D.-Thesis, University of London

Durst, F.; Stevenson, W. H. 1977: The Influence of Gaussian Beam Properties on Laser Doppler Signals, Sonderforschungsbereich 80, Universität Karlsruhe, Bericht Nr. SFB 80/ET/109

Durst, F.; Heiber, K. F. 1977: Signal-Rausch-Verhältnisse von Laser-Doppler-Signalen, Optica Acta, Vol. 24, No. 1, 43–67

Durst, F.; Melling, A.; Whitelaw, J. H. 1981: Principles and practice of laser-Doppler anemometry, Academic Press, London

Durst, F.; Ruck, B. 1987: Effective Particle Size Range in Laser-Doppler Anemometry, Exp. in Fluids 5, 305–314

EPA 1985: Zweikomponenten-Laser-Doppler-Velocimeter mit elektrooptischem Modulator, Elektro-Physik Aachen GmbH, Produktinformation

Erdmann, J. C.; Lehmann, B.; Tropea, C. 1983: The statistical bias of laser anemometry applied in sinusoidal flowfields, Universität Erlangen, Bericht LSTM/23/TE/83

Farmer, R.; Griffith, P; Rohsenow, W. M. 1970: Liquid droplet deposition in two-phase flow, J. Heat Transfer, 587–594

Farmer, W. M. 1972: Measurement of Particle Size, Number, Density and Velocity using a Laser Interferometer, J. of Applied Optics, Vol. 11, 2603–2609

Foreman, J. W. Jr.; George, E. W.; Lewis, R. D. 1965: Applied Physics Letters, 7, 77–80

Friedlander, S. K.; Johnstone, H. F. 1957: Deposition of suspended particles from turbulent gas streams, Ind. Engng. Chem. 49, 1151–1156

Gould, R. D.; Stevenson, W. H.; Thompson, H. D. 1988: A Parametric Study of Statistical Bias in Laser Doppler Velocimetry, AIAA Journal, in Druck

Gréhan, G.; Gouesbet, G. 1979: The Computer Program 'Supermidi' for Mie-Theory Calculations Without 'Partical' Size nor Refractive Index Limitations, Université de Rouen, Lab. de Thermodynamique, Internal Report TTI/GG/79/03/20

Hallermeier, R. J. 1973: Design Considerations for a 3-D Laser Doppler Velocimeter for Studying Gravity Waves in Shallow Water, Applied Optics, Vol. 12, No. 2, 294–300

Hecht, E.; Zajac, A. 1974: Optics, Addison-Wesley Publ. Co.

Hetsroni, G.; Sokolov, M. 1971: Distribution of mass, velocity and intensity of turbulence in a two-phase turbulent jet, J. Appl. Mech. 315–327

Hinze, J. O. 1959: Turbulence, McGraw-Hill, New York

Hjelmfelt, A. T.; Mockros, L. F. 1966: Motion of Discrete Particles in a Turbulent Fluid, App. Sci. Res. Vol. 16, 149–161

Hösel, W.; Rodi, W. 1977: New biasing elimination method for laser-Doppler velocimeter counter processing, Rev. Sci. Inst. 48, 910–919

van de Hulst, H. C. 1957: Light Scattering by Small Particles, J. Wiley & Sons, Inc., New York

Javan, A.; Bennett, W. R.; Herriot, D. R. 1961: Population inversion and continuous optical maser oscillation in a gas discharge containing a HeNe mixture, Phys. Rev. Letters 6, 106–110

Johansson, T. G.; Jernqvist, L. F.; Karlsson, S. K. F.; Frössling, N. 1976: A Three-Component Laser-Doppler-Anemometer, AGARD Conf. Proc. Nr. 193 On Applic. of non-instrusive inst. in fluid flow research, VI 312 P 28/1–4

Kerker, M. 1966: The Scattering of Light and Other Electromagnetic Radiation, Academic Press, New York – London

Kondić, N. N. 1970: Lateral motion of individual particles in channel flow-effect of diffusion and interaction forces, J. Heat Transfer 92, 418–428

Lee, S. L.; Durst, F. 1982: On the motions of particles in duct flows, Int. J. Multiphase Flow 8, 125–146

Lee, S. L.; Börner, T. 1987: Fluid flow structure in a dilute turbulent two-phase suspension flow in a vertical pipe, Int. J. Multiphase Flow 13, 233–246

Lehmann, B. 1968: Geschwindigkeitsmessung mit Laser-Doppler-Verfahren, Wissensch. Bericht AEG-Telefunken, 41, Nr. 3, 141

Lourenço, L.; Borrego, C.; Riethmüller, M. L. 1980: Simultaneous Two Dimensional Measurements with one Color LDV, Von Karman Institute for Fluid Dynamics, Belgien, Technical Memorandum 28, EAT 8002/LL CB-MLR/LK

Maxey, M. R.; Riley, J. J. 1983: Equation of motion for a small rigid sphere in an nonuniform flow, Physics Fluids 26, 883–889

McLaughlin, D. K.; Tiedermann, W. G. 1973: Biasing Correction for Individual Realization of Laser Anemometer Measurements in Turbulent Flows, The Physics of Fluids, Vol. 16, No. 12, 2082–2088

Mie, G. 1908: Beiträge zur Optik trüber Medien, speziell kolloidaler Metallösungen, Annal. d. Physik, 4. Folge, Band 25

Moujaes, S.; Dougall, R. S. 1985: Two-phase upflow in rectangular channels, Int. J. Multiphase Flow 11, 503–513

Müller, A. 1985: A Three-Component LDA, Tested in the Mixing Layer Behind Dunes, Int. Assoc. for Hydraulic Research, 21st Congress Melbourne, Australia

Neti, S. 1983: Development of a Fiber Optic Doppler Anemometer for Bubbly Two-Phase Flows, Lehigh University Bethlehem Research Report 1159-3

Nezu, I.; Rodi, W. 1986: Open-Channel Flow Measurements with a Laser Doppler Anemometer, J. of Hydr. Eng., Vol. 112, No. 5

Oldengarm, J. 1977: Optics and Laser Technology 9, 69–71

Pfeifer, H. J.; vom Stein, H. D. 1967: Ein Dopplerdifferenzverfahren zur Geschwindigkeitsmessung, Institut Franco-Allemand de Recherche de Saint-Louis, Report ISL-T-12/67

Pike, E. R. 1977: Photon Correlation Spectrometry and Velocimetry, Cummins, H. Z. and Pike E. R., eds. Plenum Press New York, 246–343

Popper, J.; Abuaf, N.; Hetsroni, G. 1974: Velocity measurements in a two-phase turbulent jet, Int. J. Multiphase Flow 1, 715–726

Raman, C. V., Nath, N. S. N. 1935: Proc. Indian Acad. Sci. Pt. 1, Vol. 2A, 406

Richardson, E. G. (Ed.) 1960: Aerodynamic Capture of Particles, Pergamon Press, New York

Richter, G. 1983: Entwicklung und Anwendung eines Laser-Doppler-Anemometers für Windgeschwindigkeitsmessungen, Fortschrittsbericht VDI-Zeitschriften, Reihe 8, Nr. 56 (Dissertation)

Rouhiainen, P. O.; Stachiewicz, J. W. 1970: On the deposition of small particles from turbulent streams, J. Heat Transfer 92, 169–177

Ruck, B. 1981: Untersuchungen zur optischen Messung von Teilchengröße und Teilchengeschwindigkeit mit Streulichtmethoden, Dissertation Universität Karlsruhe

Ruck, B.; Durst, F. 1982: Influence of Signal Detection and Signal Processing Electronics on Mean Property Measurements of LDA-Frequencies, Proc. of the LDA-Symp., Lissabon, chapter 16.4

Ruck, B.; Pavlowsky, B. 1984: Kombinierte optische Messung von Teilchengrößen- und Teilchengeschwindigkeitsverteilungen im Rohr, tm – Technisches Messen, 2, 61–67

Ruck, B. 1984: LDA-signal triggering and effective particle size range, Forschungsbericht SFB 210/E/5, Sonderforschungsbereich 210, Universität Karlsruhe

Ruck, B. 1985: Laser-Doppler-Anemometrie – Eine berührungslose optische Strömungsgeschwindigkeitsmeßtechnik, Laser und Optoelektronik, Heft 4/85, 362–375

Ruck, B. 1985: Vorlesungsskript zur Vorlesung 'Einführung in die Lasermeßtechnik', Teil: Strömungsmeßtechnik – Bewegungsgleichungen, WS, an der Universität Karlsruhe

Ruck, B.; Schmitt, F.; Loy, T. 1986: Particle Dynamics in a Separated Step Flow, 3rd Int. Symp. on Applic. of Laser Anemometry to Fluid Mechanics, Lissabon, Proc. chapter 2.1

Ruck, B. 1986: LDA-Hochschulkurs, jährliche Veranstaltung an der Universität Karlsruhe, Institut für Hydromechanik

Ruck, B. 1987: Laser-Doppler-Anemometrie, AT-Fachverlag Stuttgart, ISBN 3–921 681-00-6

Ruck, B.; Makiola, B. 1988: Particle Dispersion in a Single-Sided Backward-Facing Step Flow, Int. J. Multiphase Flow Vol. 14, No. 6, 787–800

Rudd, M. J. 1969: A New Theoretical Model for the Laser Doppler Meter, J. of Physics E: Scientific Instruments, Vol. 2, 723–726

Sato, T.; Sasaki, O. 1978: New 3-D laser Doppler velocimeter using cross-bispectral analysis, Applied Optics, Vol. 17, No. 24, 3890–3894

Simpson, H. C.; Brolls, E. K. 1974: Droplet deposition on a flat plate from an air-water mist in turbulent flow over the plate, Symp. on Two-Phase Flow Systems, Vol. 1 (A3), University of Strathclyde, Glasgow

Snyder, P. K.; Orloff, K. L.; Aoyagi, K. 1981: Performance and Analysis of a Three Dimensional Nonorthogonal Laser Doppler Anemometer, NASA Technical Memorandum 81283

Sommerscales, E. F. C. 1981: Tracer Methods, Fluid Dynamics, Part A, Emrich, J. R. (ed.), Academic Press, New York

Soo, S. L. 1967: Fluid Dynamics of Multiphase Systems, Blaidsell, Waltham, Mass.

Stevenson, W. H.; Thompson, H. D.; Craig, R. C. 1982: Laser velocimeter measurements in highly turbulent recirculating flows, Engng. Applic. of Laser Velocimetry (eds. H. W. Coleman, P. A. Pfund), ASME New York

Tchen, C. M. 1947: Mean Values and Correlation Problems Connected with the Motion of Small Particles Suspended in a Turbulent Fluid, Ph. D. Thesis, Delft

Tradowsky, K. 1977: Laser: Grundlagen, Technik, Anwendung, Vogel-Verlag, Würzburg

Trela, M. 1982: Desposition of droplets from turbulent stream, Wärme- und Stoffübertragung 16, 161–168

Tropea, C. 1982: Die turbulente Stufenströmung in Flachkanälen und offenen Gerinnen, Dissertation, Universität Karlsruhe

TSI 1988: Laser Velocimetry Systems, Produktkatalog und Einzelprospekte, Aachen

Weber, H.; Herzinger, G. 1978: Laser – Grundlagen und Anwendungen, Physik Verlag Weinheim

Yeh, Y.; Cummings, H. H. 1964: Localized Fluid Flow Measurements with a HeNe Laser Spectrometer, Applied Physics Letter, Vol. 4, No. 10, 176–178

Lidar

C. Weitkamp

Resümee

Nahezu jede atmosphärische Größe kann mit optischen Methoden tiefenaufgelöst ferngemessen werden. Das Lidarprinzip beruht auf der Aussendung eines kurzen Lichtimpulses aus einem Laser und der nachfolgenden Analyse des rückgestreuten Lichts auf Wellenlänge, Intensität und Zeitverhalten. Für die verschiedenen Lidarvarianten werden die zugrundeliegenden physikalischen Prozesse erläutert, Möglichkeiten und Grenzen diskutiert und einige Anwendungen beschrieben. Die neue Technik findet nutzbringende Anwendung in Umweltforschung und Umweltschutz, in der reinen und angewandten Meteorologie und in Disziplinen wie atmosphärischer Chemie und Geophysik.

Einführung

Die sinnliche Wahrnehmung von Gegenständen, die sich in einiger Entfernung befinden, durch Organe zur Verarbeitung von Reizen aufgrund von Teilchen- oder Wellenstrahlen ist im Tierreich weit verbreitet. Während der Mensch optisch und akustisch nur *passiv* wahrnimmt, d. h. nur Gegenstände sehen und hören kann, die selbst Strahlung aussenden oder von einer fremden Quelle angestrahlt werden, können einige Tiere Gegenstände in ihrer Umgebung durch Anstrahlen z. B. mit Schallwellen (Pferd, Elefant, Fledermaus) auch aktiv orten. Der Mensch bedient sich zur aktiven Ortung von Objekten schon seit Jahrtausenden der Technik der Beleuchtung mit sichtbarem Licht. Die Abstandsinformation wird dabei auf geometrischem Wege, d. h. durch Vergleich zweier unter geringfügig verschiedenen Winkeln aufgenommener Bilder, gewonnen.

Für größere Abstände versagt dieses stereoskopische Sehen oder Hören. Ein alternatives Verfahren der Abstandsbestimmung ist die Messung der Laufzeit der ausgesandten Strahlung von der Quelle zum Objekt und zurück. Meßsysteme, die auf diesem Prinzip beruhen, erfordern eine gepulste Quelle und ein Nachweisgerät mit guter Zeitauflösung, wie sie die menschlichen Sinnesorgane nicht aufweisen. Daher sind solche Systeme erst im technischen Zeitalter verfügbar geworden.

Auch hier werden akustische Strahlung (beim Echolot und beim Sonar) und elektromagnetische Strahlung im Radiowellen- (Radar) oder im infraroten Bereich des Spektrums (bestimmte optische Entfernungsmesser) verwendet. Diese Techniken haben gemeinsam, daß die ausgesandte Strahlung an einem wohldefinierten Objekt (Echolot: Meeresboden, Sonar: U-Boot oder Mine, Radar: Schiff oder Flugzeug) meist diffus reflektiert wird und das Eintreffen des intensiven Reflexes den Zeitpunkt bestimmt, der für die Laufzeitmessung herangezogen wird.

Einige der genannten Techniken (Sonar und Radar) eignen sich aber auch für eine gänzlich andere Betriebsweise, bei der der gesamte zeitliche Verlauf des Rückstreusignals, nicht nur die Position der intensivsten Spitze in diesem Signal, ausgewertet werden. Denn nicht nur Meeresboden und Flugzeug, auch das Wasser und die Atmosphäre streuen längs des gesamten Strahls einen Teil der ausgesandten Energie in Richtung auf den Sender zurück. Neben Sonar, das Schallwellen im Wasser, und Radar, das Radiowellen in der Luft verwendet, werden Schallwellen auch für Messungen in der Atmosphäre eingesetzt (Sodar); ist die

Tabelle 1. Zur Nomenklatur

Akronym	Ausführliche Bezeichnung der Methode	Tiefenauflösung
SONAR	SOund NAvigation Ranging	ja
RADAR	RAdiowave Detection And Ranging	ja
SODAR	SOund Detection And Ranging	ja
LIDAR	LIght Detection And Ranging, oder: Light Identification, Detection, And Ranging	ja
DAS LIDAR	Differential Absorption and Scattering LIDAR	ja
DIAL	DIfferential Absorption Lidar	häufig nein
DOAS	Differential Optical Absorption Spectrometry	nein

ausgenutzte Strahlung dagegen Licht des ultravioletten, sichtbaren oder infraroten Spektralbereichs, so spricht man von Lidar. In Tabelle 1 sind die ursprünglichen englischen Bezeichnungen angegeben, aus denen die heute gebräuchlichen Akronyme durch Zusammenziehen der Anfangsbuchstaben entstanden sind.

Je nachdem, welcher physikalische Vorgang am einzelnen Atom oder Molekül oder an der einzelnen Aerosolpartikel ausgenutzt wird, unterscheidet man verschiedene Varianten des Lidarprinzips. Ihnen allen ist gemein, daß ein kurzer Lichtimpuls – in der Praxis stets aus einem Laser – in die Atmosphäre ausgesendet und das rückgestreute Licht nachgewiesen und analysiert werden. Die Wellenlänge wird dabei so gewählt, daß die interessierende Größe Licht der gewählten Wellenlänge deutlich meßbar beeinflußt; die Intensität des rückgestreuten Lichts läßt in der Regel auf die Quantität der zu messenden Größe schließen; und aus der Zeit t nach Aussenden des Lichtpulses kann bei Kenntnis der Lichtgeschwindigkeit c auf den Abstand

$$x = \frac{ct}{2} \qquad (1)$$

geschlossen werden.

Im vorliegenden Beitrag werden die unterschiedlichen Varianten des Lidar-Verfahrens vorgestellt. Die physikalischen Grundlagen werden beschrieben, wiewohl nicht in der Ausführlichkeit, die zum tieferen Verständnis oder zur Durchführung von Ab-initio-Rechnungen durch den Leser erforderlich wäre; hierfür stehen umfangreiche Standardwerke zur Verfügung. Vielmehr werden für jedes Verfahren das Prinzip kurz erläutert, Vorzüge und Schwächen des Verfahrens angegeben und knapp über die Meßmöglichkeiten beim gegenwärtigen Entwicklungsstand berichtet. Kurzgefaßte, teilweise etwas selektive Übersichten über das Thema liegen z. B. von Capitini 1978, Carswell 1983, Grant und Menzies 1983, Schwiesow 1983 und Stock und Stöhr 1984 vor. Ausführlichere Darstellungen finden sich u. a. bei Hinkley 1976, Killinger und Mooradian 1983, Measures 1984 und Kobayashi 1987. Eine ergiebige Informationsquelle sind auch die Kurzfassungen der Beiträge zu den alle zwei Jahre stattfindenden Laser-Radar-Konferenzen, deren letzte 1984 in Aix-en-Provence, 1986 in Toronto und 1988 in Innichen/San Candido (Dolomiten) stattgefunden haben; für die Tagung 1990 ist die Stadt Tomsk im Gespräch. Für Einzelheiten insbesondere technischer Art und für die Ergebnisse praktischer Anwendungen wird auf die am Ende des Artikels angegebene Speziallitteratur verwiesen, ohne daß dabei allerdings der Anspruch auf Vollständigkeit erhoben werden könnte.

Zur Gliederung dieses Artikels wurden die Lidarverfahren nach ihrem Zweck in drei Gruppen eingeteilt, jeder dieser Gruppen ist ein Kapitel gewidmet.

Im ersten Kapitel werden die Verfahren beschrieben, die die Bestimmung materieller Größen zum Ziel haben, also von *Konzentrationen* der Hauptbestandteile, Nebenbestandteile und Spurenstoffe der Atmosphäre, insbesondere auch von Luftverschmutzung und Schadstoffen. Drei dieser Verfahren (Rayleigh-, Mie- und DAS-Lidar) nutzen *elastische* Prozesse aus, also solche, bei denen ausgesandtes und rückgestreutes Licht dieselbe Wellenlänge haben. Zwei Verfahren (Fluoreszenz- und Raman-Lidar) beruhen auf *inelastischen* Prozessen, ausgesandtes und rückgestreutes Licht können sich in der Wellenlänge unterscheiden. Ein weiteres, als DIALEX bezeichnetes Verfahren ist streng genommen kein Lidar, weil keine Laufzeitmessung erfolgt und keine Tiefenauflösung erreicht wird; es wird vom Flugzeug aus eingesetzt und gelangt über Fortbewegung des Trägers zur Ortsauflösung. Von dieser Ausnahme abgesehen, werden in diesem Artikel keine Verfahren beschrieben, die mit einer festen Laufstrecke arbeiten und nur gemittelte Daten über einen längeren Weg messen, obgleich sie von manchen Autoren irreführend ebenfalls als Lidar bezeichnet werden.

Das zweite Kapitel beschreibt fünf Verfahren zur ortsauflösenden Fernmessung der *Temperatur,* also eines wichtigen nichtstofflichen Parameters der Atmosphäre. Dabei werden i. w. dieselben Prozesse, wie sie im vorherigen Kapitel beschrieben wurden, ausgenutzt und die Temperatur stets mittelbar bestimmt: beim Rayleigh-Lidar aus der *Moleküldichte,* in zwei weiteren Verfahren aus *Zustandsdichteverhältnissen eines Gases* und in den beiden letzten aus der durch die *(ungeordnete)* thermische Bewegung der Gasmoleküle bewirkte *Dopplerverbreiterung* von Spektrallinien.

Im dritten Kapitel werden Verfahren dargestellt, mit denen durch Flugzeitmessungen oder durch Ausnutzung der *Dopplerverschiebung* durch die *geordnete* Bewegung von Gasmolekülen und Aerosolteilchen das Windfeld bestimmt wird.

Eine Zusammenfassung mit einem kurzen Ausblick beschließt den Beitrag.

1. Lidarverfahren zur Messung materieller Größen

1.1 Rayleigh-Lidar

Unter Rayleighstreuung versteht man die Streuung von Licht der Wellenlänge λ an Teilchen, deren Durchmesser

$$D \ll \lambda \qquad (2)$$

ist, also für Licht im sichtbaren (VIS), ultravioletten (UV) und infraroten Spektralbereich (IR)

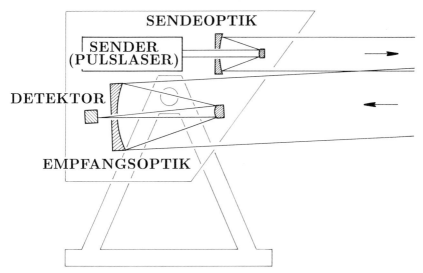

Abb. 1: Optischer Aufbau eines Rayleigh-Lidar (oder eines Mie-Lidar), schematisch. Dargestellt ist eine Variante mit nichtkoaxialer Anordnung von Sender und Empfänger

an Atomen und Molekülen der Luft. Aerosolteilchen erfüllen die Bedingung (2) nicht, daher läßt sich ein Rayleigh-Lidar in seiner einfachsten Form nur im aerosolfreien Teil der Atmosphäre, d. i. die Stratosphäre oberhalb etwa 30 km, einsetzen.

Apparativ ist ein Rayleigh-Lidar im Prinzip äußerst einfach aufgebaut. Das optische System braucht nur aus einem (gepulsten) Laser als Strahlungsquelle, einer Sendeoptik, die zur Strahlaufweitung und damit zur Verringerung der Divergenz dient, einer Empfangsoptik und einem Detektor zu bestehen (Abbildung 1). Zur Verstärkung und Weiterverarbeitung der Detektorsignale wird einiges an elektronischen Geräten und meist auch ein Prozeßrechner eingesetzt, die in Abbildung 1 nicht eingezeichnet sind.

Die Wahl der Laserwellenlänge ist zunächst beliebig und nur durch zwei Forderungen festgelegt. Man wird zum einen eine Wellenlänge mit guter Transmission der Atmosphäre wählen. Zum anderen ist man an einer möglichst hohen Intensität der rückgestreuten Strahlung interessiert. Weil der Wirkungsquerschnitt für Rayleighstreuung – d. i. die Fläche, die ein Atom oder Molekül dem Licht entgegensetzt unter der Annahme, daß alles "treffende" Licht Rayleighstreuung erleidet, – der Beziehung

$$\sigma(\Theta,\lambda) \;=\; 8\ \pi^4\ \frac{1}{\lambda^4}\ a^2\ (1 + \cos^2\Theta) \tag{3}$$

gehorcht, also der vierten Potenz der Wellenlänge λ umgekehrt proportional ist, wird man zur Erzielung eines großen Effekts so kurzwellig wie möglich arbeiten. In der Praxis begrenzt die bei 300 nm einsetzende Absorption durch atmosphärisches Ozon den nutzbaren Bereich zu kurzen Wellen, so daß man mit Vorteil Strahlung im Blauen oder im UV verwendet.

In der Gleichung 3 sind a die für jede molekulare Spezies unterschiedliche elektrische Polarisierbarkeit und Θ der Streuwinkel: $\Theta = o$ entspricht Vorwärts-, $\Theta = \pi$ Rückwärtsstreuung. Der Streukoeffizient β ergibt sich aus dem Streuquerschnitt σ durch Multiplikation mit der Teilchenzahldichte N; damit erhält man aus Gleichung (3) in Rückwärtsrichtung

$$\beta(\pi,\lambda) \;=\; 16\ \pi^4\ \frac{1}{\lambda^4}\ a^2\ N\ . \tag{4}$$

Eine gute Näherung für den Rayleigh-Rückstreukoeffizienten von Luft bei Normalbedingungen ($N = 2,69 \cdot 10^{19}$ Moleküle/cm^3) ist (Measures 1984)

$$\beta(\pi,\lambda) \;=\; 1,47\ \left(\frac{550\ nm}{\lambda}\right)^4\ 10^{-8}\ cm^{-1}\ sr^{-1}\ . \tag{5}$$

Eine genauere Betrachtung muß die Tatsache berücksichtigen, daß die Polarisierbarkeit a in den Gleichungen (3) und (4) selbst wellenlängenabhängig ist. Dadurch ergibt die strenge Behandlung für den wellenlängenabhängigen Term in Gleichung (5) statt 4,00 den Exponenten 4,08.

In einer Anordnung, wie sie in Abbildung 1 schematisch dargestellt ist, wird der Detektor nach Aussenden eines Laserimpulses ein Signal registrieren, dessen zeitlicher Verlauf durch die Lidargleichung

$$P(x) \;=\; \frac{c\Gamma}{2}\ P_0\ \frac{A\ \varepsilon\ O(x)}{x^2}\ \beta(\pi,\lambda,x)\ \tau^2(\lambda,x) \tag{6}$$

gegeben ist. Hierbei ist die Zeit t mit Hilfe der Beziehung (1) schon durch den Abstand x vom Meßsystem ersetzt. In der Rayleigh-Lidargleichung (6) sind Γ und P_0 die Dauer und die mittlere Leistung des ausgesandten Lichtimpulses $E_0 = \Gamma P_0$ also seine Energie, A und ε

sind Fläche und Wirkungsgrad des Empfängers, und c ist die Lichtgeschwindigkeit. Die Funktion O stellt das abstandsabhängige Überlappungsintegral zwischen Sendestrahl und Empfängergesichtsfeld dar, das für eine nichtkoaxiale Anordnung von Sender und Empfänger, wie sie in Abbildung 2 schematisch dargestellt ist, für kleine Abstände gleich null ist, in einem Übergangsbereich ansteigt und für große Abstände, in denen der Sendestrahl ganz innerhalb des Empfängergesichtsfelds verläuft, den Wert 1 annimmt (Abbildung 2). $\beta\,(\pi,\lambda,x)$ ist der Rückstreukoeffizient, der wegen seiner Dichteabhängigkeit i. allg. von x abhängt, und $\tau\,(\lambda,x)$ ist die Transmission der Atmosphäre vom Meßsystem zum Streuort x oder umgekehrt. Sie ergibt sich aus dem Extinktionskoeffizienten $\alpha\,(\lambda,x)$ durch Integration über die Abstandsvariable ξ nach der Beziehung

$$\tau(\lambda,x) \quad = \quad \exp\ [-\textstyle\int_{o}^{x}\ \alpha(\lambda,\xi)\ d\xi]\ . \tag{7}$$

Sowohl α als auch β sind der Teilchenzahldichte und damit der (Massen-) Dichte ρ der Luft proportional:

$$\alpha(\lambda,\rho) \quad = \quad \alpha(\lambda,\rho_0)\ \frac{\rho}{\rho_0} \quad \equiv \quad \alpha\ \frac{\rho}{\rho_0}\ , \tag{8}$$

$$\beta(\lambda,\rho) \quad = \quad \beta(\lambda,\rho_0)\ \frac{\rho}{\rho_0} \quad \equiv \quad \beta_0\ \frac{\rho}{\rho_0}\ , \tag{9}$$

und für reine Rayleighstreuung gilt zwischen α und β die Proportionalität (Collis und Russell 1976)

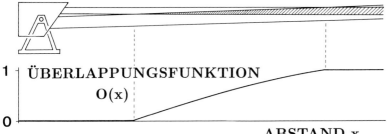

1 ┤ **ÜBERLAPPUNGSFUNKTION**

   O(x)

0

ABSTAND x

Abb. 2: Die Überlappungsfunktion O (x) gibt an, welcher Bruchteil der Sendestrahlenergie den Empfänger erreichte, wenn sich im Abstand x ein auf das Empfangssystem ausgerichteter ideal spiegelnder Reflektor befände

$$\frac{\alpha}{\beta} \quad = \quad \frac{8\,\pi}{3}\ \mathrm{sr}\ . \tag{10}$$

Damit läßt sich die Rayleigh-Lidargleichung (6) in der Form

$$P(x) \quad = \quad K\ \frac{O(x)}{x^2}\ \rho\ \exp\ [-2\frac{\alpha_0}{\rho_0}\ \int_{o}^{x}\ \rho(\xi)\ d\xi] \tag{11}$$

schreiben, wobei die Konstante $K = c\Gamma P_0 A\epsilon\beta_0/(2\rho_0)$ die entfernungsunabhängigen Parameter zusammenfaßt. Durch Umordnen, Logarithmieren und Differenzieren ergibt sich mit

$$\frac{1}{K}\ \frac{d}{dx}\Big\{\ \ln\ \Big[\ x^2\ \frac{P(x)}{O(x)}\ \Big]\Big\} \quad = \quad \frac{d}{dx}\ \ln\ \rho\ -\ \frac{2\,\alpha_0}{\rho_0}\ \rho(x)$$

$$= \quad \frac{1}{\rho(x)}\ \frac{d\rho}{dx}\ -\ \frac{2\,\alpha_0}{\rho_0}\ \rho(x) \tag{12}$$

eine nichtlineare Differentialgleichung 1. Ordnung für die Dichte ρ; die linke Seite enthält nur bekannte Größen. Der entwickelte Formalismus berücksichtigt noch nicht die Extinktion von Licht bestimmter Wellenlängen durch andere Effekte als Rayleighstreuung, also etwa durch Absorption. Versuche, die Dichte durch Integration der Differentialgleichung (12) zu bestimmen, sind nicht publiziert worden. Stattdessen werden in der Praxis Näherungsmethoden angewandt. Diese Näherungen gehen von der gerechtfertigten Annahme $O(x) \equiv 1$ und von der Rayleighlidar-Gleichung (6) aus, die mit der von der Gleichung (7) für den Augenblick etwas abweichenden verallgemeinerten Definition

$$\exp \left[- \frac{\alpha_0}{\rho_0} \int_{x_1}^{x_2} \rho(\xi) \, d\xi \right] \equiv \tau(x_1, x_2) \tag{13}$$

die Form

$$P(x) = \frac{K}{x^2} \rho(x) \, \tau^2(0, x) \tag{14}$$

annimmt. Für zwei Höhen x,x* aufgeschrieben und dividiert, ergibt Gleichung (14) sofort

$$\rho(x) = \rho(x^*) \frac{x^2}{x^{*2}} \frac{P(x)}{P(x^*)} \tau^2(x, x^*) \; . \tag{15}$$

Kennt man also die Dichte in einer Referenzhöhe x*, dann läßt sich die unbekannte Dichte ρ in der Höhe x angeben, wenn über die Transmission τ des Lichts zwischen den Höhen x und x* plausible Annahmen gemacht werden können.

In der Stratosphäre kann für rotes Licht von 590 bis 670 nm der Wert τ zwischen 35 und 80 km Höhe >0,996 angenommen werden, so daß die Näherung $\tau \equiv 1$ in Gleichung (15) gerechtfertigt ist. Schwieriger ist die Bestimmung der Dichte $\rho(x^*)$ in der Referenzhöhe x*. Hauchecorne und Chanin 1980 haben mit einem blitzlampengepumpten Farbstofflaser im Roten Messungen zwischen 35 und 65 km Höhe durchgeführt; dazu haben sie die zwischen 35 und 40 km Höhe mit einer Rakete gemessenen Dichtewerte als Referenzwerte verwendet. Für Messungen zwischen etwa 30 und 85 km Höhe mit einem Xenonfluorid-Exzimerenlaser (Wellenlänge $\lambda \simeq 350$ nm) und einem frequenzverdoppelten und -verdreifachten Neodym-Yttrium-Aluminium-Granat-(Nd:YAG-)Laser ($\lambda = 532$ und 355 nm) haben Shibata et al. 1986 und Jenkins et al. 1987 Referenzwerte aus einem Atmosphärenmodell verwendet. Auch wenn die Absolutergebnisse der Messung dadurch mit beträchtlichen Unsicherheiten behaftet werden, hat die Wahl des Referenzwerts auf die Dichteverhältnisse eines so bestimmten Profils keinen Einfluß.

1.2 Mie-(Aerosol-)Lidar

Das einfachste Konzept eines Lidars überhaupt ist das des Mie- oder Aerosollidars. Apparativ besteht es wie ein Rayleighlidar aus Laser, Sendeoptik, Empfangsteleskop und Detektor (Abbildung 3). Ausgenutzt wird wieder die elastische Rückstreuung des Laserlichts, aber nicht an den Gasmolekülen, für die eine einfache Beziehung zwischen Absorptions- und Rückstreukoeffizient besteht, sondern an Aerosolen, d. h. festen und flüssigen Partikeln, die makroskopisch als Staub, Rauch, Dunst, Dampf, Nebel oder Wolken in Erscheinung treten. Für diese Teilchen, deren Durchmesser mit der Wellenlänge des Lichts vergleichbar oder größer sind, stehen Absorption und Streuung in einem komplizierten Verhältnis zueinander, das für kugelförmige Teilchen von Mie 1908 erstmals berechnet wurde und in komplexer Weise vom Streuwinkel Θ, vom Realteil und vom Imaginärteil des Brechungsindex des Materials sowie vom Verhältnis zwischen Abmessungen und Lichtwellenlänge abhängt. Es hat sich eingebürgert, als Größenparameter das Verhältnis von Teilchenumfang und Wellenlänge

$$\frac{\pi D}{\lambda} \equiv \gamma \tag{16}$$

einzuführen. Statt mit dem häufig verwendeten Symbol α wollen wir es mit γ bezeichnen. D ist der Teilchendurchmesser.

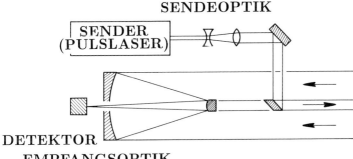

SENDEOPTIK

DETEKTOR
EMPFANGSOPTIK

Abb. 3: Optischer Aufbau eines Mie-Lidar (oder eines Rayleigh-Lidar), schematisch. Dargestellt ist eine Variante mit koaxialer Anordnung von Sender und Empfänger

Für das Mie-Lidar gilt wiederum eine Lidargleichung der Form (6), aber eine der Beziehung (10) analoge Gleichung läßt sich auch nicht näherungsweise angeben, weil komplexer Brechungsindex und Größenparameter nicht nur nicht bekannt sind, sondern im realen Fall durch Verteilungsfunktionen beschrieben werden, die gleichfalls unbekannt sind. Außerdem gilt die Miesche Theorie nur für homogene sphärische Teilchen. Reale Aerosolteilchen sind aber, wenn sie fest sind, kaum je kugelförmig; sie sind oft inhomogen, z. B. von außen nach innen schichtförmig aufgebaut; sie sind nach Größe und Brechungsindex zeitlich, vor allem auch mit der Feuchte, variabel; und sie variieren in ihrer Häufigkeit räumlich. Daher wurde in der Frühzeit des Lidars auf die quantitative Auswertung von Mielidarprofilen vielfach verzichtet und aus den ausgeprägten Spitzen im Verlauf des Rückstreusignals auf die Stellen starken Anstiegs der Aerosoldichte, also auf den Anfang einer Staubwolke, Rauchfahne, Wolke o. dergl. geschlossen. Das Ende einer erhöhten Aerosolkonzentration äußert sich im Signal meist weniger ausgeprägt. Für viele Anwendungen ist die so gewonnene, nur in den Abständen quantitative Information völlig ausreichend.

Dennoch ist diese Situation letztlich unbefriedigend, und es hat nicht an Versuchen gefehlt, die Mie-Lidarsignale quantitativ zu interpretieren. Die Lidargleichung für Rayleighstreuung (6) mit dem Ausdruck (7) für die atmosphärische Extinktion läßt sich mit der Definition

$$S(x) \equiv \ln [x^2 P(x)] \tag{17}$$

umschreiben in die Form

$$S = \ln \left(\frac{c \Gamma}{2} P_0 A \varepsilon\right) + \ln O + \ln \beta - 2 \int_0^x \alpha(\xi) \, d\xi . \quad (18) \tag{18}$$

Beschränken wir uns auf den Bereich größerer Abstände x, für die die Überlappungsfunktion $O(x)$ der Wert 1 angenommen hat, so ergibt die Differentiation von Gleichung (18)

$$\frac{dS}{dx} = \frac{1}{\beta}\frac{d\beta}{dx} - 2\alpha \quad . \tag{19}$$

Die einfachste Lösung von Gleichung (19) beruht auf der Annahme

$$\frac{d\beta}{dx} = 0 \quad , \tag{20}$$

d. h. dem Modell einer homogenen Atmosphäre. Dann ergibt sich als Lösung von Gleichung (19) für den Extinktionskoeffizienten direkt

$$\alpha = -\frac{1}{2}\frac{dS}{dx} \quad , \tag{21}$$

d. h. α wird durch eine mittlere Neigung der Kurve für S als Funktion vom Abstand x wiedergegeben. Diese sog. *Neigungsmethode,* auf das ganze Lidarsignal oder stückweise auf solche Abschnitte angewandt, für die die Funktion S hinreichend gerade erscheint, wird auch heute noch vielfach benutzt.

Allerdings ist es nicht Ziel einer Lidarmessung, Profile des Extinktionskoeffizienten (als Maß für die Aerosoldichte) zu erzeugen, die überall oder auch nur über bestimmte Strecken denselben Wert ergeben – so, wie man es in den Auswertealgorithmus zuvor hineingesteckt hat. Läßt man Variationen des Extinktionskoeffizienten α mit dem Abstand x zu, so geht man meist wie folgt vor. Man setzt für die Beziehung zwischen Extinktionskoeffizient α und Rückstreukoeffizient β eine Potenzabhängigkeit der Form

$$\beta = B\,\alpha^{k} \tag{22}$$

an; B und k sind Konstanten, aber k sei jetzt nicht mehr notwendig gleich 1. Damit wird aus der Gleichung (19)

$$\frac{dS}{dx} = \frac{k}{\alpha}\frac{d\alpha}{dx} - 2\alpha \quad . \tag{23}$$

Für diese Differentialgleichung, auf das vorliegende Problem angewandt, hat Klett 1981 die Lösung

$$\alpha = \frac{e^{\frac{S-S_0}{k}}}{\frac{1}{\alpha_0} - \frac{2}{k}\int_{x_0}^{x} e^{\frac{S-S_0}{k}}\,d\xi} \tag{24}$$

angegeben, wobei

$$\alpha_0 = \alpha(x_0), \quad S_0 = S(x_0) \tag{25}$$

die Werte von α und S am Anfang des Rückstreusignals sind. Leider zeigt die Erfahrung, daß für praktisch gemessene Lidarsignalprofile die nach der Vorschrift (24, 25) gewonnenen Profile des Extinktionskoeffizienten α äußerst kritisch von dem in der Regel durch Schätzung bestimmten Anfangswert $\alpha(x_0)$ abhängen, daß schon kleine Amplituden eines den idealen Signalen überlagerten Rauschens dieselben Auswirkungen zeigt, daß es also mit diesem Prinzip der *Vorwärtsintegration* praktisch nicht möglich ist, ''absurd große, unendlich große oder aber negative, physikalisch sinnlose'' Resultate zu vermeiden, wenn nicht unrealistisch große Werte von k in Gleichung (19) verwendet werden (Klett 1981).

Nun kann die Randbedingung (25) statt am Anfang des Profils auch an einer anderen Stelle x_m, z. B. am Ende des Profils, "aufgehängt" werden, es sei also

$$\alpha_0 = \alpha(x_m), \quad s_0 = s(x_m). \tag{26}$$

Die Gleichung (24) bleibt formal richtig, zur Vermeidung negativer Ausdrücke vertauscht man aber im Nenner zweckmäßig die Integrationsgrenzen. Dadurch wird aus dem Minuszeichen ein Pluszeichen. Diese zunächst harmlos erscheinende Modifikation führt zu erheblich verbesserten Konvergenzeigenschaften des Verfahrens.

Eine Verallgemeinerung des Lösungsansatzes (24) für den Fall, daß in Gleichung (22) die Konstante B selbst ortsabhängig ist, findet sich bei Klett 1985 und Bissonnette 1986. Es überrascht nicht, daß auch hier nur die *Rückwärtsintegration* zu verwertbaren Resultaten führt. Trotzdem hält die Diskussion über die richtige Wahl der Randbedingungen an. Kunz 1987 gibt Bedingungen an, unter denen dichte Stratuswolken im ausgewerteten Lidarsignal unsichtbar bleiben, wenn Rückwärtsintegration angewandt wird, dagegen korrekt erscheinen, wenn eine Vorwärtsintegration mit dem richtigen Anfangswert durchgeführt wird. Auch in jüngerer Zeit beschäftigen sich zahlreiche Autoren (Fernald 1984, Klett 1986, Gonzales 1988, Fastig et al. 1988, Sasano 1988, Kästner et al. 1988, Qiu und Lu 1988, Pal et al. 1988) mit den verschiedenen Aspekten, die das komplexe Problem der Inversion der Mielidargleichung auszeichnen.

Es sind auch Anstrengungen unternommen worden, der prinzipiellen Schwierigkeit, zur Auswertung von Mielidarmessungen ein unterbestimmtes System von Gleichungen und Unbekannten lösen zu müssen, experimentell zu begegnen. So ist versucht worden (Carnuth et al. 1977, Walter et al. 1986, Jäger et al. 1988), anhand lokaler Messungen der Aerosolparameter (Größenverteilung, optische Konstanten) die für die Inversion der Lidargleichung wichtigen Größen zu ermitteln. Ein Mehr an Information bringt dabei die Verwendung von zwei (Potter 1987, Hutt und Kohnle 1988, Dupont et al. 1988), vier (Carnuth und Reiter 1986) oder acht Wellenlängen (Shcherbakov et al. 1983), aber der experimentelle Aufwand ist beträchtlich. Eine mehr pragmatische Vorgehensweise ist der Versuch, Korrelationen zwischen Extinktions- und Rückstreukoeffizient einerseits und Luftfeuchte (oder anderen meteorologischen Parametern) andererseits aufzustellen und für Informationen über aktuelle Werte von α und β heranzuziehen (De Leeuw et al. 1986, Takamura und Sasano 1987). Eine Übersicht über den Einfluß der Teilchenparameter auf das Streu- oder Lidarverhältnis β/α findet sich bei Evans 1988.

Zusatzinformation über Mehrfachstreuung vor allem an festen Teilchen wie Schnee (Garner et al. 1988) oder an großen Partikeln (Wolkenwassertropfen) liefert die Messung der Depolarisation, deren Anteil (depolarisierte Rückstreuung : gesamte Rückstreuung) Werte bis 33 % erreichen kann (Sassen und Petrilla 1986).

Auch durch Variation der klassischen monostatischen Geometrie (Abbildung 4a und 4b) läßt sich zusätzliche Information gewinnen. Nimmt man z. B. (Sasano und Nakane 1987) eine horizontal homogene Schichtung der Atmosphäre an und variiert den Elevationswinkel des Lidars (Abbildung 4c) so, daß bei Rückwärtsintegration der Endwert jeder Winkelstellung (Abstand x_e) gleich dem Anfangswert (Abstand x_a) der folgenden ist, so nimmt die Auflösung des Meßproblems eine besonders einfache Form an, besonders dann, wenn man die Prozedur in einer Höhe beginnt, in der das Streuverhältnis i. w. durch Rayleighstreuung bestimmt und damit gut bekannt ist. Die Bezeichnung·der Technik (*RHI*, engl. *R*ange *H*eight *I*ndication, etwa: Abstandshöhenanzeige) ist allerdings wenig aussagekräftig.

Eine andere Alternative, die ebenfalls zusätzliche Information liefert, ist die zweier Lidare, die "gegeneinander arbeiten" (Abbildung 4d); eine solche Anordnung mit auf einer Länge

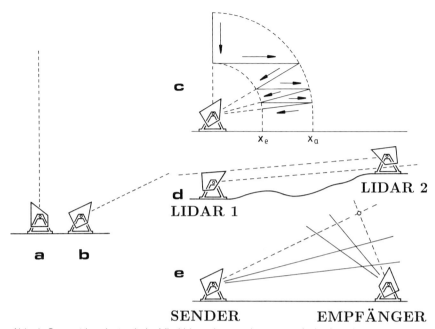

Abb. 4: Geometrievarianten beim Mie-Lidar. a,b normale monostatische Anordnung. c monostatische Anordnung und Prinzip der Abstandshöhenbestimmung (range height indication RHI). d gegenläufiges Doppellidar. e bistatische Anordnung

von 1 km im Abstand von etwa 3 m antiparallel laufenden Lidarstrahlen beschreiben Hughes und Paulson 1988. Allerdings ist hier zwar noch die Tiefenauflösung, nicht mehr aber das für Lidarsysteme charakteristische Überstreichen des vollen Winkel(halb)raums gegeben, weil es sich in Wahrheit um ein bistatisches System handelt.

Mehr Information liefert die "klassische" bistatische Anordnung (Abbildung 4e), in der Sender und Empfänger getrennt sind und bei der durch Veränderung der beiden Elevationswinkel Ort und Streuwinkel variiert werden können. Weil der Ort allein aus dem Abstand zwischen Sender und Empfänger und zwei Winkeln und nicht aus der Laufzeit bestimmt wird, kann zudem mit einem Impuls- oder mit einem Dauerstrichlaser gearbeitet werden (Reagan et al. 1982, Parameswaran et al. 1988).

Apparativ stellen die einfachen Mie-Lidarsysteme keine besonderen Anforderungen an die Komponenten. Als Strahlenquellen eignen sich Laser aller Wellenlängenbereiche. Weil mit wachsender Wellenlänge der (störende) Rayleighanteil der Rückstreuung schneller absinkt als das Miesignal, werden gerne Rubinlaser, die im Roten bei 693 nm strahlen, oder Nd:-YAG-Laser mit Emission im IR bei 1059 nm verwendet. Auch die Signale aller anderen Lidarsysteme lassen sich als Mie-Lidarsignale auswerten, aber natürlich nicht umgekehrt. Ein besonders handliches Gerät ist von Herrmann et al. 1981 entwickelt worden.

Die Anwendung von Mie-Lidarsystemen ist trotz der prinzipiellen Schwierigkeiten der Auswertung weit verbreitet. Haupteinsatzgebiete sind die Untersuchung der planetarischen Grenzschicht (z. B. Kunz 1983, Vassiliou und Eloranta 1988), von Wolkenformationen (z. B. Carnuth und Reiter 1986, Elouragini et al. 1988), Staub bis in die untere Stratosphäre (z. B. Morandi et al. 1988, El'nikov et al. 1988), vor allem aber die Bestimmung der Sichtweite etwa auf Flughäfen (Qiu et al. 1988, Zhou und He 1988) und Staubmessungen im Umweltschutz. Kai et al. 1988 haben den Verlauf einer Kosa, d. i. ein asiatischer Sandsturm, mit einem Mie-Lidar untersucht.

1.3 DAS-Lidar

Eine weitere Variante des Lidarprinzips stellt das sog. DAS-Lidar dar, das die *differentielle Absorption und Streuung* von Laserlicht ausnutzt. Weil (zur Nomenklatur vgl. Tabelle 1) im englischen Akronym DIAL der wichtige Prozeß der Streuung unerwähnt bleibt und mit dem Ausdruck vielfach die nicht ortsauflösende, korrekter als DOAS (Platt und Perner 1983, Edner et al. 1987b) bezeichnete Bestimmung der mittleren Konzentration eines Gases zwischen zwei Punkten gemeint ist, wird in dieser Abhandlung ausschließlich der Begriff DAS Lidar verwendet.

Das DAS-Lidar dient nicht wie das Rayleigh-Lidar zur Ermittlung der Gasdichte der Gesamtatmosphäre – obgleich es dazu prinzipiell geeignet ist –, sondern zur Messung der Dichte bestimmter gasförmiger Bestandteile der Atmosphäre, die in kleinen Konzentrationen bis hinunter zu etwa 10^{-9} in der Atmosphäre enthalten sind. Der für die Rückstreuung verantwortliche Prozeß ist wie beim Mie- und Rayleighlidar die Streuung an Aerosolen und Luftmolekülen, aber anders als dort sind die Einzelheiten des Streuprozesses hier ohne Belang. Der Nachweis des interessierenden Gases nutzt vielmehr die Absorption durch dieses Gas aus. Von den Details der Streuung kommt man durch die Verwendung zweier Wellenlängen λ_0 und λ_1 frei, die geschickterweise (vgl. Abb. 5) so gewählt werden, daß das interessierende Gas bei λ_0 wenig, bei λ_1 aber stark absorbiert. Die Lidargleichung (6) nimmt für das DAS-Lidar die Form

$$P(x,\lambda_i) = \frac{c\Gamma}{2} \; P_0(\lambda_i) \; \frac{A\,\varepsilon\,O(x)}{x^2} \; \beta(x) \;\cdot$$

$$\cdot \; \exp\left\{ -2 \int_o^x [\alpha(\xi) + N(\xi)\; \sigma(\lambda_i)]\; d\xi \right\} \tag{27}$$

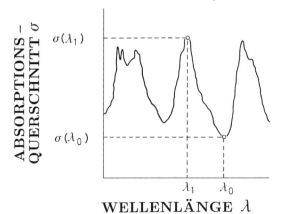

ABSORPTIONS – QUERSCHNITT σ

$\sigma(\lambda_1)$

$\sigma(\lambda_0)$

$\lambda_1 \quad \lambda_0$

WELLENLÄNGE λ

Abb. 5:
Zur Wahl der Wellenlängen beim DAS-Lidar. λ_1 Meß-, λ_0 Vergleichswellenlänge

an, wobei α und β Extinktions- und Rückstreukoeffizient der Atmosphäre und der Beitrag des gesuchten Gases zu β vernachlässigbar klein sind. N ist die Teilchendichte des ge-

165

suchten Gases und σ sein Extinktions-, d. h. praktisch auch sein Absorptionsquerschnitt bei den Wellenlängen λ_0 und λ_1. Schreiben wir die Gleichungen (27) für λ_0 und λ_1 untereinander, dividieren und logarithmieren die Quotienten, so kürzen sich ein Großteil der wellenlängenunabhängigen Variablen, und wir erhalten

$$\ln \frac{P(x,\lambda_0)}{P(x,\lambda_1)} = \ln \frac{P_0(\lambda_0)}{P_0(\lambda_1)} - 2[\sigma(\lambda_0) - \sigma(\lambda_1)] \int_0^x N(\xi)\, d\xi \qquad (28)$$

oder nach dem Abstand x differenziert und nach der gesuchten Größe aufgelöst,

$$N(x) = \frac{1}{2[\sigma(\lambda_1) - \sigma(\lambda_0)]} \frac{d}{dx}[\ln P(x,\lambda_0) - \ln P(x,\lambda_1)]. \qquad (29)$$

Die Konzentration C, etwa in der im Umweltschutz üblichen Einheit gm^{-3}, erhält man durch Multiplikation mit der Molekülmasse M:

$$C(x) = M\, N(x). \qquad (30)$$

Mit den Gleichungen (29) und (30) läßt sich beim DAS-Lidar aus den gemessenen Signalen P die gesuchte Konzentration C also *in geschlossener Form* und *als elementare Funktion* angeben. Außerdem ist das Ergebnis *geeicht,* falls die Absorptionsquerschnitte $\sigma(\lambda_0)$ und $\sigma(\lambda_1)$ bekannt sind. Hierauf und auf der Tatsache, daß keine Absolutmessungen erforderlich sind, sondern schon aus dem *relativen Verlauf* der Meßsignale $P(x,\lambda_0)$ und $P(x,\lambda_1)$ die *absolute Konzentration* bestimmt werden kann, beruhen der Erfolg und die weite Verbreitung der Technik.

Freilich erkauft man sich diese Vorzüge mit einigem Aufwand, der getrieben, und einigen Regeln, die beachtet werden müssen. Die Emission zweier Wellenlängen erfordert entweder einen Laser, der zwischen zwei Wellenlängen geschaltet werden kann, oder zwei getrennte Laser, einen für jede der Wellenlängen (Abb. 6). Wird im Bereich aufgelöster Spektrallinien gearbeitet – und nur dort ist die Bedingung *großer* Unterschiede des Absorptionsquerschnitts bei *kleinen* Wellenlängenunterschieden zwischen λ_0 und λ_1 problemlos zu er-

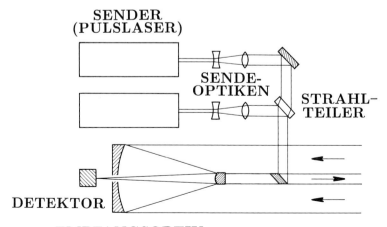

Abb. 6:
Optischer Aufbau eines DAS-Lidar, schematisch. Dargestellt ist eine koaxiale Variante mit zwei Lasern

füllen –, so wird man nur in Ausnahmefällen Festfrequenzlaser mit geeigneten Paaren von Emissionslinien finden, in der Regel muß man mit abstimmbaren Lasern arbeiten.

Abstimmbare Laser müssen in ihrer Wellenlänge konstantgehalten werden. Dem zulässigen Wellenlängenjitter, der sich aus der geforderten Richtigkeit und der Form des Absorptionsspektrums ergibt, sind meist enge Grenzen gesetzt. Hier werden auch Kompromisse eingegangen derart, daß eine geringere Querschnittsdifferenz und damit eine höhere Nachweisschwelle in Kauf genommen werden, wenn ein stückweise flacher Verlauf des Spektrums die Stabilitätsanforderungen bezüglich der Laserwellenlängen zu reduzieren erlaubt (Staehr 1985).

Durch die Differentiation (Gleichung 26) machen sich schon kleine Unterschiede in den Rückstreusignalen, die nicht auf den Unterschieden der Absorptionsquerschnitte beruhen, äußerst störend bemerkbar. Ein solcher Effekt ist die als Szintillation bezeichnete Variation des atmosphärischen Brechungsindex, die bewirkt, daß Meß- und Vergleichsimpuls geringfügig unterschiedliche optische Wege nehmen, wenn sie nicht so schnell aufeinander folgen, daß die Atmosphäre für die Zeit dazwischen als "eingefroren" betrachtet werden kann. Diese Zeit beträgt etwa 1 ms (Menyuk und Killinger 1981). Weil nur in Ausnahmefällen (Klein und Endemann 1988) eine so schnelle Umschaltung von der Meß- auf die Vergleichswellenlänge möglich ist, lassen sich mit DAS-Lidaren, die nur mit einem Laser arbeiten, in der Regel nicht so gute Empfindlichkeitswerte erzielen wie mit Zwei-Laser-Systemen.

Kleine, aber störende Unterschiede der Rückstreusignale, die nicht auf Unterschieden der Meßgaskonzentration beruhen, entstehen auch dann, wenn es nicht gelingt, die beiden Laser geometrisch so auszurichten, daß die Überlappungsfunktion $O(x)$ in Gleichung (27) für beide Laser exakt dieselbe ist.

Abweichungen kann man daran erkennen, daß die Messung für die tatsächliche Gaskonzentration null nicht ein auf der Nullinie verlaufendes oder um sie statisch schwankendes Konzentrationsprofil ergibt, sondern ein Profil mit signifikanten positiven oder negativen Abweichungen. Allerdings ist die Testmessung in eine gasfreie Richtung nicht immer möglich, z. B. weil es (etwa im Fall der Schadgase SO_2 und NO_2) solche Richtungen nicht gibt. Man kann sich dann dadurch helfen, daß man beide Laser auf dieselbe Wellenlänge, z. B. auf λ_1, abstimmt und damit die Konzentration null simuliert. Gelingt es trotz sorgfältiger Justage nicht, die Nullkonzentration einzustellen – Ursache dafür können auch kleine Abweichungen der Strahlstruktur der Laser von der Zylindergeometrie sein –, so empfiehlt es sich, während der Messung eines Profils die Rolle von Meßlaser und Vergleichslaser mehrmals zu vertauschen. Mit dieser Maßnahme kann das Problem zuverlässig gelöst werden (Staehr et al. 1985, Weitkamp et al. 1987).

Die Konzentrationsprofile als Resultate des doppelt (wellenlängen- und abstands-) differentiellen Verfahrens (Gleichung 29), das das DAS-Lidar darstellt, werden auch stark vom Signalrauschen beeinflußt. Anders als beim Mie-Lidar, wo häufig schon ein einzelner Laserpuls für ein verwertbares, rauscharmes Lidarsignal ausreicht, sind beim DAS-Lidar in aller Regel viele (Dutzende bis Hunderte) Laserpulspaare erforderlich, bis durch Mittelung der Rauschanteil hinreichend niedrig geworden ist. Wegen des nichtlinearen Charakters des zweiten Faktors in Gleichung (26) ist es nicht gleichgültig, ob die Summation bzw. Mittelung über die einzelnen Pulspaare bei den Signalen $P(x,\lambda_0)$ und $P(x,\lambda_1)$, bei den Quotienten $P(x,\lambda_0)/P(x,\lambda_1)$, bei den Logarithmen der Quotienten oder bei den Differentialquotienten, d. h. bei (bis auf einen Faktor) den Konzentrationen durchgeführt wird. Zu dieser Frage existiert eine umfangreiche Literatur (Ivanenko und Naats 1981, Menyuk et al. 1982, Clifford und Lading 1983, Menyuk und Killinger 1983, Aksenov et al. 1984, Menyuk et al. 1985,

Staehr et al. 1985, Breinig et al. 1985, Milton und Woods 1987, Weitkamp et al. 1987). Die Quintessenz der teilweise sehr detaillierten Untersuchungen ist, daß außer für Fälle ausgeprägter räumlicher und sehr schneller zeitlicher Konzentrationsfluktuationen das Mitteln der Signale akzeptabel ist.

An die Laser werden beim DAS-Lidar hohe Anforderungen gestellt. Neben der für alle Lidar-Varianten geltenden Bedingung guter Transparenz der Atmosphäre muß beim DAS-Lidar ein Paar Wellenlängen verfügbar sein, deren eine stark, deren andere nicht oder nur schwach von dem zu messenden Gas absorbiert werden und die dennoch nahe benachbart sind. Diese Bedingung und die Anforderungen an Pulsenergie und Pulsdauer erfüllen nur *durchstimmbare* Lichtquellen wie die Farbstofflaser, die in der Grundfrequenz oder mit einem Frequenzverdoppler ausgestattet das gesamte Sichtbare und den praktisch interessierenden Teil des UV-Spektrums abdecken sowie die erst seit kurzem verfügbaren ebenfalls durchstimmbaren Alexandrit-Festkörperlaser. Im IR, wo außer den atomaren (Ar) und den homonuklearen (N_2, O_2) praktisch alle Gase linienreiche Absorptionsbanden zeigen, ergibt es sich auch, daß Linien nicht kontinuierlich durchstimmbarer Laser, bei denen aber einzelne Emissionslinien *ausgewählt* werden können, *zufällig* die genannten Bedingungen erfüllen. Solche Laser sind der Kohlendioxidlaser, der zwischen 9 und 11 µm nahezu 100 Linien emittiert, und der Deuteriumfluoridlaser mit etwa 20 nutzbaren Linien zwischen 3,5 und 4,1 µm. Weniger gut eignen sich der Fluorwasserstoff- und der Kohlenmonoxidlaser, weil die Atmosphäre bei den von diesen beiden Lasern emittierten Wellenlängen von 2,5 bis 3,0 bzw. 4,9 bis 6,6 µm deutlich stärker absorbiert.

Neben der Bedingung der Durchstimmbarkeit oder der Auswahlmöglichkeit zwischen mehreren Linien sind von den Lasern einige weitere Kriterien zu erfüllen. Weil DAS-Lidar häufig in der unteren Troposphäre für Zwecke des Umweltschutzes eingesetzt wird, wo geringe Reichweiten genügen und kurze Mittelungsintervalle gefordert sind, müssen die Pulsdauer kurz und der Triggerjitter, d. i. die Streuung der Zeitverzögerung nach Anlegen des Zündpulses, klein sein. Die genauen Anforderungen ergeben sich aus der Gleichung (1). Die Wellenlängenverteilung der ausgesandten Strahlung muß schmal und stabil sein, bei durchstimmbaren Lasern ist auf eine aktive Stabilisierung kaum zu verzichten. Zur Beurteilung der Forderung an die Wellenlängenstabilität ist die detaillierte Kenntnis des Verlaufs des Absorptionsquerschnitts des interessierenden Gases als Funktion der Wellenlänge wichtig. Die Auswirkungen einer zu großen Bandbreite auf das Meßresultat diskutieren Brassington et al. 1984. Schließlich soll die geometrische Struktur des Strahls konstant bleiben und, wenn zwei Laser verwendet werden, bei den Lasern dieselbe sein.

Die Anforderungen an Pulsenergie und Puls(paar)frequenz sind in jedem Einzelfall unterschiedlich und hängen von den geforderten Leistungsdaten des Lidars (Empfindlichkeit, Reichweite, Tiefenauflösung, Meßzeit und der Möglichkeit, auch am Tage zu messen) ab, ein grober Richtwert für die untere Grenze ist 0,01 J bei 1 Hz. Eine Diskussion über die zweckmäßigste Wahl von Pulsenergie und Wiederholfrequenz bei gleicher mittlerer Leistung findet sich bei Harney 1983.

Das von Schotland 1966 erstmals vorgeschlagene Prinzip des DAS-Lidar wurde an Gasen wie Schwefeldioxid, Stickstoffdioxid, Stickstoffmonoxid, Chlorwasserstoff und Wasserdampf, auch an Sauerstoff, Quecksilberdampf und einigen anderen, erprobt.

Das Schadgas SO_2 zeigt bei 300 nm, NO_2 bei 450 nm ausgeprägte Absorptionsstrukturen. Beide Gase können mit Farbstofflasern gemessen werden. Strahlung von 450 nm Wellenlänge entsteht direkt, solche von 300 nm wird durch Frequenzverdopplung roten (600-nm-)Lichts erzeugt. Als Pumpstrahlung für die Laser eignen sich das Licht von Blitzlampen (Adrain et al. 1979, Konefal et al. 1981, Lahmann et al. 1984), die frequenzverdoppelte Strahlung eines Nd:YAG-Lasers bei 533 nm (Hawley 1981, Fredriksson et al. 1981, Egeback et al. 1984, Fredriksson und Hertz 1984, Ancellet et al. 1987, Edner et al. 1987b, Bisling et al. 1988, Galle et al. 1988) oder auch die Emission eines XeCl-Exzimerenlasers bei 308 nm Wellenlänge (Kölsch et al. 1988). Die Reichweiten betragen etwa 3 km (SO_2) bis 6 km (NO_2), die Empfindlichkeit für diese Entfernung liegt bei Meßzeiten von einigen Minuten und einer Tiefenauflösung von 100 m um 10 ppb, und die Meßsysteme sind teilweise auch kommerziell verfügbar (Birkmayer und Weitkamp 1988). Das Schadgas NO ist deutlich schwerer nachzuweisen. Aldén et al. 1982 verdoppelten die Frequenz der Strahlung von 1060 nm Wellenlänge aus einem Nd:YAG-Laser, pumpten damit einen Farbstofflaser mit Emission bei 559 nm, verdoppelten die Frequenz abermals auf 279,5 nm und erzeugten hieraus durch Antistokesverschiebung in einer wasserstoffgefüllten Ramanzelle Impulse von 227 nm Wellenlänge. Die Pulsenergie betrug aber nur 0,1 mJ und reichte nur noch für die Bestimmung der mittleren NO-Konzentration auf einer Wegstrecke von 850 m. Edner, Sunesson et al. 1988 mischten frequenzverdoppelte Farbstofflaserstrahlung von 287,5 nm mit der Grundwelle des Nd:YAG-Lasers und erreichten so eine Pulsenergie von 3 bis 5 mJ; damit konnte in einer in 350 m Abstand befindlichen Abgasfahne NO ortsaufgelöst bestimmt werden. Einen anderen Weg gehen Kölsch et al. 1988, die die Strahlung zweier exzimerenlasergepumpter Farbstofflaser zur Messung von NO_2 bei 454 und 448 nm frequenzverdoppeln und als Meß- und Referenzstrahlung für NO verwenden; mit der mit 5 mJ angegebenen Ausgangspulsenergie werden bei 80 Hz Pulsrepetitionsfrequenz NO-Profile bis zu 100 m Abstand gemessen. Die bei diesen kurzen Wellenlängen hohe Absorption der Atmosphäre begrenzt die Reichweite auf deutlich kürzere Abstände als für SO_2 und NO_2.

Für die Messung des Schadgases HCl eignet sich der DF-Laser: als Signallinie kann die Emission mit der spektroskopischen Notation 2P3 bei 3,636, als Referenz die 2P5-Linie des DF bei 3,698 μm verwendet werden. Bei 2 km Reichweite und 75 m Tiefenauflösung

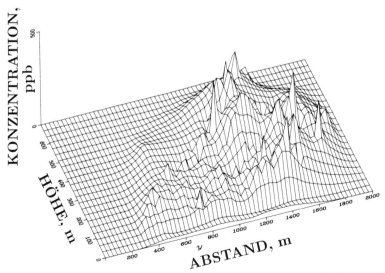

Abb. 7: Querschnitt durch die Abgasfahne eines Verbrennungsschiffs. Die Abszissenebene wird aufgespannt von der waagerechten Koordinate quer zur Fahnenachse und der Höhe über der See. Ordinate ist die HCl-Konzentration in Milliardstel Volumen-Raumteilen (ppb). Messung vom 24. 6. 1982, 15:51 bis 16:23 Uhr MESZ, in 5,7 km Abstand vom Verbrennungsschiff VESTA

läßt sich in etwa 2 Minuten Meßzeit eine Empfindlichkeit von 300 ppb HCl erreichen. Von einem Forschungsschiff aus sind mit einem solchen LD-Laser-Lidar (Weitkamp et al. 1983, Heinrich et al. 1986) Abgasfahnen von Verbrennungsschiffen, auf denen auf der Nordsee chlorkohlenwasserstoffhaltige Abfälle durch Verbrennung beseitigt werden, auf ihren HCl-Gehalt hin vermessen worden. Abbildung 7 zeigt einen so bestimmten Querschnitt durch die Abgasfahne.

Feuchtemessungen mit DAS-Lidaren wurden mit Rubin-, CO_2-, Farbstoff- und Alexandritlasern vorgenommen. Da sich die im Roten bei 694 nm emittierenden Rubinlaser aber – durch Temperaturänderung – nur beschränkt durchstimmen lassen, ist das u. a. von Werner und Herrmann 1981, Zuev, Makushkin et al. 1983 und Zuev, Zuev et al. 1983 angewandte Verfahren in jüngerer Zeit nicht weiter verfolgt worden. Im mittleren IR eignen sich mehrere Linien des CO_2-Lasers, z. B. die 10R20-Linie bei 10,25 µm, gut als Meßlinien für Wasserdampf (Baker 1983, Grant et al. 1987). CO_2-Laser sind beliebt wegen ihres guten Wirkungsgrades, der einfachen Wellenlängenselektion und der Augensicherheit der emittierten Strahlung. Bei geeigneter Wahl der Wellenlängen lassen sich mit Pulsenergien um 50 mJ und etwa 15 Hz Repetitionsfrequenz in einigen Minuten Meßzeit Reichweiten bis 6 km erzielen. Allerdings sind die Absorptionsquerschnitte für die geeigneten Laserlinien temperaturabhängig (mit etwa 2 % pro Grad), und bei der Auswahl der zu nutzenden Linien ist sorgfältig auf Querempfindlichkeiten für Gase wie NH_3, O_3 und Kohlenwasserstoffe zu achten. Außerdem können nach Petheram 1981 feuchteinduzierte Änderungen der Dimensionen und vor allem der optischen Konstanten der Aerosolteilchen das Meßergebnis verfälschen. Die Meßmöglichkeiten mit CO_2-Lasern werden vor allem bei der Bestimmung von Vertikalprofilen aufgrund der bei 10 µm Wellenlänge schon recht niedrigen Rückstreukoeffizienten oberhalb Inversionsschichten rasch schlechter; eine Einschränkung stellt auch das für den CO_2-Laser typische langsame Abklingen des Pulses (1 µs auf 1/e des Maximalwerts) dar (Baker 1983).

Diese Probleme treten bei Arbeiten im UV, im Sichtbaren und im nahen IR nicht auf. Mit rubinlasergepumpten Farbstofflasern wurde im Wellenlängenbereich um 724 nm (Browell et al. 1979) schon früh die Durchführbarkeit von Feuchtemessungen bis zu 3 km Abstand demonstriert. Das Meßverfahren wurde mit der Verfügbarkeit blitzlampen- und Nd:YAG-Laser-gepumpter Farbstofflaser verfeinert (Browell et al. 1981, Cahen 1982, Ehret und Renger 1988) und in seiner Reichweite auf über 6 km verbessert (Cahen et al. 1982). Eine weitere Verbesserung wird von der Nutzung des Wellenlängenbereichs um 940 nm mit zusätzlicher Verschiebung der Wellenlängen in Ramanzellen erwartet (Grossmann et al. 1987). Auch optische parametrische Oszillatoren (OPOs), mit denen die Strahlung eines Nd:YAG-Lasers zur Erzeugung von Wellenlängen um 1,74 µm ausgenutzt wurde, sind zur Wasserdampfmessung eingesetzt worden (Brassington 1982), aber die geringen nutzbaren Leistungen schränken die Reichweite auf < 1 km ein. Neuere Systeme verwenden auch Alexandritlaser (Cahen et al. 1988) und exzimerenlasergepumpte Farbstofflaser (Bösenberg 1989).

Bei der Messung von Vertikalprofilen muß darauf geachtet werden, daß sich die Absorptionslinien des Wasserdampfs mit zunehmendem Druck verbreitern und verschieben. Das Problem ist in mehreren Arbeiten ausführlich untersucht worden (Zuev et al. 1985, Bösenberg 1985, Ansmann und Bösenberg 1987).

Zur Messung des Ozons eignen sich mehrere Wellenlängenbereiche, insbesondere das vom CO_2-Laser abgedeckte Gebiet um 10 µm im mittleren IR und der breite, als UV C und UV B bezeichnete Bereich zwischen etwa 250 und 315 nm, in dem die stratosphärische Ozonschicht das Sonnenlicht praktisch vollständig absorbiert. Da die Absorption hier erheblich größer und die Meßempfindlichkeit entsprechend besser ist, arbeiten Lidarsysteme zur Ozonmessung fast ausschließlich im UV. Allerdings sind solche Messungen mit zwei prinzipiellen Schwierigkeiten verbunden. Zum einen zeigt die Absorption des O_3-Moleküls als Funktion der Wellenlänge wenig Struktur; zur Erzielung eines nennenswerten differentiellen Absorptionsquerschnitts sind also große Abstände zwischen Meß- und Vergleichswellenlänge erforderlich, die den unterschiedlichen Einfluß der Aerosole auf Licht der beiden Wellenlängen nicht mehr zu vernachlässigen erlauben. Zum anderen werden die in Frage kommenden Wellenlängen an den Flanken des Ozon-Maximums auch von anderen Gasen, besonders von SO_2, stark absorbiert, so daß ohne besondere Maßnahmen mit einer erheblichen Querempfindlichkeit gerechnet werden muß.

Für Messungen in der Stratosphäre, wo weder Aerosole noch SO_2 in nennenswerten Konzentrationen zugegen sind, läßt sich das Prinzip des DAS-Lidar gut anwenden. An Strahlungsquellen eignen sich für die Meßwellenlänge XeCl-Exzimerenlaser bei 308 nm, zur Erzeugung der Vergleichswellenlänge wurden ein frequenzverdoppelter Nd:YAG-Laser bei 532 nm (Uchino et al. 1980, Uchino, Maeda et al. 1983), ein frequenzverdreifachter Nd:YAG-Laser bei 355 nm (Pelon et al. 1986) und die in einer Methan- oder Wasserstoffzelle zu einer Wellenlänge von 338 bzw. 353 nm ramanverschobene Strahlung des XeCl-Lasers (Werner et al. 1983, Claude und Wege 1988) verwendet. Auch mit in einer Methanzelle nach 290 nm ramanverschobener Strahlung aus einem KrF-Laser, mit der Grundstrahlung von 308 nm aus einem XeCl-Laser als Referenz, lassen sich Ozonmessungen durchführen (Uchino, Takunaga et al. 1983).

Messungen des troposphärischen Ozons erfordern deutlich mehr Aufwand, vor allem hinsichtlich der Auswahl der Wellenlängen. Mit Farbstofflasern, deren Wellenlängen sie zwischen 265 und 305 nm den Bedingungen der einzelnen Höhenbereiche angepaßt haben, haben Pelon und Mégie 1982 oberhalb 2 km bis in die Stratosphäre gute Ergebnisse erzielt, auch die Arbeiten von Browell et al. 1983 und Browell 1988 wurden zwischen 286 und 311 nm mit Farbstofflasern, allerdings vom Flugzeug aus, durchgeführt. Die meisten der neueren Arbeiten gehen das Problem jedoch mit großem Aufwand an und verwenden kaum je weniger als drei, aber auch bis zu sechs verschiedene Wellenlängen, die sie mit methan-, wasserstoff- und deuteriumgefüllten Ramanzellen aus der frequenzvervierfachten Strahlung von Nd:YAG-Lasern (Papayannis et al. 1988), aus der Strahlung von XeCl-(McDermid 1988) oder KrF-Exzimerenlasern (Carnuth 1988, Maeda und Shibata 1988) oder durch Kombination dieser Möglichkeiten erzeugen (Godin et al. 1988, Haner et al. 1988, Sugimoto et al. 1988).

Messungen weiterer Gase nach dem Prinzip des DAS-Lidar sind z. B. durchgeführt worden für Cl_2 bei 303 und 320 nm (Edner et al. 1987a) und für Quecksilberdampf bei 254 nm (Edner, Faris et al. 1988) mit der Strahlung eines frequenzverdoppelten Farbstofflasers. Auch im Wellenlängenbereich des CO_2-Lasers gibt es eine Reihe praktisch wichtiger Gase, die der Fernmessung nach dem Prinzip des DAS-Lidar zugänglich sind (Patty et al. 1974, Schnell und Fischer 1975, Mayer et al. 1987). Neue Möglichkeiten für das DAS-Lidar könnten in der Entwicklung befindliche kontinuierlich durchstimmbare Festkörperlaser wie z. B. der Co:MgF_2-Laser eröffnen (Menyuk und Killinger 1987).

Eine interessante Variante des DAS-Lidar schlagen Edner et al. 1984 vor, bei der nicht mit je einer, sondern gleichsam mit vielen Meß- und Vergleichswellenlängen gearbeitet wird. Die Vergleichswellenlängen gewinnt man mühelos dadurch, daß man die Strahlung eines breitbandigen Lasers durch eine Zelle, die das zu messende Gas enthält, filtert (Abb. 8); nur die nicht absorbierten Wellenlängen treten hindurch. Die Meßwellenlängen sind erheblich schwieriger zu erzeugen; die Autoren schlagen daher vor, ''Meß-'' und ''Vergleichsspektrum", d. h. das ungefilterte breitbandige Laserspektrum in die Atmosphäre auszusenden und durch Differenzbildung aus den Rückstreusignalen das eine vom anderen zu trennen. Die Idee erscheint bestechend und ist von Galletti et al. 1986 aufgegriffen worden, aber von keiner der beiden Gruppen sind bisher Resultate publiziert worden. Daher kann der Artikel von Brassington et al. 1984, in dem die Meßfehler berechnet werden, die beim DAS-Lidar infolge zu breitbandiger Laseremission auftreten, vorläufig nicht ad acta gelegt werden.

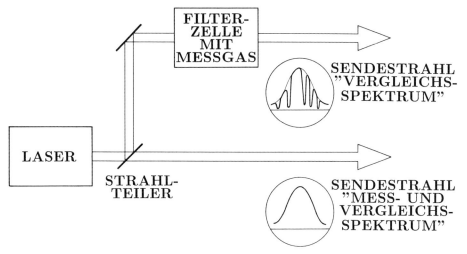

Abb. 8: Zum Prinzip des Gaskorrelationslidar (nach Edner et al. 1987)

1.4 Fluoreszenz-Lidar

Als Fluoreszenz bezeichnet man die Besetzung angeregter Zustände von Atomen oder Molekülen mit nachfolgendem Übergang der Teilchen in ein tieferliegendes Niveau oder in den Grundzustand unter Aussendung von Strahlung, die gegenüber der anregenden Strahlung meist zu längeren Wellen verschoben ist. Ist das Absorptionsspektrum durch scharfe Linien gekennzeichnet, so spricht man von Resonanzfluoreszenz. Weil die Energie der anregenden Photonen genau "paßt", das Atom oder Molekül auf ein höheres Niveau zu heben, sind die Absorptionsquerschnitte groß.

Zur Ausnutzung des Prozesses für Lidaranwendungen ist erforderlich, daß die Rückkehr der angeregten Teilchen in einen niedrigeren Zustand unter Aussendung von Strahlung, also nicht strahlungslos z. B. durch Stöße erfolgt. Fluoreszenz-Lidar wird daher vornehmlich in Bereichen geringen Drucks anwendbar sein. Voraussetzung ist ferner, daß die Lebensdauer der angeregten Zustände nicht zu lang ist, denn sonst läßt sich keine gute Ortsauflösung erreichen. Das bedingt hohe Anregungsenergien, wie sie für elektronische Übergänge charakteristisch sind. Kandidaten für Fluoreszenz-Lidar sind daher Atome, weniger Moleküle; der ultraviolette oder sichtbare, weniger der infrarote Spektralbereich; und die Stratosphäre, wo nur Rayleighstreuung, nicht auch Miestreuung in Konkurrenz tritt, wenn nicht frequenzverschobene Fluoreszenz beobachtet wird, und wo vor allem die Dichten und damit die Wahrscheinlichkeit für strahlungsfreie Abregung gering sind.

In ihrem Aufbau unterscheiden sich Fluoreszenz-Lidare im Prinzip nicht von Systemen für Rayleigh- oder Mie-Lidarmessungen, wie sie in Abschnitt 1.1 und 1.2 skizziert sind, quantitativ sind jedoch erhebliche Unterschiede zu verzeichnen. So erfordern die Einstellung und Kontrolle der zu emittierenden Wellenlänge, die fein auf eine Absorptionslinie oder auf eine Hyperfeinkomponente einer solchen Linie abgestimmt sein muß, beträchtlichen Aufwand. Auf der Empfängerseite sind große Optiken (Durchmesser im Bereich um 1 m), Schutzvorrichtungen für die Detektoren zur Vermeidung von Schäden durch die intensive Rückstreuung aus dem Nahbereich und geeignete Filterkombinationen zur Unterdrückung der Untergrundstrahlung erforderlich. In jüngerer Zeit ist es gelungen, die mit derartigen Systemen zunächst auf die Nachtstunden beschränkten Messungen auch in der Dämmerung und am Tage durchzuführen.

Jedes Fluoreszenz-Lidar eignet sich auch für Rayleigh-Lidarmessungen. Dazu braucht nur die Wellenlänge um ein weniges, nämlich aus der Resonanzlinie hinaus, verstimmt zu werden. In der Tat ist es üblich, mit Fluoreszenz-Lidaren auch Rayleigh-Lidarmessungen der atmosphärischen Dichte durchzuführen, wie es in Abschnitt 1.1 beschrieben ist. Liegt ein vollständiges Profil der Dichte vor, so ist die Dichte der gesuchten Spezies in der Entfernung x einfach gegeben durch

$$N(x) = \frac{\sigma_{RL}}{\sigma_F} \frac{P_F(x)}{P_{RL}(x)} N_L(x), \tag{31}$$

wo $N_L(x)$ die Dichte der Luftmoleküle am Orte x, σ_{RL} der Rayleigh-Rückstreuungsquerschnitt der Luft, σ_F der Fluoreszenzquerschnitt des gesuchten Gases und P_F und P_{RL} Fluoreszenzsignal und Rayleigh-Rückstreuungssignal der Luft sind. Nicht immer ist allerdings die Teilchendichte N_L der Luft über den ganzen Entfernungsbereich bekannt, für den auch Messungen des Resonanzfluoreszenzsignals P_F vorliegen, sondern nur für einen Referenzpunkt x*. Dann ist die gesuchte Dichte im Abstand x gegeben durch

$$N(x) = \frac{\sigma_{RL}}{\sigma_F} \frac{P_F(x)}{P_{RL}(x^*)} \frac{x^2}{x^{*2}} \frac{1}{\tau^2(x,x^*)} N_L(x^*), \tag{32}$$

die Gleichung (31) muß also auf die unterschiedlichen Abstände x, x* und die Transmission der Atmosphäre zwischen den Orten x und x* für Licht der verwendeten Wellenlänge korrigiert werden. In Gleichung (32) ist $x > x^*$ und $\tau < 1$ angenommen worden; im Falle $x < x^*$ wird bei der Definition von τ gemäß Gleichung (15) $\tau > 1$, und Gleichung (32) behält formal ihre Richtigkeit.

Mit Fluoreszenz-Lidarmessungen sind in der Stratosphäre in Höhen zwischen 75 und 110 km Alkalimetalldämpfe nachgewiesen worden, zuerst für das Element Natrium (Sandford und Gibson 1970, Hake et al. 1972, Mégie und Blamont 1977, Beatty et al. 1988, Tilgner und von Zahn 1988), später auch für Kalium (Felix et al. 1973, Mégie et al. 1978) und für Lithium (Jegou et al. 1980). Die Konzentration dieser Metalldämpfe beträgt im Maximum bei etwa 90 km Höhe für Na 5000 Teilchen pro Kubikzentimeter und ist damit um nahezu 16 Zehnerpotenzen geringer als die Teilchendichte von Luft bei Normalbedingungen. Für K und Li liegt das Maximum noch erheblich niedriger. Berücksichtigt man, daß noch Messungen bei einem Tausendstel der Maximalkonzentration durchgeführt wurden, so gewinnt man eine Vorstellung von der Leistungsfähigkeit dieser Meßsysteme.

Zum Nachweis der Existenz von Schichten elementarer Metalldämpfe in der oberen Stratosphäre sind auch Raketensonden erfolgreich eingesetzt worden. Die Nutzung dieser Dämpfe als natürliche Tracer zur Messung und quantitativen Interpretation der heftigen Bewegungen, die die Atmosphäre unseres Planeten in großen Höhen ausführt und die als

Schwerewellen bezeichnet werden, ist hingegen erst mit Lidaren möglich geworden (Hauchecorne und Chanin 1988).

Auch eine gänzlich andere Technik wird als Fluoreszenz-Lidar bezeichnet, nämlich die Messung künstlicher fluoreszierender Tracer, die der Atmosphäre meist in Form von Monodispersionen beigemischt werden; mit einem Lidar lassen sich dann Ort, Ausdehnung und Driftgeschwindigkeit z. B. von Abgasfahnen bestimmen. Apparativ genügt für solche Experimente ein Mie-Lidar, das auf der Empfängerseite um einen zusätzlichen Wellenlängenkanal erweitert ist. Ein beliebter Farbstoff ist Feuerorange (engl. fire orange), das bei Wellenlängen von 490 bis 530 nm stark absorbiert und zwischen 580 und 600 nm Fluoreszenzstrahlung aussendet. Kyle et al. 1982 haben aus Messungen mit einem Farbstofflaser von 0,15 J Ausgangsenergie in 150 m Abstand von der Quelle für eine Entfernung von 1 km eine Empfindlichkeit von 2,2 · 10^{-7} g Farbstoff je m^2 errechnet, wobei diese Menge über die gesamte Länge des Laserpulses verteilt sein kann – das sind etwa 50 m. Dabei sind ein Signal-Rausch-Verhältnis von 1 und mondheller Nachthimmel zugrundegelegt. Mit dem gleichen Farbstoff haben Uthe et al. 1985 mit einem flugzeuggetragenen Mie-Lidar unter Einsatz eines frequenzverdoppelten Nd:YAG-Lasers bei 532 nm Emissionswellenlänge und einem Empfangssystem bei 600 nm eine künstliche Wolke bis zu Entfernungen von mehreren hundert km verfolgt. Allerdings waren dazu etwa 50 kg Farbstoff erforderlich.

1.5 Raman-Lidar

Der Ramaneffekt ist die inelastische Streuung von Licht durch ein Molekül, wobei die eingestrahlte Wellenlänge keine Resonanzbedingung erfüllt – dies unterscheidet den Ramaneffekt von der Fluoreszenz. Daher ist die Wellenlänge für ein Raman-Lidar wie für ein Rayleigh-Lidar im Prinzip beliebig. Aber auch die Wahrscheinlichkeit für ein Ramanstreuereignis ist aus diesem Grunde viel geringer als für Absorption eines Photons mit nachfolgender Fluoreszenzemission. Beim Ramaneffekt geht das Molekül aus einem Anfangszustand in einen Endzustand über, die Energiedifferenz ΔE wird dem eingestrahlten Photon entnommen. Die Energie des resultierenden (Raman-) Photons ist dann

$$h \; \frac{c}{\lambda_R} \;=\; h \; \frac{c}{\lambda_P} \;-\; \Delta E \;\; , \tag{33}$$

wobei h das Plancksche Wirkungsquantum, c die Lichtgeschwindigkeit und λ_P und λ_R Primär- und Ramanwellenlänge sind. Befindet sich das streuende Molekül zuvor im Grundzustand, kann ΔE nur positiv sein, und die Wellenlänge des ramangestreuten Photons ist größer als die Primärwellenlänge (Stokessche Linien). Liegt – bei höheren Temperaturen – ein nennenswerter Teil der Moleküle schon in angeregten Zuständen vor, kommt es auch zu negativen Werten ΔE, also zu positiven Energieüberträgen auf das Photon, und das ramangestreute Photon erscheint bei kürzeren Wellenlängen als die Primärstrahlung (Antistokes-Linien). Weil die Anregungszustände von Molekülen nicht dicht liegen, sondern diskrete, für jede Verbindung charakteristische Energien haben, ist das Ramanspektrum linien- bzw. bandenhaft, und die Wellenlängen der einzelnen Komponenten sind für ein Molekül typisch. Löst man Gleichung (33) nach der Wellenlänge λ_R der Ramanlinien auf, so hängt das resultierende Spektrum von der Primärwellenlänge λ_P ab. In Abbildung 9 ist das berechnete Ramanspektrum von Luft für eine Primärwellenlänge von 308 nm gezeigt (Riebesell et al. 1987).

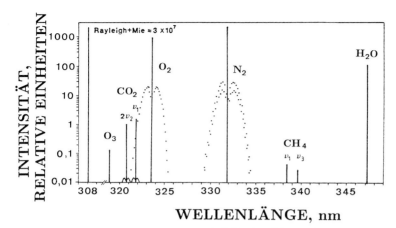

WELLENLÄNGE, nm

Abb. 9: Berechnetes Ramanspektrum von Luft für eine Primärwellenlänge von 308 nm und 100 % relative Feuchte bei 300 K. Die intensivste Linie (Q-Zweig von Stickstoff) ist mehr als 10 000mal schwächer als die elastische (Rayleigh- und Mie-) Rückstreuung. Die logarithmische Ordinatenskala ist auf 1 für die $2\nu_2$-Linie des Kohlendioxids normiert

Die rückgestreute Lichtleistung eines Raman-Lidar ist gegeben durch

$$P(\lambda_P, \lambda_R, x) = \frac{c\Gamma}{2} P_0 \frac{A \varepsilon O(x)}{x^2} N(x) \frac{d\sigma(\pi, \lambda_P, \lambda_R)}{d\Omega} \cdot$$

$$\cdot \exp\left\{ -\int_0^x [\alpha_P(\xi) + \alpha_R(\xi)] \, d\xi \right\}, \qquad (34)$$

wenn λ_P und λ_R die Primär- und die Ramanwellenlänge, $N(x)$ die gesuchte Moleküldichte und $d\sigma(\pi, \lambda_P, \lambda_R)/d\Omega$ der differentielle Ramanstreuquerschnitt in Rückwärtsrichtung sind. Der Exponentialterm beschreibt die Extinktion des Lichts auf dem Hinweg (Extinktionskoeffizient α_P) und auf dem Rückweg vom Streuort (Extinktionskoeffizient α_R). Die übrigen Größen sind dieselben wie in Gleichung (6), zu der wir mit den Bezeichnungen

$$\exp \int_0^x [-\alpha_P(\xi) d\xi] \equiv \tau_P(x),$$

$$\exp \int_0^x [-\alpha_R(\xi) d\xi] \equiv \tau_R(x) \qquad (35)$$

auch formal eine völlige Analogie herstellen können.

Die Ramanlidargleichung gilt nun für jedes der in der Atmosphäre enthaltenen molekularen Gase. Schreibt man die Gleichung (34) zweimal auf, z. B. im Falle eines Feuchte-Ramanlidars für Wasserdampf (Index H_2O) und Stickstoff (Index N_2) als Referenzgas, und sind die Funktionen $O(x)$ für beide Wellenlängenpaare dieselben, so erhält man durch Division für die gesuchte Teilchenzahldichte

$$N_{H_2O}(x) = \frac{P(\lambda_P, \lambda_{R, H_2O}, x)}{P(\lambda_P, \lambda_{R N_2}, x)} \frac{d\sigma_{N_2}(\lambda_P, \lambda_{R, N_2})/d\Omega}{d\sigma_{H_2O}(\lambda_P, \lambda_{R, H_2O})/d\Omega} \cdot$$

$$\cdot \frac{\tau_{R, N_2}(x)}{\tau_{R, H_2O}(x)} N_{N_2}(x). \qquad (36)$$

175

Da der Wert N_{N_2}/N_{Luft}, also der Stickstoffanteil in trockener Luft, gut bekannt ist – er beträgt 0,78084 (Kelley et al. 1976) –, ergibt sich für das sog. Mischungsverhältnis, d. i. das

$$\text{Volumenverhältnis } \frac{\text{Wasserdampf}}{\text{trockene Luft}} = 0,781 \; \frac{N_{H_2O}(x)}{N_{N_2}(x)} \; , \tag{37}$$

für das auch als spezifische Luftfeuchte bezeichnete

$$\text{Volumenverhältnis } \frac{\text{Wasserdampf}}{\text{feuchte Luft}} = \frac{N_{H_2O}(x)/N_{N_2}(x)}{1,281 + N_{H_2O}(x)/N_{N_2}(x)} . \tag{38}$$

Es ist auch üblich, die entsprechenden Massenverhältnisse zu verwenden. Mit Molekulargewichten von 18,02 und 28,96 g/Mol für Wasserdampf und Luft ergeben sich für das Mischungsverhältnis, also für das

$$\text{Massenverhältnis } \frac{\text{Wasserdampf}}{\text{trockene Luft}} = 0,486 \; \frac{N_{H_2O}(x)}{N_{N_2}(x)} \; , \tag{39}$$

für die spezifische Luftfeuchte, also das

$$\text{Massenverhältnis } \frac{\text{Wasserdampf}}{\text{feuchte Luft}} = \frac{N_{H_2O}(x)/N_{N_2}(x)}{2,06 + N_{H_2O}(x)/N_{N_2}(x)} . \tag{40}$$

Der Quotient $N_{H_2O}(x)/N_{N_2}(x)$ ergibt sich aus Gleichung (36).
Um den Quotienten $\tau_{R,N_2}(x)/\tau_{R,H_2O}(x)$ in Gleichung (36) zu bestimmen, nimmt man zunächst die Erkenntnis zur Hilfe, daß sich die Werte α_R in der zweiten der Gleichungen (35) für beide Wellenlängen λ_{R,N_2} und λ_{R,H_2O} aus einem Mie- und einem Rayleighanteil additiv zusammensetzen. Weil der Rayleighextinktionskoeffizient von Luft bekannt ist, kann mit der Annahme einer Modellatmosphäre, deren Einzelheiten unkritisch sind, der Rayleighanteil des Quotienten berechnet und abgespalten werden. Für den Mieanteil liegen die Verhältnisse komplizierter, weil man den Verlauf des Aerosol-Extinktionskoeffizienten nicht kennt. Für kurze Wellenlängen spielt außerdem die wellenlängenabhängige Absorption durch Ozon eine Rolle. Zur Bestimmung des Einflusses der Aerosole kann man das intensive elastische Rückstreusignal mitmessen, nach dem Verlauf des Extinktionskoeffizienten für Miestreuung auflösen und das Ergebnis anhand empirischer Formeln für die Wellenlängenabhängigkeit auf die Werte für λ_{R,N_2} und λ_{R,H_2O} extrapolieren. Zur Bestimmung des Ozoneinflusses schlagen Renaut et al. 1980 einen dritten ''Kanal'' (im Beispiel neben den Kanälen für N_2 und H_2O einen O_2-Kanal) vor, so daß aus den Unterschieden der Signale für O_2 und N_2 auf den Ozongehalt geschlossen und aus ihm der Unterschied der Transmission für die Rückstreusignale von N_2 und H_2O ermittelt werden kann.
Raman-Lidare sind im Prinzip wiederum wie Mie- oder Rayleigh-Lidare aufgebaut, doch muß die Empfängerseite ein Spektrometer enthalten, mit dem die Ramanwellenlängen von wenigstens zwei, meist von drei Gasen getrennt werden und das häufig einen vierten Kanal für die nicht wellenlängenverschobene (Rayleigh-Mie-) Rückstreuung aufweist. Die geringe

Intensität des ramangestreuten Lichts macht eine lichtstarke, d. h. auch große Empfangsoptik erforderlich, die wegen der intensiven Rayleigh-Mie-Linie streulichtarm aufgebaut sein muß. Für die Wellenlängenselektion werden sowohl Filter als auch Gitter eingesetzt. Der Ramanquerschnitt hängt nach

$$\frac{d\sigma \ (\lambda_P, \lambda_R)}{d\Omega} \sim \frac{1}{\lambda_P^{\ 4}} \tag{41}$$

stark von der Primärwellenlänge λ_P ab, daher sind kurze Wellen günstig. Unterhalb 300 nm stört aber die Absorption durch atmosphärisches Ozon, so daß die Reichweite schlechter wird. Andererseits wirkt sich am Tage aufgrund der geringen Intensität der Ramanstreuung der Tageslichtuntergrund oberhalb 300 nm störend aus, mit einer Verringerung der Wellenlänge verbessert sich dio Tageslichttoleranz. Die Wahl der Primärwellenlänge ist daher in jedem Einzelfall speziell zu erörtern.

Wie Abbildung 9 zeigt, lassen sich mit dem Raman-Lidar-Verfahren – realistische Meßzeiten und Reichweiten im km-Bereich vorausgesetzt – neben den wenig interessanten Gasen N_2 und O_2 nur Wasserdampf und eventuell CO_2 messen. CO_2 leidet unter der Nähe des P-Zweigs von Sauerstoff, so daß allenfalls die schwache $2\nu_2$-Linie zur Messung verwendet werden kann, die wiederum näher an der Primärlinie liegt. Trotzdem kann CO_2 vielleicht als Testfall dafür dienen, wie leistungsfähig das Raman-Lidar als Prinzip ist. CO_2 ist auch deshalb kritisch, weil die Variationen um den Mittelwert von etwa 350 ppm äußerst gering sind und daher besondere Meßpräzision gefordert werden muß. Ozon, trotz großen Ramanquerschnitts wegen seiner erheblich geringeren Konzentration noch weniger signalintensiv als CO_2, liegt zudem noch näher an der Primärlinie und ist über seine eigenen Ramanlinien kaum zu messen. Auch CH_4, obwohl weit entfernt von Primärlinie und allen Nachbarlinien, ist in der natürlichen Atmosphäre nahezu 5 Größenordnungen weniger häufig als N_2 und daher wohl kaum meßbar.

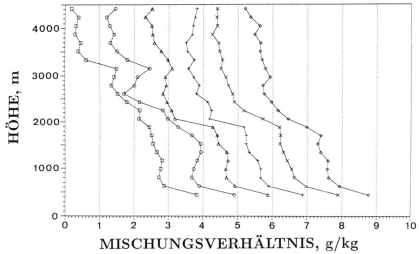

MISCHUNGSVERHÄLTNIS, g/kg

Abb. 10: Folge von sechs Höhenprofilen der atmosphärischen Feuchte, gemessen mit einem Ramanlidar am 4. 2. 1988 in Geesthacht. Meßzeit jeweils 10 Minuten, gemittelt über Höhenintervalle von 180 m. Aufeinanderfolgende Profile sind gegeneinander um eine Einheit der waagerechten Achse verschoben

So ist nicht verwunderlich, daß praktisch alle Raman-Lidarsysteme Feuchtelidare sind. Nach ersten Arbeiten mit Rubinlasern (Cooney 1968) und frequenzverdoppelten Rubinlasern (Melfi et al. 1969), mit denen – allerdings nur nachts und in langen Meßzeiten – Reichweiten um 2 km erzielt wurden, gelang es erst mit Systemen erheblich höherer mittlerer Leistung wie frequenzverdoppelten (Bukin et al. 1985) und frequenzverdreifachten Nd:YAG-Lasern (Melfi et al. 1988, Vaughan et al. 1988) und mit XeCl-Exzimerenlasern (Pal et al. 1988, Riebesell et al. 1987, Weitkamp et al. 1988), Feuchtemessungen in der gesamten Troposphäre bis etwa 10 km Höhe durchzuführen. Als Beispiel ist in Abbildung 10 eine Folge von sechs Profilen gezeigt, die in 55 Minuten für Höhen zwischen 500 und 4500 m aufgenommen wurden. Abbildung 11 gibt ein Feuchteprofil bis 9 km Höhe mit dem dazugehörigen statistischen Meßfehler wieder. Auch diese Systeme sind aber i. w. auf Nachtmessungen beschränkt. Messungen am Tage wurden mit frequenzvervierfachten Nd:YAG-Lasern (Renaut et al. 1980, Renaut und Capitini 1988) und mit KrF-Exzimerenlasern (Cooney et al. 1985) durchgeführt; die erzielbaren Reichweiten liegen aber infolge der starken Absorption der Strahlung durch troposphärisches Ozon höchstens im Bereich um 1 km.

Neben Wasserdampf ist auch Methan in Abgasfahnen mit einem Raman-Lidar, das mit einem XeCl-Laser arbeitet, bestimmt worden (Houston et al. 1986). Bei einem Meßbereich

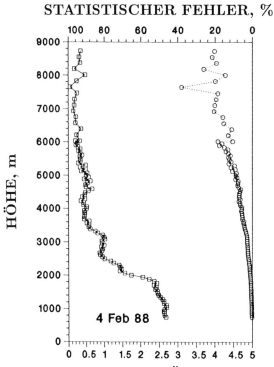

Abb. 11: Höhenprofil der atmosphärischen Feuchte, gemessen mit einem Ramanlidar am 4. 2. 1988 in Geesthacht (links, untere Skala) und statistische Meßunsicherheit (rechts, obere Skala). Meßzeit 1 Stunde, Höhenmittelungsintervall 60 m unterhalb 6 km, 180 m darüber

von 100 bis 1000 m sind Konzentrationen zwischen 2 und 20 % CH_4 in der Luft meßbar. Für die Bestimmung von Werten um die natürliche Konzentration des Methans in der Atmosphäre müßte die Empfindlichkeit des Systems also um mehr als den Faktor 10^4 gesteigert werden.

Schließlich ist auch die atmosphärische Stickstoffkonzentration nach dem Raman-Lidarverfahren bestimmt worden. Zweck dieser Messungen war es, aus den Ergebnissen unter der Annahme hydrostatischen Gleichgewichts der Atmosphäre die Temperaturverteilung zu ermitteln. Hierauf wird in Abschnitt 2.2 genauer eingegangen.

1.6 DIALEX

Für Messungen aus der Luft (Flugzeug) oder von einem Satelliten läßt sich das als DIALEX bezeichnete Verfahren einsetzen (Wiesemann et al. 1978, Boscher et al. 1980). Nicht eigentlich ein Lidar, weil nicht tiefenauflösend, liefert es die mittlere Konzentration von Gasen zwischen Meßsystem (Flugzeug) und Erdboden (Abbildung 12). Die horizontale Ortsauflösung wird durch die Flugbewegung und quer dazu in geringerem Umfang durch eine Pendelbewegung der Optik erreicht, so daß ein zweidimensionaler Streifen überstrichen werden kann.

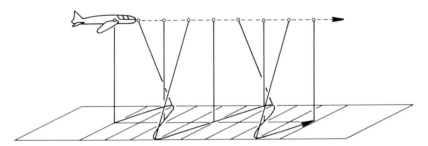

Abb. 12: Weg des Lidarstrahls beim DIALEX-Verfahren

Nimmt man an, daß die Rückstreuung der Atmosphäre gegenüber dem intensiven Signal von der Erdoberfläche als topographischem Reflektor vernachlässigt werden kann, so ist die Rückstreulichtleistung gegeben durch die Beziehung

$$P(\lambda_i) = P_0(\lambda_i) \frac{A\varepsilon}{x^2} R(\lambda_i) \cdot$$

$$\cdot \exp\left\{-2\int_o^x [\alpha(\lambda_i, \xi) + N(\xi)\,\sigma(\lambda_i)]\ d\xi\right\}, \tag{42}$$

wobei P die empfangene, P_0 die ausgesandte Leistung, A und ε Fläche und Wirkungsgrad der Empfangsoptik, R der Reflexionskoeffizient des Erdbodens und x die Flughöhe sind. α ist wieder der Extinktionskoeffizient der Atmosphäre und N und σ Teilchenzahldichte und Absorptionsquerschnitt des zu bestimmenden Gases. Wie im Falle des DAS-Lidar verwendet man zwei Wellenlängen λ_0 und λ_1, so daß zwei Gleichungen (42) zur Verfügung stehen, aus denen sich durch Dividieren und Logarithmieren

$$\int_{o}^{x} \Delta\sigma \, N(\xi) \, d\xi = \frac{1}{2} \left\{ \ln \frac{P(\lambda_0)/P_0(\lambda_0)}{P(\lambda_1)/P_0(\lambda_1)} + \ln \frac{R(\lambda_1)}{R(\lambda_0)} \right\}$$

$$+ \int_{o}^{x} [\alpha(\lambda_0,\xi) - \alpha(\lambda_1,\xi)] \, d\xi \qquad (43)$$

ergibt. Dabei ist $\Delta\sigma \equiv \sigma(\lambda_1) - \sigma(\lambda_0)$ die Differenz der Absorptionsquerschnitte des zu messenden Gases für die Wellenlängen λ und λ. Der letzte Term beschreibt die Transmission der Atmosphäre ohne das zu bestimmende Gas für λ_0 und λ_1, und es ist $\tau_i = \exp[-\int_0^x \alpha(\lambda_i,\xi) \, d\xi]$. Nimmt man $\sigma(\lambda_0)$ und $\sigma(\lambda_1)$ als höhenunabhängig an – was für niedrige Flughöhen sicher zu rechtfertigen ist –, so kann aus Gleichung (43) die mittlere Teilchenzahldichte zwischen Erdboden und Flughöhe x angegeben werden als

$$\overline{N} = \frac{1}{2x \, \Delta\sigma} \left[\ln \frac{P(\lambda_0)/P_0(\lambda_0)}{P(\lambda_1)/P_0(\lambda_1)} + \ln \frac{R(\lambda_1)}{R(\lambda_0)} + 2 \ln \frac{\tau(\lambda_1)}{\tau(\lambda_0)} \right]. \qquad (44)$$

Das Verfahren ist mit gutem Erfolg auf die Messung von Schwefelhexafluorid, das als Tracergas verwendet werden kann, angewandt worden und bietet bei Verwendung von CO_2-Lasern um $10 \, \mu m$ für zahlreiche Gase Empfindlichkeiten im Bereich einiger ppb km (Boscher et al. 1980). Weil Dauerstrichlaser eingesetzt werden können, entfällt die Zeitmessung, dem steht aber ein zusätzlicher Aufwand für die Trennung der beiden Wellenlängen gegenüber. Im IR kann allerdings nicht davon ausgegangen werden, daß der letzte und der vorletzte Ausdruck in der eckigen Klammer von Gleichung (44) verschwinden. Dieser Umstand läßt sich auch nutzbringend zu Aussagen über verschiedene Oberflächenzusammensetzungen oder -bedeckungen, die sich durch wellenlängenabhängige Reflektivität auszeichnen, einsetzen. Dagegen lassen sich im Bereich kürzerer Wellenlängen sehr kleine Wellenlängenunterschiede $\lambda_1 - \lambda_0$ verwenden, für die die beiden letzten Terme in Gleichung (44) sicher vernachlässigbar werden. Von einer Anwendung des Verfahrens im Sichtbaren oder im UV ist aber bisher nichts bekanntgeworden.

2. Lidarverfahren zur Temperaturfernmessung

2.1 Rayleigh-Lidar zur Temperaturbestimmung aus der atmosphärischen Dichte

Das Prinzip des in Abschnitt 1.1 beschriebenen Rayleigh-Lidar, bei dem die elastische Rückstreuung von Licht an Luftmolekülen ausgenutzt und die Dichte als Funktion des Abstands – praktisch stets des vertikalen Abstands – vom Meßsystem bestimmt werden, wird selten für die Dichtebestimmung als einzigem Zweck verwendet. Nimmt man nämlich an, daß die Atmosphäre im hydrostatischen Gleichgewicht ist, und betrachtet man die Luft als ideales Gas, so gilt zwischen Druck p, Temperatur T und Teilchenzahldichte N überall die Beziehung

$$p = k \, N \, T , \qquad (45)$$

wobei $k = 1{,}38 \cdot 10^{-23}$ J/K die Boltzmannkonstante ist. Die Druckdifferenz zwischen zwei verschiedenen Höhen x und x_1 ergibt sich aus dem Gewicht der dazwischenliegenden Luft:

$$k \; N(x) \; T(x) \; - \; k \; N(x_1) \; T(x_1) \; = \; \int\limits_x^{x_1} N(\xi) \; g \; M \; d\xi \; . \qquad (46)$$

Hierin sind $M = 4{,}8 \cdot 10^{-22}$ g die mittlere Masse eines Luftmoleküls und g die Endbeschleunigung. Nimmt man M und g als höhenunabhängig an, läßt sich Gleichung (46) nach T (x) auflösen und die Temperatur

$$T(x) \; = \; \frac{N(x_1)}{N(x)} \; T(x_1) \; + \; \frac{g \; M}{k \; N(x)} \int\limits_x^{x_1} N(\xi) \; d\xi \qquad (47)$$

am Ort x aus dem Teilchendichteverlauf N (ξ) zwischen der Referenzentfernung x_1 und der Entfernung x berechnen. Allerdings muß die Temperatur T (x_1) an einem Referenzabstand x_1 bekannt sein. Da ξ bzw. x die Höhenkoordinate ist, ist es zweckmäßig (s. a. Abschnitt 1.2), als x_1 die größte Höhe des Meßbereichs zu wählen und sich von dort mit dem Schätzwert T (x_1) schrittweise nach unten zu arbeiten. Durch diese ''Rückwärtsintegration'' gehen Fehler bei der Schätzung von T (x_1) desto weniger in das Ergebnis ein, zu je niedrigeren Höhen man gelangt (Measures 1984).

Das Verfahren ist für die höhere Stratosphäre zwischen etwa 30 und 80 km Höhe mit gutem Erfolg angewandt worden. Als Strahlungsquellen wurden Farbstofflaser (Hauchecorne und Chanin 1980), Exzimerenlaser (Shibata et al. 1986) und frequenzverdoppelte und -verdreifachte Nd:YAG-Laser verwendet. Zur Gewinnung des Referenzwerts werden in der Regel die Resultate numerischer Atmosphärenmodelle herangezogen. Hauchecorne und Chanin 1980 benutzten dagegen den mit einem Raketenexperiment in 37 km Höhe gemessenen Temperaturwert. Für Messungen in der Troposphäre ist das Verfahren nicht geeignet.

In einer Arbeit von Strauch et al. 1971 wird eine Temperaturbestimmung unter Ausnutzung des Ramaneffekts am Stickstoff beschrieben. Anders als beim Ramandichtelidar (Abschnitt 1.5), wo die *relative* Dichte eines Gases zur Dichte von Stickstoff bestimmt wird, ist hier die Kenntnis der *absoluten* Dichte des Stickstoffs selbst erforderlich, um mit Hilfe der Gasgleichung (45) aus dem Signal, das der Teilchenzahldichte N proportional ist, auf die Temperatur T zu schließen. Dazu muß der Druck p bekannt sein. Im vorliegenden Fall wurde in 30 m Höhe neben einem thermometerbestückten Turm gemessen, der Druck wurde mitgemessen und zur Reduktion der Meßdaten nach Gleichung (45) verwendet. Für eine echte Fernmessung ist das Verfahren nicht brauchbar, weil selbst bei Verfügbarkeit von Information über den Druck Signal und Teilchendichte gemäß Gleichung (34) in einer Weise voneinander abhängen, die zu viele unbestimmte und prinzipiell kaum bestimmbare Größen enthält, als daß eine verläßliche Messung der Dichte auf diese Weise möglich wäre.

2.2 DAS-Lidar zur Temperaturbestimmung aus Dichteverhältnissen

Bei der Aufstellung der Lidargleichung (27) für differentielle Absorption und Streuung und ihrer Auflösung nach der Teilchenzahldichte (29) war davon ausgegangen worden, daß die Wirkungsquerschnitte des nachzuweisenden Gases für die Meß- und die Vergleichswellenlänge $\sigma(\lambda_1)$ und $\sigma(\lambda_0)$ nicht von der Temperatur abhängen. Diese Bedingung ist für elektronische Übergänge in guter Näherung erfüllt und liefert bei der Konzentrationsbestimmung nach dem DAS-Lidar-Verfahren keinen nennenswerten Beitrag zum Meßfehler. Betrachtet man jedoch die Besetzungszahlen der niedrig liegenden Rotationszustände von Molekülen genauer, so stellt sich heraus, daß sie über die Beziehung

$$\frac{N_J}{N} = (2J + 1)\ \frac{\exp\ (-E_{rot}/kT)}{Z(T)} \tag{48}$$

von der Temperatur T abhängen. J = 0,1,2, … ist die Rotationsquantenzahl, 2J+1 der Entartungsgrad des J-ten Zustands und

$$E_{rot} = \frac{h^2}{8\,\pi^2\,I}\ J\,(J+1) \tag{49}$$

seine Energie, die dem Rotationsträgkeitsmoment I umgekehrt proportional ist. Die Normierungskonstante

$$Z(T) = \sum_{J=0}^{\infty} (2J + 1)\ \exp\ (-E_{rot}/kT) \tag{50}$$

wird als Zustandssumme bezeichnet. Hierbei ist davon ausgegangen, daß sich alle Teilchen im Vibrationsgrundzustand (v = 0) befinden. Mißt man also nach dem DAS-Lidar-Verfahren (Abschnitt 1.3) die Dichte N_J der Moleküle in einem bestimmten Rotationsniveau J, so läßt sich bei Kenntnis der Gesamtdichte N der Moleküle aus Gleichung (48) − im Prinzip − die Temperatur T bestimmen.

Freilich ist bei Durchführung einer einzigen Messung noch die Zahl N unbekannt. Nun ist die T-Abhängigkeit nach Gleichung (48) für kleine und große Quantenzahlen J unterschiedlich. Überwiegt mit steigender Temperatur für große J in Gleichung (48) der Exponentialterm, so daß N_J/N mit wachsender Temperatur steigt, so ist für kleine J der mit T schnell wachsende Term Z maßgeblich, und N_J/N fällt mit wachsender Temperatur. Führt man also zwei DAS-Lidar-Messungen von N_J aus für einen großen und einen kleinen Wert J, so braucht die Gesamtdichte N nicht bekannt zu sein. Mason 1975 hat die Absorptionsquerschnitte des O_2-Moleküls für den P-Zweig des magnetischen Dipolübergangs um 688 nm Wellenlänge für J-Werte zwischen 0 und 30 berechnet. Für J = 11 ändert sich σ mit J kaum, darunter sinkt σ (für J = 7 z. B. von 4,0 auf 3,4 · 10^{-31} m² im Linienmaximum), darüber steigt σ (für J = 15 z. B. von 1,3 auf 1,85 · 10^{-31} m²), wenn T von 210 auf 290 K erhöht wird.

Über das von Mason 1975 erstmals vorgeschlagene Verfahren erschienen mehrere Artikel (Schwemmer und Wilkerson 1979, Rosenberg und Hogan 1981, Korb und Weng 1982, Braun 1985), aber eine (ortsauflösende) Lidarmessung ist bisher nach diesem Prinzip noch nicht durchgeführt worden. Immerhin konnten Murray et al. 1980 mit einem CO_2-Laser im 10-μm-Band durch Ausnutzung eines topographischen Reflektors nach diesem Prinzip die über eine waagerechte Strecke von 5 km gemittelte Temperatur bestimmen.

2.3 Rotations-Raman-Lidar zur Temperaturbestimmung aus Dichteverhältnissen

Die Temperaturabhängigkeit der Besetzungszahl angeregter Zustände geht auch in die Intensität der Ramanlinien ein. Will man den Ramaneffekt zur *Konzentrationsbestimmung* nutzen, so verwendet man zweckmäßig alle Übergänge von Rotationszuständen (Quantenzahl J) des Vibrationsgrundzustands (v = 0) in *dieselben* Rotationszustände (J) des ersten angeregten Schwingungszustands ($v = 1$). Diese Linien unterscheiden sich in ihrer Wellenlänge für die einzelnen J-Werte kaum, der als $\Delta J = 0$- oder Q-Zweig bezeichnete Teil des Spektrums erscheint wie eine einzige Linie, und die temperaturabhängige Verteilung auf die einzelnen J-Zustände des Vibrationsgrundzustands spielt keine Rolle. Weil der erste angeregte Vibrationszustand bei den üblichen atmosphärischen Temperaturen nicht besetzt ist, ist Antistokes-Ramanstreuung ohne Bedeutung. Zwar sind die Querschnitte für diesen Vibrationsramaneffekt klein, aber dafür lassen sich die Rückstreulinien noch mit vertretbarem Aufwand von der elastisch gestreuten Strahlung der Primärlinie trennen.

Will man den Ramaneffekt zur *Temperaturmessung* ausnutzen, verwendet man dagegen zweckmäßigerweise Übergänge zwischen *verschiedenen Rotationszuständen des Vibrations-Grundzustands*. Dieser sogenannte reine Rotations-Ramaneffekt ist etwa um das Hundertfache intensiver, aber dafür liegen die Linien nur etwa 20 bis 50 cm^{-1} von der Rayleigh-Mie-Linie entfernt, verglichen mit 2331 und 1556 cm^{-1} für die Vibrations-Ramanlinien (Q-Zweig) von N_2 und O_2. Dadurch wird die Trennung der Linien apparativ aufwendig.

Aus der boltzmannverteilten Besetzung der einzelnen Rotationszustände läßt sich die Temperaturabhängigkeit der Intensität der Linien bzw. der Ramanrückstreukoeffizient jeder Linie berechnen. Solche Rechnungen sind von Cohen et al. 1976 und von Mitev und Nitsolov 1983 durchgeführt worden. Sie ergeben zwischen $T = 220$ und 300 K auf der langwelligen (Stokes-) Seite der Primärlinien für das Maximum bei $J \approx 7$ eines Temperaturkoeffizienten der Intensität von etwa $-0,2 \%/K$, bei $J \approx 15$ einen Wert $+0,6 \%/K$. Auf der Antistokesseite sind die entsprechenden Werte $-0,15 \%/K$ und $+0,6 \%/K$. Die Stokeslinien sind hier nur etwa 1,3mal so intensiv wie die Antistokeslinien, ihr Verhältnis (im jeweiligen Maximum) ändert sich mit der Temperatur um $-1,3 \%/K$ (Cohen et al. 1976).

Das Verfahren ist von Mitev und Nitsolov 1983 sowie von Arshinov et al. 1983 auch experimentell erprobt worden. Während die erstgenannte Gruppe bei 514 nm mit einem Argon-Ionenlaser im Dauerstrich arbeitete und die Entfernungsinformation über eine quasi bistatische Anordnung von Sender und Empfänger durch Beschränkung des Empfängergesichtsfelds auf einen bestimmten Entfernungsbereich erhielt, ist im zweiten Fall ein gepulster Kupferdampflaser bei 511 nm Wellenlänge eingesetzt und echter Lidarbetrieb durchgeführt worden. Mit nur ungefähr 1 mJ Pulsenergie wurde bei 6,7 kHz Pulswiederholfrequenz eine Höhe von nahezu 1 km erreicht. Mit einem aufwendigen Doppelmonochromator wurden Bereiche von 40 bis 80 und von 88 bis 128 cm^{-1} jeweils auf der Stokes- und auf der Antistokesseite der Primärlinie ausgeblendet. Die Verwendung von vier Wellenlängenbereichen ermöglicht die Berücksichtigung der Wellenlängenabhängigkeit der atmosphärischen Transmission und macht kleine Einstreuungen elastisch gestreuter Primärstrahlung in die Raman-Kanäle weniger kritisch (Cooney 1984). Das Verfahren birgt noch erhebliches Entwicklungspotential.

2.4 Rayleigh-Lidar zur Temperaturbestimmung aus der Linienbreite

Gegenüber der Technik des Rotations-Raman-Lidar noch wesentlich verfeinerte spektroskopische Methoden sind erforderlich, wenn die Temperatur aus der Dopplerverbreiterung bestimmt werden soll, die eine schmale Laserlinie bei der Rayleighrückstreuung durch die Gasmoleküle der Atmosphäre erfährt. Im Gegensatz zur Temperaturbestimmung über die Messung der atmosphärischen Dichte nach dem Rayleigh-Lidar-Prinzip, bei der hydrostatisches Gleichgewicht der Atmosphäre vorausgesetzt wird und eine Referenztemperatur bekannt sein muß (vgl. Abschnitt 2.1), ist die Messung der spektralen Breite der Rayleigh-Rückstreulinie ein Verfahren der Temperaturmessung, das keinerlei A-priori-Annahmen erfordert.

Elastische Rückstreuung in der Troposphäre und unteren Stratosphäre erfolgt außer durch Rayleighstreuung an Molekülen aber auch durch Miestreuung an Aerosolteilchen, die viel schwerer sind als Moleküle, sich bei derselben Temperatur erheblich langsamer bewegen und daher zur Linienverbreiterung praktisch nicht beitragen. Sie erzeugen vielmehr eine unverbreiterte Verteilung, die sich der Rayleighkurve als schmale Spitze überlagert (Abb. 13). Bei Normalbedingungen tragen außerdem der Druck sowie kollektive Effekte aufgrund der Wechselwirkung der Gasmoleküle miteinander, die zu sog. Brillouinstreuung führen, zur Linienbreite bei; diese Einflüsse sind aber schon bei Atmosphärendruck gering und nehmen mit Verminderung des Drucks weiter ab. Eine für praktische Zwecke gut brauchbare Form der Wellenlängenverteilung des Rayleighanteils der rückgestreuten Strahlung ist daher die Gaußverteilung

$$G(\lambda)\, d\lambda \;=\; \sqrt{\frac{1}{\pi}\,\frac{1}{\lambda_0}\,\frac{M\,c^2}{8\,k\,T}}\; \exp\left[-\,\frac{M\,c^2}{8\,k\,T}\,\left(\frac{\lambda-\lambda_0}{\lambda_0}\right)^2\right] d\lambda \;, \tag{51}$$

deren Fläche den Wert 1 hat und deren volle Halbwertsbreite (FWHM)

$$\frac{\Delta\lambda}{\lambda_0} \;=\; 2\,\sqrt{\frac{8\,k\,T}{M\,c}\,\ln 2} \tag{52}$$

beträgt. Für praktische Anwendungen ist die Zahlenwertbeziehung

$$\frac{\Delta\lambda}{\lambda_0} \;=\; \frac{\Delta\nu}{\nu_0} \;=\; 2\cdot 0,716\cdot 10^{-6}\,\sqrt{\frac{T/K}{M/\text{amu}}} \tag{53}$$

nützlich, aus der sich die Breite sofort angeben läßt, wenn die Temperatur in Kelvin und die Molekülmasse in atomaren Masseneinheiten (amu) gegeben ist. Mit $T = 300\,K$ und einem mittleren Wert $M = 28,9\,\text{amu}$ für Luft ergibt sich für sichtbares Licht von 440 nm Wellenlänge eine Breite von $\Delta\lambda = 2\,\text{pm}$ oder $\Delta\nu = 3\,\text{GHz}$.

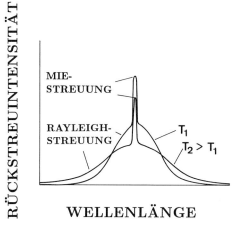

Abb. 13:
Schematische Darstellung des Rayleigh-Mie-Rückstreuprofils nach Aussenden einer schmalen Laserlinie für zwei Temperaturen T_1, T_2

Es ist offensichtlich, daß mit Prismen- oder Gittermonochromatoren die für diese Zwecke erforderliche Auflösung nicht zu erreichen ist. Stattdessen bieten sich Filtermethoden an, die die Eigenschaften mikroskopischer (atomarer) Systeme oder makroskopischer Zwei-strahl- oder Vielstrahl-Interferenzfilter (d. h. von Michelson- oder von Fabry-Perot-Interfero-metern) ausnutzen.

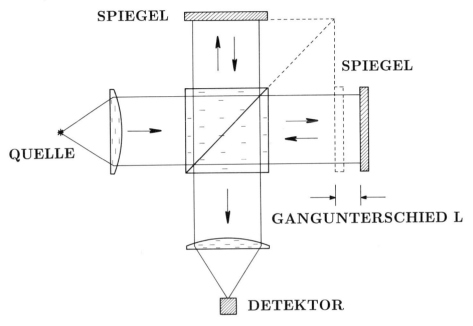

Abb. 14: Aufbau eines idealen Michelson-Interferometers

In einem Michelson-Interferometer (Abb. 14) werden der eintretende Lichtstrahl im Verhält-nis 1:1 geteilt und die beiden Teilstrahlen zur Interferenz gebracht; dabei müssen die beiden "Arme" des Interferometers nicht gleichlang sein. Für monochromatisches Licht zeigt ein Michelson-Interferometer (MI) eine periodische Durchlaßkurve. Trägt man also die Trans-mission als Funktion der Phasendifferenz δ der beiden Teilstrahlen am Detektor auf, so er-gibt sich eine Funktion wie die der Abbildung 15a: Maxima findet man bei $\delta = 0, 2\pi, 4\pi, \ldots$, Minima bei $\delta = \pi, 3\pi, 5\pi, \ldots$. An die Abszissenachse der Abbildung 15a kann man bei fe-stem Gangunterschied zwischen den Armen des MI die Wellenlänge anschreiben. Man kann aber auch für eine feste Wellenlänge den Gangunterschied im Interferometer an-schreiben, auch dann ist die Transmission über der Phasendifferenz aufgetragen. In dieser Weise sind die Abbildungen 15b bis 15d bezeichnet. Ist nämlich das einfallende Licht nicht mehr monochromatisch, sondern gehorcht wie die Rayleighrückstreuung einer mehr (hö-here Temperatur) oder weniger (niedrigere Temperatur) verbreiterten Gaußverteilung, so wird die Durchlaßkurve mit wachsendem Gangunterschied immer verwaschener (Abb. 15b). Der weiße, d. h. unstrukturierte Untergrund zeigt schließlich überhaupt keine periodische Struktur mehr (Abb. 15c). Im Falle eines Rayleigh-Lidar hat man alle drei Strah-lungskomponenten (Abb. 15d). Temperaturerhöhung äußert sich also in einer Verringerung der Intensität in den Maxima und einer Erhöhung der Intensität in den Minima, aber in nen-

nenswertem Ausmaß nur für solche Gangunterschiede, für die die Hüllkurve der Transmission (gestrichelte Linie in Abb. 15d) ihre größte Steigung hat.

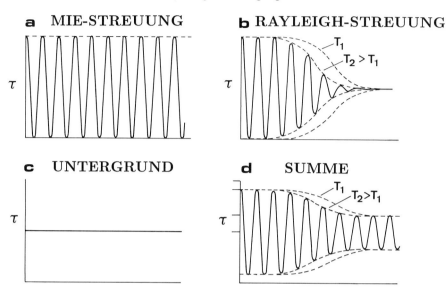

a MIE-STREUUNG

b RAYLEIGH-STREUUNG

c UNTERGRUND

d SUMME

Abb. 15: Transmissionskurven eines idealen Michelson-Interferometers als Funktion des Gangunterschieds zwischen den Armen, schematisch, für: a schmalbandiges Licht (Miestreuung), b gaußförmig verbreiterte Linie (Rayleighstreuung bei zwei Temperaturen T_1, T_2), c weißes Licht (Untergrund), d Kombination der drei Komponenten

Die Anwendung von Michelsoninterferometern für ein Rayleigh-Temperatur-Lidar ist von Lading und Jensen 1980 und von Schwiesow und Lading 1981 theoretisch untersucht worden. Nach Vorarbeiten von Johnson 1982 hat Schmidt 1987 in die theoretischen Überlegungen die Parameter realer MI einbezogen und in Experimenten gezeigt, daß die Separation des störenden Mieanteils auch mit realen MI, die aus fehlerbehafteten Komponenten aufgebaut sind und endlichen Kontrast, begrenzte Stabilität und unvollkommene Akzeptanzwinkelkompensation aufweisen, und mit realen Lasern möglich ist. Bis zu einem praktisch nutzbaren Temperaturlidar mit Michelsoninterferometern ist allerdings noch weitere Entwicklungsarbeit zu leisten.

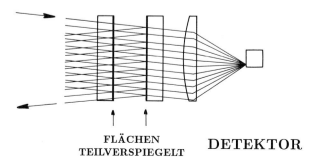

FLÄCHEN TEILVERSPIEGELT

DETEKTOR

Abb. 16:
Aufbau des idealen Fabry-Perot-Interferometers

In Fabry-Perot-Interferometern kommen eine große Anzahl Teilstrahlen zur Interferenz (Abb. 16). Dadurch wird die ebenfalls periodische Transmissionskurve, die beim MI vollkommen symmetrisch ist, asymmetrisch mit schmalen Peaks und breiten Tälern (Abb. 17). Je höher das Reflexionsvermögen der Spiegel, desto schmaler sind die Durchlaßspitzen und desto breiter und tiefer die Täler der Transmissionskurve; selbst für beliebig hohe Spiegelreflektivität bleibt stets eine Resttransmission in den Tälern, die 30 % (Fläche unter dem Tal zu Fläche unter der Gesamtkurve) nicht unterschreitet (Steel 1985). Fabry-Perot-Interferometer (FPI) sind weniger lichtstark als MI. Dieser Nachteil ist nicht nur in der geringen Breite der Transmissionspeaks begründet, sondern vor allem auch in den gegenüber dem MI wesentlich schlechteren Möglichkeiten, größere Akzeptanzwinkel optisch zu kompensieren (Schmidt 1989). Immerhin ist es Shipley et al. 1983, Sroga et al. 1983 und Eloranta et al. 1983 gelungen, ein aus vier FPI bestehendes Empfangssystem mit Durchlaßkurven von 0,4 pm Breite für den Mie-(Aerosol-)Peak und 2 pm Breite für die Rayleigh-(Molekül-) Linie zu bauen, mit dem die einzelnen Anteile des Rückstreusignals aus Entfernungen zwischen 0,5 und 1,6 km getrennt werden konnten. Für eine Temperaturbestimmung reichte die Genauigkeit allerdings noch nicht aus.

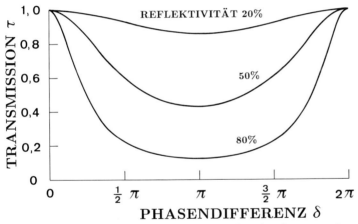

Abb. 17: Transmissionskurve des idealen Fabry-Perot-Interferometers (sog. Airy-Kurve) für verschiedene Reflektivitäten der einander zugewandten Spiegeloberflächen

Atomdampffilter sind Zellen, die ein Element in der Gasphase enthalten. Sie zeigen für jede Resonanzfrequenz ein ausgeprägtes Transmissionsminimum, das um so breiter wird, je höher die Temperatur ist. Zwar erfordern Atomdampffilter (ADF) einen auf die Filterwellenlänge abstimmbaren Laser, während MI und FPI auf die Wellenlänge des Lasers eingestellt und daher mit Lasern fester Frequenz betrieben werden können. Dafür weisen ADF aber die Nachteile, die mit der periodischen Transmission von MI und FPI verbunden sind, nicht auf. Bei der Auswahl des geeignetsten Elements spielen die Wellenlänge und die Verfügbarkeit eines Lasers, die Oszillatorstärke des atomaren Übergangs und der Verlauf der Dampfdruckkurve eine wichtige Rolle, außerdem soll das ausgewählte Element keine Isotopieverschiebung aufweisen (d. h. Einzelisotop sein) und keine Hyperfeinaufspaltung zeigen (d. h. Atomkerne gerader Massenzahl und gerader Kernladungszahl haben). Schließlich soll das chemische Verhalten hinreichend inert sein, so daß keine Probleme mit Zellenfenstern und dergleichen auftreten.

Elemente, die alle diese Bedingungen erfüllen, gibt es nicht. Als Kompromiß wurden die Elemente und Wellenlängen Rubidium (780, 517, 422 und 420 nm), Barium (554 nm), Kalium (464 nm), Cäsium (459, 456 und 389 nm) und Blei (283 nm) vorgeschlagen (Marling et al. 1979, Shimizu et al. 1983, Shimizu et al. 1986). Mit einem Ba-Filter und einem Dauerstrichfarbstofflaser wurde in einer Labormessung die Temperatur bereits mit einer Genauigkeit von 1 K bestimmt (Lehmann et al. 1986). Äußerst interessante Möglichkeiten bietet auch die Verwendung von Filtern, die aus einem angeregten Zustand heraus absorbieren und für die damit die Temperatur und (über die Intensität der Anregung) die Teilchendichte getrennt eingestellt werden können (Gelbwachs et al. 1978, Marling et al. 1979, Chung und Shay 1987, Shay und Chung 1987, Gelbwachs 1988).

Für die Temperaturfernmessung nach dem Prinzip des Linienbreiten-Rayleigh-Lidar sind (Shimizu et al. 1986) bei sonst vergleichbaren Bedingungen gegenüber dem Raman-Lidar um den Faktor 300, gegenüber dem DAS-Lidar sogar um den Faktor 10 000 kürzere Meßzeiten errechnet worden. Zwar sind die apparativen Schwierigkeiten noch erheblich, und über Lidarmessungen der Temperatur nach diesem Prinzip liegen bisher keine Berichte vor. Aber das Entwicklungspotential der Methode ist beträchtlich, und eine Kenntnis weiterer Parameter wie atmosphärische Dichte, Druck oder Anfangswerte der Temperatur für die Vorwärts- oder Rückwärtsintegration von Lidarprofilen ist nicht erforderlich.

2.5 Fluoreszenz-Lidar zur Temperaturbestimmung aus der Linienbreite

Eine Variante der Temperaturfernmessung über die Bestimmung der Linienbreite stellt ein Verfahren dar, das von Gibson et al. 1979 erstmals vorgeschlagen und von Fricke und von Zahn 1985 und von Zahn und Neuber 1987 mit Erfolg angewandt wurde. Es beruht auf Anregung und Messung der Fluoreszenzstrahlung der Natrium-D-Linie bei 589 nm; dabei wird die Tatsache, daß es sich um ein Dublett mit einem Intensitätsverhältnis von 3:5 im Abstand von 2 pm handelt, geschickt ausgenutzt. Mit steigender Temperatur verbreitern sich

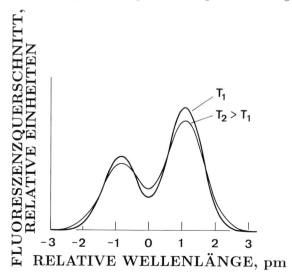

Abb. 18:
Fluoreszenzspektrum des Natrium-Atoms (D-Linie bei 589 nm) für zwei Temperaturen T_1, T_2 (schematisch)

beide Einzelkomponenten, die Fluoreszenzquerschnittswerte in den Peaks werden geringer, während sich das Tal zwischen den beiden Spitzen auffüllt (Abb. 18). Es genügt also im Prinzip, eine Messung in einem der Peaks und eine im Tal durchzuführen, aus dem Quotienten ergibt sich die Temperatur. Die Verbreiterung ist allerdings nur halb so groß, wie die Gleichungen (51) bis (53) angeben, die für elastische Streuung gelten; denn die Fluoreszenz ist ihrem Wesen nach kein Streu-, sondern ein Absorptionsprozeß mit nachfolgender Remission. Für die Messung begnügen sich die Autoren nicht mit einem Meßpunkt im Peak und einem im Tal, sondern fahren den beide umfassenden Wellenlängenbereich in etwa 15 Schritten ab, um durch Anpassen der theoretischen Kurve an die Meßpunkte weniger die Genauigkeit als vor allem die Richtigkeit des Ergebnisses durch Elimination von Wellenlängenunsicherheiten noch zu verbessern. Dazu wird der Resonator der Oszillatorstufe des exzimerenlasergepumpten Farbstofflasers durch Druckvariation von Schuß zu Schuß fein durchgestimmt und das Ergebnis mit einem Fabry-Perot-Etalon auf 0,02 pm genau gemessen. Auf der Empfangsseite wird dann keine Wellenlängenselektion mehr durchgeführt. Das Verfahren erlaubt, mit 20 mJ Ausgangsenergie bei 15 Hz Pulsrepetitionsfrequenz im Bereich der maximalen Konzentration neutraler Alkaliatome (85 bis 95 km Höhe) bei 1 km Höhenauflösung in 10 Minuten Meßzeit eine Genauigkeit von ± 5 K zu erreichen (Neuber et al. 1988).

3. Lidarverfahren zur Windfeldfernmessung

Von den fünf im folgenden vorgestellten Meßverfahren zur Fernbestimmung des Windvektors, d. h. von Windrichtung und Windgeschwindigkeit, dienen eins der direkten Bestimmung der beiden Komponenten in der horizontalen Ebene, zwei der Messung der Komponenten senkrecht zum Lidarstrahl (Querwind) und zwei derer in Richtung des Lidarstrahls (Radialwind). Durch geeignete Einstellung der Zielrichtung des Lidars kann auch mit den letztgenannten vier Methoden der meist besonders interessierende Horizontalwind berechnet werden. – Legt man als ein Kriterium für ein Lidar die Forderung zugrunde, daß die Abstandsinformation aus der Laufzeit des Lichts eines gepulsten Lasers bestimmt wird, dann sind bis auf die letzte keine der beschriebenen Methoden Lidarverfahren im strengen Sinne, weil die Tiefeninformation über die Fokussierung der Laserstrahlen in einer bestimmten Entfernung, also aus geometrischen Größen, gewonnen wird. Das erste der beschriebenen Verfahren kann sogar ohne jede künstliche Lichtquelle, also rein passiv, betrieben werden.

3.1 Bildkorrelationsmethode zur Bestimmung des Horizontalwinds

Die Partikelverteilung in der Atmosphäre ist nicht homogen. Wolken und Abgasfahnen zeigen Strukturen, die schon mit dem bloßen Auge sichtbar sind. Nimmt man zwei Bilder solcher Verteilungen zu verschiedenen Zeiten t_1, t_2 auf und sind die geometrischen Größen wie Abstand, Beobachtungswinkel und Abbildungsmaßstab bekannt, so daß man aus den Bildern das zweidimensionale Muster $H(x, y)$ des Gegenstands bestimmen kann, so genügt es, die zweidimensionale Verschiebung (ξ, η) zu bestimmen, um die das erste Bild verschoben werden muß, damit die Deckung mit dem zweiten möglichst gut wird – mathematisch formuliert: damit der Kreuzkorrelationskoeffizient Q maximal wird, d. h. daß

$$Q(\xi,\eta) \; = \; \iint H(x,y,t_1) \; H(x-\xi,y-\eta,t_2) \; dx \; dy \; \overset{!}{=} \; \text{Maximum} \; , - \tag{54}$$

so errechnet sich aus den so gefundenen Verschiebungswerten der Geschwindigkeitsvektor als

$$\vec{u} \; = \; \frac{(\xi,\eta)}{t_2-t_1} \; \cdot \tag{55}$$

Auf die Tatsache, daß statt der Rechenvorschrift (54) zweckmäßig ein Algorithmus zur schnellen Fouriertransformation angewandt wird, um das Wertepaar ξ, η zu ermitteln, das Q maximiert, soll hier nicht eingegangen werden.

Das Verfahren läßt sich jedenfalls am Tage rein passiv anwenden, allerdings nur für die eine Höhe, in der sich die Wolkenränder befinden, bzw. für die eine Höhe, in der eine Rauchfahne zu sehen ist. Zwar lassen sich stark aerosol- (staub-, dampf-)haltige Fahnen im Sichtbaren, stark SO_2-haltige im UV und sehr warme Abgasfahnen im IR abbilden, aber die meisten industriellen Emissionen können in keinem dieser Spektralbereiche ausreichend gut sichtbar gemacht werden (Böttcher et al. 1986). Außerhalb von Fahnen ist die Situation noch schwieriger. Deshalb sind auch aktive Verfahren entwickelt worden, für die die Wolken mit einer künstlichen Lichtquelle beleuchtet werden. Wirksamer, als den Himmel mit einem Scheinwerfer anzustrahlen, ist es jedoch, als Bildpunkte Lidar-Rückstreusignale zu verwenden. Sroga et al. 1980 haben auf diese Weise unter Verwendung eines Rubinlasers Profile des Windvektors zwischen 120 und 600 m Höhe bestimmt. Die Bilder der Aerosolverteilung wurden dabei also punktweise gewonnen. Durch Ausnutzung der Zeitinformation der Rückstreusignale kann hier auch eine echte Messung in verschiedenen Abständen durchgeführt werden, wenn die Transmission der Wolken es erlaubt. Strenggenommen handelt es sich bei den Bildern aber nicht um Momentaufnahmen, weil das Scannen eines Bildes eine Zeit erfordert, die nicht kurz ist im Vergleich zum Abstand t_2-t_1 zwischen aufeinanderfolgenden Bildern. Ein Verfahren zur Korrektur des hierdurch entstehenden Meßfehlers haben Sasano et al. 1982 entwickelt.

3.2 Flugzeit-Lidar

Fokussiert man zwei Laserstrahlen in engem Abstand nebeneinander und durchquert ein hinreichend großes Aerosolteilchen den Bereich zwischen den beiden Brennpunkten entlang ihrer Verbindungslinie, so leuchtet es zweimal kurz und intensiv auf; aus dem zeitlichen Abstand der Lichtblitze und dem Abstand der Brennpunkte ergibt sich die Geschwindigkeit.

Es leuchtet zunächst nicht ein, daß sich bei dieser auch mit LTV (engl. laser time-of-flight velocimetry, Laser-Flugzeit-Geschwindigkeitsmessung) bezeichneten Methode überhaupt Teilchen finden, die beide Brennpunkte durchqueren, wenn ihre Verbindungslinie nicht *zufällig* mit der Richtung des Windvektors zusammenfällt. Offensichtlich ist in kleinen Dimensionen (Abstand der Brennpunkte $\approx$ 1 mm) die Streuung der Richtung aber so groß, daß das Verfahren doch zu brauchbaren Resultaten führt. Da die Tiefe des Fokalvolumens stets groß gegen die Querausdehnung ist, wird die Querkomponente auch sehr schräg durch den Strahlengang fliegender Teilchen gemessen. Durch 90°-Drehung der Apparatur oder durch andere Kunstgriffe (Lading et al. 1978) erhält man die zur ersten Richtung senkrechte Komponente. Das Verfahren ist mit Argon-Ionenlasern von 200 bzw. 500 mW Dauerstrichleistung bei 488 und 514 nm Wellenlänge mit Reichweiten von 100 bzw. 70 m auch experimentell angewendet worden (Bartlett und She 1977, Lading et al. 1978). Die erste der beiden Arbeitsgruppen benutzt einen einzigen Detektor und extrahiert die Geschwindigkeit mit einem digitalen Autokorrelator aus dem Signal jedes einzelnen Ergebnisses. Die zweite verwendet die Signale zweier Detektoren als Start- und Stopimpuls für einen Vielkanal-Zeitanalysator und bestimmt die Verteilung über eine größere Zahl Einzelereignisse.

Die Theorie des Verfahrens ist von She und Kelley 1982 detailliert erarbeitet worden. Obgleich das Verfahren durch seine Einfachheit besticht, hat es nicht annähernd die Verbreitung gefunden wie die mit ihr eng verwandte Laser-Doppler-Anemometrie (s. Abschnitt 3.3).

3.3 Laser-Doppler-Anemometrie

Die Bestimmung der Querwindkomponenten gelingt für nicht zu große Abstände auch mit der Laser-Doppler-Anemometrie (LDA, engl. oft auch laser Doppler velocimetry LDV). Sie unterscheidet sich von der der LTV dadurch, daß nicht genau zwei Brennpunkte gebildet werden, die wegen ihrer großen Tiefenausdehnung genauer als Brenn linien zu bezeichnen sind, sondern eine große Zahl Brenn flächen , und zwar einfach dadurch, daß man zwei kohärente Teilstrahlen aus einem Laser zur Interferenz bringt und die Geschwindigkeit aus der Frequenz des Streulichts der Aerosolteilchen ermittelt. Arbeitet man bei zwei verschiedenen Wellenlängen, so können beide Richtungskomponenten gleichzeitig bestimmt werden. Da die LDA an anderer Stelle dieses Buches dargestellt wird, soll auf die Methode hier nicht ausführlicher eingegangen werden.

3.4 Dauerstrich-Doppler-Lidar zur Radialwindmessung

Wird Licht der Frequenz $\nu_0 = c/\lambda_0$ an Aerosolteilchen oder Luftmolekülen elastisch zurückgestreut, die sich mit einer Geschwindigkeitskomponente v $kollektiv$ auf das Lidarsystem zubewegen, so ist die Frequenz des rückgestreuten Lichts um den Betrag

$$\nu - \nu_0 \approx 2 \, \nu_0 \frac{v}{c} = 2 \frac{v}{\lambda_0} \tag{56}$$

frequenzverschoben. Eine Radialwindkomponente von 1 m/s erzeugt für blaues Licht von 400 nm 5 MHz, für IR-Licht von 10 µm Wellenlänge 200 kHz Frequenzverschiebung oder eine relative Verschiebung

$$\frac{\nu - \nu_0}{\nu_0} = \frac{2 \, \text{m/s}}{c} = 0,6 \cdot 10^{-8} \quad \text{für} \quad v = 1 \, \text{m/s} \, . \tag{57}$$

Diese Verschiebung der emittierten Frequenz ist also noch um etwa den Faktor 100 kleiner als die Verbreiterung durch die Temperatur des Streumediums bei der Rayleighstreuung. Das bedeutet, daß sich die Rayleighstreuung zur Radialwindmessung nicht eignet, sondern der sehr viel schmalere Peak der Miestreuung (vgl. Abbildung 13) verwendet werden muß. Es bedeutet ferner, daß noch erheblich feinere Methoden eingesetzt werden müssen.

Das gelingt mit der Homodyn- und der Heterodynspektroskopie. Beim Homodynverfahren wird die rückgestreute Strahlung mit der Strahlung des Lasers, von der ein Teil für diesen Zweck abgespalten wurde, zur Interferenz gebracht; die Frequenz ν_s der resultierenden Schwebung

$$\nu_s = |\nu - \nu_0| \tag{58}$$

liegt bei der Verwendung von CO_2-Lasern im Bereich von etwa 0,1 bis 1 MHz und ist somit relativ leicht zu analysieren. Allerdings kann die Richtung des Windes aus der so bestimmten Schwebungsfrequenz nicht ermittelt werden. Mischt man statt mit der Strahlung des Sendelasers mit der Strahlung eines zweiten Lasers als ''lokalem Oszillator'', dessen Frequenz ν_{LO} um einige MHz verschoben ist, so hat die Differenz der Frequenzen $\nu - \nu_{LO}$ stets nur ein Vorzeichen, und die Windgeschwindigkeit v in Richtung auf das Meßsystem zu ist gegeben durch

$$v = \frac{c}{2 \nu_0} (\nu_s - \Delta\nu) \quad , \tag{59}$$

wobei sich die Schwebungsfrequenz

$$\nu_s = \nu - \nu_{LO} \tag{60}$$

jetzt als Differenz zwischen der Frequenz ν des Rückstreusignals und der Frequenz ν_{LO} des lokalen Oszillators ergibt und

$$\Delta\nu = \nu - \nu_{LO} \tag{61}$$

die Frequenzverschiebung zwischen Sendelaser und lokalem Oszillator bedeutet.

Die Abstandsinformation wird beim Dauerstrich-Doppler-Lidar auf geometrischem Wege gewonnen. Ist das Empfangssystem auf den Abstand x fokussiert, so entsteht etwa die Hälfte des Meßsignals innerhalb eines Tiefenbereichs

$$\Delta x = \frac{4 \, x^2 \, \lambda}{A} \quad , \tag{62}$$

wobei A die Detektorfläche und λ die Wellenlänge sind (Brown et al. 1978). Bei einer Wellenlänge von 10 µm beträgt die Ortsunschärfe eines Systems mit 0,5 m Teleskopdurchmesser in 100 m Abstand also nur 2 m, in 1000 m Entfernung aber schon über 200 m. Dauerstrich-Heterodyn-Lidare lassen sich im Flugzeug (Woodfield und Vaughan 1983, Keeler et al. 1987, Kristensen und Lenschow 1987), aber natürlich auch vom Boden aus einsetzen (z.B. Schwiesow und Cupp 1981). Wird dabei in einem konischen Abtastvorgang (sog. VAD-Scan, VAD engl. velocity azimuth display) die Strahlrichtung verändert (Abb. 19a) und bleiben die Windverhältnisse während des Scans konstant, so ergibt sich ein sinusförmiger Verlauf der gemessenen Radialgeschwindigkeit, aus dessen Amplitude v_{max} und Phase φ_{max} (Abb. 19b) nach

$$\bar{u} = \frac{v_{max}}{\cos\theta} \tag{63}$$

der Betrag $\bar{u}$ und die Richtung φ_{max} der Horizontalkomponente des Windes in der Höhe $z = x \sin\theta$ und aus dessen Verschiebung v_0 gegenüber der Nullinie den Betrag

$$\bar{w} = \frac{v_0}{\sin\theta} \tag{64}$$

der Vertikalkomponente bestimmt werden können (Köpp 1988). Zur Änderung der Höhe genügt es, den Elevationswinkel θ zu ändern.

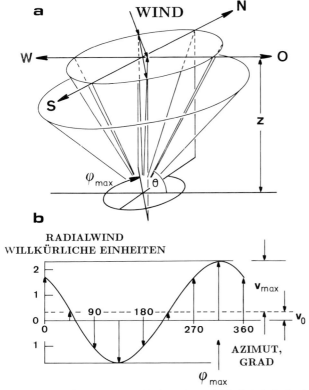

Abb. 19: Zur Messung von Horizontal- und Vertikalwind durch Bestimmung der Radialwindkomponente v in einem VAD-Scan

3.5 Radialwindmessung mit gepulsten Doppler-Lidaren

Werden in größeren Entfernungen kleinere Werte Δx, d. h. bessere Ortsauflösung, gefordert, dann sind die Möglichkeiten von Dauerstrich-Doppler-Lidaren bald erschöpft, und es müssen gepulste Systeme eingesetzt werden. Deren Rückstreusignal wird wie beim Dauerstrich-Doppler-Lidar durch Messung der Schwebungsfrequenz bezw. der Verteilung der Schwebungsfrequenzen, die durch Mischung des Empfängersignals mit der Strahlung eines lokalen Oszillators entstehen, auf die Radialwindkomponente analysiert. Die Abstandsinformation wird aber nach Gleichung (1) aus dem zeitlichen Verlauf des Signals gewonnen, dadurch ist die Ortsauflösung unabhängig von der Entfernung.
Gepulste Systeme sind apparativ erheblich aufwendiger als Dauerstrichsysteme. Eins der höchstentwickelten Meßsysteme ist die von Hardesty et al. 1983 beschriebene Anordnung, deren gepulster CO_2-Laser bei 10,6 μm Wellenlänge Pulsenergien bis 250 mJ und

Pulsrepetitionsfrequenzen bis 100 Hz im Einzelmodenbetrieb erzeugen kann. Der lokale Oszillator ist um 20 MHz gegenüber dem Sendelaser verstimmt. Bei einer Pulsdauer von etwa 2 µs werden Reichweiten von über 20 km erzielt, der kleinste Meßabstand beträgt 500 m. Mit dem System sind Ereignisse wie Kaltfrontdurchgänge, Gewitterfronten und Episoden extremer Abwinde gemessen worden; natürlich eignet sich das System auch als Mie-Lidar für die Bestimmung troposphärischer und stratosphärischer Aerosole. Ebenfalls 2 µs lange Pulse von 110 Hz Wiederholfrequenz erzeugt das von Bilbro et al. 1986 beschriebene, seitlich aus einem Flugzeug heraus messende System; obgleich die Pulsenergie nur bei 10 mJ liegt, wird eine Reichweite von 10 km angegeben.

Im Ergebnis einer Vergleichsstudie, die von allen bekannten Fernmeßverfahren den aussichtsreichsten Kandidaten zur Bestimmung des globalen Windfelds aus einer Erdumlaufbahn zu ermitteln versuchte, nimmt das gepulste Dopplerlidar mit einem CO_2-Laser und kohärentem Empfangssystem trotz seines komplexen Aufbaus den ersten Rang ein (Menzies 1986).

Schlußbemerkungen, Ausblick

Im vorliegenden Artikel werden Prinzip, schematischer Aufbau der Meßsysteme und Leistungsfähigkeit für die wichtigsten Anwendungen des Lidarprinzips beschrieben, gegliedert nach der zu bestimmenden atmosphärischen Größe: Gaskonzentration, Temperatur oder Windfeld. Apparative Einzelheiten und Details der Anwendungen konnten nur gestreift werden, hier führt die zitierte Literatur weiter.

Die Möglichkeiten, die die Fernmessung atmosphärischer Größen nach dem Lidarprinzip bietet, sind ohne Zweifel beeindruckend. Für die Messung praktisch jedes atmosphärischen Parameters kann ein Meßprinzip angegeben und meistens auch ein System benannt werden, mit dem die theoretisch postulierte Meßmöglichkeit in der Praxis zu bestätigen versucht wurde und in der Regel bestätigt werden konnte.

Nahezu alle Lidarmessungen haben gegenüber konventionellen Meßmethoden deutliche Vorteile zu bieten. Messungen von Höhenprofilen atmosphärischer Größen mit Masten bieten geringe Reichweite, mit Radiosonden werden schräge Profile gemessen, deren Meßlinie häufig nur ungenau bekannt ist, und die Daten werden sequentiell erzeugt, was bei gewissen Episoden wie Durchgang von Fronten den Nutzwert der Daten stark einschränkt – Lidare messen vertikal und gleichzeitig. Im Umweltschutz erfordern großräumige Immissionsmessungen mit konventionellen Methoden eine große Zahl Meßstationen, die Kompatibilität der einzelnen Instrumente untereinander sicherzustellen erfordert erheblichen Aufwand – Lidare decken ein großes Gebiet ab. Emissionsmessungen sind mit konventionellen Methoden ohne Mitwirkung des Betreibers einer Anlage nicht durchführbar – mit einem Lidar läßt sich die Emission von außerhalb des Betriebsgeländes messen. Oft ist das Fernmeßprinzip einer lokalen Messung schon deshalb überlegen, weil die Fernmessung berührungslos erfolgt und die zu bestimmende Größe nicht durch die Messung selbst verändert wird. Schließlich bieten Lidare schon heute in einigen Anwendungen Kostenvorteile gegenüber konventionellen Messungen.

Wie jedes Prinzip, so hat auch das Lidar gewisse, durch die Naturgesetze gegebene Grenzen der Leistungsfähigkeit. Die wichtigste ist die Beschränkung der Reichweiten auf Werte, die mit der Sichtweite vergleichbar sind: bei dichtem Nebel, bei Schneefall und durch eine dichte Wolkendecke hindurch sind mit Lidarsystemen keine hohen Reichweitewerte zu erzielen. Nicht prinzipiell, aber faktisch nach aller Voraussicht für geraume Zeit unerfüllbar wird der Wunsch bleiben, in einem Meßsystem alle oder einen großen Teil der beschriebenen Meßmöglichkeiten zu vereinen; auch die Fernanalyse von Aerosolen auf ihre chemische Zusammensetzung ist bisher nicht gelungen. Schließlich leiden die bestehenden, großenteils hochentwickelten Lidarsysteme, die auch einen hohen Grad an Komplexität aufweisen, unter ihrer geringen Zahl: noch sind sie Unikate, teuer in der Entwicklung, aufwendig in der Bedienung, nicht standardisiert, an wenigen Orten im Routineeinsatz und dort meist von den Wissenschaftlern betrieben, die sie erdacht und erbaut haben. Wenn auch weiterhin neue Lidaranwendungen erschlossen werden, so geht doch ein beträchtlicher Teil der gegenwärtigen Entwicklungsarbeit in die Vereinfachung des Aufbaus, Automation der Bedienung und Verringerung der Kosten für Erstellung und Betrieb, so daß die potentiellen, aber erst zu einem geringen Teil genutzten Möglichkeiten, die diese Fernmeßsysteme bieten, einem größeren Benutzerkreis erschlossen werden.

Verzeichnis der verwendeten Symbole

Größe	Einheit	Bedeutung
a	m^3	Polarisierbarkeit
A	m^2	Fläche der Empfangsoptik
B	sr^{-1}	Faktor für die Abhängigkeit zwischen Rückstreu- und Extinktionskoeffizient
c	$m\,s^{-1}$	Lichtgeschwindigkeit
C	$g\,m^{-3}$	Konzentration
d	1	Differentialoperator
D	m	Teilchendurchmesser
e	1	Basis der natürlichen Logarithmen, $2,7183\ldots$
E	J	Anregungsenergie
E_0	J	Laserpulsenergie
g	$m\,s^{-2}$	Erdbeschleunigung
G	1	Verteilungsfunktion der Rückstreuwellenlängen
h	Js	Plancksches Wirkungsquantum, $6,626 \cdot 10^{-34}$ Js
H	1	Gegenstandsmatrix
I	$g\,m^2$	Rotationsträgheitsmoment
J	1	Rotationsquantenzahl
k	1	Exponent für die Abhängigkeit zwischen Rückstreu- und Extinktionskoeffizient

Größe	Einheit	Bedeutung
k	$J\,K^{-1}$	Boltzmannkonstante, $1{,}36\,J\,K^{-1}$
K	$W\,g^{-1}\,m^5\,sr^{-1}c\tau P_0 A\eta\beta_0(2\rho_0)^{-1}$	
L	m	Gangunterschied im Interferometer
M	g, amu	Teilchenmasse, $1\,amu = {}^1/_{12}$ der Masse eines ^{12}C-Atoms
N	m^{-3}	Teilchenzahldichte
N_L	m^{-3}	Teilchenzahldichte der Luft
N_J	1	Gesamtzahl der Rotationszustände mit der Quantenzahl
O	1	Sendestrahl-Empfängergesichtsfeld-Überlappungsintegral
p	Pa	Druck
ppb	1	relative Konzentration, Mischungsverhältnis, 10^{-9} von am. parts per billion
ppm	1	relative Konzentration, Mischungsverhältnis, 10^{-6} von engl. parts per million
P	W	empfangene Detektorleistung
P_0	W	mittlere Sendeleistung im Laserpuls
Q	m^2	Korrelationskoeffizient
R	sr^{-1}	Reflexionskoeffizient
S	–	$\ln[x^2\,P(x)]$
t	s	Zeit
T	K	(absolute) Temperatur
$u, \bar{u}$	$m\,s^{-1}$	Horizontalwind
v	1	Vibrationsquantenzahl
v	$m\,s^{-1}$	Windgeschwindigkeit
$w, \bar{w}$	ms^{-1}	Vertikalwind
x	m	Abstand
x_0, x_m	m	Referenzabstand
z	m	Höhe
Z	1	Zustandssumme
α	m^{-1}	atmosphärischer Extinktionskoeffizient
α_0	m^{-1}	Extinktionskoeffizient von Luft bei Normalbedingungen
β	$m^{-1}\,sr^{-1}$	atmosphärischer Streu- oder Rückstreukoeffizient

Größe	Einheit	Bedeutung
β_0	$m^{-1}\,sr^{-1}$	Rückstreukoeffizient von Luft bei Normalbedingungen
γ	1	Verhältnis von Teilchenumfang zu Lichtwellenlänge
Γ	s	Laserpulsdauer
δ	rad, Grad	Phasenunterschied
ΔE	J	Differenz von Anregungsenergien
Δx	m	Abstandsintervall
$\Delta\lambda$	m	Linienbreite
$\Delta\nu$	s^{-1}	Linienbreite, Frequenzverschiebung
$\Delta\sigma$	m^2	differentieller Absorptionsquerschnitt
ε	1	Wirkungsgrad der Empfangsoptik
η	m	Verschiebung in y-Richtung
θ	rad, Grad	Elevationswinkel (Horizontwinkel)
Θ	rad, Grad	Streuwinkel
λ	m	Lichtwellenlänge
λ_0	m	Vergleichswellenlänge beim DAS-Lidar
λ_1	m	Meßwellenlänge beim DAS-Lidar
ν	s^{-1}	Frequenz, Lichtfrequenz
ν_0	s^{-1}	Laserfrequenz, Sendefrequenz
ν_{LO}	s^{-1}	Frequenz des lokalen Oszillators
ν_s	s^{-1}	Schwebungsfrequenz
ξ	m	Abstand, Verschiebung in x-Richtung
π	1	Verhältnis von Kreisumfang und -durchmesser, 3,1415 …
ρ	$g\,m^{-3}$	Massendichte
ρ_0	$g\,m^{-3}$	Massendichte von Luft bei Normalbedingungen
σ	m^2	atomarer oder molekularer Wirkungsquerschnitt
σ_0	m^2	σ für Vergleichswellenlänge beim DAS-Lidar
σ_1	m^2	σ für Meßwellenlänge beim DAS-Lidar
σ_F	m^2	Fluoreszenzquerschnitt
σ_{RL}	m^2	Rayleigh-Streuquerschnitt von Luft
φ	rad, Grad	Azimutwinkel
φ_{max}	rad, Grad	Windrichtung in der horizontalen Ebene

Literatur

Adrain, R. S.; Brassington, D. J.; Sutton, S.; Varey, R. H. 1979: The measurement of SO_2 in power station plumes with differential lidar. Optical and Quantum Electronics 11, 253–264

Aksenov, V. P; Banakh, V. A.; Mironov, V. L. 1984: Fluctuations of retroreflected laser radiation in a turbulent atmosphere. J. Opt. Soc. Am. A 1, 263–274

Aldén, A.; Edner, H.; Svanberg, S. 1982: Laser monitoring of atmospheric NO using ultraviolet differential-absorption techniques. Optics Letters 7, 543–545

Ancellet, G.; Mégie, G.; Pelon, J. 1987: Lidar measurements of sulfur dioxide and ozone in the boundary layer during the 1983 Fos Berre campaign. Atmospheric Environment 21, 2215–2226

Ansman, A.; Bösenberg, J. 1987: Correction scheme for spectral broadening in differential absorption lidar measurements of water vapor in the troposphere. Applied Optics 26, 3026–3032

Arshinov, Yu. F.; Bobrovnikov, S. M.; Zuev, V. E.; Mitev, V. M. 1983: Atmospheric temperature measurements using a pure rotational Raman lidar. Applied Optics 22, 2984–2990

Baker, P. W. 1983: Atmospheric water vapor differential absorption measurements on vertical paths with a CO_2 lidar. Applied Optics 22, 2257–2264

Bartlett, K. G.; She, C. Y. 1977: Single-particle correlated time-of-flight velocimeter for remote wind-speed measurement. Optics Letters 1, 175–177

Beatty, T. J.; Bills, R. E.; Kwon, K. H.; Gardner, C. S. 1988: CEDAR lidar observations of sporadic Na layers at Urbana, Illinois. Geophysical Research Letters 15, 1137–1140

Bilbro, J. W.; DiMarzio, C.; Fitzjarrald, D.; Johnson, S.; Jones, W. 1986: Airborne Doppler lidar measurements. Applied Optics 25, 3952–3960

Birkmayer, W.; Weitkamp, C. 1988: ARGOS Schadgas-Fernmeßsystem. In: MIOP '88 Mikrowellentechnologie und Optoelektronik, Network GmbH Hagenburg, 1B–7/1 bis 1B–7/7

Bisling, P.; Weitkamp, C.; Lahmann, W.; Michaelis, W.; Birkmayer, W. 1988: ARGOS – Mobile Lidar for Remote Air Pollution Measurements. In: Remote Sensing of Atmosphere and Oceans Vol. 2. Australian Defence Force Academy, Canberra, 63(1) bis 63(6); GKSS 88/E/23 (1988)

Bissonnette, L. R. 1986: Sensitivity analysis of lidar inversion algorithms. Applied Optics 25, 2122–2125

Boscher, J.; Englisch, W.; Wiesemann, W. 1980: Differentielle Absorptions-Spektroskopie mit dem Fernanalysesystem Dialex. Laser + Elektro-Optik 12 Nr. 3, 17–22

Bösenberg, J. 1985: Measurements of the pressure shift of water vapor absorption by simultaneous photoacoustic spectroscopy. Applied Optics 24, 3531–3534

Bösenberg, J. 1989: A DIAL system for high-resolution water vapor measurements in the troposphere. Submitted to Journal of Atmospheric and Oceanic Technology

Böttcher, G.; Kolb, M.; Puch, B.; Ziegler, G. 1986: Fernmessung der Geschwindigkeit einer Schornsteinabgasfahne durch digitale Bildkorrelation. GKSS 86/E/45, 48 S

Brassington, D. J. 1982: Differential absorption lidar measurements of atmospheric water vapor using an optical parametric oscillator source. Applied Optics 21, 4411–4416

Brassington, D. J.; Felton, R. C.; Jolliffe, B. W.; Marx, B. R.; Moncrieff, J. T. M.; Rowley, W. R. C.; Woods, P. T. 1984: Errors in spectroscopic measurements of SO_2 due to nonexponential absorption of laser radiation, with application to the remote monitoring of atmospheric pollutants. Applied Optics 23, 469–475

Braun, W. C. 1985: Simplified calculations for accuracy of a lidar dial system to measure atmospheric H_2O vapor and temperature. Applied Optics 24, 109–117

Breinig, A.; Staehr, W.; Lahmann, W.; Heinrich, H.-J.; Weitkamp, C.; Michaelis, W. 1985: Data collection and analysis for HCl, SO_2, and NO_2 immission-emission differential absorption lidars. GKSS 85/E/53, 9 p

Browell, E. V.; Wilkerson, T. D.; McIlrath, T. J. 1979: Water vapor differential absorption lidar development and evaluation. Applied Optics 18, 3474–3483

Browell, E. V.; Carter, A. F.; Wilkerson, T. D. 1981: Airborne differential absorption lidar system for water vapor investigations. Optical Engineering 20, 084–090

Browell, E. V.; Carter, A. F.; Shipley, S. T.; Allen, R. J.; Butler, C. F.; Mayo, M. N.; Siviter jr., J. H.; Hall, W. M. 1983: NASA multipurpose airborne DIAL system and measurements of ozone and aerosol profiles. Applied Optics 22, 522–534

Brown, A.; Thomas, E. L.; Foord, R.; Vaughan, J. M. 1978: Measurements on a distant smoke plume with a CO_2 laser velocimeter. J. Phys. D: Appl Phys. 11, 137–145

Bukin, O. A.; Stolyarchuk, S. Yu.; Tyapkin, V. A. 1985: Measurement of moisture-content profiles in the bottom layer of the atmosphere by the method of spontaneous Raman light-scattering spectroscopy. Zh. Prikl. Spektrosk. 42, 631–636

Cahen, C. 1982: Une méthode de télédétection active: le Lidar. Une application: la mesure de la vapeur d'eau par absorption différentielle laser (Aurillac – septembre 1981). Electricité de France Bulletin de la Direction des Etudes et Recherches Série A Nucléaire, Hydraulique, Thermique No. 3/4, 175–190

Cahen, C.; Mégie, G.; Flamant, P. 1982: Lidar Monitoring of the Water Vapor Cycle in the Troposphere. J. Appl. Meteor. 21, 1506–1515

Cahen, C.; Lesne, J.–L.; Deschamps, P.; Thro, P. Y. 1988: Testing the mobile meteorological DIAL system for humidity and temperature monitoring. 14ILRC 362–366

Capitini, R. 1978: Télédétection Lidar et mesure des constituants monoritaires de l'atmosphère. Bulletin d'Information Scientifique et Technique No. 230/231, 101–108

Carnuth, W.; Jäger, H.; Littfass, M.; Reiter, R. 1977: Aerosol measurements with calibrated two- and three-frequency lidars. In: Waidelich W., ed.: Laser 77 Opto-Electronics, IPC Sci. Technol. Press, 728–735

Carnuth, W. 1988: A mobile differential absorption lidar for tropospheric ozone measurements. 14ILRC 348–350

Carnuth, W.; Reiter, R. 1986: Cloud extinction profile measurements by lidar unsing Klett's inversion method. Applied Optics 25, 2899–2907

Carswell, A. I. 1983: Lidar measurements of the atmosphere. Can. J. Phys. 61, 378–395

Chung, Y. C.; Shay, T. M. 1988: Experimental demonstration of a diode laser-excited optical filter in atomic Rb vapor. IEEE Journal of Quantum Electronics 24, 709–711

Claude, H.; Wege, K. 1988: Intercomparison of ozone measurements obtained by differential absorption lidar, Brewer/mast sondes and Dobson/Brewer spectrophotometers. 14ILRC 392–395

Clifford, S. F.; Lading, L. 1983: Monostatic diffraction-limited lidars: the impact of optical refractive turbulence. Applied Optics 22, 1696–1701

Cohen, A.; Cooney, J. A.; Geller, K. N. 1976: Atmospheric temperature profiles from lidar measurements of rotational Raman and elastic scattering. Applied Optics 15, 2896–2901

Collis, R. T. H.; Russell, P. B. 1976: Lidar Measurement of Particles and Gases by Elastic Backscattering and Differential Absorption. In: Hinkley 1976, 71–151

Cooney, J. A. 1976: Measurements on the Raman component of laser atmospheric backscatter. Applied Physics Letters 12, 40–42

Cooney, J. A. 1984: Atmospheric temperature measurement using a pure rotational Raman lidar: comment. Applied Optics 23, 653–654

Cooney, J. A.; Petri, K.; Salik, A. 1985: Measurements of high resolution atmospheric water-vapor profiles by use of a solar blind Raman lidar. Applied Optics 24, 104–108

de Leeuw, G.; Kunz, G. J.; Lamberts, C. W. 1986: Humidity effects on the backscatter/extinction ratio. Applied Optics 25, 3971–3974

Dupont, E.; Pelon, J.; Mégie, G. 1988: Improvement of aerosol lidar inversion by multi-wavelength analysis. 14ILRC 108–111

Edner, H.; Svanberg, S.; Unéus, L.; Wendt, W. 1984: Gas-correlation lidar. Optics Letters 9, 493–495

Edner, H.; Fredriksson, K.; Sunesson, A.; Wendt, W. 1987a: Monitoring Cl_2 using a differential absorption lidar system. Applied Optics 26, 3183–3185

Edner, H.; Fredriksson, K.; Sunesson, A.; Svanberg, S.; Unèus, L.; Wendt, W. 1987b: Mobile remote sensing system for atmospheric monitoring. Applied Optics 26, 4330–4338

Edner, H.; Sunesson, A.; Svanberg, S. 1988: NO plume mapping by laser-radar techniques. Optics Letters 13, 704–706

Edner, H.; Faris, G. W.; Sunesson, A.; Svanberg, S. 1988: Progress in DIAL measurements at short UV wavelengths. 14ILRC 480–483

Egeback, A.-L.; Fredriksson, K. A.; Hertz, H. M. 1984: DIAL techniques for the control of sulfur dioxide emissions. Applied Optics 23, 722–729

Ehret, G.; Renger, W. 1988: Airborne water vapor DIAL. 14ILRC 190–191

El'nikov, A. V.; Zuev, V. E.; Marichev, V. N.; Shelevoy, K. D.; Shelefontyuk, D. I. 1988: Lidar observations of stratospheric aerosol vertical distribution. 14ILRC 422–424

Eloranta, E. W.; Roesler, F. L.; Sroga, J. T. 1983: The High Spectral Resolution Lidar. In: Killinger und Mooradian 1983, 308–315

Elouragini, S.; Loth, C.; Flamant, P. H. 1988: Optical and geometrical properties of cirrus and cloud base altitude measurement by lidar with simultaneous observations by ground-based radiometer. 14ILRC 16–18

Evans, B. T. N. 1988: Sensitivity of the backscatter/extinction ratio to changes in aerosol properties: implications for lidar. Applied Optics 27, 3299–3305

Fastig, S.; Cohen, A.; Schoenberg, A. 1988: A modified approach to Klett lidar inversion solution. 14ILRC 112–114

Felix, F.; Keenliside, W.; Kent, G.; Sandford, M. C. W. 1973: Laser Radar Observations of Atmospheric Potassium. Nature 246, 345–346

Fernald, F. G. 1984: Analysis of atmospheric lidar observations: Some comments. Applied Optics 23, 652–653

Fredriksson, K.; Galle, B.; Nyström, K.; Svanberg, S. 1981: Mobile lidar system for environmental probing. Applied Optics 20, 4181–4189

Fredriksson, K. A.; Hertz, H. M. 1984: Evaluation of the DIAL technique for studies on NO_2 using a mobile lidar system. Applied Optics 23, 1403–1411

Fricke, K. H.; von Zahn, U. 1985: Mesopause temperatures derived from probing the hyperfine structure of the D_2 resonance line of sodium by lidar. Journal of Atmospheric and Terrestrial Physics 47, 499–512

Galle, B.; Sunesson, A.; Wendt, W. 1988: NO_2-mapping using laser-radar techniques. Atmospheric Environment 22, 569–573

Galletti, E.; Zanzottera, E.; Draghi, S.; Garbi, M.; Petroni, R. 1986: Gas correlation lidar for methane detection. 13ILRC 258

Garner, R. C.; Trowbridge, C. A.; Davidson, G.; Koenig, G. G. 1988: Polarization studies of backscattered 532 nm radiation from snow using a Nd:YAG based lidar. 14ILRC 104–106

Gelbwachs, J. A.; Klein, C. F.; Wessel, J. E. 1978: Infrared Detection by an Atomic Vapor Quantum Counter IEEE Journal of Quantum Electronics 14, 77–79

Gelbwachs, J. A. 1988: Atomic Resonance Filters. IEEE Journal of Quantum Electronics 24, 1266–1277

Gibson, A. J.; Thomas, L.; Bhattachacharyya, S. K. 1979: Laser observations of the ground-state hyperfine structure of sodium and of temperatures in the upper atmosphere. Nature 281, 131–132

Godin, S.; Mégie, G.; Pelon, J. 1988: Systematic lidar measurements of the stratospheric ozone vertical distribution. 14ILRC 396–399

Gonzales, R. 1988: Recursive technique for inverting the lidar equation. Applied Optics 27, 2741–2745

Grant, W. B.; Menzies, R. T. 1983: A Survey of Laser and Selected Optical Systems for Remote Measurement of Pollutant Gas Concentrations. APCA Journal 33, 187–194

Grant, W. B.; Margolis, J. S.; Brothers, A. M.; Tratt, D. M. 1987: CO_2 DIAL measurements of water vapor. Applied Optics 26, 3033–3042

Grossmann, B. E.; Singh, U. N.; Higdon, N. S.; Cotnoir, L. J.; Wilkerson, T. D.; Browell, E. V. 1987: Raman-shifted dye laser for water vapor DIAL measurements. Applied Optics 26, 1617–1621

Hake jr., R. D.; Arnold, D. E.; Jackson, D. W.; Evans, W. E.; Ficklin, B. P.; Long, R. A. 1972: Dye-Laser Observations of the Nighttime Atomic Sodium Layer. Journal of Geophysical Research 77, 6839–6848

Haner, D.; Godin, S.; McDermid, S. 1988: Raman-shifted Nd:YAG laser for tropospheric ozone lidar. 14ILRC 374

Hardesty R. M.; Lawrence T. R.; Richter, R. A.; Post, M. J.; Hall jr., F. F.; Huffaker, R. M. 1983: Ground-based coherent lidar measurement of tropospheric and stratospheric parameters. In: Harney R. C., ed.: Coherent Infrared Radar Systems and Applications II. Proceedings of SPIE, Volume 415. SPIE, Bellingham, 85–91

Harney, R. C. 1983: Laser prf considerations in differential absorption lidar applications. Applied Optics 22, 3747–3750

Hauchecorne, A.; Chanin, M.-L. 1980: Density and temperature profiles obtained by lidar between 35 and 70 km. Geophysical Research Letters 7, 565–568

Hauchecorne, A.; Chanin, M.-L. 1988: Planetary waves-mean flow interaction in the middle atmosphere: Numerical modeling and lidar observations. Annales Geophysicae 6, 409–416

Hawley, J. G. 1981: Dual-wavelength laser radar probes for air pollutants. Laser Focus 17 No. 3, 60–62

Heinrich, H.-J.; Eck, I.; Weitkamp, C. 1986: Ausbreitung von Chlorwasserstoff in Abgasfahnen von Verbrennungsschiffen: Fernmessung von Konzentrationsverteilungen und Bestimmung von Verdünnungs- und Abbauparametern. GKSS 86/E/44, 161 S

Herrmann, H.; Köpp, F.; Werner, C. 1981: Remote measurements of plume dispersion over sea surface using the DFVLR-Minilidar. Optical Engineering 20, 759–764

Hinkley, E. D., ed. 1976: Laser Monitoring of the Atmosphere. Springer, Berlin Heidelberg New York, 380 p

Houston, J. D.; Sizgoric, S.; Ulitsky, A.; Banic, J. 1986: Raman lidar system für methane gas concentration measurements. Applied Optics 25, 2115–2121

Hughes, H. G.; Paulson, M. R. 1988: Double-ended lidar technique for aerosol studies. Applied Optics 27, 2273–2278

Hutt, D.; Kohnle, A. 1988: Remote sensing of the aerosol size distribution of fog using dual-wavelength lidar. 14ILRC 96

Ivanenko, B. P.; Naats, I. E. 1981: Integral-equation method for interpreting laser-sounding data on atmospheric gas components using differential absorption. Optics Letters 6, 305–307

Jäger, H.; Hofmann, D. J.; Rosen, J. M. 1988: Conversion of stratospheric lidar backscatter data by using particle counter measurements. 14ILRC 405–408

Jenkins, D. B.; Wareing, D. P.; Thomas, L.; Vaughan, G. 1987: Upper stratospheric and mesospheric temperatures derived from lidar observations at Aberystwyth. Journal of Atmospheric and Terrestrial Physics 49, 287–298

Jegou, J.-P.; Chanin, M.-L.; Mégie, G.; Blamont, J. E. 1980: Lidar measurements of atmospheric lithium. Geophysikal Research Letters 7, 995–998

Johnson L. A. 1982: A fixed-delay, frequency-shifted Michelson interferometer for remote temperature measurements. NOAA Technical Memorandum ERL WPL-89, 140 p

Kai, K.; Okada, Y.; Uchino, O.; Tabata, I. 1988: Characteristics of a Kosa (Asian duststorm) observed by the ruby lidar at Tsukuba, Japan in the Spring of 1986. 14ILRC 501–504

Kästner, M.; Wiegner, W.; Quenzel, H. 1988: An iterative inversion algorithm to retrieve the vertical profile of the atmospheric extinction from backscatter lidar measurements from space. 14ILRC 179–182

Keeler, R. J.; Serafin, R. J.; Schwiesow, R. L.; Lenschow, D. H.; Vaughan, J. M.; Woodfield, A. A. 1987: An Airborne Laser Air Motion Sensing System. Part I: Concept and Preliminary Eyperiment. Journal of Atmospheric and Oceanic Technology 4, 113–127

Kelley, P. L.; McClatchey, R. A.; Long, R. K.; Snelson, A. 1976: Molecular absorption of infrared laser radiation in the natural atmosphere. Optical and Quantum Electronics 8, 117–144

Killinger, D. K.; Mooradian, A., eds. 1983: Optical and Laser Remote Sensing. Springer, Berlin Heidelberg New York, 383 p

Klein, V.; Endemann, M. 1988: Compact Multispectral IR Lidar for Tropospheric DIAL Measurements. 14ILRC 358–361

Klett, J. D. 1981: Stable analytical inversion solution for processing lidar returns. Applied Optics 20, 211–220

Klett, J. D. 1985: Lidar inversion with variable backscatter/extinction ratios. Applied Optics 24, 1638–1643

Klett, J. D. 1986: Extinction boundary value algorithms for lidar inversion. Applied Optics 25, 2462–2464

Kobayashi, T. 1987: Techniques for Laser Remote Sensing of the Environment. Remote Sensing Reviews 3, 1–56

Kölsch, H. J.; Rairoux, P.; Wolf, J. P.; Wöste, L. 1988: New perspectives in remote sensing using excimer-pumped dye lasers and β-BaB$_2$O$_4$ crystals. 14ILRC 484–487

Konefal, Z.; Szczepanski, J.; Heldt, J. 1981: NO$_2$ detection in the atmosphere using differential absorption lidar. Acta Physica Polonica A60, 273–278

Korb, C. L.; Weng, C. Y. 1982: A Theoretical Study of a Two-Wavelength Lidar Technique for the Measurement of Atmospheric Temperature Profiles. Journal of Applied Meteorology 21, 1346–1355

Köpp, F. 1988: Laser-Doppler-Anemometer zur berührungslosen Windmessung über grosse Entfernungen. Laser und Optoelektronik 20, 74–83

Kristensen, L.; Lenschow, D. H. 1987: An Airborne Laser Air Motion Sensing System. Part II: Design Criteria and Measurement Possibilities. Journal of Atmospheric and Oceanic Technology 4, 128–138

Kunz, G. J. 1983: Vertical atmospheric profiles measured with lidar. Applied Optics 22, 1955–1957

Kunz, G. J. 1987: Lidar and missing clouds. Applied Optics 26, 1161

Kyle, T. G.; Barr, S.; Clements, W. E. 1982: Fluorescent particle lidar. Applied Optics 21, 14–15

Lading, L.; Jensen, A. S. 1980: Estimating the spectral width of a narrowband optical signal. Applied Optics 19, 2750–2756

Lading, L.; Jensen, A. S.; Fog, C.; Andersen, H. 1978: Time-of-flight laser anemometer for velocity measurements in the atmosphere. Applied Optics 17, 1486–1488

Lahmann, W.; Staehr, W.; Weitkamp, C.; Michaelis, W. 1984: State-of-the-art DAS lidar for SO$_2$ and NO$_2$. IGARSS '84 – Remote Sensing – From Research Towards Operational Use. ESA SP–215 Vol. II, European Space Agency Noordwijk, 685–688; GKSS 84/E/50 (1984)

Lehmann, F. J.; Lee, S. A.; She, C. Y. 1986: Laboratory measurements of atmospheric temperature and backscatter ratio using a high-spectral-resolution lidar technique. Optics Letters 11, 563–565

Maeda, M.; Shibata, T. 1988: Solar-blind effect in UV lidar and daytime ozone observation. 14ILRC 419–421

Marling, J. B.; Nilsen, J.; West, L. C.; Wood, L. L. 1979: An ultrahigh-Q isotropically sensitive optical filter employing atomic resonance transitions. J. Appl. Phys. 50, 610–614

Mason, J. B. 1975: Lidar Measurement of Temperature: a New Approach. Applied Optics 14, 76–78

Mayer, A.; Comera, J.; Charpentier, H.; Jaussaud, C. 1978: Absorption coefficients of various pollutant gases at CO$_2$ laser wavelengths; application to the remote sensing of those pollutants. Applied Optics 17, 391–393

McDermid, I. S. 1988: High-power, ground-based lidars for long-term stratospheric and tropospheric ozone measurements. 14ILRC 388–391

Measures, R. M. 1984: Laser remote Sensing. Wiley-Interscience, New York Chichester Brisbane Toronto Singapore, 510 p

Mégie, G.; Blamont, J. E. 1977: Laser sounding of atmospheric sodium interpretation in terms of global atmospheric parameters. Planet. Space Sci. 25, 1093–1109

Mégie, G.; Bos, F.; Blamont, J. E.; Chanin, M. L. 1978: Simultaneous nighttime lidar measurements of atmospheric sodium and potassium. Planet. Space Sci. 26, 27–35

Melfi, S. H.; Lawrence jr., J. D.; McCormick, M. P. 1969: Observation of Raman scattering by water vapor in the atmosphere. Applied Physics Letters 15, 295–297

Melfi, S. H.; Whiteman, D.; Ferrare, R.; Falcone, V. 1988: Observation of Frontal Passages Using a Raman Lidar. 14ILRC 60–62

Menyuk, N.; Killinger, D. K. 1981: Temporal correlation measurements of pulsed dual CO_2 lidar returns. Optics Letters 6, 301–303

Menyuk, N.; Killinger, D. K. 1983: Assessment of relative error sources in IR DIAL measurement accuracy. Applied Optics 22, 2690–2698

Menyuk, N.; Killinger, D. K. 1987: Atmospheric remote sensing of water vapor, HCl and CH_4 using a continuously tunable Co: MgF_2 laser. Applied Optics 26, 3061–3065

Menyuk, N.; Killinger, D. K.; Menyuk, C. R. 1982: Limitations of signal averaging due to temporal correlation in laser remote-sensing measurements. Applied Optics 21, 3377–3383

Menyuk, N.; Killinger, D. K.; Menyuk, C. R. 1985: Error reduction in laser remote sensing: combined effects of cross correlation and signal averaging. Applied Optics 24, 118–131

Menzies, R. T. 1986: Doppler lidar atmospheric wind sensors: a comparative performance evaluation for global measurement applications from earth orbit. Applied Optics 25, 2546–2553

Mie, G. 1908: Beiträge zur Optik trüber Medien, speziell kolloidaler Metallösungen. Annalen der Physik (4) 25, 377–445

Milton, M. J. T.; Woods, P. T. 1987: Pulse averaging methods for a laser remote monitoring system using atmospheric backscatter. Applied Optics 26, 2598–2603

Mitev, V. M.; Nitsolov, S. L. 1983: Improved Procedure for Raman Lidar Measurements of the Atmospheric Temperature. Bulgarian Journal of Physics 10, 86–97

Morande, M.; Stefanutti, L.; Castagnoli, F. 1988: Lidar stratospheric aerosol measurements during the Antarctic summer at Terra Nova Bay. 14ILRC 318–319

Murray, E. R.; Powell, D. D.; van der Laan, J. E. 1980: Measurement of average atmospheric temperature using a CO_2 laser. Applied Optics 19, 1794–1797

Neuber, R.; von der Gathen, P.; von Zahn, U. 1988: Altitude and Temperature of the Mesopause at 69°N Latitude in Winter. Journal of Geophysical Research 93, 11,093 – 11,101

Pal, S. R.; Cunnigham, A. G.; Carswell, A. I. 1988: Evaluation of lidar inversion methods for quantitative measurements of atmospheric parameters. 14ILRC 312–313

Papayannis, A.; Ancellet, G.; Pelon, J.; Mégie, G. 1988: Tropospheric ozone DIAL measurements using a Nd: YAG laser and Raman shifters. 14ILRC 472–475

Parameswaran, K.; Thomas, J.; Satyanarayana, M.; Krishna Murthy, B. V. 1988: Bistatic lidar observations of aerosols in nighttime lower troposphere. 14ILRC 45–48

Patty, R. R.; Russwurm, G. M.; McClenny, W. A.; Morgan, D. R. 1974: CO_2 Laser Absorption Coefficients for Determining Ambient Levels of O_3, NH_3, and C_2H_4. Applied Optics 13, 2850–2854

Pelon, J.; Mégie, G. 1982: Ozone Monitoring in the Troposphere and Lower Stratosphere: Evaluation and Operation of a Ground-Based Lidar Station. Journal of Geophysikal Research 87, 4947–4955

Pelon, J.; Godin, S.; Mégie, G. 1986: Upper Stratospheric (30–50 km) Lidar Observations of the Ozone Vertical Distribution. Journal of Geophysikal Research 91, 8667–8671

Petheram, J. C. 1981: Differential backscatter from the atmospheric aerosol: the implications for IR differential absorption lidar. Applied Optics 20, 3941–3946

Platt, U.; Perner, D. 1983: Measurements of Atmospheric Trace Gases by Long Path Differential UV/Visible Absorption Spectroscopy. In: Killinger und Mooradian 1983, 97–105

Potter, J. F. 1987: Two-frequency lidar inversion technique. Applied Optics 26, 1250–1256

Qiu Jinhuan; Lu Daren 1988: A study of inversion algorithm for determining atmospheric aerosol profile from simulated space-borne lidar signals. 14ILRC 183–186

Qiu Jinhuan; Huang Qirong; Zheng Siping; Zhao Hongjie; Wu Shaoming 1988: Simultaneous measurements of RVR and SVR and cloud height mostly made in heavy-fog and snowing days by lidar. 14ILRC 98

Reagan, J. A.; Byrne, D. M.; Herman, B. M. 1982: Bistatic LIDAR: A Tool for Characterizing Atmospheric Particulates: Part II – The Inverse Problem. IEEE Transactions on Geoscience and Remote Sensing 20, 236–243

Renaut, D.; Pourny, J. C.; Capitini, R. 1980: Daytime Raman-lidar measurements of water vapor. Optics Letters 5, 233–235

Renaut, D.; Capitini, R. 1988: Boundary-Layer Water Vapor Probing with a Solar-Blind Raman Lidar: Validations, Meteorological Observations and Prospects. Journal of Atmospheric and Oceanic Technology 5, 585–601

Riebesell, M.; Voss, E.; Lahmann, W.; Weitkamp, C.; Michaelis, W. 1987: Raman lidar for the remote measurement of atmospheric CO_2 and H_2O. In: McMillan, R. W., ed.: Proceedings of the International Conference on Lasers '86, Orlando, Florida, November 3–7, 1986. STS Press, McLean, 129–135

Rosenberg, A.; Hogan, D. B. 1981: Lidar technique of simultaneous temperature and humidity measurements: analysis of Mason's method. Applied Optics 20, 3286–3288

Sandford, M. C. W.; Gibson, A. J. 1970: Laser radar measurements of the atmospheric sodium layer. Journal of Atmospheric and Terrestrial Physics 32, 1423–1430

Sasano, Y. 1988: Simultaneous determination of aerosol and gas distribution by DIAL measurements. Applied Optics 27, 2640–2641

Sasano, Y.; Nakane H. 1987: Quantitative analysis of RHI lidar data by an iterative adjustment of the boundary condition term in the lidar solution. Applied Optics 26, 615–616

Sasano, Y.; Hirohara, H.; Yamasaki, T.; Shimizu, H.; Takeuchi, N.; Kawamura, T. 1982: Horizontal Wind Vector Determination from the Displacement of Aerosol Distribution Patterns Observed by a Scanning Lidar. Journal of Applied Meteorology 21, 1516–1523

Sassen, K.; Petrilla, R. L. 1986: Lidar depolarization from multiple scattering in marine stratus clouds. Applied Optics 25, 1450–1459

Schmidt, W. 1987: Untersuchungen zur Mie- und Rayleighstreuung als Grundlage für die Entwicklung eines Rayleigh-Temperatur-Lidars auf der Basis der Michelson-Interferometrie. GKSS 87/E/62, 165 S

Schmidt, W. 1989: persönliche Mitteilung

Schnell, W.; Fischer, G. 1975: Carbon dioxide laser absorption coefficients of various air pollutants. Applied Optics 14, 2058–2059

Schotland, R. M. 1966: Some Observations of the Vertical Profile of Water Vapor by a Laser Optical Radar. Proceedings of the 4th Symposium on Remote Sensing of the Environment 12–14 April 1966. University of Michigan, Ann Arbor, 273–283

Schwemmer, G. K.; Wilkerson, T. D. 1979: Lidar temperature profiling: performance simulation of Mason's method. Applied Optics 18, 3539–3541

Schwiesow, R. L. 1983: Potential for a Lidar-Based, Portable, 1 km Meteorological Tower. Journal of Climate and Applied Meteorology 22, 881–890

Schwiesow, R. L.; Lading, L. 1981: Temperature profiling by Rayleigh-scattering lidar. Applied Optics 20, 1972–1979

Schwiesow, R. L.; Cupp, R. E. 1981: Offset local oscillator for cw laser Doppler anemometry. Applied Optics 20, 579–582

Shay, T. M.; Chung, Y. C. 1988: Ultrahigh-resolution, wide-field-of-view optical filter for the detection of frequency-doubled Nd:YAG radiation. Optics Letters 13, 443–445

Shcherbakov, V. N.; Ivanov, A. P.; Chaikovskii, A. P. 1983: Peculiarities of the reconstruction of the microstructure of an atmospheric aerosol from multifrequency sounding data. Zhurnal Prikladnoi Spektroskopii 39, 126–129

She, C. Y.; Kelley, R. F. 1982: Scaling law and photon-count distribution of a laser time-of-flight velocimeter. J. Opt. Soc. Am. 72, 365–371

Shibata, T.; Kobuchi, M.; Maeda, M. 1986: Measurements of density and temperature profiles in the middle atmosphere with a XeF lidar. Applied Optics 25, 685–688

Shimizu, H.; Lee, S. A.; She, C. Y. 1983: High spectral resolution lidar system with atomic blocking filters for measuring atmospheric parameters. Applied Optics 22, 1373–1381

Shimizu, H.; Noguchi, K.; She, C.-Y. 1986: Atmospheric temperature measurement by a high spectral resolution lidar. Applied Optics 25, 1460–1466

Shipley, S. T.; Tracy, D. H.; Eloranta, E. W.; Trauger, J. T.; Sroga, J. T.; Roesler, F. L.; Weinman, J. A. 1983: High spectral resolution lidar to measure optical scattering properties of atmospheric aerosols. 1: Theory and instrumentation. Applied Optics 22, 3716–3724

Sroga, J. T.; Eloranta, E. W.; Barber, T. 1980: Lidar Measurement of Wind Velocity Profiles in the Boundary Layer. Journal of Applied Meteorology 19, 598–605

Sroga, J. T.; Eloranta, E. W.; Shipley, S. T.; Roesler, F. L.; Tryon, P. J. 1983: High spectral resolution lidar to measure optical scattering properties and atmospheric aerosols. 2: Calibration and data analysis. Applied Optics 22, 3725–3732

Staehr, W. 1985: Untersuchungen zur ortsauflösenden Laser-Fernmessung von NO_2 und SO_2 im sichtbaren und ultravioletten Spektralbereich. GKSS 85/E/48, 125 S

Staehr, W.; Lahmann, W.; Weitkamp, C. 1985: Range-resolved differential absorption lidar: optimization of range and sensitivity. Applied Optics 24, 1950–1956; GKSS 85/E/40

Steel, W. H. 1983: Interferometry, 2nd edition. Cambridge University Press, Cambridge London New York New Rochelle Melbourne Sydney, 308 p

Stock, T.; Stöhr, R. 1984: LIDAR-Meßtechnik – Eine Methode zur Erfassung von gasförmigen Luftschadstoffen. Chem. Techn. 36, 140–144

Strauch, R. G.; Derr, V. E.; Cupp, R. E. 1971: Atmospheric Temperature Measurement Using Raman Backscatter. Applied Optics 10, 2665–2669

Sugimoto, N.; Sasano, Y.; Hayashida-Amano, S.; Nakane, H.; Matsui, I.; Shimizu, H.; Takeuchi, N.; Akimoto, H. 1988: Multi-wavelength ozone lidar for stratospheric and tropospheric measurements. 14ILRC 187–189

Takamura, T.; Sasano, Y. 1987: Ratio of aerosol backscatter to extinction coefficients as determined from angular scattering measurements for use in atmospheric lidar applications. Optical and Quantum Electronics 19, 293–302

Tilgner, C.; von Zahn, U. 1988: Average Properties of the Sodium Density Distribution As Observed at 69°N Latitude in Winter. Journal of Geophysikal Research 93, 8439–8454

Uchino, O.; Maeda, M.; Shibata, T.; Hirono, M.; Fujiwara M. 1980: Measurement of stratospheric vertical ozone distribution with a Xe-Cl lidar; estimated influence of aerosols. Applied Optics 19, 4175–4181

Uchino, O.; Maeda, M.; Yamamura, H.; Hirondo, M. 1983: Observation of Stratospheric Vertical Ozone Distribution by a XeCl Lidar. Journal of Geophysical Research 88, 5273–5280

Uchino, O.; Tokunaga, M.; Maeda, M.; Miyazoe, Y. 1983: Differential-absorption-lidar measurement of tropospheric ozone with excimer-Raman hybrid laser. Optics Letters 8, 347–349

Uthe, E. E.; Viezee, W.; Morley, B. M.; Ching, J. K. S. 1985: Airborne Lidar Tracking of Fluorescent Tracers for Atmospheric Transport and Diffusion Studies. Bulletin American Meteorological Society 66, 1255–1262

Vassiliou, G. D.; Eloranta, E. W. 1988: Spatial variations in mixed layer growth observed with lidar. 14ILRC 53–55

Vaughan, G.; Wareing, D. P.; Thomas, L.; Mitev, V. 1988: Humidity measurements in the free troposphere using Raman backscatter. Q. J. R. Meteorol. Soc. 114, 1471–1484

von Zahn, U.; Neuber, R. 1987: Thermal Structure of the High Latitude Mesopause Region in Winter. Beitr. Phys. Ahmosph. 60, 294–304

Walter, D. P.; Cooper, D. E.; van der Laan, J. E.; Murray E. R. 1986: Carbon dioxide laser backscatter signatures from laboratory-generated dust. Applied Optics 25, 2506–2513

Weitkamp, C.; Michaelis, W.; Heinrich, H.-J.; Baumgart, R.; Lohse, H.; Mengelkamp, H.-T.; Eppel, D.; Müller, A.; Lenhard, U.; Eberhardt, H. J.; Muschner, C. 1983: Ausbreitung von Chlorwasserstoff in Abgasfahnen von Verbrennungsschiffen: vorläufige Ergebnisse der Meßfahrt mit dem Forschungsschiff TABASIS im Sommer 1982. GKSS 83/E/10, 103 S

Weitkamp, C.; Lahmann, W.; Staehr, W. 1987: Reichweite- und Empfindlichkeitsoptimierung beim DAS-Lidar. Laser und Optoelektronik 19, 375–381; GKSS 88/E/24 (1988)

Weitkamp, C.; Riebesell, M.; Voss, E.; Lahmann W.; Michaelis W. 1988: Water Vapor Vertical Sounding with Raman Lidar. In: Remote Sensing of Atmosphere and Oceans Vol. 2. Australian Defence Force Academy, Canberra, 66(1) bis 66(6); GKSS 88/E/4 (1988)

Werner, C.; Herrmann, H. 1981: Lidar Measurements of the Vertical Absolute Humidity Distribution in the Boundary Layer. Journal of Applied Meteorology 20, 476–481

Werner, J.; Rothe, K. W.; Walther, H. 1983: Lasermessungen des stratosphärischen Ozongürtels. Laser und Optoelektronik 15 No. 1, 17–21

Wiesemann, W.; Beck, R.; Englisch, W.; Gürs, K. 1978: In-Flight Test of a Continuous Laser Remote Sensing System. Appl. Phys. 15, 257–260

Woodfield, A. A.; Vaughan, J. M. 1983: Airspeed and wind shear measurements with an airborne CO_2 cw laser. International Journal of Aviation Safety 1, 129

Zhou Shouhuan; He Taishu 1988: A lidar system and its experiments in measuring atmosphere parameters. 14ILRC 99

Zuev, V. E.; Makushkin, Yu. S.; Marichev, V. N.; Mitsel, A. A.; Zuev, V. V. 1983: Lidar differential absorption and scattering technique: theory. Applied Optics 22, 3733–3741

Zuev, V. V.; Zuev, V. E.; Makushkin, Yu. S.; Marichev, V. N.; Mitsel, A. A. 1983: Laser sounding of atmospheric humidity: experiment. Applied Optics 22, 3742–3746

Zuev, V. V.; Ponomarev, Yu. N.; Solodov, A. M.; Tikhomirov, B. A.; Romanovsky, O. A. 1985: Influence of the shift [of] H_2O absorption lines with air pressure on the accuracy of the atmospheric humidity profiles measured by the differential-absorption method. Optics Letters 10, 318–320

12ILRC. 12 Conférence Internationale Laser Radar/12 International Laser Radar Conference. Résumés des Communications/Abstracts of Papers. 13 – 17 Août 1984, Aix-en-Provence, France, 451 p

13ILRC. Thirteenth International Laser Radar Conference. Abstracts of papers presented at the conference held in Toronto, Ontario, Canada, August 11 – 16, 1986. NASA Conference Publication 2431 (1986), 321 p

14ILRC. 14 International Laser Radar Conference/14 Conferenza Internazionale Laser Radar. Conference Abstracts. Innichen – San Candido, Italy, June 20 – 23, 1988, 512 p

Dopplerbild-Photographie

F. Seiler, J. Srulijes, A. George

1. Einleitung

1.1 Dopplereffekt

In der Strömungsmechanik ist die Messung der Strömungsgeschwindigkeit von großer Bedeutung. Verschiedene Meßprinzipien wurden dazu entwickelt. Unter den bekanntesten Verfahren sind das Einstrahlanemometer sowie das Zweistrahlanemometer zu nennen. Beide Meßmethoden beruhen auf dem Prinzip des Dopplereffekts. Eingestrahltes Laserlicht wird an mitgeführten Teilchen, sog. Tracern, dopplerverschoben gestreut. Die Zweistrahlanemometrie benutzt zwei Beleuchtungsstrahlen, die sich im Meßvolumen kreuzen. Die Überlagerung der beiden dopplerverschobenen Streulichtanteile führt zu einer Schwebungsfrequenz. Diese informiert über die Tracergeschwindigkeit im Meßvolumen. Bei der Einstrahlanemometrie ist nur ein Beleuchtungsstrahl vorhanden. Die Frequenzverschiebung des empfangenen Streulichts ist ein Maß für die Teilchengeschwindigkeit am Meßort. Das Prinzip der Dopplerbild-Photographie gründet auf der Einstrahlanemometrie. Ausgenutzt wird der optische Dopplereffekt, der besagt, daß die von einem Detektor (D) gemessene Lichtfrequenz ν_D von der Abstandsänderung zwischen dem Detektor und der Lichtquelle (L) abhängt:

$$\frac{\nu_D}{\nu_L} = \frac{1 \pm \frac{v}{c}}{\sqrt{1 - \left(\frac{v}{c}\right)^2}} \tag{1}$$

Ist diese Abstandsänderung pro Zeiteinheit (Relativgeschwindigkeit v) wesentlich kleiner als die Lichtgeschwindigkeit c, so gilt

$$\frac{v}{c} \ll 1 \tag{2}$$

und die Beziehung (1) reduziert sich auf folgenden Ausdruck:

$$\frac{\nu_D}{\nu_L} = 1 \pm \frac{v}{c} \tag{3}$$

Das Minuszeichen gilt, wenn sich der Detektor und die Lichtquelle voneinander wegbewegen, das Pluszeichen im umgekehrten Fall. Diese physikalische Erscheinung der Frequenzänderung bei Bewegung wird Dopplereffekt genannt. Bei Lichtstreuung an Tracerteilchen gelangt das von der Quelle (L) ausgesandte Licht über die Partikel (P) zum Detektor (D). Der vorgenannte Dopplereffekt tritt zweimal auf: Im System Lichtquelle-Partikel bzw. Partikel-Detektor. Bewegt sich im System aus Lichtquelle und Partikel das Tracerteilchen schräg zur Richtung des eingestrahlten Lichts, so wird nur die Geschwindigkeitskomponente

$$\vec{v}\,\vec{e}_L = |\vec{v}|\,\cos\,\alpha \tag{4}$$

der Tracergeschwindigkeit $\vec{v}$ wirksam (siehe Abb. 1). $\vec{e}_L$ ist der Einheitsvektor in Richtung des eingestrahlten Lichts, d. h. von der Lichtquelle (Laser) zum Empfänger (Partikel). Ein Tracerteilchen sieht dann nach der Beziehung (3) folgende Lichtfrequenz:

$$\nu_P = \nu_L \left(1 \pm \frac{\vec{v}\,\vec{e}_L}{c}\right). \tag{5}$$

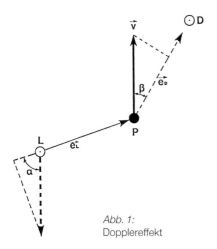

Abb. 1:
Dopplereffekt

Tritt zwischen dem Geschwindigkeitsvektor $\vec{v}$ und der Beobachtungsrichtung der Winkel β auf, so wird die Geschwindigkeitskomponente

$$\vec{v} \; \vec{e}_D = |\vec{v}| \; \cos \; \beta \tag{6}$$

in Richtung des Einheitsvektors $\vec{e}_D$ berücksichtigt. Mit Gleichung (3) empfängt der Detektor die Lichtfrequenz

$$\nu_D = \nu_P \left(1 \mp \frac{\vec{v} \; \vec{e}_D}{c}\right). \tag{7}$$

Das Minuszeichen in Gleichung (5), bzw. das Pluszeichen in Gleichung (7) gilt, wenn das Tracerteilchen von der Lichtquelle weg zum Detektor hin läuft. Die beiden anderen Vorzeichen treffen im umgekehrten Fall zu.

1.2 Das Michelsoninterferometer als Frequenzspektrometer

Frequenzänderungen können interferometrisch gemessen werden. Dafür hat sich das Michelsoninterferometer bewährt, dessen prinzipieller Aufbau in Abbildung 2 erklärt ist. Das Michelsoninterferometer besteht im wesentlichen aus einem halbdurchlässigen Spiegel S, der das einfallende Licht in zwei Anteile aufteilt: in einen umgelenkten Teil (I) und einen durchgehenden Teil (II). Beide Teilstrahlen werden an den Spiegeln S_1 bzw. S_2 reflektiert. Bei genügend großer Kohärenzlänge der verwendeten Lichtquelle (u. a. Laserlicht) können die Teillichtbündel (I) und (II) nach Durchgang durch das Interferometer miteinander interferieren. Im Detektor (D) wird die Interferenzerscheinung registriert. Bei der Interferenz zweier Lichtstrahlen sind die Amplituden der elektrischen Feldstärken zu überlagern:

$$e_I = e_{I,max} \; \sin \; \varphi \tag{8}$$

212

$$e_{II} = e_{II,max} \sin (\varphi + \Delta\varphi).\qquad(9)$$

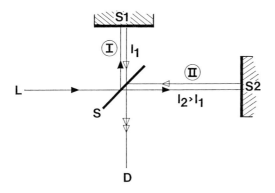

Abb. 2:
Funktion des Michelsoninterferometers

φ ist die Phase des Lichts und $\Delta\varphi$ die Phasendifferenz zwischen den beiden Teilstrahlen (I) und (II). Aus den Gleichungen (8) und (9) folgt für die zeitlich gemittelte Beleuchtungsstärke:

$$B = B_{max} \cos^2 \left(\frac{\Delta\varphi}{2}\right).\qquad(10)$$

B_{max} ist die maximale Beleuchtungsstärke. Die Interferenz ergibt in Abhängigkeit von der Phasendifferenz $\Delta\varphi$ eine $\cos^2$-Verteilung der Beleuchtungsstärke B am Ort des Detektors. Die Phasendifferenz $\Delta\varphi$ ist mit der optischen Wegdifferenz $\Delta\emptyset$ und der Lichtfrequenz ν in der folgenden Weise verknüpft:

$$\frac{\Delta\varphi}{2\pi} = \frac{\Delta\phi}{\lambda} = \nu \frac{\Delta\phi}{c}.\qquad(11)$$

Betrachtet wird nach Relation (11) die Abhängigkeit der Phasendifferenz $\Delta\varphi$ von der Streulichtfrequenz ν. Die optische Wegdifferenz

$$\Delta\phi = |1_2 - 1_1|\qquad(12)$$

bleibt konstant. Dopplerverschiebt sich die Streulichtfrequenz ν um $d\nu$, so ändert sich nach Gleichung (11) die Phasendifferenz $\Delta\varphi$ und damit nach (10) die Beleuchtungsstärke B. Frequenzänderungen rufen also Änderungen im Interferenzbild hervor. Die optische Wegdifferenz $\Delta\phi$ beeinflußt maßgeblich die Frequenzempfindlichkeit $d\nu/\nu$ des Interferometers. Aus Gleichung (11) folgt durch differenzieren:

$$d\left(\frac{\Delta\varphi}{2\pi}\right) = \frac{\Delta\phi}{\lambda} \frac{d\nu}{\nu}.\qquad(13)$$

Die optische Wegdifferenz $\Delta\phi$ wird nach Relation (12) durch die optischen Längen l_1 und l_2 der beiden Interferometerarme bestimmt. Große Längendifferenzen ergeben eine dementsprechend große Empfindlichkeit gegenüber Frequenzänderungen.

1.3 Laser-Doppler-Velozimeter

Ein der Dopplerbild-Photographie verwandtes Verfahren stellt das Laser-Doppler-Velozimeter von Smeets (1978) zur Messung der Geschwindigkeitsverteilung in einer mit Tracern durchsetzten Strömung dar. Eine ähnliche Meßmethode, bekannt unter dem Namen VISAR (velocity interferometer system for any reflector), wurde von Barker und Hollenbach (1972) entwickelt. Das Laser-Doppler-Velozimeter ist dahingehend erweitert worden, daß der Einfluß von Schwankungen der Streulichtintensität mit einer Phasennachführung kompensiert wird. Das in solcher Weise modifizierte Verfahren erlaubt die kontinuierliche Registrierung der Partikelgeschwindigkeit. Die Messung erfolgt praktisch in einem Punkt, im Gegensatz zur flächenhaften Darstellung eines momentanen Geschwindigkeitsfeldes mittels Dopplerbild-Photographie. Das Laser-Doppler-Velozimeter arbeitet wie das Dopplerbildverfahren mit Hilfe eines Michelsoninterferometers. Abbildung 3 zeigt den prinzipiellen Aufbau. Die optische Wegdifferenz im Interferometer, und damit die Frequenzempfindlichkeit, wird mittels eines Glasblocks erzeugt. Das Interferometer nach Smeets wird mit polarisiertem Licht betrieben. Ein schnelles Regelsystem sorgt dafür, daß Änderungen der Streulichtfrequenz sofort über eine Pockelszelle kompensiert werden. Die Ausgangssignale der beiden mit komplemetär interferierenden Lichtanteilen versorgten Photomultiplier werden einem Phasenstabilisator zugeführt, der die Pockelszelle ansteuert. Die Pockelszellenspannung folgt der Frequenzänderung und damit der Geschwindigkeitsänderung linear.

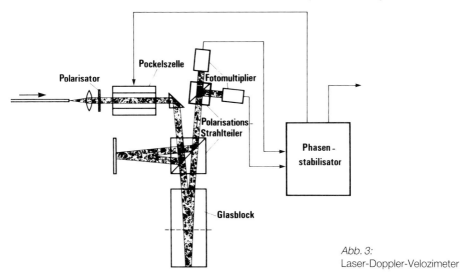

Abb. 3:
Laser-Doppler-Velozimeter

2. Das Michelsoninterferometer für ein Dopplerbild

2.1 Optischer Aufbau

Wie bei dem in der Einleitung genannten Verfahren von Smeets (1978) wird zur Aufnahme von Dopplerbildern ein Michelsoninterferometer mit verschieden langen Interferometerarmen verwendet. Dieses Interferometer erlaubt, Änderungen der Streulichtfrequenz (Dopplereffekt) in Lichtphasenverschiebungen und diese in Änderungen der Beleuchtungsstärke zu wandeln. Während das von Smeets (1978) entwickelte Verfahren die zeitlichen Frequenzänderungen des aus einem eng begrenzten Meßvolumen gestreuten Lichtes mißt, betrachtet die Dopplerbild-Photographie die Frequenzänderungen des von den verschiedenen Punkten einer Fläche kommenden Streulichtes. Beim Laser-Doppler-Velozimeter werden die zeitlichen Änderungen der Frequenz durch Photomultiplier in ein elektrisches Ausgangssignal gewandelt. Ein Dopplerbild entsteht durch photographieren der örtlichen Änderungen der Beleuchtungsstärke. Besondere Maßnahmen zur Eliminierung von Schwankungen der Streulichtleistung sind nicht nötig. Deshalb arbeitet das Dopplerbildverfahren in seiner Grundversion ohne Polarisationsoptik. Die optische Anordnung ist deshalb einfacher als bei den in der Einleitung vorgestellten Verfahren.

Der für die Dopplerbild-Photographie benutzte optische Aufbau ist in Abbildung 4 skizziert. Auf der Beleuchtungsseite wird das Lichtbündel eines Lasers mit einer Kombination aus ei-

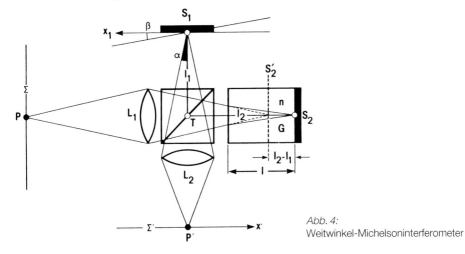

Abb. 4:
Weitwinkel-Michelsoninterferometer

ner sphärischen und einer zylindrischen Linse so weit aufgeweitet, daß es die zu untersuchende Strömung als breites und möglichst dünnes Lichtband durchsetzt. Man spricht in diesem Fall von einem Lichtschnitt. Die Strömung muß ausreichend viele und genügend feine Tracerpartikel mitführen, um zu gewährleisten, daß einerseits die Beleuchtungsstärke zur Filmschwärzung hinreichend hoch ist, und andererseits die Partikel der Strömung möglichst unverzögert folgen können. Das an den Tracern gestreute Licht kommt von der ebenen Objektfläche Σ. Auf der Empfangsseite wird ein Teil des Streulichtes mit der Linse L_1 in das Michelsoninterferometer geholt. Dieses besteht aus dem Strahlteilerwürfel T mit halbdurchlässigem Spiegel, aus den beiden Spiegeln S_1 und S_2, sowie aus dem Glasblock G zwischen S_2 und T. Die Mitten der Spiegel S_1 und S_2 haben verschiedene Abstände $l_1 \neq l_2$ von T. Der Glasblock hat die Länge l und die Brechzahl n. Die Brechzahl außerhalb des Glases ist praktisch gleich 1. Im Strahlteilerwürfel werden die von der Objektfläche Σ durch die Linse L_1 gehenden Strahlen in zwei Komponenten gleicher Beleuchtungsstärke geteilt. Mit den nach S_1 gehenden Teilstrahlen wird Σ auf S_1 und mit dem nach S_2 gehenden wird Σ auf S_2 abgebildet. Die von S_1 und S_2 zum Strahlteiler T zurückkehrenden Teilstrahlen werden dort nochmals geteilt. Die in Richtung der Linse L_2 gehenden Hälften bilden die beiden Spiegel S_1 und S_2 in der Bildebene Σ' ab. Die Linse L_2 überträgt also die Zwischenbilder von Σ auf S_1 und S_2 nach Σ'. Damit diese Abbildungen von Σ auf S_1 bzw. S_2 und weiter nach Σ' trotz $l_1 \neq l_2$ möglich sind, müssen die Längen l_1, l_2 und l zusammen mit der Brechzahl n folgende Bedingung erfüllen:

$$l_2 - l_1 = \frac{n-1}{n} \, l \, .\tag{14}$$

Wenn Bedingung (14) erfüllt ist, erscheint der Spiegel S_2 als virtueller Spiegel S_2' in gleichem Abstand vom Strahlteiler wie der Spiegel S_1. Damit ist die Abbildung der Objektebene Σ auf die Bildebene Σ' gewährleistet. Die optischen Wege in den beiden Armen des Interferometers sind allerdings verschieden.

2.2 Arbeitsweise

Die Betrachtung der durch die Mitten von T nach S_1 und S_2 gehenden Hauptstrahlen ergibt, daß der optische Weg von T nach S_2 und zurück um den folgenden Betrag $\Delta\phi$ größer ist als der optische Weg von T nach S_1 und zurück:

$$\Delta\phi = 2 \, (l_2 - l) + 2nl - 2 \, l_1 \, .\tag{15}$$

Einsetzen von Gleichung (14) führt zu:

$$\Delta\phi = 2 \, \frac{n^2-1}{n} \, l \, .\tag{16}$$

Ist die Bedingung (14) erfüllt, so hat $\Delta\phi$ auch für schief einfallende Strahlen praktisch den gleichen Wert, wenn deren Winkel α mit der Senkrechten auf S_1 eine von l und n abhängige Obergrenze nicht überschreitet. Einzelheiten darüber finden sich in einer Arbeit von Hansen (1954). Dieser Sachverhalt gilt auch für alle übrigen Strahlen eines von irgendeinem Punkt P der Objektfläche Σ in das Interferometer gehenden Strahlenbündels. Alle im Punkt P' der Bildebene Σ' eintreffenden Teilstrahlenpaare kommen dort nahezu mit der gleichen Phasenverschiebung $\Delta\varphi$ zusammen und interferieren. Wäre für alle Teilstrahlenpaare $\Delta\varphi = 0$, so würde in der Bildebene Σ' nach Gleichung (10) die größtmögliche Beleuchtungsstärke B_{max} auftreten. Die Beleuchtungsstärke B ist nach Gleichung (10) eine Funktion von $\Delta\varphi$ und hängt damit über Relation (11) von der Frequenz ν des Streulichtes ab. Ist das Verhältnis von $\Delta\phi$ zur Wellenlänge $\lambda = c/\nu$ außerhalb des Glasblocks (Vakuumwellenlänge) sehr groß, so können nach der Ableitung (13) schon sehr kleine Änderungen $d\nu/\nu$ merkliche Änderungen $d(\Delta\varphi)$ bewirken.

Auf den ersten Blick könnte man versuchen, ein Dopplerbild aufzunehmen, auf dem Schwärzungen, abhängig von der Beleuchtungsstärke B, über $\Delta\varphi$ und damit über die Frequenz ν des Streulichtes informieren. Aber B hängt mit B_{max} auch von der Intensität des Streulichtes ab. In Gasströmungen können die Schwankungen der Streulichtintensität sehr groß, die Dopplerverschiebungen aber sehr klein sein. Aus diesem Grunde ist es i. allg. unmöglich, so ein sicher auswertbares Dopplerbild zu erhalten. Um von der Streulichtintensität unabhängig zu werden, wird der Spiegel S_1 um einen kleinen Winkel β gedreht. Zu der optischen Wegdifferenz $\Delta\phi$ kommen kleine Differenzen $\Delta\phi_x$ optischer Wege hinzu, die mit zunehmendem Abstand x von der Spiegelmitte linear anwachsen. In der Bildebene Σ' werden zu den eben betrachteten Phasenverschiebungen $\Delta\varphi$ kleine Verschiebungen $\Delta\varphi_x$ addiert, die linear von der in Abbildung 4 definierten Koordinate x' in der Bildebene Σ' abhängen. Auch diese $\Delta\varphi_x$ sind proportional zur Frequenz ν:

$$\frac{\Delta\varphi_x}{2\pi} = \frac{\Delta\phi_x}{\lambda} = \nu \frac{\Delta\phi_x}{c}. \tag{17}$$

Ihre dν/ν-Empfindlichkeit hängt nach Relation (13) wie folgt von $\Delta\phi_x/\lambda$ ab:

$$d\left(\frac{\Delta\varphi_x}{2\pi}\right) = \frac{\Delta\phi_x}{\lambda} \frac{d\nu}{\nu}. \tag{18}$$

Die dν/ν-Empfindlichkeit der $\Delta\varphi_x$ ist wegen $\Delta\phi_x \ll \Delta\phi$ und folglich d$(\Delta\varphi_x) \ll$ d$(\Delta\varphi)$ viel kleiner als die von $\Delta\varphi$. Demzufolge kann die Änderung der $\Delta\varphi_x$ mit der Frequenz ν vernachlässigt werden.

Im Dopplerbild erscheinen infolge der Drehung des Spiegels S_1 um den Winkel β Interferenzstreifen, die bei konstanter Frequenz ν und konstanter Streulichtintensität B_{max} gerade, parallel und äquidistant sind. Die Dopplerbild-Photographie in Abbildung 5 veranschaulicht den Ausgangszustand. Die Tracerpartikel ruhen dabei.

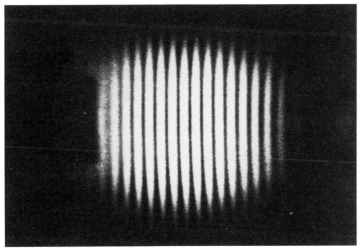

Abb. 5: Dopplerbild bei konstanter Streulichtfrequenz

Der Streifenabstand ist proportional zum Winkel β. Die Lage der Streifen in der Bildebene wird durch die räumliche Neigung des Spiegels S_1 bestimmt. Die zu Abbildung 5 gehörende Verteilung der Beleuchtungsstärke B entlang der Koordinate x' zeigt Abbildung 6. Die Beleuchtungsstärke B hängt dort in der folgenden Weise von $\Delta\varphi$ und $\Delta\varphi_x$ ab:

$$B = B_{max} \cos^2\left(\frac{\Delta\varphi + \Delta\varphi_x}{2}\right). \tag{19}$$

Von Interesse sind ausschließlich die Stellen, an denen

$$|\Delta\varphi + \Delta\varphi_x| = \pm\pi,\ 3\pi,\ 5\pi,\ \ldots \tag{20}$$

ist. Dort ist die Beleuchtungsstärke B unabhängig von B_{max}. Im Nullbild sind dies die Mitten der parallelen und äquidistanten Dunkelstreifen. Die Mitten der Dunkelstreifen erscheinen an den Stellen des Dopplerbildes versetzt, an denen die Frequenz dopplerverschoben ist. Ihre Versetzungen informieren über die Verschiebung der Streulichtfrequenz an den betreffenden Punkten P' des Bildes Σ' und damit über deren Abweichungen an den entsprechenden Punkten P des Objektes Σ. Nur die Orte einer Dopplerbild-Photographie mit der kleinsten vorkommenden Beleuchtungsstärke, also mit B = 0, geben genaue Auskunft über die dort vorhandene Streulichtfrequenz ν.

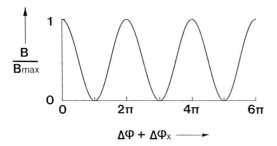

Abb. 6:
Beleuchtungsstärke B entlang der Koordinate x'

2.3 Justierung

Die Bedingung (14) muß so gut wie möglich erfüllt sein. Ob sie eingehalten ist, kann man bei gedrehtem Spiegel S_1 nur noch schwer am Kontrast der Interferenzstreifen in der Bildebene Σ' erkennen. Bei nicht gedrehtem Spiegel S_1 läßt sich die Interferometereinstellung nach Gleichung (14) leicht anhand einer Interferenzerscheinung in der Brennebene der Linse L_2 justieren. Dieses Interferenzbild wird bestimmt durch die optische Wegdifferenz $\Delta \phi$ der unter dem Winkel α schief in das Interferometer einfallenden Lichtstrahlen (siehe Abbildung 4). Genau betrachtet, besteht dann zwischen $\Delta \phi$ und dem Winkel α der folgende Zusammenhang:

$$\frac{\Delta \phi}{2} = (l_2 - l_1) \cos \alpha + 1 \left[\sqrt{n^2 - \sin^2 \alpha} - \cos \alpha \right]. \tag{21}$$

In Abbildung 7 ist $\Delta \phi (\alpha)$ für einige Abweichungen

$$\Delta = \frac{n-1}{n} 1 - (l_2 - l_1) \tag{22}$$

von der Bedingung (14) graphisch dargestellt. Für kleine Winkel α kann man Gleichung (21) näherungsweise schreiben als:

$$\frac{\Delta \phi}{2} = l_2 - l_1 + (n - 1) 1 + \frac{\alpha^2}{2} \left[\frac{n-1}{n} 1 - (l_2 - l_1) \right]. \tag{23}$$

Im Falle $\Delta = 0$ wird $\Delta \phi$ nach Gleichung (23) unabhängig vom Winkel α:

$$\frac{\Delta \phi}{2} = l_2 - l_1 + (n - 1) 1. \tag{24}$$

Abbildung 7 zeigt, daß diese Aussage nur für sehr kleine Winkel α gilt. Genau betrachtet gilt

218

Gleichung (24) nur für $\alpha = 0$, in Übereinstimmung mit Gleichung (15). Nach Relation (21) ist stets eine Abhängigkeit vom Winkel α vorhanden. Die Folge davon ist, daß in der Brennebene von L_2 Lummer-Heidinger-Interferenzringe erscheinen. Diese Ringe entstehen durch Interferenzen gleicher Neigung wie bei einer planparallelen Platte. Ist die Abweichung Δ in Gleichung (22) groß, dann ist der Durchmesser des ersten Ringes klein. Bei Verschiebung des Spiegels S_1 in der richtigen Richtung quellen immer neue Ringe aus dem Zentrum hervor und wandern nach außen. Dabei wächst der Durchmesser des ersten Ringes so lange, bis er schließlich bei der Spiegelstellung nach Bedingung (14) mit $\Delta = 0$ einen Größtwert erreicht. Wird S_1 noch weiter in diese Richtung verschoben, dann wird der Durchmesser des ersten Ringes wieder kleiner. Ist durch diese Justierung die für $\Delta = 0$ erforderliche Lage des Spiegels S_1 gefunden, dann ist es noch notwendig, den Winkel α der nach Σ' gelangenden Strahlen durch eine Blende zu begrenzen. Danach wird der Spiegel S_1 gedreht. Es erscheinen in der Bildebene Σ' die Fizeau-Interferenzstreifen gleicher Dicke, wie sie in gleicher Weise auch bei einem Keil auftreten.

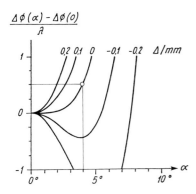

Abb. 7:
Optische Wegdifferenz $\Delta\phi(\alpha)$ versus Winkel α

2.4 Streifenkontrast

Der Kontrast

$$K = \frac{B_{max} - B_{min}}{B_{max}} \qquad (25)$$

der Fizeau-Interferenzstreifen ist definiert mit der größtmöglichen Beleuchtungsstärke B_{max} im hellen und der kleinsten Beleuchtungsstärke B_{min} im dunklen Streifen. Der Kontrast ist um so größer, je weniger die optische Wegdifferenz $\Delta\phi$ der beteiligten Teilstrahlenpaare bei nicht gedrehtem Spiegel S_1 vom Winkel α abhängen. Wird der Winkel α mit einer Blende in der Brennebene der Linse L_2 begrenzt, so hängt der Kontrast K in der Bildebene Σ' von der größten in der Brennebene vom Mittelpunkt bis zum Rand der Blende beobachteten Differenz $\Delta(\Delta\varphi)$ der Phasenverschiebung $\Delta\varphi$ nach Hansen und Kinder (1958) in folgender Weise ab:

$$K = \frac{2 \left| \sin \frac{\Delta(\Delta\varphi)}{2} \right|}{\frac{\Delta(\Delta\varphi)}{2} + \left| \sin \frac{\Delta(\Delta\varphi)}{2} \right|} . \qquad (26)$$

Zum Beispiel wird im Falle $\Delta(\Delta\varphi) = \pi$ der Kontrast $K = 0,78$. Dieser Wert ist bereits brauchbar. Es genügt also, eine Blende in der Brennebene von L_2 so weit zuzuziehen, daß dort vom Zentrum bis zum Rand keine größere Differenz der Phasenverschiebungen als π erscheint. Diese Forderung erlaubt, daß bei hellem Zentrum am Rand der Blende die Mitte des ersten dunklen Ringes erscheint.

2.5 Streifenlokalisierung

Die durch Drehen des Spiegels S_1 in der Spiegelachse entstehenden Fizeau-Interferenzstreifen liegen parallel zur Drehachse. Die Interferenzstreifen sind also auf S_1 lokalisiert. Das bedeutet, da sich das Zwischenbild der Objektebene Σ ebenfalls auf S_1 befindet, daß die Fizeau-Interferenzstreifen und die Objektebene Σ gleichermaßen scharf in der Bildebene Σ' erscheinen. Ein in das Michelsoninterferometer schauender Beobachter sieht die Fizeau-Interferenzstreifen in der Objektebene Σ lokalisiert.

2.6 Bildauswertung

Zur Auswertung von Dopplerbild-Photographien geben nur die Orte mit der kleinsten vorkommenden Beleuchtungsstärke B_{min} sichere Auskunft über die Streulichtfrequenz ν. Ist der Streifenkontrast $K = 1$, so sind dies die Orte mit $B = 0$. Dort ist nach Gleichung (20) die Summe der ν-empfindlichen Phasenverschiebungen $\Delta\varphi$ und der ν-unempfindlichen und von der Spiegeldrehung abhängigen Phasenverschiebung $\Delta\varphi_x$ gleich $\pm\pi$, 3π, 5π und so weiter.

Hat die Frequenz ν in der gesamten Objektebene Σ den gleichen Wert, nämlich ν_0, so liegen diese Orte in der Bildebene Σ' auf parallelen und äquidistanten Geraden mit dem Abstand s. Bei dann in der ganzen Bildfläche Σ' konstantem

$$\Delta\varphi \;=\; \Delta\varphi_0 \tag{27}$$

ändert sich auf der Strecke

$$\Delta x' \;=\; s \tag{28}$$

die durch Spiegeldrehung definierte Phasenverschiebung um

$$\Delta(\Delta\varphi_x) \;=\; 2\pi. \tag{29}$$

Auf der Strecke

$$\Delta x' \;\neq\; s \tag{30}$$

ändert sich $\Delta\varphi_x$ um folgenden Betrag:

$$\frac{\Delta(\Delta\varphi_x)}{2\pi} \;=\; \frac{\Delta x'}{s}. \tag{31}$$

Erscheint auf dem Dopplerbild ein Ort mit kleinster Beleuchtungsstärke $B = 0$ um $\Delta x'$ gegenüber jener Stelle verschoben, an der er bei konstanter Frequenz $\nu = \nu_0$ liegen würde, so bedeutet dies, daß dort jetzt die Frequenz $\nu \neq \nu_0$ und darum auch $\Delta \varphi \neq \Delta \varphi_0$ ist (siehe Abbildung 8).

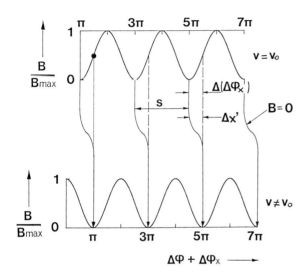

Abb. 8:
Bildauswerteverfahren

Bei konstanter Frequenz $\nu = \nu_0$ und $\Delta \varphi = \Delta \varphi_0$ wäre an der verschobenen Stelle

$$\Delta\varphi_0 + \Delta\varphi_x = \pm\pi, \ 3\pi, \ 5\pi, \ \ldots + \Delta(\Delta\varphi_x). \tag{32}$$

Jetzt ($\nu \neq \nu_0$ und $\varphi \neq \varphi_0$) ist aber an diesem Ort mit gleichem $\Delta\varphi_x$

$$\Delta\varphi + \Delta\varphi_x = \pm\pi, \ 3\pi, \ 5\pi, \ \ldots. \tag{33}$$

Mit den Gleichungen (32) und (33) ergibt sich:

$$\Delta\varphi - \Delta\varphi_0 = -\Delta(\Delta\varphi_x). \tag{34}$$

Durch Einsetzen von Gleichung (34) in (31) folgt:

$$\frac{\Delta\varphi - \Delta\varphi_0}{2\pi} = -\frac{\Delta x'}{s}. \tag{35}$$

Die Differenz der Phasenverschiebungen $\Delta\varphi$ und $\Delta\varphi_0$ lassen sich mit Relation (11) in Frequenzverschiebungen umformen.

$$\frac{\nu - \nu_0}{\nu_0} = -\frac{\lambda}{\Delta\phi}\frac{\Delta x'}{s}. \tag{36}$$

221

Zur Bildauswertung muß es möglich sein, jene Lage der Geraden mit $B = 0$ anzugeben, welche man bei konstanter Frequenz $\nu = \nu_0$ im ganzen Bild haben würde. Außerdem muß die Frequenz ν_0 bekannt sein. Im allgemeinen ruhen die Tracerpartikel an den betreffenden Stellen. Dann ist ν_0 die Frequenz ν_L des Lasers. Bewegen sich die Tracer und ist deren Geschwindigkeit in hinreichend ausgedehnten Gebieten konstant, so kann bei bekannter Partikelgeschwindigkeit die Frequenz ν_0 bestimmt werden.

Die weitere Auswertung erfolgt dann wie bei der Einstrahlanemometrie. Die vom Detektor (D) empfangene, dopplerverschobene Streulichtfrequenz ν_D ergibt sich aus den Gleichungen (5) und (7):

$$\frac{\nu_D}{\nu_L} = \left(1 \pm \frac{\vec{v}\,\vec{e}_L}{c}\right)\left(1 \mp \frac{\vec{v}\,\vec{e}_D}{c}\right) \ . \tag{37}$$

Multipliziert man die rechte Seite von Gleichung (37) und vernachlässigt die Glieder mit $1/c^2$, dann folgt bei einer Relativbewegung des Tracerpartikels von der Lichtquelle in Richtung Detektor:

$$\frac{\nu_D}{\nu_L} \approx 1 + \frac{\vec{v}\,(\vec{e}_D - \vec{e}_L)}{c}. \tag{38}$$

Weitere Umformung führt zu (siehe Abbildung 9a):

$$\frac{\nu_D}{\nu_L} \approx 1 + |\vec{e}_D - \vec{e}_L|\,\frac{v}{c}\,\cos\gamma, \tag{39}$$

oder

$$\frac{\nu_D}{\nu_L} \approx 1 + 2\,\frac{v}{c}\,\cos\gamma\,\sin\frac{\theta}{2}. \tag{40}$$

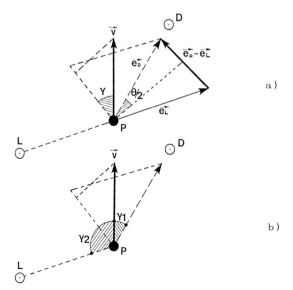

Abb. 9:
Meßprinzip der Einstrahlanemometrie

Vom Tracer aus betrachtet gibt die Winkelhalbierende zwischen den Blickrichtungen zum Laser (L) und zum Detektor (D) jene Richtung an, in welcher die den Dopplereffekt verursachende Komponente des Geschwindigkeitvektors $\vec{v}$ liegt. Es erscheint bequemer, mit den Winkeln γ_1 zwischen dem Vektor $\vec{v}$ und der Richtung zum Empfänger und γ_2 zwischen $\vec{v}$ und der Richtung zum Laser zu rechnen. Die Winkelbeziehungen lassen sich aus Abbildung 9a, b ableiten:

$$\Theta = \pi - (\gamma_1 + \gamma_2) \tag{41}$$

und

$$\gamma = \frac{\pi}{2} - \gamma_1 - \frac{\Theta}{2}. \tag{42}$$

Einsetzen der Gleichungen (41) und (42) in (40) ergibt:

$$\frac{\nu_D}{\nu_L} \approx 1 + \frac{v}{c}(\cos\gamma_1 + \cos\gamma_2). \tag{43}$$

Berücksichtigt man, daß in Gleichung (36) die Frequenzen ν und ν_0 den Frequenzen ν_D und ν_L entsprechen, also

$$\nu = \nu_D \tag{44}$$

und

$$\nu_0 = \nu_L \tag{45}$$

ist. Dann folgt aus den Gleichungen (36) und (43):

$$\frac{v}{c}(\cos\gamma_1 + \cos\gamma_2) = -\frac{\lambda}{\Delta\phi}\frac{\Delta x'}{s}. \tag{46}$$

Der Betrag der Geschwindigkeit $\vec{v}$ am Punkt P im Objekt Σ ergibt sich nach Beziehung (46) aus der Streifenverschiebung $\Delta x'$ im Punkt P' der Bildebene Σ'. In Gleichung (46) gehen die Wellenlängen λ des eingestrahlten Laserlichts, die optische Wegdifferenz $\Delta\phi$, die Lichtgeschwindigkeit c und die beiden Winkel γ_1 bzw. γ_2 ein.

3. Dopplerbild-Photographien

3.1 Kontinuierliches Laserlicht

3.1.1 CO_2-Strahl

Zwei konzentrische CO_2-Strahlen wurden in der in Abbildung 10 skizzierten Weise mit einer Schneidbrennerdüse erzeugt. Um nicht nur im Kernstrahl, sondern auch im Mantelstrahl auf dem Wege der Kondensation bei der Expansion eine genügend hohe Tracerdichte zu erhalten, wurden die Stege zwischen den Mantelbohrungen entfernt. Die Austrittsfläche des Mantelstrahls war so um ca. den Faktor 3,7 größer als die des Kernstrahls. Beide Strahlen wurden aus derselben CO_2-Flasche gespeist. Der Flaschendruck betrug zum Zeitpunkt der Aufnahme etwa 50 bar. Zur Beleuchtung des 45°-Lichtschnitts wurde das Bündel eines 5 mW He-Ne-Lasers (Wellenlänge $\lambda = 6328$ Å) zu einem Band mit der Dicke 0,5 mm und der Breite 20 mm aufgeweitet. Der Winkel zwischen der Richtung des Hauptstrahls des Streulichtbündels und der Strömung betrug ebenfalls 45°. In die Auswerteformel (46) ist also $\gamma_1 = \gamma_2 = 45°$ einzusetzen. Aus Gleichung (16) folgt mit $n = 1{,}51$ und $l = 120\,\text{mm}$ die optische Wegdifferenz $\Delta\phi$. Damit ergibt sich $\Delta\phi/\lambda = 3{,}24 \cdot 10^5$.

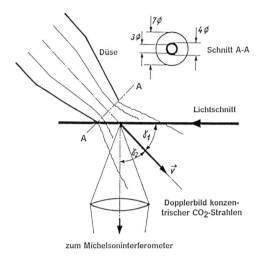

Abb. 10:
Prinzipbild des Versuchsaufbaus

Die Photographie in Abbildung 11 zeigt den 45°-Schnitt durch die konzentrischen CO_2-Strahlen im Dopplerbild. Dieses ist die allererste Dopplerbild-Photographie einer Gasströmung. Man erkennt, daß die mittleren Dunkelstreifen zwischen dem Kern- und Mantelstrahl verschoben sind. Aus der Versetzung $\Delta x'/s \approx 1/3$ berechnet sich mit Gleichung (46) die Geschwindigkeitsdifferenz zwischen Kern- und Mantelströmung zu ungefähr $\Delta u = 220\,\text{m/s}$. Weil im umgebenden Gas keine Tracer waren, konnte dieses Dopplerbild keine Auskunft über die absoluten Werte der Tracergeschwindigkeiten geben. Der Film (Ilford HP5) wurde hier mit 1/8 s belichtet.

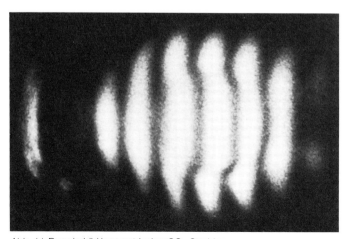

Abb. 11: Dopplerbild konzentrischer CO_2-Strahlen

3.1.2 Kalter Luftstrahl

Dopplerbilder bekannter kalter Unter- bzw. Überschallstrahlen wurden durch Ausblasen aus einem Kessel (hierzu diente das Rohr eines Stoßrohrs) durch eine Parallelstrahldüse (Lavaldüse) mit der Austrittsmachzahl $M_e = 2$ in eine Meßkammer erzeugt. Die Blaszeit betrug einige Sekunden. Den experimentellen Aufbau zeigt Abbildung 12. Der Düsendurchmesser am Austritt hatte $D_e = 10\,mm$. Umgebungsdruck war $p_\infty = 1\,bar$. Sowohl das Strahlgas (Luft), wie auch das Außengas (ebenfalls Luft) wurden zuvor mit Zigarettenrauch vermischt. Das beleuchtende Lichtbündel eines 1W-Ar⁺-Lasers (Wellenlänge $\lambda = 5\,154\,\text{Å}$) war zu einem 0,5 mm dicken und 35 mm breiten Lichtband aufgeweitet. Der Streulichtempfang erfolgte unter einem Winkel von 90°. In die Auswerteformel (46) muß also $\gamma_1 = \gamma_2 = 45°$ eingesetzt werden. Von der Tracergeschwindigkeit $\vec{v}$ wurde demnach die Komponente $|\vec{v}|\cos 45°$ gemessen. In die Auswertung (46) geht mit $n = 1{,}52$ und $l = 120\,mm$ für $\Delta\phi/\lambda$ der Wert $4{,}02 \cdot 10^5$ ein.

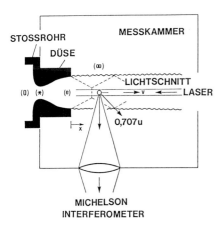

Abb. 12:
Versuchsanordnung zur Erzeugung von Freistrahlen

Die Dopplerbild-Photographien in Abbildung 13 wurden bei abnehmendem Gasdruck p_e am Düsenaustritt (e) aufgenommen. Die Belichtungszeit betrug 1/60 s (Film: Ilford HP5). Die zu den Bildern Nr. 1 bis 6 gehörenden Gasdrücke p_0 bzw. p_e im Druckkessel und am Austritt aus der Düse sind nachfolgend aufgelistet:

Bild Nr.	p_0/bar	p_e/bar
1	10	1,28
2	8	1,02
3	6	0,77
4	5	0,64
5	4	0,51
6	3	0,38

Zur Berechnung des Gasdrucks p_e am Düsenaustritt und des dort vorliegenden Betrags des Strömungsvektors $\vec{u}_e$ in Strahlrichtung wurde angenommen, daß die Zustandsände-

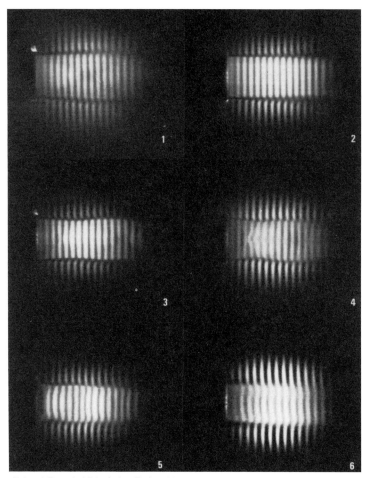

Abb. 13: Dopplerbilder kalter Freistrahlen

rungen in der Düse isentrop und reibungsfrei verlaufen. Für ideale Gase konstanter spezifischer Wärme gilt dann für die Schallgeschwindigkeit a_e, die Temperatur T_e und den Gasdruck p_e am Austritt der Düse:

$$a_e = a_0 \left(\frac{f}{M_e^2 + f}\right)^{1/2}, \tag{47}$$

$$T_e = T_0 \left(\frac{f}{M_e^2 + f}\right), \tag{48}$$

$$p_e = p_0 \left(\frac{f}{M_e^2 + f}\right)^{(2+f)/2}. \tag{49}$$

226

Die thermodynamischen Freiheitsgrade von Luft sind:

$$f = 5.$$ (50)

Mit Hilfe von Gleichung (47) läßt sich die Strömungsgeschwindigkeit u_e an der Stelle (e) berechnen:

$$u_e = M_e \, a_e.$$ (51)

Die Schallgeschwindigkeit a_0 und die Gastemperatur T_0 im Kessel haben folgende Werte:

$$a_0 = a_\infty = 343,3 \ m/s,$$ (52)

$$T_0 = T_\infty = 293 \ K.$$ (53)

Der Zustand (∞) liegt außerhalb des Gasstrahls vor. Mit Relation (51) erhält man für Strömungsgeschwindigkeit am Düsenende

$$u_e = 511,8 \ m/s.$$ (54)

Die Geschwindigkeitsverteilung entlang der Strahlachse wurde aus den Dopplerbild-Photographien in Abbildung 13 quantitativ bestimmt. Ein Maß dafür ist die Verschiebung $\Delta x'$ der Mitten der Dunkelstreifen im Strahl gegenüber den unverschobenen Streifen außerhalb. Die Tracergeschwindigkeit v ergibt sich dann aus Gleichung (46). Das Ergebnis dieser Auswertung zeigt Abbildung 14 anhand der eingezeichneten Meßpunkte.
Der Geschwindigkeitsverlauf in Diagramm Nr. 2 ist praktisch konstant und gleicht im Rahmen der vorliegenden Meßfehler von

$$dv/v \approx 0,1$$ (55)

dem am Düsenaustritt (e) berechneten Wert (54). Da hier der Außendruck $p_\infty \approx p_e$ ist, liegt ein Parallelstrahl vor (siehe Bild Nr. 2 in Abbildung 13), in dem die Strömungsgeschwindigkeit auf der Achse konstant bleibt. Die Nachexpansion bei $p_e > p_\infty$ erhöht stromab die Geschwindigkeit, was in Bild bzw. Diagramm Nr. 1 verdeutlicht wird. Beginnend mit Bild Nr. 3 bildet sich vor der Düse ein Machscher Stoß, der deutlich anhand des Geschwindigkeitssprunges in Diagramm Nr. 4, Abbildung 14, zu erkennen ist. In Bild Nr. 6 von Abbildung 13 liegt ein Unterschall vor.

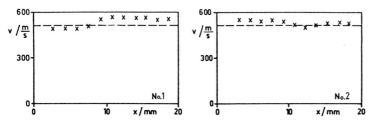

Abb. 14: Geschwindigkeitsverlauf auf der Strahlachse, siehe auch nächste Seite

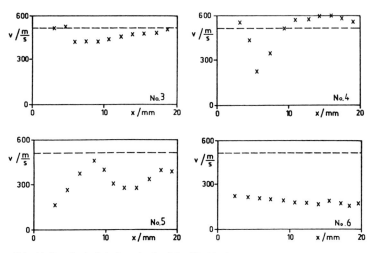

Abb. 14: Geschwindigkeitsverlauf auf der Strahlachse

3.2 Gepulstes Laserlicht

3.2.1 Heißer Luftstrahl

Dopplerbild-Photographien von stationären Strömungsphänomenen können mit kontinuierlichen Lasern mit einer Leistungsabgabe im Milliwattbereich aufgenommen werden. Die Filmbelichtung liegt dabei bei einigen hundertstel Sekunden. Diese Aufnahmetechnik versagt zur Herstellung von Geschwindigkeitsbildern zeitlich schnell veränderlicher Strömungsfelder. Zur Aufnahme solcher Kurzzeitbilder mit Belichtungszeiten unter 1 µs muß ein Pulslaser mit hoher Ausgangsleistung verwendet werden. Damit eröffnet sich die Möglichkeit, auch hochgradig instationäre Strömungen mit Hilfe der Dopplerbild-Photographien zu visualisieren, was anhand der nachfolgenden Beispiele verdeutlicht wird.

Ausführliche Untersuchungen von heißen Luftstrahlen wurden mittels eines Stoßrohres durchgeführt. Ein Prinzipbild der Versuchsanlage zeigt Abbildung 15. Durch Stoßreflexion an der Stoßrohrendwand wurde ein komprimiertes und aufgeheiztes Gasvolumen erzeugt. In der Endwand befand sich eine Lavaldüse, durch die das heiße Gas in die in Abbildung 12 skizzierte Meßkammer blies. Der Gasdruck im Stoßrohr wurde so dimensioniert, daß ein angepaßter Parallelstrahl mit der Austrittsmachzahl $M_e = 2$ vorlag. Der Durchmesser am Düsenende betrug 10 mm. Als Tracerpartikel diente Zigarettenrauch. Zur Beleuchtung der Strömung wurde ein gepulster Nd:YAG-Laser (Wellenlänge $\lambda = 5\,320\,\text{Å}$) mit einer Pulsenergie von 0,5 J und einer Pulsdauer von 20 ns eingesetzt. Der damit erzeugte Lichtschnitt hatte eine Dicke von 0,5 mm und eine Breite von etwa 40 mm. Der Glasblock im Interferometer hatte die Länge $l = 180$ mm und die Brechzahl $n = 1,52$. Mit Gleichung (16) ergibt sich für das Verhältnis zwischen der optischen Wegdifferenz $\Delta\phi$ und der Vakuumwellenlänge λ: $\Delta\phi/\lambda = 5,84 \cdot 10^5$.

Der Einsatz des o. g. Pulslasers gestattet die Visualisierung der instationären Entstehungsphase des Freistrahls. Die Dopplerbilder in Abbildung 16 informieren zu aufeinanderfolgen-

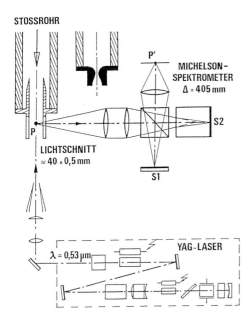

STOSSROHR

P'

MICHELSON-
SPEKTROMETER
Δ = 405 mm

S2

LICHTSCHNITT
≈ 40 × 0,5 mm

S1

P

λ = 0,53 μm

YAG-LASER

Abb. 15:
Michelsoninterferometer, Pulslaser und
Stoßrohr

den Zeitpunkten über seine Entwicklung. Die Verzögerungszeit Δt von der Ankunft der primären Stoßwelle an einer in der Stoßrohrwand eingebauten Triggersonde bis zur Auslösung des Laserpulses, die Stoßmachzahl M_S und die Strömungsgeschwindigkeit u_e am Düsenende hatten folgende Werte:

Bild Nr.	$\Delta t/\mu s$	M_S	$u_e/\frac{m}{s}$
1	67	1,68	720
2	91	1,66	705
3	129	1,67	714
4	163	1,71	736
5	190	1,71	736

Die Auswertung der Streifenverschiebung erfolgte mit Gleichung (46). Gemessen wurde die Verschiebung $\Delta x'$ der Dunkelstreifen entlang der Strahlachse gegenüber dem ursprünglichen Streifensystem, d. h. gegenüber den unverschobenen Streifen außerhalb des Strahls. Die in den Diagrammen von Abbildung 16 eingezeichneten Meßpunkte repräsentieren jeweils am Ort der Streifenverschiebung den entsprechenden Geschwindigkeitswert. Die Streifenverschiebung liegt zwischen ein und zwei Streifen. In Bild Nr. 5 z. B. beträgt die Verschiebung knapp zwei Streifen in Richtung zur Düse. Die Geschwindigkeitsverläufe sind mit der mit Gleichung (51) berechneten Geschwindigkeit u_e normiert. Im Falle eines angepaßten Strahls müßte entlang der Strahlachse $v/u_e = 1$ sein. Die gemessenen Geschwindigkeitsverteilungen liegen mit Ausnahme weniger Meßpunkte darunter. Das liegt daran, daß hier die instationäre Anlaufphase photographiert wurde. Erst wenn sich der Parallelstrahl voll ausgebildet hat, was sich etwa ab Bild Nr. 5 andeutet, wird die axiale Verteilung der Strömungsgeschwindigkeit dem theoretischen Wert am Düsenaustritt entsprechen.

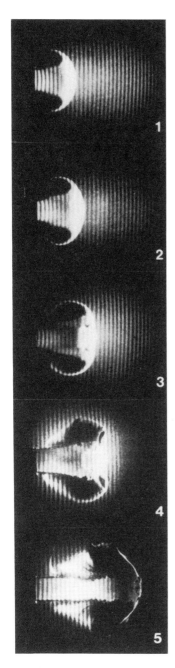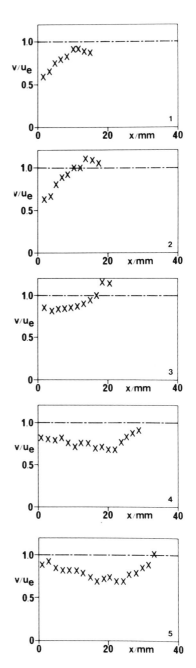

Abb. 16:
Dopplerbilder heißer Freistrahlen mit Auswertung der Geschwindigkeitsverteilung entlang der Achse

3.2.2 Wirbel

Sichtbar gemacht wurde die instationäre Entwicklung eines zweidimensionalen Wirbels hinter einer Kante in einem Stoßrohr, siehe Jäger und George (1983) bzw. Jäger (1983). Zur Versuchsdurchführung diente der in Abbildung 15 skizzierte Versuchsaufbau. Die Strömung wurde von vorn mit einem Lichtband beleuchtet. Dieses hatte einen Querschnitt von $0,5 \times 40\,mm^2$. Zum Einsatz kam ein Nd:YAG-Laser mit einer Energie von $50\,mJ$ und einer Pulsbreite von etwa $20\,ns$. Der Streulichtempfang erfolgte unter $90°$, weshalb die Komponente $|\vec{v}|\cos 45°$ der Tracergeschwindigkeit $\vec{v}$ gemessen wurde. Zigarettenrauch diente als Tracerteilchen.

Abbildung 17 zeigt im oberen Teil detailliert die verwendete Meßkammer mit eingebauter Kante. Zur optischen Visualisierung sind Fenster vorhanden. Der Wirbel bildet sich in der

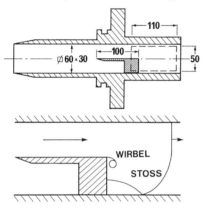

Abb. 17:
Meßkammer mit eingebauter Kante

Nachströmung hinter der primären Stoßwelle. Die Stoßmachzahl betrug $M_S = 1,5$. Testgas war Luft. Ein Prinzipbild der Strömungskonfiguration zeigt der untere Teil von Abbildung 17. Der Wirbel löst sich von der Kante ab. Er bewegt sich unter einem bestimmten Winkel stromab. Seine Größe wächst dabei an.

Abbildung 18 zeigt zwei Dopplerbilder eines Wirbels zu aufeinanderfolgenden Aufnahmezeitpunkten. Die Strömung kommt von links mit der Strömungsmachzahl $M_2 = 0,6$. Die un-

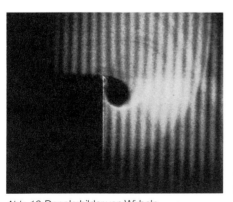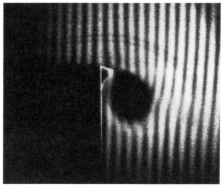

Abb. 18: Dopplerbilder von Wirbeln

gestörten Interferenzstreifen liegen parallel zum senkrechten Teil der Kante. Außerhalb des Wirbelkerns sind die Streifen verschoben. Im Inneren des Wirbels ist die Partikeldichte so niedrig, daß dort die Beleuchtungsstärke B nicht ausreicht, den Film zu belichten. Die Visualisierung der Geschwindigkeitsverteilung im Kern war deshalb nicht möglich.

3.2.3 Verdichtungsstoß

Zur Sichtbarmachung des Geschwindigkeitssprunges in der primären Stoßwelle wurde der in Abbildung 15 bzw. Abbildung 17 gezeigte experimentelle Aufbau verwendet. Der Verdichtungsstoß in Abbildung 19 bewegt sich von links nach rechts mit der Stoßmachzahl $M_S = 1,5$. Als Tracer befand sich wiederum Zigarettenrauch in der Strömung. Die Auswertung der Interferenzstreifenverschiebung ergab dort, wo der Stoß eben ist, eine Nachströmgeschwindigkeit $u_2 = 248\,m/s$. Der mit der Stoßmachzahl M_S aus den Hugoniot-Relationen berechnete Wert ergibt: $u_2 = 236\,m/s$. Die Abweichung liegt innerhalb des vorhandenen Meßfehlers, der etwa $dv/v \approx 0,1$ beträgt.

Abb. 19:
Dopplerbild-Photographie eines Verdichtungsstoßes

4. Das Michelsoninterferometer für zwei Dopplerbilder

4.1 Gleiche Frequenzempfindlichkeit

Eine Weiterentwicklung des Dopplerbildverfahrens zeigt Abbildung 20. Mit dieser optischen Anordnung ist es möglich, simultan zwei Dopplerbilder aufzunehmen. Das Streulicht wird jetzt gegenüber der einfachen Ausführung (siehe Abbildung 4) polarisiert. Dazu befindet sich der Polarisator P zwischen dem Strahlteilerwürfel T_1 und der abbildenden Linse L_1. In T_1 wird das in das Michelsoninterferometer einfallende Streulicht in zwei Anteile aufgespalten. Der eine Teil fällt auf den Spiegel S_2. Der andere Teil wird durch den Polarisationsstrahlteiler T_2 nochmals gespalten, und zwar in zwei senkrecht zueinander polarisierte Strahlen, wovon der eine nach S_1 und der andere nach S_3 geht.

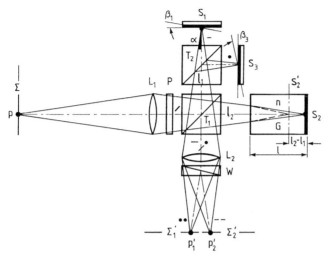

Abb. 20: Geschachteltes Michelsoninterferometer

Die Linse L_1 bildet die Objektebene Σ in deren Zwischenbilder auf den Spiegeln S_1, S_2 und S_3 ab. Die Spiegel S_1 und S_3 können unabhängig voneinander so gedreht werden, daß in den Bildebenen Σ'_1 und Σ'_2 die gewünschten Streifensysteme erscheinen. Nach Gleichung (19) hängen die Beleuchtungsstärken in Σ'_1 und Σ'_2 folgendermaßen von $\Delta\varphi$ und $\Delta\varphi_{1x}$ bzw. $\Delta\varphi_{2x}$ ab:

$$B_1 = B_{max} \cos^2\left(\frac{\Delta\varphi + \Delta\varphi_{1x}}{2}\right) , \tag{56}$$

$$B_2 = B_{max} \cos^2\left(\frac{\Delta\varphi + \Delta\varphi_{2x}}{2}\right) . \tag{57}$$

Die Bildtrennung erfolgt mittels des Wollastonprismas W. Dieses trennt das von S_2 ankommende Streulicht in zwei Komponenten, die nach Durchgang durch das Wollastonprisma W jeweils parallel zu den von S_1 und S_3 kommenden Teilstrahlen polarisiert sind. Zur Interferenz gelangen dann die senkrecht zueinander polarisierten Strahlenpaare von S_1 und S_2 bzw. S_3 und S_2. Der optische Aufbau enthält also zwei ineinandergeschachtelte Michelsoninterferometer.

Diese Anordnung gestattet die Aufnahme zweier unabhängiger Dopplerbilder. Damit ist es möglich, die Geschwindigkeitsverteilung in einem komplexen Stromfeld besser durch angepaßte Neigung der Interferenzstreifen und geeignete Wahl des Streifenabstandes aufzulösen.

4.2 Unterschiedliche Frequenzempfindlichkeit

Eine weitere Verbesserung der Aufnahmetechnik besteht darin, zusätzlich noch die Frequenzempfindlichkeit des Interferometers in beiden Dopplerbildern unabhängig voneinander variieren zu können. Das Michelsoninterferometer arbeitet wie das in Abbildung 20 mit polarisiertem Licht. Über den Aufbau in Abbildung 20 hinaus, befinden sich jetzt zwei Glasblöcke G und G' in dem durch den Polarisationsstrahlteiler T_2 nochmals aufgespaltenen einen Arm des Michelsoninterferometers (siehe Abbildung 21). In den Armen der beiden ineinandergeschachtelten Interferometer 1 bzw. 2 befinden sich jeweils die Spiegel S_1 und S_3 bzw. S_2 und S_3. Um die beiden Abbildungen von der Objektebene Σ in die Bildebenen Σ'_1 und Σ'_2 zu gewährleisten, müssen die Armlängen l_1, l_2 und l_3 entsprechend Gleichung (14) folgende Relationen erfüllen:

$$l_1 - l_3 = \frac{n-1}{n} l \quad, \tag{58}$$

$$l_2 - l_3 = \frac{n'-1}{n'} l' \quad. \tag{59}$$

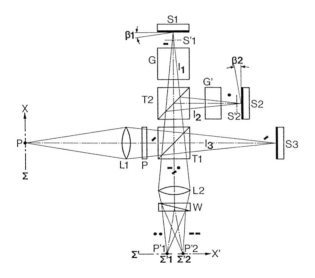

Abb. 21:
Geschachteltes Michelsoninterferometer mit unterschiedlicher Frequenzempfindlichkeit

Die Brechzahlen bzw. die Längen der Glasblöcke G und G' werden mit n und n' bzw. mit l und l' bezeichnet.
Die optische Wegdifferenz $\Delta\phi_1$ und $\Delta\phi_2$ berechnet sich nach Gleichung (15) wie folgt:

$$\Delta\phi_1 = 2 \, (l_1 - l) + 2nl - 2 \, l_3 \quad, \tag{60}$$

$$\Delta\phi_2 = 2 \, (l_2 - l') + 2n'l' - 2 \, l_3 \quad. \tag{61}$$

Die Gleichungen (60) und (61) lassen sich entsprechend Gleichung (16) mit den Gleichungen (58) und (59) umformen in:

$$\Delta\phi_1 = 2 \, \frac{n^2-1}{n} l \quad, \tag{62}$$

$$\Delta\phi_2 = 2 \frac{n'^2 - 1}{n'} l' \quad . \tag{63}$$

In den Bildebenen Σ'_1 und Σ'_2 erscheinen dann nach Gleichung (19) die folgenden Beleuchtungsstärken B_1 und B_2:

$$B_1 = B_{max} \cos^2 \left(\frac{\Delta\varphi_1 + \Delta\varphi_{1x}}{2} \right) , \tag{64}$$

$$B_2 = B_{max} \cos^2 \left(\frac{\Delta\varphi_2 + \Delta\varphi_{2x}}{2} \right) . \tag{65}$$

Die Justierung der beiden Interferometer 1 und 2 geschieht jeweils wie in Abschnitt 2 für den Fall des einfachen Michelsoninterferometers (Abbildung 4) beschrieben. Ebenso wie dort erfolgt die Bildauswertung mit Gleichung (46). Beachtet werden müssen lediglich in den Gleichungen (62) und (63) die unterschiedlichen Längen l und l' bzw. Brechzahlen n und n' der beiden Glasblöcke G und G'.

Abbildung 22 zeigt ein Anwendungsbeispiel. Anhand der Wirbelbildung in der Strömung hinter der primären Stoßwelle (siehe Abschnitt 3.2) wird der Vorteil zweier simultaner Dopplerbild-Photographien verdeutlicht. Nach Abbildung 17 strömt das Testgas (Luft) mit der Machzahl $M_2 = 0{,}6$ von links über die in die Meßkammer eingebaute Platte. Nach Einsetzen der Strömung löst an der Plattenhinterkante ein rechtsdrehender Wirbel ab. Dieser bewegt sich, wie der Primärstoß, stromab.

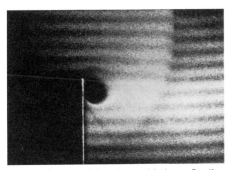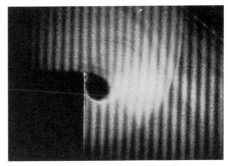

Abb. 22: Dopplerbilder mit verschiedenen Streifensystemen

Die Durchführung der Versuche erfolgte mit dem Versuchsaufbau in Abbildung 15 (50 mJ Nd:YAG-Laser). Die Interferenzstreifen sind in dem einen Dopplerbild der Abbildung 22 horizontal justiert, im anderen vertikal. Die Streifenverschiebung im sichtbaren Stromfeld außerhalb des Wirbelkerns ist bei vertikaler Anordnung der Interferenzstreifen besser erkennbar. An denselben Stellen ist im Dopplerbild mit horizontaler Streifenlage praktisch keine Verschiebung der Streifen zu bemerken. Der Geschwindigkeitssprung über die primäre Stoßwelle hinweg ist im Bild mit horizontaler Streifenjustierung gut auswertbar, im vertikalen Streifensystem dagegen nicht.

Für eine bestmögliche quantitative Erfassung eines Stromfeldes ist die gleichzeitige Aufnahme von zwei Dopplerbild-Photographien vorteilhaft. Hilfreich ist dabei die Möglichkeit, zwei Streifensysteme mit voneinander unabhängiger Streifeneinstellung und Frequenzempfindlichkeit aufnehmen zu können.

5. Schlußbemerkungen

Die Dopplerbild-Photographie macht viele Untersuchungen möglich, die mit der herkömmlichen Doppleranemometrie kaum denkbar sind. Zu nennen sind stark instationäre, dreidimensionale Strömungen, die mit bisherigen Geschwindigkeitsmeßmethoden nur schwer erfaßbar sind. Wo auch die herkömmliche Doppleranemometrie eingesetzt werden kann, bietet die Aufnahme eines Dopplerbildes den Vorteil geringeren Aufwandes. Ein Nachteil ist die geringere Genauigkeit. Bei vielen Problemen der Strömungsmechanik ist jedoch die Information über eine gesamte Fläche wichtiger als die Genauigkeit.

6. Literatur

Barker, L. M.; Hollenbach, R. E. 1972: Laser interferometer for measuring high velocities of any reflecting surface. Journal of applied physics 43, 11

Hansen, G. 1954: Die Sichtbarkeit der Interferenzen beim Twyman-Interferometer. Zeitschrift für angewandte Physik VI, 5

Hansen, G. 1955: Die Sichtbarkeit der Interferenzen beim Twyman-Interferometer. Optik 12, 1

Hansen, G.; Kinder, W. 1958: Abhängigkeit des Kontrastes der Fizeau-Streifen im Michelson-Interferometer vom Durchmesser der Aperturblende. Optik 15, 9

Jäger, W. 1983: Partikelmitführung in einem kompressiblen Wirbel. ISL-Bericht CO 230/83

Jäger, W.; George, A. 1983: Experimentelle und theoretische Untersuchung der Partikelbewegung in einem kompressiblen Wirbel. ISL-Bericht R 129/83

Oertel, H.; Seiler, F.; George, A. 1982: Visualisierung von Geschwindigkeitsfeldern mit Dopplerbildern. ISL-Bericht R 115/82

Seiler, F.; Oertel, H. 1983: Visualization of velocity fields with Doppler-pictures. Preceedings of the Third International Symposium on Flow Visualization, Edited by W. J. Yang, Hemisphere Publishing Corporation, Washington, USA und ISL-Bericht CO 218/83

Seiler, F.; Jäger, W. 1983: Flow visualization with Doppler-pictures. Proceedings of the Tenth International Congress on Instrumentation in Aerospace Simulation Facilities, ICIASF '83 record, IEEE Publication 83CH1954-7, New York, USA und ISL-Bericht CO 223/83

Seiler, F.; Srulijes, J. 1986: Doppler-pictures of velocity fields – an application to fluid mechanics. Proceedings of the Third International Symposium on Applications of Laser Anemometry, Lisbon, Portugal und ISL-Bericht CO 220/86

Seiler, F.; George, A. 1986: Bau einer Dopplerbildkamera. ISL-Bericht RT 513/86

Seiler, F.; George, A. 1986: Dopplerbilder von Freistrahlen. ISL-Bericht N 602/86

Seiler, F.; Srulijes, J.; George, A. 1987: A Doppler-picture camera for velocity field visualization. Proceedings of the 12th International Congress on Instrumentation in Aerospace Simulation Facilities, ICIASF '87 record, IEEE Publication 87CH2449-7, New York, USA und ISL-Bericht CO 208/87

Smeets, G.; George, A. 1978: Instantaneous laser Doppler velocimeter using a fast wavelength trakking Michelson interferometer. Review of Scientific Instrumentation 49, 11

Smeets, G.; Mathieu, G. 1980: Laser-Doppler-Velozimeter mit einem Michelson-Spektrometer. ISL-Bericht R 109/80

Smeets, G.; Mathieu, G. 1983: Optische Dopplermessungen mit dem Michelson-Spektrometer. ISL-Bericht R 123/83

Smeets, G.; Mathieu, G. 1983: Optische Dopplermessungen mit dem Michelson-Spektrometer. Technischer Anhang. ISL-Bericht RT 509/83

Srulijes, J.; Seiler, F.; George, A. 1988: Velocity field visualization of free jets using the Doppler-picture technique. Proceedings of the Second International Conference on Laser Anemometry – Advances and Applications., Edited by J. Turner and S. Fraser, Printed at the University of Manchester, Manchester, UK and ISL-Bericht CO 202/88

Srulijes, J.; Seiler, F.; George, A. 1988: Velocity field visualization using the Doppler-picture technique. Proceedings of the International Symposium on the Technologies for Optoelectronics, Edited by F. Fagan, Published by SPIE – The International Society for Optical Engineering, Bellham, Washington, USA und ISL-Bericht CO 201/88

Scanning-Verfahren in der Laser-Doppler-Anemometrie

B. Lehmann

1. Einführung

Dieses Kapitel behandelt Techniken der Laser-Doppler-Anemometrie, die neben der Ausnutzung des räumlichen und zeitlichen Auflösungsvermögens den schnellen örtlichen Versatz des Meßortes bezwecken. Der Begriff "scannen" bezieht sich somit auf eine örtliche bzw. räumliche Abtasttechnik. Das Ziel ist die möglichst momentane Erfassung von ein- oder mehrdimensionalen Geschwindigkeitsprofilen.
Im Vergleich zu Speckle-Techniken, welche eine ähnliche Zielsetzung verfolgen, bieten Scanning-Verfahren derzeit bessere Möglichkeiten für die quantitative Analyse dynamischer Strömungsvorgänge. Dagegen ist die Erfassung der Geschwindigkeitsfelder in Folge des im allgemeinen sequentiellen Abtastvorgangs nur quasi-momentan möglich. Der Grad der Annäherung an den Momentanzustand wird durch die erzielbare Abtastrate der angewendeten Methode bestimmt. Diese soll hier als die Anzahl pro Zeiteinheit der erfaßten eindimensionalen Geschwindigkeitsprofile verstanden werden.
Weiterhin wird hier zwischen relativer und absoluter Dopplermeßtechnik unterschieden. Relativ sind die bekannten Mehrstrahl- und Referenzstrahlmethoden, da sie die Meßgröße als Differenz aus mindestens zwei unterschiedlichen Dopplerverschiebungen bilden. Absolute Methoden sind solche, welche eine Dopplersche Frequenz- oder Wellenlängenänderung mit dafür geeigneten, notwendigerweise optisch hochauflösenden Signalanalysatoren direkt auswerten.

2. Kurzdarstellung bekannter Lösungen

Bevor verschiedenartige Lösungen für die optische Abtastung beschrieben werden, seien einige ihrer Charakteristika in einem Überblick kurz umrissen. Die erwähnten Beispiele erheben nicht den Anspruch auf Vollständigkeit.
Ein Grenzfall des optischen Abtastens ist das stationäre Doppler-Array, die stationäre Anordnung einer endlichen Anzahl optischer Meßvolumina, gebildet durch entsprechend viele Mehrstrahlsysteme. Eine derartige Technik wurde von Nakatani und Mitarbeitern (1980) entwickelt, indem sie mehrere Beugungsordnungen des an einem optischen Gitter gebeugten Laserstrahls nutzten. Ikeda und Mitarbeiter (1988) bauten ein zweikomponentiges System für 10 Meßorte mit Hilfe von serienweise angeordneten teildurchlässigen Spiegeln. Der Aufwand, auch auf der Empfängerseite, begrenzt diese Verfahren auf eine relativ geringe Anzahl fixierter Meßorte.
Die nächstliegende Lösung für die optisch scannende LDA ist der schnelle Versatz des Meßvolumens eines konventionellen Mehrstrahlsystems unter Verwendung von jeweils nur einer Sende-, Empfangs- und Analysatoreinheit.

— Chehroudi & Simpson (1985) erreichten dies durch die Kombination eines Schwingspiegels mit planparallelen Spiegelpaaren, deren gegenseitige Ausrichtung die Strahlschnittwinkel konstant hielt. Als Signalanalysator diente ein Counterprozessor. Antoine & Simpson (1986) erweiterten diese Technik zu einem scannenden Dreikomponentensystem.
— Durst und Mitarbeiter (1981) kombinierten bewegte ebene Spiegel mit einer Zoom-Optik und ermöglichten dadurch die Abtastung eines zweidimensionalen Felds.
— Schnettler (1981) versetzte das Meßvolumen durch ein im Strahlengang der eingestrahl-

ten Lichtbündel rotierendes Polygonprisma. Die Signalanalyse erfolgte hier durch aku-sto-optische Demodulation mit Hilfe einer Braggzelle. Das Meßsignal wurde in die ge-schwindigkeitsproportionale Auslenkung eines Laser-Lichtzeigers gewandelt.
- Lehmann (1988) modifizierte das Zweistrahlverfahren durch Öffnung des Schnittwinkels auf 180°. Das dadurch entstehende Meßvolumen großer Längserstreckung wird durch ein rotierendes Prisma abgetastet, welches im Strahlgang des optischen Empfängers angeordnet ist.

Einige dieser Methoden verarbeiten das optische Signal durch individuelle Burstanalyse. We-gen der bisher größten erzielbaren Datenraten kommen bisher vorwiegend Counterprozesso-ren zum Einsatz, neuerdings werden jedoch auch FFT-Analysatoren für eine derartige Anwen-dung interessant. Es gibt jedoch auch Methoden für die Signalanalyse, deren Wirkungsweise und Eigenschaften von denen der elektronischen Burstanalyse sehr verschieden sind.
Schnettler verwendete für die Signalanalyse ein akusto-optisches Demodulationsverfahren mit Hilfe einer Braggzelle. Andere Möglichkeiten bieten zum Beispiel Systeme aus der Gruppe der Interferometer, welche, ursprünglich in der statischen Interferometrie ver-wendet, durch ergänzende Technik zu dynamisch wirkenden Analysatoren ausgebaut wer-den. Derart modifizierte Interferometer unterstützen Methoden der absoluten Dopplermeß-technik.

- Lehmann und Mitarbeiter (1988) entwickelten einen auf Lichtwellenleitern aufgebauten Scanner und benutzen ein modifiziertes Michelson-Interferometer für die Signalanalyse. Dieses von Smeets und Mitarbeitern (1978) entwickelte Gerät regelt in einem opto-elek-tronischen Regelkreis die Dopplerschen Wellenlängen- oder Frequenzschwankungen mit Hilfe einer Pockelszelle aus.

3. Physikalische Einflußgrößen

Die Meßkette einer Abtastordnung ist in folgende Funktionsbereiche aufteilbar:

- das Strömungsfeld mit den verwendeten Tracerpartikeln,
- die optische Meßanordnung,
- die Signalerfassung,
- die Signalanalyse und -auswertung.

Für die Auslegung und Wirksamkeit einer Abtastmethode sind die folgenden physikali-schen Eigenschaften von besonderer Bedeutung:

- im Strömungsfeld:
  - die optische Transparenz des mit Tracern dotierten strömenden Mediums,
  - die geometrische Ausdehnung des abzutastenden Strömungsfeldes,
  - die Art der Begrenzung des Strömungsfelds, zum Beispiel Material und Form begren-zender Wände,
  - die Dynamik der Geschwindigkeitsschwankungen, bestimmt durch den örtlichen Ge-schwindigkeitsmittelwert, die maximalen Geschwindigkeitsschwankungen und deren Frequenzen,

- in der optischen Anordnung:
  - Einsatz einer relativen (z. B. Mehrstrahl-) oder einer absoluten (Einstrahl-)Methode,
  - Art und Grad der erforderlichen Kohärenz des Laserlichts und/oder des Streulicht-signals,
  - Empfangsrichtung des Streulichts bezüglich der Einstrahlrichtung,
  - Art des optischen oder opto-elektronischen Detektors,
  - Einfluß bewegter Optik auf die Frequenz des Meßsignals,
- bei der Signalerfassung:
  - stochastische Einzelsignale oder durch Burstüberlagerung kontinuierlich auftretendes Signalgemisch (räumliche Kohärenz der Signalzüge),
  - Charakteristik des Zusammenhangs zwischen Meßfrequenz und Geschwindigkeit,
  - der Analyse vorgeschaltete Zwischenspeicherung der Signale,
- bei der Signalanalyse:
  - on-line- oder off-line-Analyse,
  - Prinzip der Signalanalyse,
  - Kompensation systematischer Fehlereinflüsse,
  - Darstellungsform für die Meßergebnisse.

Die Merkmale dieser Aufzählung werden, entsprechend ihrer jeweiligen Bedeutung, bei der Beschreibung der verschiedenen Lösungsmöglichkeiten diskutiert.

4. Bedingungen für die optische Anordnung

4.1 Kohärenzeigenschaften des Laserlichts

Die besondere Eignung des Laserlichts für die LDA beruht auf seinen Kohärenzeigenschaften. Hier ist die zeitliche Kohärenz, ausgedrückt durch die Kohärenzlänge L_c, von der räumlichen Kohärenz zu unterscheiden. Letztere drückt sich durch die Phasengleichheit der aus dem Laser austretenden Lichtwellenzüge aus.
Bei der Verwendung von relativ wirkenden Mehrstrahlsystemen zur Abtastung eines Strömungsfelds ist die Kohärenzlänge des Laserlichts dann zu beachten, wenn die Laserlichtbündel bis zu ihrem Schnitt im Meßvolumen unterschiedliche optische Weglängen durchlaufen. Die Differenz der optischen Weglängen muß kleiner sein als die Kohärenzlänge des Laserlichts.
Diese Forderung ist für die Interferenzfähigkeit der verschiedenen Lichtanteile unabdingbar. Die Kohärenzlänge des Lichts errechnet sich für eine axiale Einzelmode aus

$$L_c = c_o / \Delta v \qquad . \qquad (1)$$

c_o ist die Lichtgeschwindigkeit und Δv ist die Frequenzunschärfe bzw. die spektrale Modenbreite, die mit der Kohärenzzeit Δt durch $\Delta v = 1/\Delta t$ zusammenhängt. Für eine Einzelmode des Laserlichts ist $\Delta t = 10^{-6}s$ eine typische Größenordnung. L_c resultiert hieraus zu einigen Metern. Das erlaubt für einmodiges Laserlicht zumeist einen hinreichenden Spielraum zum Einhalten der obigen Bedingung.
Sind jedoch n axiale Moden des Laserlichts aktiv, so ist als effektive Linienbreite das (n-1)-

fache des Frequenzabstands $\Delta\nu_o$ benachbarter Moden zu berücksichtigen, welcher sich mit der Resonatorlänge l des Lasers errechnet zu

$$\Delta\nu_o = c_o / 2l \qquad . \qquad (2)$$

Die verfügbare Kohärenzlänge ist dann

$$L_c = 2l / (n-1) \qquad . \qquad (3)$$

Da n für die in der LDA häufig verwendeten Gaslaser den Wert von n = 30 erreichen kann, verkürzt sich die Kohärenzlänge im Vielmodenbetrieb des Lasers auf die Größenordnung weniger Zentimeter. Die Probleme in Folge endlicher Wegdifferenzen im optischen Aufbau, welche durch diese Situation entstehen, können jedoch bedingt umgangen werden, wenn der Unterschied der optischen Weglängen als ein ganzes Vielfaches der Länge l des Laser-Resonators gewählt wird.

Diese von Ten Bosch und De Voigt (1966) sowie Bolwijn, Peek und Alkemade (1966) dargestellte und experimentell überprüfte Eigenschaft beruht auf der optischen Filterwirkung des Laserresonators und gewährleistet für die Interferenzerscheinungen maximale ''Visibility'' der Interferenzen. Dies gilt wiederum nur, wenn der optische Wegunterschied der interferierenden Lichtanteile kleiner als die Kohärenzlänge L_c einer Einzelmode des Modenspektrums ist.

Eine zusätzliche Bedeutung hat die räumliche Kohärenz des Laserlichts. Sie wird durch die Phasengleichheit der den Laser verlassenden Lichtwellenzüge dargestellt.

Frequenz- bzw. Wellenlängenmodulationen des Laserlichts, beispielsweise in Folge von mechanischen Resonatorschwingungen, verbreitern zwar die spektrale Breite der Moden, stellen aber keine Beeinträchtigung der räumlichen Kohärenzeigenschaften des Laserlichts dar. Dagegen ist die Methode der relativen Frequenzverschiebung ein systematischer Vorgang zur Modulation der räumlichen Kohärenz der beteiligten Laserlichtbündel zueinander. Ähnliche Wirkungen mit zumeist unerwünschter zusätzlicher Frequenzverschiebung können durch systembedingte Schwankungen von optischen Weglängen des interferierenden Lichts unterschiedlicher Strahlengänge entstehen.

4.2 Konstanz der optischen Weglängendifferenz

Änderungen der optischen Weglängen können beim Durchtritt der Laserlichtbündel durch bewegte Prismen, durch Reflexionen an bewegten Spiegeln oder beim Durchgang durch Phasenobjekte mit örtlich oder zeitlich veränderlichem Brechungsindex entstehen. Unterschiedliche geometrische Wege der Lichtbündel eines Mehrstrahlsystems erzeugen dabei für beide im allgemeinen unterschiedliche Phasen- oder Frequenzmodulationen.

Durch die entsprechend modulierten Frequenzen bewegt sich das Interferenzstreifensystem im Meßvolumen und simuliert als zusätzliche Frequenzverschiebung des Signals eine nicht vorhandene Geschwindigkeit. Sie überlagert sich additiv dem zu messenden Geschwindigkeitssignal und ist für eine Berücksichtigung im Meßergebnis zumindest zu überwachen. Es ist daher zweckmäßig, derartige unterschiedliche Wegänderungen bereits durch das mechanisch-optische Konzept der Abtastvorrichtung zu vermeiden.

Ein variabler Schnittwinkel der Laserlichtbündel hat eine mit der variablen Weglängendifferenz vergleichbare Wirkung. Seine Konstanz vermeidet zusätzlichen Aufwand bei der Signalauswertung und reduziert die Fehlerquellen.

Innerhalb des Wegs des optischen Signals zwischen dem Meßvolumen und dem Empfänger ist dieses Problem weniger schwerwiegend. Für eine maximale Interferenzamplitude müssen die interferierenden Lichtwellenfelder unter anderem gleiche Ausbreitungsrichtung aufweisen. Die optimal interferierenden Streulichtanteile durchlaufen deshalb annähernd den gleichen momentanen Weg auch durch eine bewegte Optik. Zusätzliche Frequenzverschiebungen prägen sich dabei den beteiligten Streulichtkomponenten in gleichem Umfang auf und werden durch Differenzbildung bei der Interferenz kompensiert.

4.3 Konzentrationseinfluß der optisch streuenden Partikel

Insbesondere die Arbeitsweise von Doppler-Countersystemen zur Signalanalyse fordert die Einhaltung spezieller Konzentrationsbedingungen. Die erfolgreiche Signalanalyse setzt voraus, daß das momentane Dopplersignal von einem Einzelpartikel stammt und sich nicht mit gleichzeitigen Signalen anderer Partikel überlagert.
Abbildung 1 zeigt qualitativ die Abhängigkeit der Häufigkeit auswertbarer Einzelsignale von der Teilchenkonzentration. Eine Steigerung der Partikelkonzentration von Null aufwärts bewirkt zunächst die lineare Zunahme der auswertbaren Signale. Vor Erreichen der theoretisch maximalen Signalrate führt die stochastische Partikelverteilung jedoch zu einer statistischen Zunahme der Fälle mit zwei oder mehreren Partikeln im Meßvolumen. Das führt schließlich zur Wiederabnahme der Häufigkeit auftretender Einzelsignale. Aus Gründen der räumlich stochastischen Partikelverteilung treten jedoch Einzelpartikel mit einer endlichen Resthäufigkeit selbst dann noch auf, wenn die Statistik im Mittel bereits mehr als zwei Partikel im Meßvolumen erwartet.

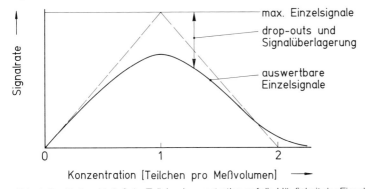

Abb. 1: Qualitativer Einfluß der Teilchenkonzentration auf die Häufigkeit der Einzelsignale

Selbst wenn also im Idealfall räumlicher Gleichverteilung noch Einzelsignale gewährleistet wären, treten im realen Fall bereits erhebliche Signalausfälle entweder durch stochastisch auftretende Konzentrationslücken oder in Folge von Fehlauswertungen überlagerter Signale auf. Die drop-out-Rate des Signals wird außerdem durch die Eigenschaften des Signalanalysators und durch die Abtastgeschwindigkeit beeinflußt.
Solange Einzelsignale für eine erfolgreiche Momentanmessung gefordert werden, ist somit für die lückenlose Abtastung eines Geschwindigkeitsprofils die Abtastrate durch die Stochastik der Partikelverteilung begrenzt.

Die durch den Typ des Signalanalysators bedingte Reduktion der Datenrate läßt sich durch andere Analyseverfahren überwinden, die gegenüber überlagerten Dopplersignalen unempfindlich sind. Hierzu gehören die bereits erwähnten FFT-Analysatoren, welche jedoch erst in Einzelfällen die notwendigen Analysegeschwindigkeiten erreichen. Eine weitere Möglichkeit besteht in der Verwendung hochauflösender statischer Interferometer, welche für die Zwecke der LDA modifiziert sind. Ein entsprechendes Beispiel wird noch erläutert.

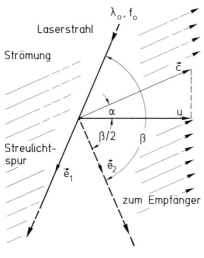

$$u = c \times \cos \alpha = \Delta f \times \lambda_0 /(2 \times \cos \beta/2)$$

Abb. 2:
Zur Herleitung der absoluten Frequenzbeziehung des Dopplereffekts

5. Frequenzbeziehung des Dopplereffekts für die absolute LDA

Abbildung 2 ist das Schema einer optischen Anordnung für die absolute LDA und verdeutlicht die Herleitung der zugehörigen Frequenzbeziehung. Ein einziges Laserlichtbündel durchdringt das mit Tracerpartikeln dotierte Strömungsfeld. Es erzeugt eine Lichtspur, deren dopplerschobenes Streulicht Information über die Geschwindigkeiten in jedem Punkt der Spur enthält.

Wellenlänge und Frequenz des ursprünglichen Laserlichts sind λ_0 und f_0. Ein optisches Detektorsystem empfängt gestreutes Licht unter dem auf die Einstrahlrichtung bezogenen Winkel β. Beide Richtungen sind in ihrer gemeinsamen Ebene durch die Einheitsvektoren $\vec{e}_1$ und $\vec{e}_2$ festgelegt. $\vec{c}$ ist die Komponente des räumlichen Geschwindigkeitsvektors in dieser Ebene. Die auf die Ausgangsfrequenz bezogene Dopplersche Frequenzänderung $\Delta f/f_0$ des aus einem Punkt der Lichtspur empfangenen Streulichts mit der Frequenz f_E errechnet sich mit der Lichtgeschwindigkeit c_0 zu

$$\Delta f/f_0 = (f_E - f_0)/f_0 = - \Delta \lambda/\lambda_0$$

$$\Delta f/f_0 = \frac{1}{c_0} \cdot (\vec{c}, \vec{e}_2 - \vec{e}_1) \ . \tag{4}$$

Die Klammer stellt ein Skalarprodukt dar, mit welchem sich ergibt

$$\Delta f = (2/\lambda_0) \cdot c \cdot \cos\alpha \cdot \cos\beta/2 \quad . \qquad (5)$$

Der Ausdruck $c \cdot \cos\alpha$ stellt die Komponente u des räumlichen Geschwindigkeitsvektors entlang der Halbierenden des Winkels β zwischen der Einstrahl- und der Empfangsrichtung dar.

In diesem Fall ist es die Aufgabe eines Scanners, einerseits die Streulichtspur optisch möglichst schnell abzutasten und andererseits das dabei kurzzeitig aus individuellen Punkten der Spur empfangene Streulicht hinsichtlich seiner Frequenz bzw. Wellenlänge zu analysieren. Die Veränderung des Winkels β während des Abtastvorgangs ist im Meßergebnis zu berücksichtigen.

Hinsichtlich der Frequenz- oder Wellenlängenanalyse ist ein Gerät erforderlich, welches die Dopplersche Frequenz- oder Wellenlängenänderung aufzulösen vermag. In Bezug auf die Frequenz des ursprünglichen Lichts bedeutet dies für realistische Meßsituationen eine erforderliche Auflösung der Größenordnung 10^{-9}. Eine derartige Frequenzauflösung kann auf optischem, jedoch nicht auf elektronischem Weg erreicht werden.

6. Das Abtastschema im Strömungsfeld

Die Grundform für die Abtastung eines Strömungsfelds ist ein entlang einer eindimensionalen Spur mehrfach abgetastetes Geschwindigkeitsprofil. Daraus ergibt sich im absoluten Bezugsystem die zeitliche Deformation des Geschwindigkeitsprofils.

Abgetastete eindimensionale Profilserien bieten jedoch im relativen Bezugsystem der Strömung auch zweidimensionale Information über das Strömungsfeld. Bei ortsfester Messung einer Profilserie ergibt sich eine zweidimensionale Information aus dem während der Abtastzeit über die Meßspur konvektierenden Bereich des Strömungsfelds. Dies kann zum Beispiel das Gebiet einer mit der Strömung konvektierenden turbulenten Großstruktur sein. Dagegen erfordert die Erfassung einer ortsgebundenen Struktur während der Messung den zusätzlichen örtlichen Versatz der Abtastspur. Derartige mehrdimensionale Abtastmethoden sind gegenüber der eindimensionalen Abtastung mit zusätzlichen Schwierigkeiten behaftet. Entsprechende Experimente sind bisher relativ selten, eine Lösung ist beispielsweise die von Durst, Lehmann und Tropea (1981). In diesem Zusammenhang sei der Deutlichkeit halber auf den Unterschied zwischen mehrdimensionaler und mehrkomponentiger Abtastung hingewiesen. Häufiger, wenn auch ebenfalls mit zusätzlichem Aufwand verbunden, sind eindimensionale Mehrkomponentenmessungen, während die Messungen von Durst et al. (1981) sogar mehrkomponentig und zweidimensional waren.

Zur Vereinfachung der Signalerfassung und -auswertung ist es wünschenswert, daß der Versatz des Meßvolumens entlang der Abtastspur nach einem linearen Weg-Zeit-Gesetz erfolgt. Gleiches gilt für den ggf. erforderlichen Versatz der Abtastspur. Diese Bedingung gewährleistet neben der zeitlich homogenen Erfassung des Strömungsfelds eine zumindest durch die Abtastung unbeeinflußte Erfassungswahrscheinlichkeit für die optischen Einzelsignale. Das hilft, unvermeidbare drop-out-Zeiten der Signale über das abgetastete Feld möglichst gleichmäßig zu verteilen und so die Abtastrate zu maximieren.

Schließlich sollte die Entstehung systembedingter Frequenzverschiebungen verhindert werden, welche sich dem Meßsignal überlagern. Wie bereits erwähnt, entstehen sie durch unterschiedliche Änderung der optischen Weglängen des eingestrahlten Lichts innerhalb und außerhalb der verwendeten Optiken während des Abtastvorgangs. Sie stellen eine unerwünschte zumeist veränderliche und gegebenenfalls zu kompensierende Nullpunktverschiebung des Signals dar.

7. Das optische Doppler-Array

Einen Grenzfall der Scanning-Technik stellt das raumfeste Array einer festen Anzahl optischer Meßvolumina der LDA dar. Sie werden mit geeigneten optischen Mitteln aus einem Laserlichtbündel erzeugt. Bei gleichzeitiger Erfassung der Signale aus allen Meßvolumina ergibt sich eine momentane Profilmessung nur mit notwendigerweise größerem Aufwand auf der Empfänger- und Analysatorseite. Andererseits ist eine serielle Abtastung der Meßvolumina mit verringertem Aufwand auf der Empfängerseite denkbar, optisch oder elektronisch, jedoch dann mit nur näherungsweise momentanem Ablauf.

Nakatani (1980) hat mit seinen Mitarbeitern Lösungsmöglichkeiten für eine derartige Methode entwickelt. Für einkomponentige Mehrpunktmessungen benutzte er die Beugungsordnungen eines rotierenden optischen Gitters (rotating grating). Deren Lichtbündel wurden optisch parallelisiert und mit einer fokussierten Lichtebene zum Schnitt gebracht, wobei entsprechend viele Meßvolumina entstanden.

Bei Drehung der Gitterscheibe entsteht für jeden Meßort eine andere Frequenzverschiebung des Signals. Dies ermöglicht die Signaltrennung durch Frequenzspektrumanalyse, selbst wenn die Signale aller Meßorte in einem optischen Empfänger gleichzeitg überlagert werden. Eine derartige Methode ist solange anwendbar wie die Frequenzabstände der Meßsignale untereinander ausreichen, um eine eindeutige spektrale Zuordnung der Meßsignale zum jeweiligen Meßort zu gewährleisten.

Für zweikomponentige Zehnpunktmessungen entwickelten Ikeda et al. (1988) ein System nacheinandergeschalteter, sorgfältig justierter teildurchlässiger Spiegel, je 10 an der Zahl für die drei Lichtbündel eines Zweikomponentensystems. Eine einzige Objektivlinse fokussiert daraus 10 Meßvolumina für die je zwei Geschwindigkeitskomponenten.

Die optischen Signale aus den 10 Meßorten werden in eine gleiche Anzahl Lichtwellenleiter eingekoppelt und mit diesen zu den Signalanalysatoren geleitet. Besondere Sorgfalt legten die Experimentatoren auf eine Farbkorrektur des optischen Systems, um die Qualität der Streifensysteme aller Meßvolumina zu optimieren.

Derartige Mehrpunktarrays ermöglichen also momentane Feldmessungen, sind aber auf eine relativ geringe Anzahl von gleichzeitig erfaßten Meßorten beschränkt.

8. Methoden mit Verschiebung des optischen Meßvolumens

8.1 Verwendung von optischen Spiegeln

Optische Spiegel sind ein vielfach verwendetes Element für scannende Anordnungen. Sie können translatorisch bewegt werden, als Drehspiegel rotieren oder periodische Schwing-

oder Kippbewegungen ausführen. Dabei kann die Bewegung während eines kompletten Scans zeitlich linear oder beschleunigt ablaufen. Beides ist mit heute verfügbaren Schwingspiegelscannern zu realisieren.

Chehroudi und Simpson (1984) entwickelten die Kombination einer festen Anordnung von Spiegelpaaren mit einem Schwingspiegel-Scanner. Das Schema einer ihrer Anordnungen ist in Abbildung 3 skizziert.

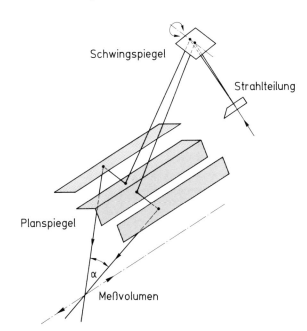

Abb. 3:
Abtastanordnung nach
Chehroudi & Simpson (1985)

Ein divergent geteiltes Laserstrahlenpaar wird mit dem Schwingspiegel auf ein System von zwei parallelen Planspiegelpaaren reflektiert und von diesen im optischen Meßvolumen zum Schnitt gebracht. Bei korrekter Ausrichtung gewährleistet das System identische Änderungen der optischen Weglängen beider Strahlengänge und verhindert während des Scannens Nullpunktverschiebungen des Signals. Dies ist zu erreichen, indem die Drehachse des Schwingspiegels in die Ebene des geteilten Lichtbündelpaars gelegt wird.

Das Meßvolumen wird annähernd parallel zur Ausrichtung der raumfesten Spiegelpaare versetzt und die zeitliche Linearität des Versatzes wird durch entsprechende Steuerung der Schwingspiegelbewegung erreicht. Die durch optische Beugung in einer Braggzelle erzielte Strahlteilung erzeugt eine gegebenenfalls erforderliche Frequenzverschiebung. Für die Fokussierung der Lichtbündel auf den Meßort ist mindestens eine optische Linse erforderlich. Über das Prinzip der Anordnung hinausgehende optische Maßnahmen seien wegen der Vielfalt der Möglichkeiten nicht weiter erwähnt.

Der Signalempfang erfolgt in der Vorwärtsstreurichtung. Eine Schlitzblende vor dem Fotovervielfacher ist der Längserstreckung der abgetasteten Spur angepaßt, erfordert jedoch zusätzliche Maßnahmen zur Unterdrückung von einfallendem Streulicht. Als Signalanalysator diente ein Counter.

Diese Anordnung ist für das Scannen einer Geschwindigkeitskomponente im eindimensionalen Feld geeignet, also für ortsfeste Geschwindigkeitsprofile. Antoine & Simpson (1986) haben sie für dreikomponentige Messungen erweitert.

8.2 Kombination von Spiegeln und Zoom-Optik

Eine derartige Anordnung wurde von Durst und Mitarbeitern (1981) beschrieben. In die Sendestrahlengänge eines zweikomponentigen Laser-Doppler-System wird ein gemeinsamer ebener Schwingspiegel eingefügt, welcher durch eine Kippbewegung das Meßvolumen entlang einer Bahn bewegt, die sich aus geometrischen Betrachtungen ermitteln läßt. Der Signalempfang erfolgt ebenfalls über den Schwingspiegel in der Rückwärts-Streurichtung. Das vermeidet zusätzlichen Aufwand für die sonst erforderliche Nachführung einer Empfängeroptik.

Eine Zoom-Vorrichtung in der Sendeoptik ermöglicht zusätzlich die koaxiale Verschiebung des Meßvolumens unter Beibehaltung des Schnittwinkels der Sendestrahlen. Die zweidimensionale Abtastung eines Strömungsfelds wird durch die gleichzeitige Aktivierung des Schwingspiegels erreicht.

Bei der Verwendung eines bewegten Spiegels ist eine zusätzliche Frequenzverschiebung des Meßsignals zu beachten, welche durch die Relativbewegung des ebenen Spiegels in bezug auf den Sender entsteht (Abb. 4). Für ein derartiges System ergibt eine einfache Rechnung die nicht triviale physikalische Eigenschaft, daß diese zusätzliche Frequenzverschiebung genau der Geschwindigkeitskomponente entspricht, mit der sich das Meßvolumen senkrecht zum Interferenzstreifensystem bewegt.

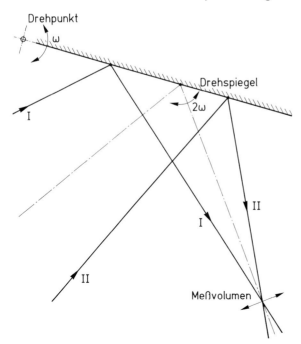

Abb. 4:
Bewegung des Meßvolumens bei reflektierten Teillichtbündeln

Sofern man von einer für die Messung notwendigen Frequenzverschiebung absieht, bewegt sich also das Streifensystem schlupffrei mit dem Relativsystem des Meßvolumens. Somit ist vom momentan erfaßten Meßwert die zugehörige momentane Geschwindigkeitskomponente des Meßvolumens zu subtrahieren, um die Strömungsgeschwindigkeit im raumfesten Bezugssystem zu erhalten.

Die Korrektur der Messung erfordert also die genaue Kenntnis der Geschwindigkeit des Meßvolumens in zeitlicher oder örtlicher Abhängigkeit. Eine hierfür zweckmäßige Reproduzierbarkeit der Schwingspiegelbewegungen läßt sich durch elektronisch ansteuerbare Schwingspiegel bewerkstelligen, deren Bewegung durch ein rückgeführtes Kippwinkelsignal kontrolliert wird. Die Resonanzeigenschaften eines derartigen Schwingspiegelsystems schränken die maximal erzielbare Abtastfrequenz ein, welche mit zunehmender Spiegelmasse kleiner wird.

8.3 Sendeseitig angeordnetes Drehprisma

Ein klassisches Beispiel für den Einsatz eines drehenden Polygonprismas stammt von Schnettler (1981). Über das mit dem Prisma gescannte Meßvolumen hinaus verwendet sein System die Methode der optischen Fourieranalyse des Meßsignals mittels einer Braggzelle, was zu einer zweiten Ausnutzung desselben Prismas führt (Abb. 5).

Der Versatz des Meßvolumens erfolgt durch Brechung der Sendestrahlen in einem planparallelen Teil des Prismas, was ein regelmäßiges Polygon mit gerader Flächenzahl voraussetzt. Die gemeinsame Ebene der Lichtbündel eines Einkomponentensystems wird durch die Drehachse des Prismas gelegt, welche die Symmetrieachse der Polygonflächen ist. Im Verlauf einer Teildrehung des Prismas erfolgt dann der Versatz des Meßvolumens senk-

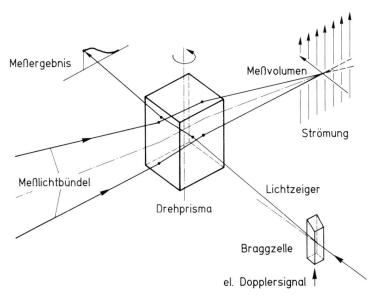

Abb. 5: Prinzip des optischen Aufbaus nach Schnettler (1981)

recht zur gemessenen Geschwindigkeitskomponente. Ein die Messung beeinflussender Frequenzeinfluß entsteht somit nicht. Der Abtasthub hängt vorwiegend von den Dimensionen des Prismas ab.

Die erwähnte Braggzelle großer Auflösung für die optische Signalanalyse wird direkt mit dem hochpaßgefilterten und verstärkten Dopplersignal des Empfängers getrieben. Die mit der Dopplerfrequenz veränderliche Gitterkonstante des im Kristall der Zelle akustisch erzeugten Brechungsindexgitters führt zu dem entsprechend veränderlichen Beugungswinkel eines als Lichtzeiger hindurchgeführten Laserstrahls. Der Zeigerausschlag ist dabei zur Dopplerfrequenz und somit zur gemessenen Geschwindigkeit proportional.

Eine zusätzliche ortsproportionale Auslenkung des Laserstrahlzeigers erfolgt ebenfalls durch das Drehprisma. Die Braggzelle wird so ausgerichtet, daß der geschwindigkeitsproportionale Ausschlag des Zeigers parallel zur Drehachse des Prismas erfolgt. Diesem Ausschlag überlagert sich die Auslenkung durch optische Brechung im Prisma, was zu einer oszillogrammartigen Darstellung des Geschwindigkeitsprofils über der Abtaststrecke führt. Die zweimalige Nutzung des Prismas gewährleistet dabei die genaue Reproduzierbarkeit der Ortskoordinate während der Messungen.

Für den Signalempfang ist eine Schlitzblende vor dem optischen Empfänger zweckmäßig. Schnettlers Erfahrungen zeigen, daß die akusto-optische Demodulation in der Lage ist, Dopplersignale mit erheblich kleinerem Signal-zu-Rauschverhältnis zu analysieren als es beispielsweise Counterverfahren ermöglichen. Diese Eigenschaft ermöglicht es, auch unter Strömungsbedingungen, die a priori relativ schlechte Signale liefern, noch meßtechnisch interessante Scanraten zu erzielen. In der Hochtemperaturströmung einer Azetylenflamme konnten bis zu 250 Profile pro Sekunde gemessen werden.

Zur Erzeugung eines hinreichend kontrastreichen Beugungsgitters in der Braggzelle müssen jedoch auch bei diesem Verfahren Überlagerungen von zwar gleichfrequenten, aber im allgemeinen phasendifferenten Signalen vermieden werden. Dies würde zu einer Verbreiterung der Intensitätsverteilung des gebeugten Lichtzeigers führen und so im Extremfall die Messung unmöglich machen. Die räumliche Kohärenz der zu analysierenden Signalzüge ist also zu gewährleisten, was die Erfassung und Analyse von Einzelsignalen erfordert.

Die meßtechnischen Möglichkeiten dieses Verfahrens scheinen bis zur Gegenwart noch nicht voll genutzt zu sein. Nach Schnettler ermöglicht es nicht nur Zweikomponentenmessungen, sondern bietet auch Möglichkeiten für Korrelationsanalysen.

9. Methoden zur Abtastung des Meßvolumens

9.1 Empfangsseitig angeordnetes Drehprisma

Eine neuere Lösung wird von Lehmann (1988) benutzt. Sie verwendet ein empfangsseitig angeordnetes Drehprisma, welches vor oder auch hinter der Empfangsoptik angeordnet sein kann, jedoch vor der Blende des optischen Empfängers.

Rückwärts gegen die Empfangsrichtung und durch ein rotierendes Polygonprisma gesehen, wird die Abbildung einer optischen Lochblende entlang einer Linie verschoben, deren Länge durch die optischen Brechungseigenschaften und den Drehwinkel des Prismas be-

stimmt wird. Ein entsprechend linienförmiges optisches Meßvolumen kann durch Modifikation der bekannten Zweistrahlanordnung erzeugt werden (Abb. 6).
Zu diesem Zweck wird der Schnittwinkel der beiden Lichtbündel auf 180 Grad erweitert. Dadurch entsteht ein langgestrecktes, etwa zylinderförmiges Meßvolumen, in welchem das Interferenzstreifensystem senkrecht zur Zylinderachse ausgerichtet ist. Auf diese Weise wird die zur Zylinderachse parallele Geschwindigkeitskomponente erfaßt.

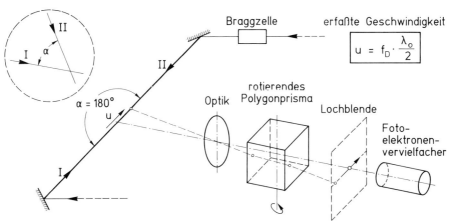

Abb. 6: Prinzip eines Prismenscanners nach Lehmann (1988)

Eine langbrennweitige Optik kann zur Reduktion des Meßvolumendurchmessers eingesetzt werden.
Liegt nun die Drehachse des Prismas in einer senkrecht zur Achse des Meßvolumens ausgerichteten Ebene, so wird die linienförmige Abbildung des Meßvolumens auf der Blende des Empfängers durch die Prismendrehung über das Blendenloch geschoben. Dementsprechend werden optische Signale aus aufeinanderfolgenden Meßorten empfangen, die sich über die erfaßbare Länge des Meßvolumens verteilen. Mit dem Drehwinkel des Prismas korreliert, ergibt jede Prismenteilung ein Geschwindigkeitsprofil.
Eine derartige Anordnung erfaßt zwar nur die Geschwindigkeitskomponente in der Längsrichtung des Meßvolumens, bietet jedoch häufig Vorteile für die experimentelle Zugänglichkeit eines Meßobjekts. Da der Empfänger zweckmäßig senkrecht auf das Meßvolumen gerichtet wird, eignet sich die Meßtechnik besonders gut für die Geschwindigkeitskomponente quer zur Hauptströmungsrichtung einer Meßstrecke. Die zusätzliche Anwendung einer hinreichend großen Frequenzverschiebung wird dabei im allgemeinen erforderlich.
Die Abtastrate entspricht der Drehzahl des Prismas, multipliziert mit der Anzahl seiner paarweise planparallelen Flächen. Eine Abtastrate von mehr als tausend Profilen pro Sekunde ist auf diese Weise möglich, vorausgesetzt, daß dies auch durch die Tracerkonzentration und die Signalanalyse gewährleistet ist.
Zusätzliche Frequenzänderungen, welche durch die zeitlich veränderlichen optischen Weglängen im Drehprisma und durch die Empfangsapertur entstehen könnten, wirken sich nicht auf die Signalfrequenz aus. Der Grund dafür ist bereits in Kapitel 4.2 erläutert.
Beim optischen Aufbau ergibt sich das Problem, daß exakt gegeneinander und koaxial ausgerichtete Meßlichtbündel Laserlicht über den dann geschlossenen optischen Kreis in

den Laserresonator zurückführen (Abb. 7). Dies führt zur Anregung optischer Schwingungen im Resonator und ist durch optische Isolatoren im Strahlengang zu verhindern.

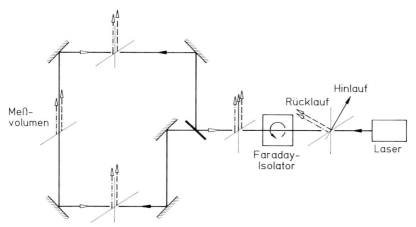

Abb. 7: Optische Isolierung zurückgeführten Laserlichts

Abbildung 7 zeigt die Wirkung eines die Polarisationsebene um 45° drehenden Faraday-Isolators. Bei zweimaligem Durchlauf dreht er die Polarisationsrichtungen beider Lichtanteile um 90° im Vergleich zum ursprünglichen Laserlicht. Das Brewester-Fenster des Laserrohrs blockiert somit das zurückgeführte Licht. Dabei ist wesentlich, daß die Polarisationsrichtungen beider Meßlichtbündel im Bereich des Meßvolumens gleich sind, um ein reelles Streifensystem mit maximalem Kontrast zu erhalten.

Die zweidimensionale Erweiterung der Methode ist möglich durch die gegeneinander gerichtete Durchdringung zweier Lichtebenen und ihre Abtastung mittels zweier gekreuzter Drehprismen und einer Lochblende oder eines Drehprismas und einer bewegten Lochblende. Die Lochblende kann auch durch einen Lichtwellenleiter ersetzt werden zur Weiterleitung der optischen Signale zum Analysator oder durch ein System linear angeordneter Lichtwellenleiter, welche ein Drehprisma ersetzen können.

Im Zusammenhang mit dieser Abtastmethode sind für die Signalanalyse alle erwähnten Analysatortechniken verwendbar und insbesondere unter dem Gesichtspunkt der Partikelkonzentration auszuwählen.

9.2 Scanning-Technik mit einem Lichtwellenleiter-Array

9.2.1 Optische Anordnung des Abtastsystems

Das in Kapitel 5 beschriebene optische Schema ist die Grundlage für diese von Lehmann und Mante (1988) entwickelte optische Abtastvorrichtung. Sie tastet die Streulichtspur eines einzigen Laserlichtbündels ab, welche bei der Durchstrahlung des mit Tracerpartikeln dotierten Strömungsfelds sichtbar wird. Das Streulicht aus einem begrenzten Bereich dieser Spur enthält Information über die dort auftretende Geschwindigkeitskomponente. Diese liegt als dopplerverschobene Lichtfrequenz oder -wellenlänge vor. Die Dopplersche

Änderung ist also nicht, wie bei Mehrstrahlsystemen, durch optische Interferenz auf elektronisch beherrschbare Frequenzbereiche transformiert.

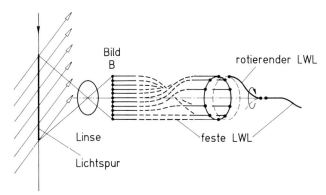

Abb. 8: Optomechanischer Scanner nach Lehmann & Mante (1988)

Abbildung 8 zeigt, wie mit einer Empfangsoptik die Streulichtspur auf das lineare Array der Endflächen einer Anzahl von Lichtwellenleitern projiziert wird, welche der Anzahl der abgetasteten Meßorte entlang der Spur entspricht. Die anderen Lichtleiterenden sind in kreisförmiger Anordnung mit achsenparallelem Lichtaustritt auf einem Stator angebracht. Ein auf einen Rotor montierter Einzellichtleiter wird kreisförmig so am Stator entlanggeführt, daß er während des Vorbeilaufs aus den Endflächen des Kreisarrays jeweils kurzzeitig Streulicht auskoppelt.

Die Streulichtimpulse werden in der Rotorachse vom bewegten Einzellichtleiter in einen weiteren ortsfesten Lichtwellenleiter eingekoppelt und von diesem zum Signalanalysator übertragen. Mit jeder Rotordrehung wird die Streulichtspur einmal abgetastet, wobei der Drehwinkel des Rotors der momentanen Meßposition auf der Spur entspricht. Zur Erzielung einer ausreichenden Abtastrate wird der Rotor durch eine Dentalturbine angetrieben und kann so einige tausend Umdrehungen pro Sekunde erreichen.

Eine wiederum wichtige Eigenschaft dieser Anordnung ist das Fehlen eines systembedingten Frequenzeinflusses auf das Signal. Sie beruht darauf, daß der Einzellichtleiter als einziges bewegtes Teil der Optik Geschwindigkeitskomponenten aufweist, welche nur senkrecht zur Ausbreitungsrichtung des weitergeleiteten Lichts gerichtet sind.

Die erfaßte Meßinformation liegt in Form von Profilserien gleicher Abtastdauer und gleichen zeitlichen Abstands vor. Die Messung ist bezüglich des Vorzeichens der Geschwindigkeitskomponente empfindlich, welche sich zudem geringfügig mit der Abtastposition dreht. Sie kann jedoch mit einem Meßwerterfassungsrechner auf eine konstante Richtung umgerechnet werden. Während der im allgemeinen kurzen Meßwerterfassungszeiten kann die Drehzal des Rotors als konstant gelten, wodurch sich eine zeitliche Linearität des Abtastvorgangs ergibt.

9.2.2 Geregeltes Interferometer für die Streulichtanalyse

Die hier genutzte absolute Form der Streulichtanalyse erfolgt durch ein modifiziertes Michelson-Interferometer (Smeets et al. 1978, 1981). Sein Schema ist in Abbildung 9 skiz-

ziert. Nach der zentralen Strahlteilung des zugeführten Streulichts durchlaufen beide Anteile unterschiedlich lange Interferometerarme. Der optische Wegunterschied wird über ein
gefaltetes Spiegelpaar eines Armes auf mehr als 2 m fest eingestellt. Dieser Wegunterschied und die Wellenlänge des benutzten Laserlichts bestimmen die Frequenzauflösung
des Interferometers.

Bei der Überlagerung der zuvor geteilten Streulichtanteile am Austritt des Interferometers
entstehen Interferenzstreifen, deren Breite bei idealer Justierung gegen unendlich geht.
Die lokale Intensität innerhalb eines Streifens wird mit einem opto-elektronischen Detektor
gemessen. Die Meßspannung dient als Regelspannung für einen elektronischen Regelkreis, welcher eine Pockelszelle regelt, die in den Eingang des Interferometers eingesetzt
ist.

Die Wellenlänge des in das System eingeführten Streulichts wird durch die Zelle so verändert, daß am Austritt des Interferometers die Intensität des detektierten Interferenzstreifens
konstant bleibt. In Folge des linearen Zusammenhangs der die Pockelszelle anregenden
Spannung mit der in ihr erzeugten Wellenlängenänderung des Streulichts ist diese Spannung ein lineares Maß für die so ausgeregelte Geschwindigkeitsänderung. Dies ist die
grundlegende Funktionsweise der direkten Frequenzanalyse. Das Gerät liefert eine kontinuierliche, geschwindigkeitsproportionale Meßspannung.

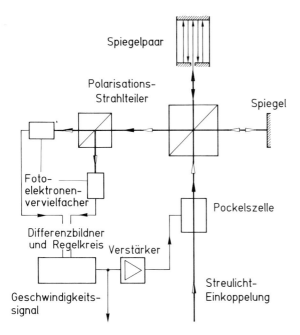

Abb. 9:
Schema des kompensierenden
Interferometers

Für die Anwendung ist wesentlich, daß das in das Strömungsfeld eingestrahlte Laserlicht
nur eine spektrale Mode (single-frequency) enthält. Die entsprechend große Kohärenzlänge
ist erforderlich, um den optischen Wegunterschied der beiden Interferometerarme zu über-
brücken. Andererseits besitzt die räumliche Kohärenz der Streulichtsignale für die Funktion
des Interferometers keine Bedeutung. Das heißt, daß auch das optische Summensignal einer großen Anzahl gegeneinander beliebig phasenverschobener Dopplersignale zuverläs-

sig analysiert wird. Die demzufolge zulässige große Zahl von Streupartikeln im momentanen Meßvolumen ermöglicht eine Reduktion von Signal-drop-outs auf Null und damit große Abtastraten.

Die Meßmethode ist gegenüber dem Vorzeichen der Geschwindigkeitskomponente empfindlich. Allerdings setzt das die Kenntnis des Geschwindigkeitsnullpunkts voraus, was ein typisches Merkmal der absoluten Streulichtanalyse ist. Die Berücksichtigung des Nullpunkts erfordert eine Eichmessung, während der Signalmaßstab in Abhängigkeit von der Geschwindigkeit grundsätzlich aus den beteiligten Gerätekonstanten bestimmt werden kann. Wegen der im allgemeinen größeren Zahl beteiligter Geräteparameter empfiehlt sich jedoch auch hier zumindest eine Testeichung.

Wie bereits aus Abbildung 9 zu ersehen ist, ist der Aufbau des kompletten Interferometersystems komplizierter, als es diese Funktionsbeschreibung ausdrückt. Insbesondere werden durch polarisationsoptisch wirkende Strahlteiler und Zusatzoptiken am Interferometerausgang zwei um 180 Grad phasenversetzte Intensitätssignale erzeugt. Die Differenz ihrer mit zwei Detektoren erzeugten Spannungssignale ist als Regelgröße besonders geeignet, weil sie, wenn auf Null geregelt, die genutzte Intensitätsmodulation im linearen Bereich hält. Darüber hinaus besitzt die Meßtechnik die Vorteile einer Nullmethode. Sie ermöglicht Zeitkonstanten des Regelkreises von der Größenordnung einer Mikrosekunde und fördert auch in dieser Hinsicht eine Steigerung der Abtastrate.

Die absolute Frequenzänderung des Streulichts liegt bei kleinen Strömungsgeschwindigkeiten (< 1 m/s) in derselben Größenordnung, wie sie durch mechanische und optische Instabilitäten des Laserresonators und des sonstigen optischen Aufbaus entsteht. Derartige Frequenzschwankungen überlagern sich dem Geschwindigkeitssignal und begrenzen durch ihren Störeinfluß das Auflösungsvermögen der Messung.

Diese Störeinflüsse können durch einen zusätzlichen Stabilisierungskreis des Interferometers reduziert werden. Er nutzt das Interferometer zur Analyse eines ursprünglichen, bereits vor Eintritt in das Strömungsfeld abgetrennten Lichtanteils. Dieses Licht durchläuft das Interferometer in der zum Meßlicht entgegengesetzten Richtung. Eine dem Meßkreis entsprechende Regelvorrichtung des Stabilisierungskreises führt eine piezzogesteuerte Positionskorrektur des in einem der Interferometerarme befindlichen Einzelspiegels durch und regelt dadurch die störenden Frequenzschwankungen aus. Da derselbe Spiegel auch dem Meßkreis angehört, wird vom empfangenen Meßsignal das Störsignal optisch subtrahiert.

9.2.3 Typische Betriebsdaten eines Interferometersystems

Das beschriebene Interferometersystem ist durch die Auslegung seiner internen optischen Wegdifferenz an alle Gechwindigkeiten anzupassen, welche über der rauschbedingten Auflösungsgrenze liegen. Das erfolgt im wesentlichen durch die Anpassung des optischen Wegs mittels Modifikation oder Ersatz des gefalteten Spiegelpaars. Eine Verkleinerung der Wegdifferenz bedeutet die Vergrößerung des Meßbereichs aber auch ein Heraufsetzen der Auflösungsgrenze. Letztere ist unter anderem eine Frage des Stabilisierungsaufwands. Bei vertretbarem Aufwand liegt die erzielbare Auflösungsgrenze des Interferometers bei etwa 10^{-9}.

Ausführliche Informationen über die Auslegung eines derartigen Interferometersystems sind bei Smeets & George (1978) zu finden. Die Ausführung eines für den niedrigen Geschwindigkeitsbereich ausgelegten Interferometers besitzt für die Wellenlänge $\lambda = 514$ nm eine Auflösung von etwa 0,3 m/s und einen Meßbereich von ca. 50 m/s. Die Auflösung wird nur bei Betrieb eines implementierten Stabiliserungskreises erreicht. Die angeführten Geschwindigkeitswerte gelten für die direkt auf den Empfänger gerichtete Geschwindigkeitskomponente.

Weiterhin ist mit dem Gerät die Messung von Geschwindigkeitsschwankungen möglich, welche etwa 50 % Amplitudenschwankung innerhalb von 5 Mikrosekunden aufweisen. Der Frequenzgang des Stabilisierungskreises reicht von DC bis eta 5 kHz. Schwankungen um den Faktor 50 bis 100 der aus dem Strömungsfeld empfangenen Streulichtintensität wirken sich bei einem gut justierten Interferometer nicht auf die Messung aus. Andernfalls können Signalausfälle entstehen.

Dies sind Eigenschaften, welche das Gerät für den Einsatz im Zusammenhang mit schnellen Scanning-Verfahren interessant machen. Das schließt jedoch nicht aus, daß der optische Teil der im Kapitel 9.2.1 beschriebenen Abtastvorrichtung auch zum Betrieb mit andersartigen Systemen für eine absolute Frequenzanalyse geeignet ist.

9.2.4 Mehrkomponentiger Ausbau des Scanning-Systems

Das in Abbildung 2 gezeigte optische Schema erlaubt die Messung von zunächst nur einer Geschwindigkeitskomponente. Wird jedoch koaxial aber entgegengesetzt zu dem eingestrahlten Laserlichtbündel ein zweites Lichtbündel eingestrahlt (Abb. 10), so empfängt ein und dieselbe Empfangsoptik Streulicht aus zwei Einstrahlrichtungen. Die beiden Streulichtanteile enthalten dann die Information über zwei zueinander senkrechte Geschwindigkeitskomponenten, welche in der gemeinsamen Ebene der Einstrahl- und Empfangsrichtungen liegen.

Die meßtechnische Trennung der Signale dieser beiden Geschwindigkeitskomponenten

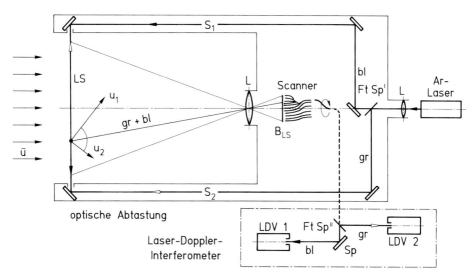

(LS : Lichtspur, Sp : Spiegel, Ft : Farbteiler, gr : grün, bl : blau
B : opt. Abbildung, S : Lichtstrahlen)

Abb. 10: Aufbau für zweikomponentiges Abtasten einer Lichtspur

erfolgt zweckmäßig durch Farbteilung. Unterschiedliche Farben der beiden eingestrahlten Lichtbündel führen zu einem farblich gemischten Streulichtsignal, welches durch nur einen Scanner empfangen und übertragen werden kann. Danach erfolgt die Signaltrennung durch Farbteilung und die Weiterleitung beider Signale an je ein für die entsprechende Wellenlänge ausgelegtes Interferometersystem.

Wie beim Prismenscanner besteht auch hier die Gefahr des rückwärtigen Eintritts von Laserlicht in den Laserresonator. Geeignete, in die beiden Strahlengänge eingesetzte Farbfilter blockieren diesen Rücklauf und verhindern damit die Anregung von optischen Schwingungen im Resonator.

Für langsamere Abtastvorgänge ist es auch denkbar, gleichfarbiges Licht für beide Komponenten zu benutzen und die Signale durch schnelles synchrones Umschalten der Einstrahl- und Empfangskanäle zu trennen. Der Vorteil eines derartigen Verfahrens ist, daß nur ein Analysatorsystem erforderlich ist.

Für die Zweikomponententechnik ist es zweckmäßig, daß die Empfängeroptik etwa senkrecht auf die Streulichtspur gerichtet ist. Dadurch sind beide Streulichtanteile ungefähr gleich intensiv. Der Streuwinkel ist jedoch ungünstig für den Betrag der Streulichtintensität und es bedarf eines leistungsfähigen Lasers, um ausreichend intensives Streulicht zu erhalten. Wegen der erheblichen Übertragungsverluste im Scanner (Größenordnung 70 %) muß die empfangene Streulichtleistung im Vergleich zur konventionellen LDA erheblich größer sein.

Obwohl die Streulichtleistung von vielen Parametern abhängt, muß davon ausgegangen werden, daß für eine zweikomponentige Messung selbst bei Meßabständen von kleiner als einem Meter mindestens ein 20-Watt-Argonlaser erforderlich ist. Durch Selektion der erforderlichen Einzelmoden wird diese Lichtleistung schließlich noch erheblich reduziert. Bei Benutzung von geringeren Laserleistungen ist die Beschränkung auf eine Einkomponentenmessung nicht zu umgehen, weil dabei die intensivere Vorwärtsstreuung genutzt werden muß.

9.2.5 Meßbeispiel

Abbildung 12 ist das Ergebnis eines mit dem Lichtwellenleiter-Scanner erzielten Meßbeispiels (Lehmann u. Mante, 1988). Es betrifft eine einkomponentige Messung unter Verwendung des geregelten Interferometers zur Signalanalyse. Das Schema der Meßstrecke ist in Abbildung 11 dargestellt. Es betrifft eine Rohrströmung mit einem Querschnittsprung vom Durchmesser $D = 25$ mm auf etwa den vierfachen Durchmesser. Die Abtastung der Geschwindigkeitsprofile erfolgte entlang des Durchmessers von etwa 100 mm in der Position 5 D stromab vom Querschnittsprung. Das Rohr mit dem kleineren Durchmesser war länger als 20 D, so daß am Ort des Querschnittübergangs mit der dort vorliegenden Geschwindigkeit von der Größenordnung 20 m/s von einer ausgebildeten turbulenten Rohrströmung ausgegangen werden kann.

Das vom Signalanalysator abgenommene elektrische Geschwindigkeitssignal wurde mit einem 12-bit/200-kHz-A/D-Wandler digitalisiert und die Daten in den 2 MByte-RAM-Speicher des verwendeten Rho-Bus-Systems abgelegt, welches auf der Basis eines ATARI-1040-Kleinrechners aufgebaut ist. Die weitere Signalauswertung erfolgte mit dem ATARI-Rechner. Zur Markierung des jeweiligen Startpunkts der nacheinander erfaßten Geschwindigkeitsprofile diente ein dem Meßsignal überlagerter Triggerpuls, welcher durch eine optische Marke auf dem Rotor des Scanners und eine getrennte opto-elektronische Vorrichtung erzeugt wurde.

Von den im Speicher erfaßbaren Daten für mehrere tausend Geschwindigskeitsprofile ist in Abbildung 12 eine Serie von nur 30 Profilen dargestellt. Sie betreffen die auf die Achsenrichtung der axial-symmetrischen Modellströmung umgerechnete Geschwindigkeitskomponente. Die mittlere Strömung ist nach rechts gerichtet. Jedes Einzelprofil ist, entsprechend den verwendeten 70 Lichtwellenleitern des Arrays, das Ergebnis von 70 lokalen Messungen auf dem abgetasteten Durchmesser. Sowohl die Meßzeit für jedes Profil, als auch der zeitliche Abstand der aufeinanderfolgenden Profile beträgt in diesem Fall etwa eine Millisekunde.

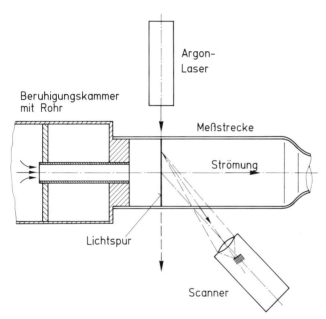

Abb. 11:
Teststrecke und
Meßanordnung

Den momentanen Geschwindigkeitsprofilen wurde jeweils ein mittleres Profil überlagert, welches den aus 500 aufeinanderfolgenden Einzelprofilen errechneten Mittelwert darstellt. Die Schwärzung der Differenzflächen zwischen den momentanen und den mittleren Profilen macht die Dynamik der Geschwindigkeitsschwankungen sichtbar. Sie ist auf das mit der Strömung konvektierende Relativsystem zu beziehen. Man erkennt kurzzeitig auftretende, größere Pakete positiver und negativer Fluktuationen, die innerhalb weniger Millisekunden entstehen und verschwinden. Dabei besitzen sie offensichtlich die Tendenz einer von der Mittelachse des Strömungsfeldes weggerichteten Drift.

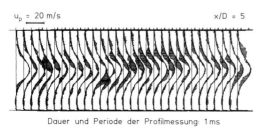

Dauer und Periode der Profilmessung: 1 ms

Abb. 12:
Ergebnis des Meßbeispiels

Das Meßbeispiel zeigt in Form eines kleinen Ausschnitts aus einem sehr viel umfangreicheren Datenfeld den annähernd momentanen Geschwindigkeitszustand eines von außen nicht angeregten turbulenten Strömungsfeldes. Die erkennbaren Geschwindigkeitsfluktuationen können einander örtlich und zeitlich zugeordnet werden, so daß eine numerische Untersuchung hinsichtlich auftretender Großstrukturen und ihrer Eigenschaften möglich ist. Das sich während der Erfassungszeit veränderte Geschwindigkeitsfeld kann mit den verfügbaren Daten näherungsweise auf einen einzigen Zeitpunkt umgerechnet werden. Für in dieser Hinsicht vollständigere und genauere Aussagen sind die technisch realisierbaren Mehrkomponentenmessungen sowie eine weitere Erhöhung der Abtastraten anzustreben.

10. Literatur

Antoine, M. M.; Simpson, R. L.: A rapidly scanning three-velocity-component laser Doppler anemometer, J. Phys. E: Sci. Instrum. 19 (1986), S. 853–858

Bolwijn, P. T.; Peek, Th.; Alkemade, C. Th. J.: Effect of Axial Modes on Doppler Experiments with Gas Lasers. Physics Letters (Netherlands), vol. 23 (Oct. 1966), No. 1, pp. 88

Chehroudi, B.; Simpson, R. L. 1984: A rapidly scanning laser Doppler anemometer. J. Phys. E., Scientific Instrum., vol. 17, pp. 131–136

Chehroudi, B.; Simpson, R. L.: J. Fluid Mech. (1985), vol. 160, pp 77–92

Durst, F.; Lehmann, B.; Tropea, C. 1981: Laser-Doppler system for rapid scanning of flow fields. Review of Scientific Instruments, vol. 52, No. 11, pp. 1676–1681

Ikeda, Y.; Kurihara, N.; Nakajima, T.; Matsumotu, R. 1988: "Multipoint Simultaneous LDV Optics", Fourth Internat. Symp. on Applications of Laser Anemometry to Fluid Mechanics, Lissabon, Paper 5–20

Lehmann; B.: P 38 32 312.5, Deutsche Patentanmeldung vom 23. 9. 1988

Lehmann, B.; Mante, J.: Rapid measurement of velocity profiles with a Doppler shift controlled interferometer. Zeitschrift für Flugwissenschaften und Weltraumforschung (ZFW), Bd. 12 (1988), Heft 5

Nakatani, N.; Nishikawa, T.; Yamada, T. 1980: LDV optical system with multifrequency shiftig for simultaneous measurement of flow velocities at several points, J. Phys. E.: Sci. Instrum., vol. 13, S. 172–173

Schnettler, A. 1981: Opto-elektronische Demodulation von Laser-Doppler-Signalen. Technisches Messen, 48. Jahrgang, Heft 5, pp. 159–163

Smeets, G.; George, A. 1978: Laser-Doppler-Velozimetrie mit Hilfe eines Michelson-Interferometers mit schneller Phasennachführung. ISL-Report R 124/78

Smeets, G.; George, A. 1981: Michelson Spectrometer for Instantaneous Doppler Velocity Measurements. J. Phys. E: Sci. Instrum., vol. 14, pp. 838–845

Ten Bosch, J. J.; De Voigt, M. J. A.: Interferometric Study of the Modes of a Visible-Gas Laser with a Michelson-Interferometer. Am. J. Physics 34 (1966), pp. 479

Phasen-Doppler-Anemometrie

Physikalische Grundlagen, Technische Realisierung, Einsatzmöglichkeiten

K. Bauckhage, G. Schulte

Einleitung

In Mehrphasensystemen sind oft kugelförmige Partikeln in eine kontinuierliche Phase als ''disperse'' Phase eingestreut. Im Zentrum des Interesses stehen hier die Strömungspara- meter der dispersen Phase, lokal oder integral ermittelt. Das Identifikationsmerkmal der Partikeln ist dabei ihr Durchmesser, das strömungsbezogene Merkmal ihre Geschwindig- keit. Die Phasen-Doppler-(Differenz)-Methode erfüllt in fast idealer Weise die Anforderun- gen für die Untersuchung solcher Partikelströmungen, weil man mit ihr berührungsfrei und simultan die Größe und Geschwindigkeit der Partikeln mit hoher lokaler Auflösung bestim- men kann. Erstmals erwähnten Durst und Zaré 1975 die Möglichkeit, ''Fernfeld''-Streu- ungsmuster großer kugelförmiger Partikeln für die Analyse ihres Durchmessers zu nutzen. 1981 beschrieb Flögel auf der Basis von Ableitungen nach Farmer 1980 und Bachalo 1980 den Zusammenhang zwischen der Phasendifferenz zweier von derselben Partikel aufge- zeichneter Dopplersignale und der ''Partikelkrümmung''. Erste Untersuchungen an Trop- fen- bzw. Bläschenströmungen stellten 1984 Bauckhage sowie Buchhave bzw. Bachalo vor.

1. Physikalische Grundlagen

1.1 Fernfeldstreulichtmuster von Kugeln im LDA-Volumen

Generell können Doppler-Signale, hervorgerufen durch Partikeln, die das Meßvolumen ei- ner LDA-Anordnung durchqueren, von jedem beliebigen Raumpunkt aus empfangen wer- den. Die Anordnung des Photomultipliers entweder in Vorwärts- oder Rückstreurichtung folgt dem Kriterium, einen möglichst einfachen experimentellen Aufbau zu besitzen (Rück- streuung) und gegebenenfalls eine möglichst hohe Streulichtintensität (Vorwärtsstreuung) zu nutzen. In Abbildung 1 ist eine Versuchsanordnung dargestellt, die das Streulichtmuster einer sich im Schnittvolumen zweier einfallender Laserstrahlen befindlichen reflektierenden Stahlkugel sichtbar macht. Eine Hohlkugel aus opakem Milchglas dient als Projektions- schirm, auf welchem das Streulicht als streifenförmiges Interferenzmuster abgebildet wird. Im Experiment läßt sich leicht zeigen, daß ein kleinerer Stahlkugelradius zu größeren Strei- fenabständen führt und umgekehrt. Das sich ergebende Streifenmuster wird unter ande- rem bestimmt durch den Interferenzstreifenabstand im Meßvolumen und den Partikel- durchmesser, durch die Lagekoordinaten des Beobachtungsortes sowie die Brechzahl des Umgebungsmediums.

$$\sigma = \sigma \left(\Delta x; \, d_p; \, \varphi, \, \psi \text{ und } R; \, n_c, \, \ldots \right) \tag{1}$$

Es liegt nahe, diesen Zusammenhang für die Bestimmung von Partikeldurchmessern zu nutzen. An der ruhenden Partikel bedeutet dies, den Streifenabstand zu messen und über den angesprochenen funktionalen Zusammenhang den Partikeldurchmesser zu errech- nen. Bei einer bewegten Partikel läßt sich der Streifenabstand des an den Detektoren vor- beistreichenden Streifenmusters indirekt in einer modifizierten LDA-Anordnung bestimmen.

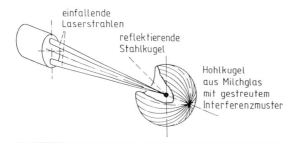

einfallende
Laserstrahlen

reflektierende
Stahlkugel

Hohlkugel
aus Milchglas
mit gestreutem
Interferenzmuster

Abb. 1: Visualisierung von gestreutem Interferenzmuster

1.2 Bestimmung der Partikelkrümmung: Interferenzmodell

Abbildung 2 zeigt eine kugelförmige Partikel in einem Interferenzstreifenfeld, deren Durchmesser ein Mehrfaches des Streifenabstandes beträgt. Bewegt man die Partikel nach unten, läuft hier – für den Fall der Reflexion – das reflektierende Streifenmuster nach oben. Zwei auf einer parallelen Linie zur Bewegungsrichtung symmetrisch angeordnete Photodetektoren 1 und 2 empfangen dasselbe Doppler-Signal nacheinander mit einem bestimmten zeitlichen Abstand Δt, abhängig von der Weglänge a_{12}. Die Laufgeschwindigkeit des Streifenmusters aus der Sicht der Photodetektoren läßt sich damit angeben als

$$v_\sigma = a_{12} \cdot \frac{1}{\Delta t} \tag{2}$$

und ergibt sich auch nach

$$v_\sigma = \Delta\sigma \cdot 1/T \qquad (3)$$

mit T als der Periodendauer eines Dopplerbursts. Aus (2) und (3) folgt

$$\frac{a_{12}}{\Delta\sigma} = \frac{\Delta t}{T} \qquad \text{bzw. nach Abb. 2} \qquad \frac{\phi_{12}}{2\pi} = \frac{\Delta t}{T} \qquad (4)$$

Da $\Delta\sigma$ unter anderem von der Partikelkrümmung – für kugelförmige Partikeln also von ihrem Durchmesser – abhängt, eignet sich diese Beziehung zu dessen Ermittlung. Die Zeitdifferenz Δt zwischen den beiden Signalen ist demnach eine geeignete Meßgröße zur Bestimmung des Partikeldurchmessers. Abbildung 3 zeigt zwei mit einer solchen Anordnung ermittelte gleiche Dopplerbursts, die lediglich um die Zeitdifferenz Δt gegeneinander verschoben sind. Die "Phasendifferenz" ergibt sich nach $\phi_{12} = 2\pi \cdot \Delta t/T$. Für $\Delta t > T$ wird die sich ergebende Phasendifferenz mehrdeutig. Deswegen ist der Meßbereich auf Phasendifferenzen von $0 - 2\pi$ beschränkt.

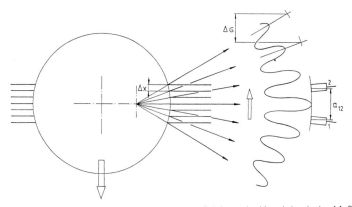

Abb. 2: Modellvorstellung: Bewegung von reflektierender Kugel durch das Meßvolumen

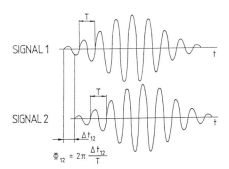

Abb. 3:
Phasendifferenz ϕ_{12} zweier Dopplerbursts

Unser Beispiel bezog sich auf den Fall des reflektierenden Streulichtes. Ein gleiches Experiment gelingt auch für den Fall eines durchsichtigen Teilchens. Auch hier wird ein Interferenzstreifenmuster auf der als Projektionsschirm dienenden Hohlkugel abgebildet. Im Unterschied zum Fall der reflektierenden Kugel läuft hier das Interferenzstreifenmuster bei bewegter Partikel jedoch in dieselbe Richtung wie die Partikel selbst. Die Ursache für diese Bewegungsumkehr des Lichtmusters liegt darin, daß jetzt das einfallende Laserlicht im Inneren der transparenten Kugel gebrochen wird und eine Umkehr der Strahlenrichtungen auftritt. Die beiden geschilderten Fälle sind in Abbildung 4 dargestellt. Sie sind als Grenzfälle zu betrachten, im Realfall besitzt das an kleinen Partikeln gestreute Licht Anteile von reflektiertem, gebeugtem und gebrochenem Licht. Je nach dem Standort des Beobachters – relativ zum Teilchen und zur Lichtquelle – überwiegt für ihn mehr der eine oder andere Anteil. So hängt auch die beobachtete Laufrichtung des von einer Partikel erzeugten Interferenzmusters davon ab, ob in der Beobachtungsrichtung Reflexion oder Brechung überwiegt. Von bestimmten Positionen aus sind sogar gegenläufige Interferenzmuster erkennbar.

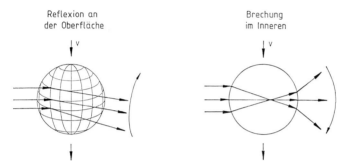

Abb. 4: Laufrichtung von reflektierendem und gebrochenem Interferenzmuster

In Abbildung 5 ist die bekannte Verteilung der Streulichtintensität einer Partikel für Ebenen senkrecht und parallel zur Polarisationsebene des einfallenden Lichtes dargestellt. Nach dem Vorhergesagten kommt bei der Phasen-Doppler-Methode der Position der Photodetektoren im Raum besondere Bedeutung zu, weil nicht nur die Streulichtintensität ausreichen muß, sondern auch ihr spezifischer Charakter entweder überwiegend durch Reflexion oder Brechung bestimmt sein muß.

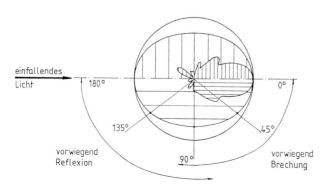

Abb. 5:
Streulichtverteilung einer
kleinen kugelförmigen Partikel

1.3 Ableitung der Phasendifferenz nach der Streulichttheorie

Das vorstehend beschriebene Interferenzstreifenmodell dient zur vereinfachten Beschreibung des Prinzips der Phasen-Doppler-Methode. Ähnlich wie bei der Laser-Doppler-Anemometrie läßt sich auch die Phasen-Doppler-Methode theoretisch näherungsweise nach den Gesetzmäßigkeiten der geometrischen Optik, Flögel 1981, exakt mit Hilfe der Mieschen Streulichttheorie ableiten. Hier soll die näherungsweise Rechnung nach den Gesetzen der geometrischen Optik vorgestellt und mit Ergebnissen der Mieschen Rechnung verglichen werden. Grundlage für die Ermittlung der Phasendifferenz zweier Dopplersignale derselben Partikel, die von unterschiedlich positionierten Photomultipliern aufgezeichnet werden, ist die Phasenverschiebung ϕ_{12}, welche die gestreute Lichtwelle gegenüber der einfallenden erfährt. Mit den Bezeichnungen nach Abbildung 6 ergibt sich diese Phasenverschiebung zu:

$$\delta = k \cdot d_p \cdot n_c (\sin\tau - p \cdot n \cdot \sin\tau') \qquad (5)$$

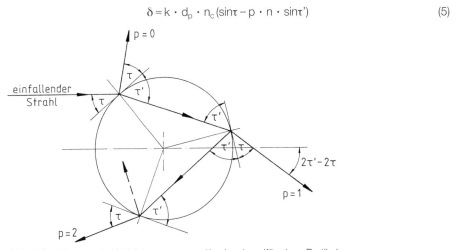

Abb. 6: Strahlengang bei Lichtstreuung an und in einer kugelförmigen Partikel

τ ist der Einfalls- und τ' der resultierende Brechwinkel, n ist der Quotient aus den realen Brechzahlen des Partikelmaterials und der umgebenden kontinuierlichen Phase, p die Ordnungszahl. Es gilt:

p = 0 für Reflexion an der Oberfläche
p = 1 für einfache Brechung
p = 2 für Brechung mit interner Reflexion.

k ist die Wellenzahl und d_p der Partikeldurchmesser. Der Ableitung der Phasenverschiebung liegt das sogenannte Referenzstrahlmodell zugrunde, bei welchem ein Lichtstrahl durch die Mitte einer Partikel betrachtet wird, der ohne Änderung seiner Frequenz und Phasenlage nur in Richtung des zu vergleichenden Streulichts abgelenkt wird.
Für den Fall der Reflexion (Abb. 7) ergibt sich als Weglängendifferenz zwischen dem realen Lichtstrahl und dem Referenzstrahl der Weg A'-O-B' und damit die Phasenverschiebung zu

$$\delta = k \cdot d_p \cdot n_c \cdot \sin\tau. \qquad (6)$$

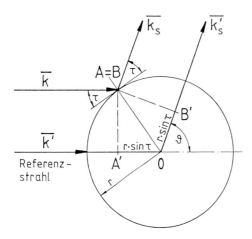

Abb. 7:
Phasenverschiebung bei Lichtreflexion an einer kugelförmigen Partikel

Ein in Richtung $\overline{k}'_s$ positionierter Photodetektor würde reflektiertes Streulicht mit einer um δ gegenüber dem einfallenden Lichtstrahl bzw. dem Referenzstrahl verschobenen Phasenlage empfangen. Der Einfallswinkel τ des für die Detektion maßgeblichen Lichtstrahls ergibt sich dann durch die Positionierung des Photodetektors, gegeben durch den Streuwinkel ϑ. Für den Fall der reinen Brechung (Abb. 8) ergibt sich mit $p = 1$:

$$\delta = k \cdot d_p \cdot n_c (\sin\tau - n \cdot \sin\tau') \qquad (7)$$

Hier führt die Differenz der Weglängen A-B und A'-O-B' zur Phasenverschiebung δ. Ebenfalls führt im Rückschluß die Position des Empfängers, d.h. des Streuwinkels ϑ zu dem Einfallswinkel τ bzw. zu dem Brechwinkel τ'.

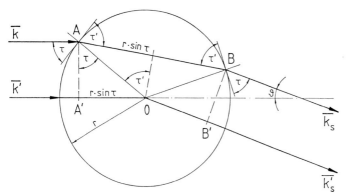

Abb. 8: Phasenverschiebung bei Lichtbrechung in einer kugelförmigen Partikel

Wie erwähnt, können die Photodetektoren grundsätzlich verschiedene Positionen einnehmen. In der üblichen Anordnung (Abb. 9) sind beide Photodetektoren unter demselben off axis Winkel φ symmetrisch zur x-y Ebene, d.h. unter dem Elevator-Winkel $\psi_1 = -\psi_2$ angeordnet, so daß sie auf einer Geraden parallel zur Bewegungsrichtung der Partikeln liegen (siehe Abb. 2). In diesem Fall gilt für die Phasenverschiebungen

$$\delta_1 = -\delta_2 \qquad (8)$$

Als Differenz der Phasenlagen des empfangenen Streulichts von 1 gegenüber 2 ergibt sich somit

$$\phi_{12} = \delta_1 - (-\delta_2) = 2 \cdot \delta_1 \qquad (9)$$

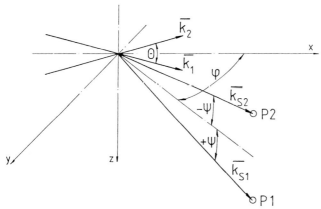

Abb. 9: Koordinaten des Aufbaues für Phasen-Doppler-Methode und Lage der Lichtvektoren

Für den Fall der Reflexion gilt somit:

$$\phi_{12} = \phi_R = 2 \cdot k \cdot d_p \cdot n_c \cdot \sin\tau \qquad (10)$$

und für Brechung:

$$\phi_{12} = \phi_B = 2 \cdot k \cdot d_p \cdot n_c (\sin\tau - n \cdot \sin\tau') \qquad (11)$$

Definiert man als Streulichtterme

$$b_R = 2 \sin\tau \qquad \text{für Reflexion} \qquad (12)$$

und

$$b_B = 2 (\sin\tau - n \cdot \sin\tau') \qquad \text{für Brechung} \qquad (13)$$

führt dieses mit

$$k = 2\pi / \lambda \qquad (14)$$

zur allgemeinen Bestimmungsgleichung für d_p

$$\phi_{12} = (2\pi / \lambda) \cdot d_p \cdot n_c \cdot b \qquad (15)$$

mit $b = b_R$ für Reflexion und $b = b_B$ für Brechung.

$d = \dfrac{1}{2\,b}\left(\dfrac{\lambda_0}{\pi\,n_c}\right)\Phi_{12}$	
b_R	$= \sqrt{2}\;[(1+\sin\frac{\theta}{2}\sin\Psi-\cos\frac{\theta}{2}\cos\Psi\cos\varphi)^{1/2}$ $-(1-\sin\frac{\theta}{2}\sin\Psi-\cos\frac{\theta}{2}\cos\Psi\cos\varphi)^{1/2}]$
b_B	$= 2\;\{[\,1+n'^2-\sqrt{2}\;n'(1+\sin\frac{\theta}{2}\sin\Psi+\cos\frac{\theta}{2}\cos\Psi\cos\varphi)^{1/2}]^{1/2}$ $-[\,1+n'^2-\sqrt{2}\cdot n'(1-\sin\frac{\theta}{2}\sin\Psi+\cos\frac{\theta}{2}\cos\Psi\cos\varphi)^{1/2}]^{1/2}\}$

Abb. 10:
Bestimmungsgleichung für Teilchendurchmesser und Streulichtterme für Reflexion und Brechung

Die Terme b ergeben sich als Funktion des Schnittwinkels θ der einfallenden Laserstrahlen, des off-axis-Winkels φ und des Elevatorwinkels ψ. Ohne Ableitung sind b_R und b_B in Abbildung 10 mit der Bestimmungsgleichung für d angegeben. Es läßt sich leicht zeigen, daß der Term b_R immer einen positiven und b_B immer einen negativen Wert annimmt. Der Phasenunterschied zwischen zwei an Photodetektoren P_1 und P_2 aufgezeichneten Signalen wird positiv gezählt, wenn die Photodetektoren gleich, d. h. in Laufrichtung des Interferenzmusters geschaltet sind. In der üblichen Anordnung für die Phasendifferenzmethode sind die Photodetektoren entgegen der Partikelbewegungsrichtung geschaltet. Somit ergibt sich d nach der Bestimmungsgleichung (15) sowohl für Reflexion ($b_R > 0$; $\phi_{12} > 0$) wie für Brechung ($b_B < 0$; $\phi_{12} < 0$) positiv. Zu beachten ist die Fehlermöglichkeit, die aus

$$|\phi_{12}| + |\phi_{21}| = 2\pi \qquad \text{resultiert,} \qquad (16)$$

wenn man die Schaltung der Photodetektoren vertauscht oder die Laufrichtung des Interferenzmusters falsch angibt. In die Auswertung geht der Betrag $|\phi_{12}|$ ein, bei Reflexion mit positivem, bei Brechung mit negativem Vorzeichen. Die möglichen Fehler bedeuten, daß man statt

$$|\phi_{12}| \text{ den Betrag } |\phi_{21}| = 2\pi - |\phi_{12}|$$

in die Auswertung eingibt.

2. Technische Realisierung

Eine typische Anordnung für die Phasen-Doppler-(-Differenz)-Methode ist in Abbildung 11 dargestellt. Sie unterscheidet sich äußerlich von einem LDA-System durch die Anordnung von mindestens 2 Photodetektoren P_1 und P_2, vorzugsweise unter off-axis-Winkeln $\varphi > 0$. Auch die notwendigen Elektronikkomponenten sind jener der LDA sehr ähnlich, jedoch stets mindestens zweikanalig. Zur Aufzeichnung der Signale können entweder Transientenrecorder oder spezielle Counter, welche Frequenz und Phasendifferenz von Signalpaaren aufzeichnen (sogenannte Phasenfrequenzcounter) eingesetzt werden. Signalverstärker und Bandpaßfilter dienen zur Signalaufbereitung.
Besondere Bedeutung kommt der Einstellung des off-axis-Winkels φ zu. Wie schon im vor-

herigen Kapitel erläutert, läßt sich die Streuung von einfallendem Laserlicht an einer Partikel exakt nach der Mie'schen Streulichttheorie berechnen, näherungsweise nach den Gesetzmäßigkeiten der geometrischen Optik getrennt für Reflexion und Brechung. Für eine gegebene Konfiguration mit bekanntem Θ, ψ und φ, bekannter Brechungszahl der Partikeln n_d und des Umgebungsmediums n_c ergibt sich $\phi_{12} = \phi\,(d_p)$ in einem entsprechenden Koordinatensystem als Gerade (Abb. 12), und zwar ist ϕ wiederum positiv für Reflexion und negativ für Brechung. Nach der Theorie können 3 Streulichtbereiche unterschieden werden:

die Rayleigh-Streuung   für $d_p \,{}' < \lambda$
die Mie-Streuung   für $d_p \geq \lambda$
und die geometrische Optik   für $d_p \gg \lambda$.

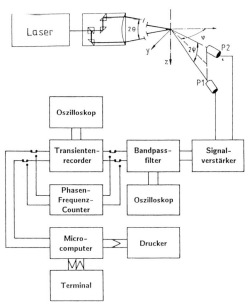

Abb. 11:
Skizze des Versuchsaufbaues und Blockschaltbild für die Signalverarbeitung für die Phasen-Doppler-Methode

Die Mie-Rechnungen liefern für alle drei Bereiche exakte Werte. Zum Vergleich erhält Abbildung 12 auch die Ergebnisse der Mieschen Rechnungen. Insbesondere für den Fall der Brechung ($\phi_{12} < 0$) (Wassertröpfchen in der Luft) ist die Übereinstimmung der beiden Rechnungen sehr gut. In dem oberen Diagrammteil ist die ϕ-d Abhängigkeit für Luftblasen in Wasser, d. h. für transparente, aber reflektierende Partikeln gezeigt. Gemäß der Vorzeichenkonvention ist die Phasendifferenz hier positiv. Die Übereinstimmung von geometrischer Optik und Mie-Theorie ist für gegebene Partikeln von der off-axis-Position der Photodetektoren abhängig und unterschiedlich gut. Mehr Informationen liefern die Ergebnisse umfangreicher Mie-Rechnungen für Partikeln unterschiedlicher Größe aus Stoffen mit verschiedenen Brechungsindizes. Dabei wird der Streulichtcharakter wesentlich vom Imaginärteil des komplexen Brechungsindex $\bar{n} = n_d(1 - i\varkappa)$ bestimmt $\varkappa$ als Absorptionsindex kann dabei Werte von 0 für transparente Stoffe bis über 1 für nichttransparente Stoffe annehmen. Beispielhaft ist das Ergebnis einer solchen Rechnung in Abbildung 13 für eine Partikel des Durchmessers $50\,\mu m$ für 5 verschiedene Modellfluide mit dem Brechungsindex $\bar{n} = 1,33\,(1 - i\varkappa)$, ausgehend von $\varkappa = 0$ ("durchsichtiges" Wasser) bis $\varkappa = 1$ dargestellt.

273

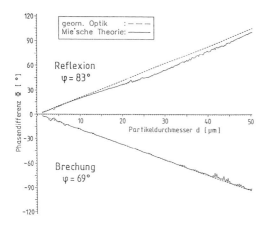

Abb. 12:
Phasendifferenz in Abhängigkeit von
Partikeldurchmesser

Zum Vergleich ist auch wieder das Ergebnis der Rechnung nach der geometrischen Optik mit dargestellt, als Kurve R im oberen Teil für Reflexion und Kurve B im unteren Teil für Brechung. Man erkennt, daß die Kurven 3, 4 und 5 mit R zusammenfallen. Die Kurven 1 und 2 zeigen ein auffälliges Verhalten, sie fallen nur in bestimmten Bereichen mit B, in einem weiteren – weniger gut – mit R zusammen. Diese Auffälligkeit besitzen Partikeln aus Stoffen, deren Absorptionskoeffizient nicht sehr verschieden von 0 ist. Das Streulicht solcher Partikeln ist im Vorwärtsbereich überwiegend gebrochen, sie erscheinen durchsichtig. Unter bestimmtem Blickwinkel aber reflektieren sie das einfallende Licht wie nichttransparente Partikeln. Dieser Effekt ist bei größeren Partikeln noch ausgeprägter.

Phasen-Doppler-Geräte ermitteln den Partikeldurchmesser nach der geometrischen Optik. Für die praktische Anwendung bedeutet dieses, daß die Photodetektoren da positioniert sein müssen, wo die Näherungsrechnung möglichst gut mit der exakten Rechnung übereinstimmt. Abbildung 13 sagt aus, daß Partikeln der Größe 50 μm überwiegend reflektierendes Streulicht abgeben, wenn der Absorptionsindex des Partikelmaterials über einem bestimmten Wert liegt. Selbst praktisch durchsichtige Partikeln streuen nur im Vorwärtsbereich $5° \leqq \varphi \leqq 85°$ überwiegend gebrochenes Licht und werden im weiteren off-axis-Be-

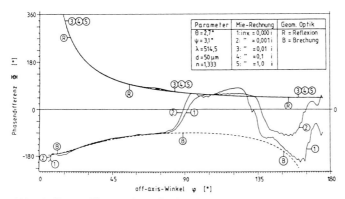

Abb. 13: Phasendifferenz über off axis Winkel für gegebenen Partikeldurchmesser bei unterschiedlichen Brechungsindizes

reich als reflektierend wahrgenommen 85° ≦ φ ≦ 130° und sind schließlich im weiteren off-axis-Bereich nicht eindeutig brechend oder reflektierend.
Das Ergebnis von Mie-Rechnungen für den Fall durchsichtiger Wassertropfen ($n_d = 1,33$) ist in Abbildung 14 dargestellt. Hier wurde die Phasendifferenz für verschiedene Partikeldurchmesser über dem off-axis-Winkel aufgetragen. Die Kurve 1 aus der vorherigen Abbildung stellt ein Teilergebnis dieser Rechnung dar. Die glatten Flächenstücke zeigen jene Bereiche auf, wo Mie'sche- und Näherungsrechnung gut übereinstimmen. Reflexion ($\phi > 0$) überwiegt bei seitlicher Positionierung der Photodetektoren, hingegen Brechung ($\phi < 0$) im Vorwärtsbereich. Generell sind Rückstreupositionen der Photodetektoren bei durchsichtigen Partikeln ungünstig. Exakte "on-axis" Positionen sind im Vorwärts- wie auch im Rückstreubereich problematisch, dies gilt auch für undurchsichtige Partikeln.

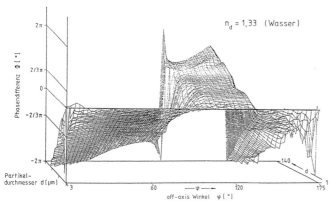

Abb. 14: Phasendifferenz abhängig von Partikeldurchmesser für unterschiedliche off axis Positionen; Ergebnis einer Mie-Rechnung

3. Anwendung

3.1 Anwendungsbereiche in der Mehrphasenströmung

Sich einzeln oder im Schwarm bewegende Blasen oder Tropfen, Nebel-, Emulsions- oder Suspensionsströmungen – kurz: mehrphasige Strömungen stellen ein bedeutendes in Natur und Technik vorkommendes Teilgebiet der allgemeinen Strömungsmechanik dar, welches in den letzten Jahren zunehmendes Untersuchungsinteresse erfahren hat, seitdem meßtechnische Fortschritte neue experimentelle Forschungsergebnisse ermöglichten. Technische Mehrphasenströmungen sind aus der verfahrenstechnischen, chemischen, pharmazeutischen und den diesen verwandten Industrien bekannt, aber auch aus der Pulvermetallurgie, der Lackiertechnik sowie der Verbrennungs- und Energietechnik. Die meßtechnische Erfassung derartiger Dispersionsströmungen mittels der PDM ist möglich bei durchsichtiger kontinuierlicher Phase und kugelförmigen dispergierten Partikeln. Dies bedeutet für die thermodynamische oder verfahrenstechnische Bilanzierung einen wesentlichen Schritt nach vorn, kann man doch für definierte Orte aus dem Inneren dieser Strömung (weit entfernt von der Berandung) sowohl die Geschwindigkeitsvektoren als auch die Größe individueller Partikeln erfassen, daraus die lokalen Massen- oder Impulsströme bestimmen und sogar nach der Größe des Teilchens oder nach dem Betrag und der Richtung seiner Geschwindigkeit sortieren. Auch gelingt es, bestehende Korrelationen zwischen Größe und Geschwindigkeit der strömenden Partikeln darzustellen.

In der Übersicht Abbildung 15 sind Beispiele für mehrphasige Strömungsvorgänge genannt, bei denen die kontinuierliche Phase transparent ist und die kugelförmige Teilchen als disperse Phase besitzen. Gliederungskriterium ist die Kombination der betreffenden Aggre-

disperse Phase	kontinuierliche Phase	Anwendung/ Vorkommen
Blasen aus Dampf, Gas- und vor allem Luft	in: transparenten Flüssigkeitsströmungen (Wasser, Bromoform)	Kavitation, Begasungs- und Gasreinigungsvorgänge, Gärung, Siedevorgänge, Transportvorgänge in Blasensäulen
klare Flüssigkeitstropfen (z.B. Wasser)	in: Luft- oder Gasströmungen	Aerosole, Nebel, Sprays, Inhalations-Nebel, Spritzkühlung, Sprüh- und Verdunstungskühlung, Bewässerungszerstäubung, Zerstäubung von Wasser in gelösten, ...ziden; Gaswäsche, Tropfenabscheidung
	in: umgebender klarer Flüssigkeit* (z.B. organische Phase) die mit der dispersen Phase nicht mischbar ist	verdünnte Emulsionen, flüssig-flüssig-Extraktion
Glaskugeln	in: Gas- oder (klaren) Flüssigkeitsströmungen	Modellversuche für Mehrphasenströmungsuntersuchungen
flüssige Schmelzen von Metallen (Tropfenform)	in: (Inert-)Gasräumen oder Gasströmungen	Pulvermetallproduktion Sprühkompaktierung
erstarrte Schmelzen von Metallen (Tropfenform)	in: (Inert-)Gasräumen oder Gasströmungen	Metallbeschichtung im Plasma
Flüssigkeitstropfen, absorbierende Lösungen enthaltend	in: Luft- oder Gasströmungen	Sprühströmungen in Absorbern und Gaswäschern sowie Tropfenabscheidern, Brennstoffzerstäubung
Flüssigkeitstropfen mit grob dispersen absorbierenden Materialien	in: Luft- oder Gasströmungen	Lackierprozesse, Zerstäubung und Verbrennung von Schlämmkohle, Sprühtrocknung von fluiden Produkten, Keramikbeschichtung, Tropfenabscheidung

Abb. 15: Praxisbeispiele für Mehrphasensysteme mit kugelförmiger disperser Phase

gatzustände der dispersen und der kontinuierlichen Phase. Man findet darin strömende Partikeln aus
- transparentem Material in kontinuierlicher Phase von optisch unterschiedlicher Dichte,
- flüssigem Metall mit glatten Oberflächen,
- erstarrtem Metall mit rauhen bzw. strukturierten, auch metallischen und metalloxidischen Oberflächen,
- absorbierenden Fluiden fein- oder grobdispers.

Die Streulichteigenschaften der gegebenen Dispersionspartner müssen für den Einsatz der PDM bekannt sein. Bei transparenten Teilchen, die im Vergleich zur umgebenden, kontinuierlichen Phase weniger dicht sind als diese (z. B. Luftbläschen im Wasser), werden die Lichtstrahlen an ihrer Oberfläche reflektiert. Man erhält im Vergleich zur Bewegung des Teilchens die bereits diskutierte gegenläufige Bewegung des Streulichtmusters, siehe Abbildung 2 und 4. Für transparente, im Vergleich zur kontinuierlichen Phase optisch dichtere Teilchen nutzt man das gebrochene Licht, man beobachtet ein gleichlaufendes Interferenzmuster. Eine Größenanalyse von Metallpartikeln gelingt relativ einfach, wenn die Teilchen noch flüssig sind, also unter dem Einfluß der Oberflächenspannung eine glatte Oberfläche besitzen. Metalle weisen eine komplexe Brechzahl mit Real- und Imaginärteil auf, dabei ist ihr Reflexionsvermögen sehr hoch. Man nutzt hier also das reflektierte Licht für die PDM-Messung. Bei Metallzerstäubungsprozessen sind Größen- und Geschwindigkeitsbestimmung daher selbst für besonders feindisperse Teilchen im Rückstreubereich erfolgreich, während dies bei transparenten Partikeln nur mit Einschränkungen oder gar nicht gilt. Die Größenbestimmung kann in allen Fällen entsprechend der allgemein gültigen Beziehung der Tabelle in Abbildung 10 unter Nutzung des Terms b_R für Reflexion und b_B für Brechung erfolgen, vorausgesetzt, die Photodetektoren sind gegenläufig zur Teilchenbewegungsrichtung geschaltet.

Kugelförmige Teilchen mit rauher Oberfläche und starkem Reflexionsvermögen, wie zum

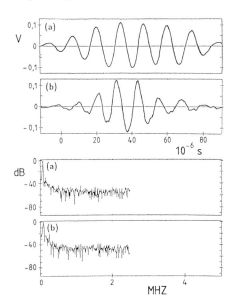

Abb. 16:
Bursts von Kugeln mit glatter (a) und rauher (b) Oberfläche sowie Fouriertransformierte Signale

277

Beispiel erstarrte Metalltröpfchen, verursachen ein als verrauscht beschreibbares Signal (Abb. 16). "Rauschen" kann die Akzeptanz der Signale erheblich verschlechtern. Ist der Erstarrungsvorgang und damit die Oberflächenrauhigkeit dieser Partikeln während ihres Abkühlprozesses in der betreffenden Gasströmung beispielsweise mit dem konvektiven Wärmeübergang der Schmelzetröpfchen korreliert, kann dieses "Rauschen" sogar dazu führen, daß bestimmte Größenfraktionen in dem Prozeß an bestimmten Meßorten gar nicht erfaßt werden. Derartige Rauhigkeiten an der Partikeloberfläche entstehen auch durch chemische Reaktion. In diesem Fall kann es ebenfalls zum Versagen der Signalauswertung kommen, wenn diese nach den klassischen Methoden der burst-Auswertung geschieht, z. B. durch Erfassung und Vergleich der Nulldurchgänge der einzelnen Amplituden. Der Ausweg für einen erfolgreichen Einsatz der PDM führt hier über eine Fouriertransformation und/oder Autokorrelation der burst-Signale, durch die eine ,,Reindarstellung der Signale'' sowie eine deutliche Akzeptanzerhöhung erzielt werden kann. Dabei ist das Verhältnis der Rauhigkeitstiefe, gegenüber dem Teilchendurchmesser und gegenüber der Lichtwellenlänge für die Erfassung oder Unterdrückung der Oberflächenrauhigkeit maßgebend. Schließlich gibt es mehrphasige Strömungen in zahlreichen Trocknungs-, Verbrennungs-, Beschichtungs- oder Lackierprozessen mit kugelförmigen Teilchen aus einer kaum beschreibbaren Vielfalt von Substanzen, deren Erfassung mit Hilfe der PDM prinzipiell zwar möglich erscheint, über deren genaue Charakterisierung im optischen Sinne derzeit aber noch zu wenig bekannt ist. So ist i. w. zu unterscheiden zwischen Partikeln, deren optische Absorption aus einer molekular dispersen Trübung des Materials resultiert (beispielsweise abhängig von der Konzentration eines gelösten Salzes) oder Teilchen, die grobdisperse, absorbierende Lösungen enthalten (Makromoleküle). Ferner gibt es Partikeln, die selbst zwei- oder mehrphasig sind (Suspensionen; Emulsionen; Klarlacke mit Farb-Pigmenten) oder die Einschlüsse enthalten (Glaskugeln mit Luftbläschen, Lacke mit Alu-Flakes). Für die molekular disperse Trübung lassen unterschiedliche Polarisationsvorschriften für das gesendete Laserlicht in Zukunft auf wichtige Fortschritte für die Größenanalyse solcher Substanzen hoffen.

Im praktischen Einsatz der PDM kann zur Größenanalyse an reflektierenden Partikeln praktisch der gesamte "off-axis"-Bereich von $20° \leqq \varphi \leqq 180°$ für die Positionierung der Photodetektoren genutzt werden, wobei letztlich nur das Signal-/Rauschverhältnis für die Signalerkennung entscheidend wird. Diese Wahlmöglichkeit des Winkels φ bei der Analyse reflektierender Partikeln stellt einen wichtigen Freiheitsgrad der Methode dar, etwa derart, daß man auf die Existenz bereits vorhandener Beobachtungsfenster an gekapselten Versuchsanlagen Rücksicht nehmen kann. Dieser Freiheitsgrad wird bei der Analyse mehrphasiger Strömungsvorgänge mit transparenter und dichter disperser Phase (brechende Partikeln) allerdings erheblich eingeschränkt, weil sich hier die Lichtmuster von Brechung und Reflexion im Raum z. T. vermischen. Für Wassertropfen in Luft oder Glaskugeln in Wasser sind "off-axis"-Winkel nur im Bereich $\varphi < 83°$ zu empfehlen. Ganz allgemein kann man künftig durch eine Verbesserung der Signal-Auswerte-Strategien (Fourieranalyse, vgl. Bauckhage et al. 1988) wesentliche Fortschritte für die PDM erwarten.

3.2 Die zweiphasige Sprühkegel-Strömung

Die bisher in der einschlägigen PDM-Literatur am häufigsten untersuchten Mehrphasen-

Systeme sind jene von Tröpfchen in Gasströmungen. Dabei handelt es sich meist um die Untersuchung von Zerstäubungsvorgängen an Wasser, Öl oder Dieselöl, an Metallschmelzen, aber zunehmend auch an optisch komplexeren Prozeßflüssigkeiten (Liu et al. 1989). Nachfolgend sei daher beispielhaft die Vorgehensweise geschildert, die bei der Analyse eines Zerstäubungsprozesses mittels der PDM üblich ist. Abbildung 17 zeigt eine für die Untersuchung von Zerstäubungsvorgängen typische Anordnung, gekennzeichnet durch den Sprühkegel und die Plazierung des PDM-Meßvolumens an einem Meßort auf der Sprühachse, so daß Tropfenbewegungsrichtung und Geschwindigkeitsmeßrichtung zusammenfallen.

Für die Untersuchung gliedert man in folgende Bereiche eines Sprühkegels:

1. den Zerstäubernahbereich, in welchem

    a) das "Zerteilen" der Flüssigkeit abläuft, von der Bildung dünner Flüssigkeits-Lamellen bis zum Zerfall in Fäden oder Fetzen, die sich schließlich – unter der Wirkung von Kapillarkräften – zu Tropfen, d. h. zu kugeligen Partikeln formen,

    b) die Tropfenkonzentration der dispersen Phase noch so hoch ist, daß hier eine erfolgreiche Messung mit der PDM nicht möglich ist, weil die notwendige Voraussetzung nicht erfüllt ist, daß sich nur eine Partikel während der Signalanalyse im Meßvolumen befinden darf;

2. den eigentlichen Sprühkegel mit seiner i. d. R. turbulenten Zweiphasenströmung, in welchem man

    a) häufig vereinfachend von einer achsensymmetrischen Grundströmung ausgehen kann, die sich i. w. strahlenförmig von dem Zerstäuberorgan fortbewegt und daher die Tropfenstromdichte und die Tropfenkonzentration mit zunehmender Entfernung sehr schnell abnehmen läßt und

    b) die Strömungsverhältnisse meist ausreichend durch eine Zweikomponentenmessung der Geschwindigkeit der Tropfen beschreiben kann;

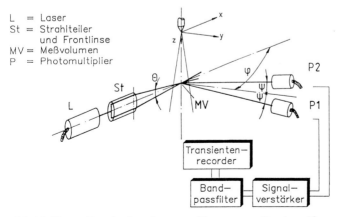

L = Laser
St = Strahlteiler
     und Frontlinse
MV = Meßvolumen
P = Photomultiplier

Abb. 17: Phasen-Doppler-Anordnung zur Messung von Tropfengröße und -geschwindigkeit bei der Fluidzerstäubung

3. in solche Bereiche, in denen applikationsbedingt die Tropfenströmung auf zu benetzende Oberflächen trifft, wo

   a) eine starke Umlenkung der Gasströmung unmittelbar über der Substratoberfläche erfolgt und wo häufig eine diffuse Strömung des Feinsttropfennebels Schwierigkeiten in der PDM-Analyse verursacht,

   b) eine sekundäre Spritzerströmung vom Substrat weggerichtet auftreten kann.

Für die Untersuchung der Zerstäubungseigenschaften einer Düse ist der Bereich 2 ausschlaggebend. Der PDM-Meßaufbau in Abbildung 17 ist dafür geeignet, vorausgesetzt der off-axis-Winkel φ ist auf die optischen Eigenschaften des zu zerstäubenden Fluids abgestimmt. Der skizzierte Aufbau mit 2 Photodetektoren ermöglicht die Messung der Geschwindigkeitskomponente in Richtung der Achse des Sprühkegels. Für die Messung der weiteren Geschwindigkeitskomponenten müßte der Aufbau entsprechend ergänzt werden.

3.2.1 Definition: Stromdichte einer Partikelströmung

Am Meßort der PDM wird jeweils die Geschwindigkeit und der Durchmesser der Tropfen erfaßt, und zwar in dem "Moment", wo sie das Interferenzstreifenfeld durchqueren. Beim Interferenzstreifenmodell geht man davon aus, daß die Partikeln eine konstante Geschwindigkeit wenigstens über die sehr kurze Weglänge durch das Meßvolumen besitzen, so daß angesichts der sehr kleinen Durchquerungszeit von der Momentangeschwindigkeit von Partikeln gesprochen werden darf, die sie am "Punkt" ihrer Bahnkurve besitzen, an dem sie das Meßvolumen durchstoßen. In einer Partikelströmung wird die auf die Zeiteinheit bezogene Menge der Partikeln als Partikelstrom $\dot{N}$ [Anzahl/Zeit] bezeichnet. Bezieht man diesen Partikelstrom außerdem auf die Einheit der Strömungsquerschnittsfläche, ergibt sich die Partikelstromdichte $\dot{n}_A$ [Anzahl/Zeit × Fläche]. Partikelstrom $\dot{N}$ und Partikelstromdichte $\dot{n}_A$ sind Parameter der Strömung, die zeitlich und örtlich definiert sind.
Die Partikelstromdichte ist die Meßgröße der PDM, die sie als Verteilung nach den Partikelmerkmalen Größe und Geschwindigkeit angibt. Die von der PDM gelieferten Ergebnisse und die abgeleiteten Kenngrößen werden oft als zeitlich gemittelt bzw. zeitbezogen bezeichnet, ohne explizit darauf einzugehen, daß diese Größen außer über die endlich lange Meßzeit auch über den (– allerdings sehr kleinen –) Meßquerschnitt gemittelt werden. Für Bilanzierungen müssen die effektive Meßzeit und Meßquerschnittsflächen in die Rechnungen einbezogen werden.

3.2.2 Zweidimensionale Verteilungen als Meßergebnisse der PDM

Die PDM zählt nach dem Vorhergesagten die Partikeln, die während der Meßzeit Δt durch den Meßquerschnitt ΔA treten und ordnet diese den jeweiligen Durchmessern und Geschwindigkeitsklassen zu (d_i mit $i = 1, 2, \ldots$ und v_j mit $j = 1, 2, \ldots$). Man erhält eine 'zweidimensionale Verteilung' nach Größe und Geschwindigkeit (Abb. 20).
Häufig werden bei der Rechnung mit Verteilungen die Partikelmengen normiert. Um die Mengenart kenntlich zu machen, wird daher die Ordinatenbezeichnung indiziert, hier mit t = temporal was darauf hinweist, daß die Partikelanzahl zeitbezogen ist. Damit Absolutwerte ermittelt werden können, wird empfohlen, bei PDM-Resultaten die Gesamtzahl zu re-

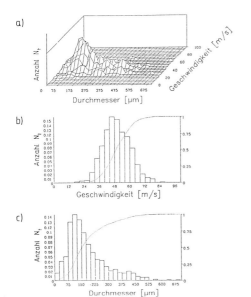

a)

Anzahl N_+

Durchmesser [μm]

Geschwindigkeit [m/s]

b)

Anzahl N_+

Geschwindigkeit [m/s]

c)

Anzahl N_+

Durchmesser [μm]

Abb. 18:
Zweidimensionale Anzahlverteilung nach Größe
und Geschwindigkeit und zugehörige
"Randverteilungen", gemessen beim Sprühen
von flüssigem Stahl

gistrierender Partikeln N_{ges}, die Meßzeit Δt, den Meßquerschnitt ΔA und die maximale Partikelzahl in einem Größen/Geschwindigkeitsfeld $n_{ij,max}$ jeweils mit anzugeben. Mit diesen Angaben lassen sich aus PDM-Ergebnissen Absolutwerte der Strömungsparameter Partikelstromdichte und Partikelkonzentration ermitteln bzw. ihre Verteilungen nach Größe und Geschwindigkeit. Diese Verteilungen lassen sich differenzierter analysieren als Verteilung der Partikeln einer Größenklasse nach ihrer Geschwindigkeit oder als Verteilung der Partikeln einer Geschwindigkeitsklasse nach ihrer Größe. Es lassen sich die Korrelation von Größe und Geschwindigkeit sowie charakteristische Verteilungskennwerte oder abgeleitete Parameter, wie Partikelmassenstromdichte und Partikelimpulsstromdichte daraus ableiten. Sämtliche Angaben beziehen sich auf die Position des PDM-Interferenzfeldes in der Mehrphasenströmung, sie stellen also lokale Meßergebnisse dar, die der genauen Ortsangabe (x, y, z) bedürfen, an der die Messung erfolgte.

3.2.3 Prinzipielle Fehlermöglichkeiten

Die Phasen-Doppler-Differenz-Methode liefert absolute Werte von Größe und Geschwindigkeit jeder erfaßten Partikel und bedarf somit im Prinzip keiner Kalibrierung. Die Bildung von Verteilungen nach diesen Merkmalen beinhaltet jedoch prinzipielle Fehlermöglichkeiten, die darin begründet sind, daß nicht alle Partikel in die Auswertung einbezogen werden können. Dies hat seinen Grund darin, daß die Signale für die Auswertung unterschiedlichen – durchaus gerätespezifischen – Kriterien genügen müssen, welche indirekt auch die Größe und Geschwindigkeit von Partikeln betreffen. Die Akzeptanz von Partikeln für die Auswertung kann folglich indirekt Klassierungseffekte in bezug auf Größe und Geschwindigkeit mit sich bringen. Die Messung von Partikelzahlen bzw. die Angabe von Verteilungen ist also prinzipiell fehlerbehaftet. Die Beschreibung dieser "Bias"-Effekte, ihre Quantifizierung und die Erarbeitung von Korrekturfunktionen ist Gegenstand vieler laufender For-

schungsarbeiten. Die Problematik liegt derzeit noch im Fehlen geeigneter Referenzmeß-
techniken, die ihrerseits nicht ebenfalls spezifische ''Bias''-Effekte besitzen und so Vergleiche äußerst schwierig machen.

4. Literatur

Bachalo, W. D.: Method for Measuring the Size and Velocity of Spheres by Dual-beam Lightscatter Interferometry, Appl. Opt. 19 (1980) pp. 363–369

Bachalo, W. D.; Houser, M. J.: Development of the Phase/Doppler Spray Analyzer for Liquid Drop Size
and Velocity Characterizations. Proc. AIAA/SAE/ASME 20th Joint Propulsion Conf. Cincinnati, Ohio,
June 1984

Bauckhage, K.; Flögel H.-H.: Simultaneous Measurements of Droplets Size and Velocity in Nozzle
Sprays. Proc. 2nd Intern. Symp. Appl. Laser Anemometry to Fluid Mechanics, Lisbon, July 1984

Bauckhage, K.; Schöne, A. and Wriedt, Th.: Using Fast-Fourier-Transform (FFT) for the Phase-Dop-
pler-Difference Analysis of powder metal sprays. Intern. Conf. on Laser Technologies in Industry, 6.–8.
6. 1988, Porto/Portugal, Proc.

Buchhave, P.; Saffman, M.; Tanger, H.: Simultaneous Measurement of Size, Concentration and Velocity of Spherical Particles by a Laser Doppler Method. ibidum

Durst, F.; Zaré, M.: Laser Doppler Measurements in Two-Phase Flows. Proc. LDA-Symp., Copenhagen 1975, pp. 403–429

Farmer, W. M.: Visibility of Large Spheres Observed with a Laser Velocimeter, a Simple Method. Appl.
Opt. 19 (1980) pp. 3660–3667

Flögel, H. H.: Analysis of Size and Velocity of Particles by Means of a Laser-Doppler-Anemometer.
Master Thesis, University of Bremen, 1981

Liu, H.-M.; Seuren, B.; Uhlenwinkel, V.; Bauckhage, K.: On-line und in-line Messungen beim Sprüh-
kompaktieren von flüssigem Stahl; lokale Größenverteilungen und simultan erfaßte Verteilungen der
Partikelgeschwindigkeiten (in zwei Komponenten). Proc. 4th Europ. Symp. Particle Characterization
PARTEC, 19.–21. 4. 1989, Nürnberg

Laser-2-Fokus Geschwindigkeitsmeßverfahren

H. Selbach

1. Zusammenfassung

In diesem Artikel wird erläutert, wie sich die Laser-2-Focus-(L2F)-Meßtechnik entwickelte und welchen Stand sie heute erreicht hat. Ausgehend von den Einschränkungen der Laser-Doppler-Anemometrie bei der Messung hoher Strömungsgeschwindigkeiten und der daraus resultierenden Notwendigkeit, weitere Laser-Strömungsmeßverfahren zu entwickeln, wird das L2F-Meßverfahren vorgestellt. Es werden optische Aufbauten und Signalverarbeitungsverfahren diskutiert. Die Randbedingungen, unter denen dieses Meßverfahren einsetzbar ist, werden an Hand von Anwendungsbeispielen und Messungen aufgezeigt.

2. Einführung

Die Laser-Doppler-Anemometrie wurde in den Jahren 1970–1980 bekannt und hielt ihren Einzug in viele Laboratorien, die sich mit Strömungsmeßtechniken befaßten. Bei diesem Verfahren wird durch die Fokussierung zweier Laserstrahlen auf einen gemeinsamen Punkt ein Meßvolumen erzeugt. Das von sehr kleinen Partikeln, die dieses Meßvolumen durchqueren, gestreute Licht wird analysiert, um daraus die Strömungsgeschwindigkeit zu bestimmen. Das Laser-Doppler-Meßprinzip wurde an anderer Stelle beschrieben, so daß sich eine detaillierte Erörterung an dieser Stelle erübrigt. Im Laufe der Zeit wurden auch Messungen mit diesem Verfahren bei hoher Strömungsgeschwindigkeit und in schmalen Strömungskanälen versucht. Derartige Randbedingungen liegen zum Beispiel im Bereich der Turbomaschinen vor.

Zur Beschreibung einiger Eigenschaften des Laser-Doppler-Verfahrens dient das Streifenmodell. Das Meßvolumen wird in diesem Modell als eine Folge von hellen und dunklen Interferenzstreifen beschrieben. Angenommen, der Interferenzstreifenabstand ist S_F und die Geschwindigkeit der Strömung v, so mißt man eine Doppler-Frequenz f_D:

$$f_D = \frac{v}{S_F} \qquad (1)$$

Die zur Zeit üblichen Signalprozessoren können Doppler-Frequenzen bis in den Bereich von 100 MHz analysieren. In einer turbulenten Strömung variieren die auftretenden Frequenzen sehr stark und ein Meßsystem wird deshalb meistens so ausgelegt, daß die halbe maximal verarbeitbare Doppler-Frequenz bei der mittleren Strömungsgeschwindigkeit auftritt, in diesem Beispiel also 50 MHz. Bei einer mittleren Strömungsgeschwindigkeit von V = 300 m/s muß der Streifenabstand demnach in der Größenordnung von 6 μm liegen.

In einem Laser-Doppler-Meßvolumen muß eine bestimmte Mindestanzahl von Interferenzstreifen vorhanden sein, da sonst die Messung des Strömungswinkels fehlerhaft ist (siehe Goldmann et al. 1976). Teilchen, die das Meßvolumen am Rande durchqueren, sehen nur wenige Hell-Dunkel-Übergänge und ihre Signale werden von der Signalverarbeitungselektronik verworfen.

Dieser Bias-Effekt kann im Prinzip mit einer Frequenzverschiebung reduziert werden. Bei einer Frequenzverschiebung sollen aber die Streifen der Strömung entgegengesetzt laufen, was zu einer Erhöhung der Signalfrequenz führt. Dies ist aber bei hohen Strömungsgeschwindigkeiten und den damit verbundenen hohen Signalfrequenzen nicht möglich. Bei etwa 25 Streifen erhält man im gewählten Beispiel ein Meßvolumen mit 150 μm Durchmesser.

In technischen Strömungsmaschinen und kleinen Strömungskanälen lassen sich nur kleine optische Fenster einbauen, da entweder kein Platz vorhanden ist oder die Strömung durch gekrümmte Wände oder Störkanten gestört wird. Der Öffnungswinkel muß also sehr klein sein. Das Verhältnis Länge zu Durchmesser ist bei einem Laser-Doppler-Anemometer gegeben durch $L/d = \sin (\Theta/2)$, wobei Θ den Schnittwinkel zwischen den beiden Laserstrahlen bedeutet. Bei $\Theta = 5°$ ist dieses Verhältnis etwa gleich 23, d. h. das Meßvolumen hat in diesem hier diskutierten Fall eine Länge von über 3,4 mm.

Dieses Beispiel zeigt, daß hier räumliche Auflösung des Laser-Doppler-Verfahrens unter diesen Randbedingungen extrem schlecht ist. In Strömungskanälen von Turbomaschinen mit einem hohen Verdichtungsverhältnis, die nur wenige mm breit sind, ist eine Messung unmöglich. Erschwerend kommt noch hinzu, daß die Empfindlichkeit eines Laser-Velocimeters gegenüber Licht, das von festen Wänden gestreut wird, um so größer ist, je länger das Meßvolumen wird.

Ein weiterer Punkt ist das Folgeverhalten von den Teilchen, die von der Strömung mitgeführt werden. Diese Problematik wird aus den in Abbildung 1 dargestellten Meßergebnissen von Decuypere et al. 1982 in einem Gitterwindkanal für überhitzten Dampf deutlich.

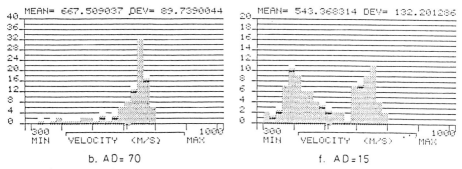

b. AD = 70   f. AD = 15

Abb. 1: Gemessenes Geschwindigkeits-Histogramm bei unterschiedlichen Diskriminator-Schwellen AD in einem Gitterkanal nach Decuypere et al. 1982

Die Strömungsgeschwindigkeit lag, wie es durch Messungen mit dem L2F-Verfahren nachgewiesen wurde, bei etwa 700 m/s. Die Turbulenzintensität war unterhalb von 5 %. Im Geschwindigkeits-Histogramm würde man deshalb eine schmale Verteilung bei dieser Geschwindigkeit erwarten. Die vom Laser-Doppler-Anemometer detektierbaren großen Wassertröpfchen, die der Strömung zugesetzt wurden, haben aufgrund ihres schlechten Folgeverhaltens ein breites Geschwindigkeitsspektrum. Je nach Höhe der im Signalprozessor gewählten Signalschwell-Amplitude erhält man ein unterschiedliches Ergebnis. Melling (1986) untersuchte das Folgeverhalten von Teilchen der Dichte 1 g/cm³ (zum Beispiel Öl- oder Wassertröpfchen) an einem schrägen Verdichtungsstoß. Ein Keil wird dabei mit einer Geschwindigkeit im Überschallbereich angeströmt (Machzahl = 1,5). Am Stoß wird die Strömung stark verzögert und umgelenkt. Das in Abbildung 2 dargestellte Ergebnis zeigt, daß selbst Teilchen mit einem Durchmesser von 1 µm einen Weg von 12 mm zurücklegen müssen, bevor ihre Geschwindigkeit mit der Strömung übereinstimmt.

Für ein Laser-Doppler-Velocimeter, das unter den vorher beschriebenen Randbedingungen betrieben wird, findet man in der Literatur Werte von 1,2 µm bis 1,5 µm als minimal detektierbare Teilchengröße (siehe Strazisar et al. 1980).

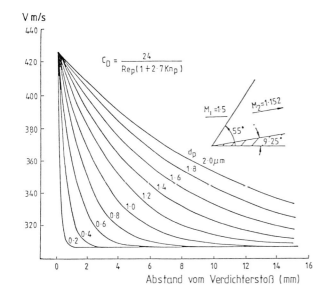

$$c_D = \frac{24}{Re_p(1 + 2\cdot7\,Kn_p)}$$

Abb. 2:
Folgeverhalten von Teilchen
der Dichte 1 g/cm³ nach
Durchlaufen eines schrägen
Verdichtungsstoßes

Aus den vorher gemachten Ausführungen lassen sich die physikalisch bedingten Grenzen des Laser-Doppler-Verfahrens erkennen, und es wird offenkundig, welche Probleme den Einsatz bei hohen Strömungsgeschwindigkeiten und in engen Strömungskanälen erschweren bzw. unmöglich machen.

1. unzureichende räumliche Auflösung
2. Empfindlichkeit gegenüber Störlicht von Wänden
3. Unempfindlichkeit zur Erkennung kleiner, der Strömung gut folgender Teilchen

Diese Beschränkungen lassen sich nur dann vermeiden, wenn man die Größe des Meßvolumens drastisch reduziert.

3. Das Laser-2-Fokus-Meßprinzip

Auf der Suche nach einer Lösung entwickelte R. Schodl von der DFVLR 1977,1985 ein von Tanner 1973 vorgeschlagenes Prinzip zu einem leistungsfähigen Meßverfahren, mit dem Strömungsgeschwindigkeiten und Turbulenzintensität bestimmt werden können.
Bei diesem Verfahren wird das Meßvolumen von 2 stark fokussierten Laserstrahlen gebildet, die einen geringen Abstand voneinander haben. Der typische Durchmesser der Laserstrahlen beträgt 10 μm. Ihr Abstand liegt zwischen 80 μm und 500 μm und ihre Länge (1/e² Intensitätsabfall) bei etwa 250 μm. Gemessen wird die Flugzeit, die ein Teilchen benötigt, um diese Lichtschranke zu durchqueren. Bei bekanntem Abstand läßt sich dann die Strömungsgeschwindigkeit bestimmen. Die Flugzeitmessung des Laser-Doppler-Anemometers kann als Fourier-Transformation des jeweils anderen Verfahrens betrachtet werden (siehe Smart 1979).

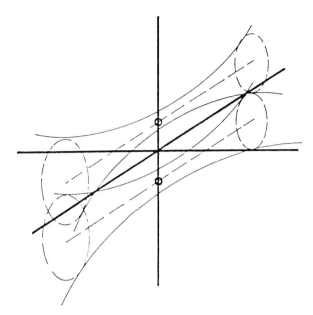

Abb. 3:
Meßvolumen des Laser-2-Focus-Velocimeters

Die geringe Größe dieses Meßvolumens erlaubt eine hohe räumliche Auflösung und gestattet es, parasitäres Streulicht von Wänden und Fenstern optimal zu unterdrücken. Die minimal detektierbare Teilchengröße hängt unter anderem von der Energiedichte des Laserlichtes im Meßvolumen ab. Nach Kiok (1984) beträgt sie bei einer Laserleistung Po für ein Laser-Doppler-Velocimeter

$$I = \frac{16 \cdot P_o}{\pi \cdot d^2} \qquad \begin{array}{l} d = \text{Strahldurchmesser} \\ \text{im Meßvolumen} \end{array} \qquad (2)$$

und für ein Laser-2-Fokus-Velocimeter

$$I = \frac{4 \cdot P_o}{\pi \cdot d^2} \qquad\qquad\qquad (3)$$

Die Aufteilung in 2 Fokuspunkte beim L2F und die Konzentration der Leistung in die hellen Interferenzstreifen beim Laser-Doppler sind damit berücksichtigt. Bei Po = 1 W eines Argon-Ionen-Lasers erhält man für das am Anfang vorgestellte Laser-Doppler-Meßvolumen von 150 µm Durchmesser 226 W/mm², während im Laser-2-Fokus-Meßvolumen eine Energiedichte von 12 700 W/mm² vorliegt. Um die gleiche Leistungsdichte mit einem Laser-Doppler-Velocimeter zu erhalten, müßte der Argon-Ionen-Laser eine Ausgangsleistung von 56 W haben, die zur Zeit nicht verfügbar ist. Basierend auf diesen Zahlen, führte Schodl 1986 Berechnungen für die minimal detektierbare Teilchengröße in Rückstreuung (Brechungsindex m = 1,5) durch. Bei den hohen Leistungsdichten liegt sie für das L2F im Bereich 0,15–0,25 µm, während sie für das Laser-Doppler-Anemometer im Bereich von 1 µm liegt, was auch mit gemessenen Werten übereinstimmt.
Die Einschränkungen wie räumliche Auflösung und Empfindlichkeit auf sehr kleine Teilchen bestehen deshalb für das L2F-Verfahren nicht.

4. Optische Aufbauten

Wenn Teilchen das L2F-Meßvolumen durchfliegen, erzeugen sie einen Start- und einen Stopp-Impuls. Die Zeit zwischen diesen beiden Impulsen ist die zu messende Flugzeit. Da es nicht möglich ist, die empfangenen Impulse bestimmten Teilchen zuzuordnen, muß die Signalverarbeitung statistisch, zum Beispiel durch eine Kreuzkorrelation, erfolgen.

Die Wahrscheinlichkeit, daß dasselbe Teilchen einen Start- und Stopp-Impuls erzeugt, ist am größten, wenn die Strömungsrichtung in der Ebene liegt, die durch die beiden Fokuspunkte aufgespannt wird. Um eine Strömung vermessen zu können, ist es deshalb notwendig, die beiden Fokuspunkte umeinander zu drehen.

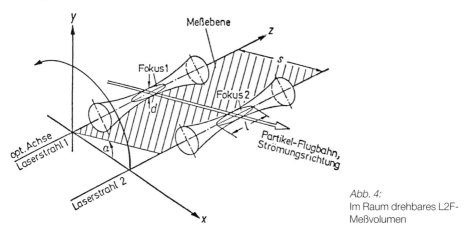

Abb. 4:
Im Raum drehbares L2F-Meßvolumen

Der optische Aufbau eines Laser-2-Fokus-Velocimeters erfordert wegen der sehr kleinen Geometrie des Meßvolumens eine große Sorgfalt. Er läßt sich in 4 Bereiche aufteilen: Die wichtigen optischen Komponenten sind:

1. Optik zur Erzeugung der Fokuspunkte
2. Optik zur Projizierung der Fokuspunkte in den Meßort
3. Optik zur Detektion des Streulichtes und dessen Abbildung auf Photodetektoren
4. Optik/Mechanik zur Drehung der Fokuspunkte

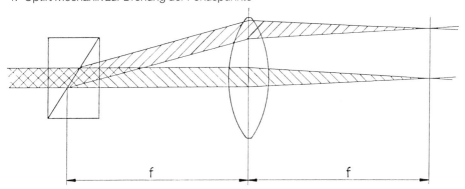

Abb. 5: Erzeugung des Meßvolumens mit einem Polarisations-Prisma

Zur Erzeugung der Fokuspunkte werden im wesentlichen zwei Verfahren benutzt. Das erste besteht darin, einen Laserstrahl durch ein Polarisationsprisma (Wollaston-Prisma oder Rochon-Prisma) in zwei leicht voneinander divergierende Strahlen aufzuteilen. Eine Fokussierlinie wird so angeordnet, daß sie exakt um eine Fokuslänge f von der Strahlteiler-Ebene dieses Prismas entfernt plaziert ist. In der zweiten Brennebene der Linse werden dann zwei fokussierende Strahlen gebildet, deren Achsen parallel zueinander verlaufen.

Bezeichnet man den Divergenzwinkel dieses Prismas mit β und den Strahlenabstand der Fokuspunkte mit s, so gilt

$$s = f \cdot \beta \tag{4}$$

Hat der verwendete Laser einen Strahldurchmesser D und eine Wellenlänge λ, so gilt für den Durchmesser der Fokuspunkte:

$$d = \frac{4 \cdot \lambda \cdot f}{\pi \cdot D} \tag{5}$$

Eine andere Möglichkeit der Erzeugung eines 2-Fokus-Meßvolumens besteht in der Verwendung von speziell berechneten Farbteilerprismen. Farbteilerprismen können so konstruiert werden, daß der einfallende Laserstrahl eines Argon-Ionen-Lasers, der im Viellinienbetrieb arbeitet, so aufgeteilt wird, daß verschiedenfarbige Laserstrahlen unter verschiedenen Winkeln dieses Prisma verlassen. Ein nachfolgender Achromat wird so angeordnet, daß sein Fokuspunkt im virtuellen Schnittpunkt dieser mehrfarbigen Laserstrahlen liegt.

In der zweiten Brennebene des Achromaten entsteht dann ein Satz von mehrfarbigen, parallel zueinander angeordneten Fokus-Volumina. Dieses Prinzip ist in Abbildung 6 dargestellt.

Ein solches System wurde im Jahre 1988 von Schodl und Förster vorgestellt.

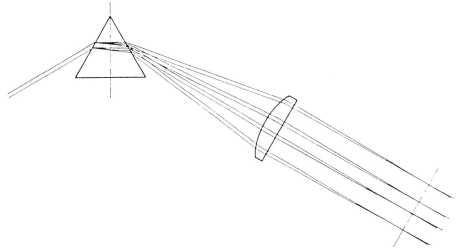

Abb. 6: Erzeugung eines Laser-2-Fokus-Meßvolumens durch Farbaufspaltung eines Argon-Ionen-Laserstrahls

An die chromatische Korrektur der Objektive in L2F-Systemen, die diese Art der Strahlteilung benutzen, werden sehr hohe Anforderungen gestellt. Man muß bedenken, daß handelsübliche Achromate für die beiden Argon-Laser-Wellenlängen 514,5 nm und 488 nm bei einer Brennweite von 100 mm bereits einen Farbversatz von 30 μm haben. Werden mehrere Objektive in einem System verwendet, können sich die durch chromatische Fehler verursachten Fokusverschiebungen addieren und man erhält zum Schluß einen Fokuspunktversatz für die beiden o. a. Wellenlängen, der im Bereich von 0,1 bis 0,2 mm liegt.

In Abbildung 7 ist die Geometrie eines L2F-Meßvolumens aufgezeichnet, das durch eine Farbaufspaltung erzeugt wurde. Der Abstand zwischen den Linien 514,5 nm und 496,5 nm beträgt etwa 190 μm, der zwischen 514,5 nm und 488 nm etwa 290 μm und der zwischen 514,5 nm und 476,5 nm etwa 440 μm. Damit ist es möglich, Punktabstände zwischen 100 μm und 440 μm mit einem optischen System zu realisieren.

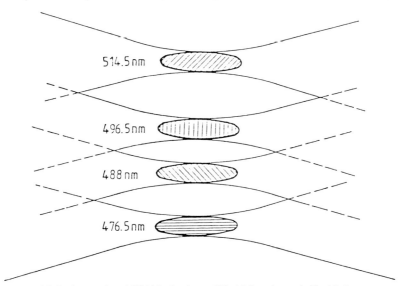

Abb. 7: Meßvolumen eines L2F-Velocimeters mit Farbteilerprisma als Strahlteiler

5. Abbildung des intern erzeugten Meßvolumens in den Meßort

Ein L2F-Velocimeter funktioniert nur einwandfrei, wenn die benutzten optischen Elemente in der Lage sind, kleine Fokuspunkte zu erzeugen und das aus diesen Fokuspunkten gestreute Licht wieder exakt abzubilden. Bei den optischen Aufbauten müssen sphärische Abberationen vermieden werden. Die Systeme sind praktisch so auszulegen, daß sie fast beugungsbegrenzt sind. Dies zwingt dazu, die Anzahl der optisch benutzten Komponenten in einem solchen System möglichst gering zu halten. Fehler in den einzelnen optischen Elementen addieren sich und reduzieren damit die Leistungsfähigkeit.

Es sind zwei verschiedene optische Aufbauten im Gebrauch, die sich zur Abbildung der Fokuspunkte in das Meßvolumen eignen. Sie sind in Abbildung 8 dargestellt. Im ersten Fall wird das intern erzeugte Meßvolumen durch zwei hintereinander angeordnete Kollimatoren in den eigentlichen Meßort abgebildet. Je nach Verhältnis der Brennweiten f_{int} zu f_{ext} der beiden Kollimatoren werden die internen Volumina vergrößert oder verkleinert. Bei Messungen in sehr kleinen Strömungskanälen ist es sinnvoll, die Fokuspunkte mit diesen Kollimatoren zu verkleinern.

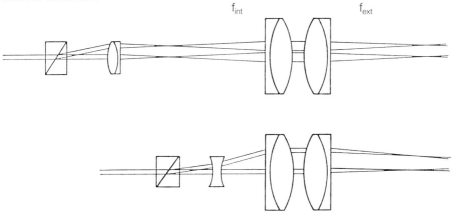

Abb. 8: Optische Aufbauten zur Erzeugung des L2F-Meßvolumens

Im zweiten Fall wird vor den Strahlteiler ein Negativachromat positioniert, der Teil eines Strahlaufweitesystems ist. Der Punktabstand wird in diesem Fall bestimmt und von der Divergenz β des Strahlteilerprismas der Brennweite der Negativlinse und dem Vergrößerungsverhältnis M der beiden Kollimatoren.

$$S = f_{neg} \cdot \beta \cdot M \qquad (6)$$

6. Optik zur Detektion des Streulichtes und Abbildung auf die Photomultiplier

Durchlaufen Teilchen die beiden Fokuspunkte des Meßvolumens, so wird das Laserlicht an ihnen in alle Richtungen gestreut. Ein Teil des rückwärts gestreuten Lichtes wird im äuße-

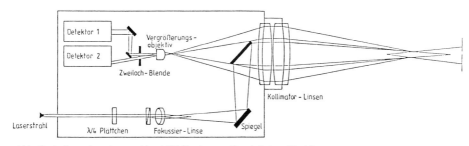

Abb. 9: Aufbau eines kompakten L2F-Systems mit gefaltetem Strahlengang

ren Rand des Kollimators, der dem Meßvolumen zugewandt ist, gesammelt. Mit dem zweiten Kollimator wird ein Zwischenbild des Meßvolumens erzeugt. Bevor dieses Zwischenbild entsteht, müssen Sende- und Empfangspfad voneinander getrennt werden. Eine Lösung, wie so etwas geschieht, ist in Abbildung 9 dargestellt. Sende- und Empfangsoptik sind in diesem Aufbau geometrisch über Spiegel getrennt. Das durch den internen Kollimator erzeugte Zwischenbild wird mit einem Objektiv vergrößert und auf eine Zweilochblende abgebildet. Hinter dieser Zweilochblende werden die Streulichtimpulse mit hochempfindlichen und schnellen Photomultipliern detektiert.

Der in Abbildung 9 gezeigte Strahlengang läßt eine Miniaturisierung des optischen Systems nicht zu. Dies wird möglich, wenn man einen Strahlengang benutzt, wie er in Abbildung 10 dargestellt ist. Der Weg des rückgestreuten Lichts ist in dieser Abbildung schraffiert eingezeichnet. Man erkennt, daß das zurückgestreute Licht wieder durch den Strahlteiler läuft. Start- und Stoppunkte werden nach Durchlaufen des Strahlteilers und anschließender Fokussierung ineinander übergeführt. Sie müssen deshalb entweder durch polarisierende Strahlteiler oder durch Farbprismen wieder voneinander getrennt werden.

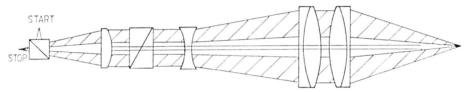

Abb. 10: Aufbau eines L2F-optischen Systems mit koaxialem Strahlengang

7. Drehung der Meßebene

Bei einem L2F-Velocimeter ist es notwendig, die beiden Fokuspunkte im Raum zu drehen. Je nach optischem Aufbau bieten sich dazu verschiedene Lösungsmöglichkeiten an. Eine Möglichkeit besteht darin, den gesamten optischen Aufbau zu drehen. Dazu bieten sich besonders koaxiale Aufbauten an, bei denen Laser und Photodetektor über Lichtwellenleiter mit dem optischen Kopf verbunden sind.

Bei gefalteten Optiken werden Strahlteiler und Doppelloch-Blende gemeinsam gedreht. Dies erfordert einen mechanisch präzisen und stabilen Aufbau. Man kann die Position bei solchen Aufbauten mit einer Auflösung von 0,1° reproduzieren. Die meisten bei Strömungsuntersuchungen benutzten L2F-Systeme arbeiten nach diesem Prinzip.

Eine weitere Möglichkeit, die Fokuspunkte zu drehen, besteht darin, vor den beiden Kollimatoren ein Drehprisma einzubauen, wie es in Abbildung 11 gezeigt ist. Sende- und Empfangsstrahlen laufen beide durch dieses Drehprisma. Als Drehprisma wird ein Dove-Prisma zusammen mit einem Spiegel in eine Halterung eingebaut. Bei Drehung des Prismas drehen sich auch die beiden Fokuspunkte im Meßvolumen. Während das rückgestreute Licht durch dieses Drehprisma läuft, bleibt das Empfangsbild fest im Raum stehen. Es ist dann nicht mehr sehr aufwendig, dieses empfangene Bild auf Photodektoren abzubilden. Aufbauten mit Drehprismen wurden von Schodl und Smart im Jahre 1979 vorgestellt. Der prinzipielle optische Aufbau eines L2F-Velocimeters mit einem solchen Drehprisma ist in Abbildung 11 gezeigt.

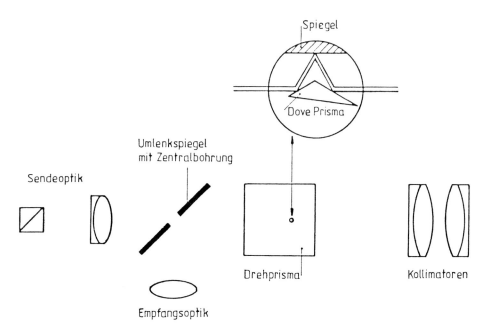

Abb. 11: Optischer Aufbau eines L2F-Velocimeters mit Drehprisma

Vergleicht man die Leistungsmerkmale der verschiedenen optischen Systeme miteinander, kann man feststellen, daß das System, welches die wenigsten optischen Komponenten im rückwärtigen Strahlengang aufweist, die höchste Empfindlichkeit hat. Dies ist der in Abbildung 9 dargestellte gefaltete Aufbau. Die koaxialen Aufbauten sind etwas unempfindlicher. Sie werden jedoch ausschließlich mit Lichtwellenleitern realisiert. Einkoppel-Verluste in Lichtwellenleitern, die schnell 40 % erreichen können, schwächen das empfangene Licht, was diesen Effekt erklärt. Der große Vorteil der koaxialen Aufbauten ist aber die Möglichkeit der Miniaturisierung. Das in einem Bildrotator (Drehprisma) durch Mehrfachreflektionen entstehende parasitäre Streulicht ist dafür verantwortlich, daß Geräte, in denen sie verwendet werden, relativ unempfindlich sind und zur Messung größere Teilchen erfordern als die beiden anderen Systeme.

8. Blenden

Um den Bereich des Meßvolumens, der von der beobachteten Optik auf die Photomultiplier abgebildet wird, genau zu definieren, und um parasitäres Streulicht von Wänden oder optischen Fenstern abzublocken, ist es notwendig, Blenden in den Empfangsstrahlengang einzubringen. Zusätzlich zu diesen Blenden muß beim L2F-Verfahren durch den Einbau optischer oder mechanischer Komponenten verhindert werden, daß ein Übersprechen zwischen Stopp- und Startsignal auftritt. Dieser Effekt ist in Abbildung 12 gezeigt. Zur Ausblendung von parasitärem Licht wird eine Blende mit zwei sehr kleinen Löchern an die Stelle gebracht, an die das Licht aus dem Meßvolumen abgebildet wird. Wenn die Strahlen richtig fokussiert sind, geht das Licht von jedem Strahl durch das ihm zugeordnete Loch in der Blende. Defokussiert man die Strahlen, kommt man in einen Bereich, in dem sich die beiden Anteile überlappen. Ein Teil des Lichtes, das aus dem Startvolumen gestreut wird, gelangt jetzt in den Stoppkanal und umgekehrt. Unterbleiben entsprechende Maßnahmen bei der Konzeption des optischen Systems, so tauchen große Meßprobleme auf, wenn man sich einige mm entfernt von einer festen Oberfläche befindet.

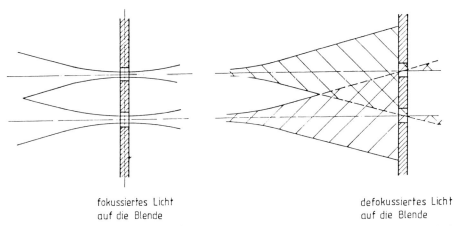

fokussiertes Licht
auf die Blende

defokussiertes Licht
auf die Blende

Abb. 12: Durchgang des aus dem Meßvolumen gestreuten Lichtes durch die Doppellochblende bei exakter Fokussierung und Defokussierung

9. 3D-L2F-Systeme

Es wurden bisher zwei verschiedene Systeme von Schodl vorgestellt, die es erlauben, die drei Komponenten des Geschwindigkeitsvektors (Strömung) mit einem L2F-Velocimeter zu messen. Das erste wurde 1981 vorgestellt und ist bei Schodl 1986 im Detail beschrieben. Das Meßprinzip ist in Abbildung 13 dargestellt.

Im Prinzip werden die aus zwei zweidimensionalen L2F-Velocimetern, die unter einem Winkel von 13° zueinander orientiert sind, austretenden Laserstrahlen auf einen Punkt fokussiert. Beide L2F-Velocimeter arbeiten bei verschiedenen Wellenlängen, um das aus dem Meßvolumen empfangene Signal dem entsprechenden Gerät zuordnen zu können.

Das optische System wurde so aufgebaut, daß die beiden Laserstrahlen aus einer gemeinsamen Kollimatorlinse austreten. 1G steht für den grünen Startstrahl und 2G für den grünen Stoppstrahl. Eine entsprechende Bezeichnung gilt für die blauen Start- und Stoppstrahlen. Im Punkt A schneiden sich die Strahlen 1G und 1B, im Punkt B die Strahlen 2G und 2B. Durch diese vier Meßvolumina werden zwei schräg zueinander im Raum stehende Meßebenen aufgespannt. Für einen Strömungsvektor u, der eine Komponente in Richtung der optischen Achse des Systems hat, werden für das grüne Meßvolumenpaar und das blaue Meßvolumenpaar verschiedene Strömungswinkel gemessen. Aus der Differenz der ge-

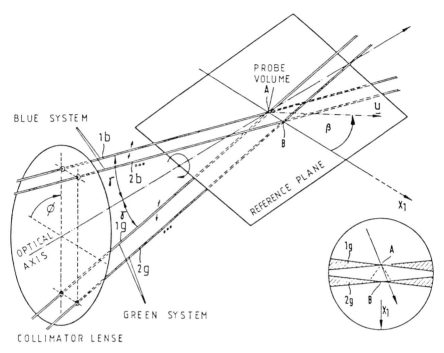

Abb. 13: Meßprinzip eines 3D-L2F-Velocimeters nach Schodl 1986

messenen Strömungswinkel läßt sich dann der Winkel, den der Strömungsvektor u in Richtung der optischen Achse des Systems einnimmt, bestimmen.

Dieses dreidimensionale L2F-Prinzip erfordert einen makellosen optischen Aufbau. Die vielen notwendigen optischen Elemente erschweren die Justierung und erhöhen das Hintergrundrauschen. Eine andere Möglichkeit, die dritte Komponente zu messen, schlug Schodl im Jahre 1988 vor. Wenn man das Licht eines Argon-Ionen-Lasers, der im Viellinienbetrieb arbeitet, durch ein chromatisches optisches System schickt, werden die verschiedenen Farben an verschiedenen Stellen fokussiert.

Erstellt man einen Aufbau mit einem Polarisationsprisma, gefolgt von einem chromatischen Objektiv, so ist die Teilung des Laserstrahls farbunabhängig, während das chromatische Objektiv dafür sorgt, daß die verschiedenen Farben axial versetzt fokussiert werden. Man erhält also ein Meßvolumen, das aus mehreren verschiedenfarbigen Fokuspunkten besteht, die hintereinander angeordnet sind. Ein solches Meßvolumen ist für die Argon-Ionen-Laser-Wellenlängen 514,5 nm und 488 nm in Abbildung 13 aufgezeigt. Man erhält ein blaues Start- und Stopp-Paar (B1, B2) und ein grünes Start- und Stopp-Paar (G1, G2). Aufgrund des polarisierenden Strahlteilers sind die Start- und Stopp-Volumina senkrecht zueinander polarisiert. Sie lassen sich deshalb aufgrund der verschiedenen Farbe und aufgrund der verschiedenen Polarisationsrichtungen voneinander trennen.

In Abbildung 15 sind die beiden Volumina B1 und B2 getrennt gezeichnet. Diese beiden Meßvolumina sind schräg zueinander angeordnet und überlappen sich leicht. Läuft nun eine Strömung senkrecht zur optischen Achse durch diese beiden Meßvolumina, so tragen nur solche Teilchen zu einer korrelierten Laufzeitmessung bei, die den hinteren Rand des

296

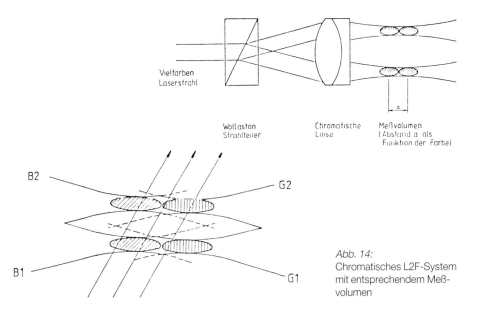

Abb. 14:
Chromatisches L2F-System
mit entsprechendem Meß-
volumen

blauen Meßvolumens B1 und den vorderen Rand des grünen Meßvolumens G2 treffen. Normiert auf die Anzahl von Teilchen, die durch das Meßvolumen B1 laufen, erhält man nur eine sehr geringe Anzahl von Daten. Läuft die Strömung aber, wie in Abbildung 15 gezeigt, in Richtung von B1 nach G2 schräg durch das Meßvolumen, hat man eine wesentlich höhere Anzahl von korrelierten Werten.

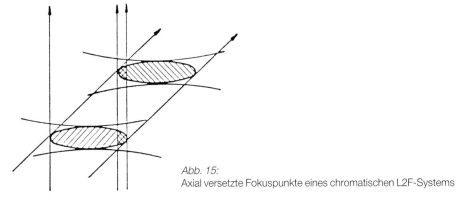

Abb. 15:
Axial versetzte Fokuspunkte eines chromatischen L2F-Systems

Trägt man die korrelierten Daten gegenüber der Strömungsrichtung auf, so erhält man den in Abbildung 16 gezeigten funktionalen Verlauf für das Meßvolumen B1–G2 und das Meßvolumen G1–B2. Eine Subtraktion beider funktionaler Verläufe voneinander bei gleichzeitiger Normierung ergibt den in Abbildung 16b gezeigten Kurvenverlauf. Aus der Häufigkeit der korrelierten Meßwerte, die von den beiden L2F-Systemen (B1–G2, G1–B2) aufgenommen werden, läßt sich damit der Winkel des Strömungsvektors in Richtung der optischen Achse bestimmen.

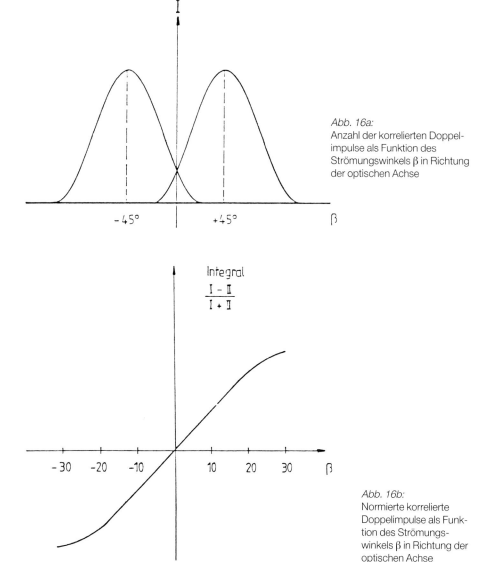

Abb. 16a:
Anzahl der korrelierten Doppelimpulse als Funktion des
Strömungswinkels β in Richtung
der optischen Achse

Abb. 16b:
Normierte korrelierte
Doppelimpulse als Funk-
tion des Strömungs-
winkels β in Richtung der
optischen Achse

In eine solche Messung geht die effektive Größe des Meßvolumens als Parameter ein. Die effektive Größe ist aber kein konstanter geometrischer Wert, sondern wird beeinflußt von der Laserleistung, der Größe der Teilchen, die durch das Meßvolumen laufen, und der elektrischen Verstärkung des Signalprozessors. Eine solche Messung verlangt deshalb ein konstantes Seeding, konstante Laserleistung und ein elektronisches Signalverarbeitungssystem, das es erlaubt, einen der Größe entsprechenden Meßwert zu erhalten, der als Einstellparameter dient.

10. Lichtwellenleiter-L2F-Systeme

Lichtwellenleiter können zur Übertragung von Laserlicht benutzt werden. Sie bestehen im allgemeinen aus dünnen Zweikomponenten-Glasfasern. Im inneren Faserkern, der nur wenige μm groß ist, wird das Licht transportiert. Dieser Kern ist von einer weiteren Glasschicht, dem Cladding, umgeben, an der das Licht reflektiert wird. Für faseroptische L2F-Systeme werden zwei Typen von Lichtwellenleitern benötigt:

1. Einmoden-Lichtwellenleiter, polarisationserhaltend oder nicht polarisationserhaltend, zur Übertragung des Lichtes vom Laser in den Meßkopf
2. Mehrmoden-Lichtwellenleiter zur Übertragung des empfangenen Streulichtes auf die Photodetektoren

Lichtwellenleiter erlauben kompakte miniaturisierte Aufbauten, da Laser und Photodetektoren vom optischen System getrennt werden können. Die Übertragung des empfangen Streulichtes durch Mehrmoden-Lichtwellenleiter ist unproblematisch, da zum einen die übertragenen Leistungen gering sind und zum anderen Mehrmoden-Lichtwellenleiter relativ große Kerndurchmesser haben (50 μm, 200 μm). Diese Situation ist anders bei Einmoden-Lichtwellenleitern. Ihr Kerndurchmesser ist für $\lambda = 500$ nm nur 3–4 μm groß. Um das Licht eines Laserstrahls in eine solche Faser einzukoppeln, braucht man deshalb sehr präzise mechanische und optische Komponenten. Durch die Fokussierung des Laserstrahls auf derartig kleine Durchmesser erhält man schnell Leistungsdichten, die in der Größenordnung von 10 bis 40 MW/cm^2 liegen. In der Literatur findet man zum Teil sich widersprechende Angaben, was die Höhe der übertragbaren Laserleistung betrifft (siehe Smith 1972). Es gibt heute auf dem Markt Lichtwellenleiter, die es gestatten, Leistungen bis zu 5 W bei Wellenlängen oberhalb 500 nm zu übertragen. Untersuchungen, die in den Jahren 1987 und 1988 bei NTT in Japan durchgeführt wurden, zeigen aber, daß durch nicht lineare Effekte bei sehr hohen Laserleistungen die Fasern irreversibel geschädigt werden.
Ein weiterer Problembereich bei sehr hohen Leistungen ist die Stelle, an der das Licht in die Faser eingekoppelt wird. Generell gilt deshalb, daß sich mit steigender übertragener Laserleistung die Lebensdauer des Lichtwellenleiters verkürzt.
Wie eingangs erwähnt, erzielt man in einem L2F-Meßvolumen schon bei Laserleistungen von 1 W sehr hohe Leistungsdichten. Man ist deswegen nicht gezwungen, extrem hohe Laserleistungen zu übertragen, und kann dadurch faseroptische Systeme konstruieren, die eine sehr hohe Lebensdauer haben. Da auf dem Markt befindliche Systeme zum Einkoppeln von Laserlicht in Einmoden-Lichtwellenleiter ein sehr großes Können und Fingerspitzengefühl von den Anwendern erfordern, wurde für das L2F-Velocimeter ein sehr präzises und einfach handzuhabendes Einkoppelsystem entwickelt. Es ist in Abbildung 17a dargestellt.
Bei diesem System sind Lichtwellenleiter mit Einkoppeloptik in einem hermetisch verschlossenen Stecker untergebracht. Dieser Stecker wird mit Hilfe einer Präzisionsmechanik relativ zum Laser positioniert. Da die Fokussieroptik fest zur Faser montiert ist, führt eine Winkeländerung des Steckers zu einer Translation des Fokuspunktes über die Stirnfläche des Lichtwellenleiters. Ein kritischer Einstellparameter ist deswegen der Winkel zwischen Laserstrahl und Stecker, während die Verstellungen senkrecht zum Laserstrahl keine extrem hohe Genauigkeit verlangen. Mittels Einstellschrauben läßt sich das System justieren. Piezoelektrische Aktuatoren erlauben die Einstellung des Winkels mit einer Auflösung besser als 0,01 mrad.

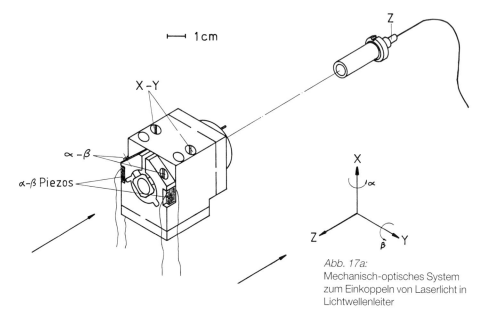

Abb. 17a:
Mechanisch-optisches System
zum Einkoppeln von Laserlicht in
Lichtwellenleiter

Alle während des Betriebs mit Argon-Ionen-Lasern auftretenden Änderungen der Strahlposition können mit diesen piezoelektrischen Aktuatoren nachgeregelt werden. Im L2F-Meßkopf wird die ausgekoppelte Laserleistung gemessen und als Regelgröße für die piezoelektrischen Aktuatoren benutzt.

Ein faseroptisches L2F-System ist in Abbildung 17b dargestellt. Es handelt sich um einen koaxialen Aufbau. Das Licht eines Argon-Ionen-Lasers wird über einen Einmoden-Lichtwellenleiter in den optischen Kopf gebracht und ausgekoppelt. Danach erfolgen Strahlteilung und Fokussierung der Strahlen, wie in den vorhergehenden Abschnitten beschrieben. Strahlteilerprisma und Fokussierlinse sind austauschbar, so daß sich mit einem Meßkopf verschiedene Konfigurationen aufbauen lassen. Beim Einbau eines Farbteilerprismas, zum Beispiel, erhält man ein Laser-2-Fokus-Velocimeter mit variablem Punktabstand; bei Einbau eines polarisierenden Strahlteilerprismas und einem achromatischen Frontobjektiv erhält man den klassischen 2-Fokusaufbau. Wird die Frontlinse durch eine chromatische ersetzt, entsteht ein L2F-System mit mehreren Meßvolumina, welches für 3D-Messungen geeignet ist.

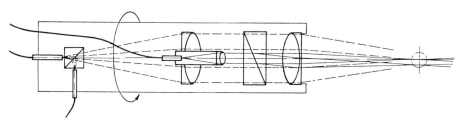

Abb. 17b: Faseroptisches L2F-System

Das aus dem Meßvolumen gestreute Licht wird zum Teil von dem Frontobjektiv gesammelt, durchläuft den äußeren Teil des Strahlteilers und wird von einem Achromaten auf einen Mehrmoden-Lichtwellenleiter abgebildet. Die faseroptischen Systeme werden bei Selbach et al. 1987 detailliert beschrieben.

11. Laser-Ausblend-Einrichtungen

Bei Messungen in den Laufrädern von Turbomaschinen laufen die Kompressor- oder Turbinenschaufeln durch das Meßvolumen und erzeugen für eine kurze Zeit sehr starke Lichtimpulse. Die gestreute Lichtmenge ist um einige Größenordnungen höher als die, die von kleinen Teilchen gestreut wird. Diese starken Lichtblitze führen zu zwei Effekten.

1. Bei kontinuierlicher Wiederholung steigt der Anodenstrom des Photomultipliers an und die Dynoden ermüden. Die Empfindlichkeit des Systems nimmt ab.
2. Direkt nach Auftreffen des Lichtes auf die Kathode des Photomultipliers werden sehr viele Ladungsträger freigesetzt, die abgebaut werden müssen. Es entsteht ein starker Rauschimpuls, der im Verlauf einiger Mikrosekunden abfällt. Während dieser Zeit ist der Photomultiplier unempfindlich und nicht mehr in der Lage, das Streulicht sehr kleiner Teilchen zu detektieren.

Die Notwendigkeit, das Laserlicht während des Durchgangs von Turbinenschaufeln durch das Meßvolumen abzuschalten, wurde 1974 von R. Schodl erkannt und wird in der Patentschrift beschrieben. Das Laserlicht wird mit Hilfe eines Niedervoltmodulators oder eines akkusto-optischen Modulators für den Zeitraum, in dem Lichtreflexionen auftreten können, stark abgeschwächt. G. Wigley zeigte 1987, daß diese Technik auch bei LDA-Messungen Vorteile bringen kann.

12. L2F-Systeme mit Halbleiterlaser

Der Bedarf von Halbleiterlasern in der Kommunikationstechnik hat zu einer Entwicklung von leistungsfähigen Bauelementen geführt, die auch in der Strömungstechnik eingesetzt werden können. Dopheide und Mitarbeiter 1987 untersuchten die Einsetzbarkeit von Halbleiterlasern und -dioden für die Laser-Doppler-Strömungsmeßtechnik. Ihre Arbeit zeigt, daß bei der Kombination geeigneter Laserdioden als Sender und Avalanche-Dioden als Empfänger Systeme realisiert werden können, die dieselben Leistungsmerkmale aufweisen wie klassische Aufbauten mit Argon-Ionen-Lasern im Leistungsbereich von etwa 1 W. Es liegt also nahe, diese Technologie auch in der L2F-Meßtechnik einzusetzen.
Der aus einem Halbleiter-Laser austretende Laserstrahl ist durch einen sehr großen Öffnungswinkel und durch einen elliptischen Querschnitt gekennzeichnet, der vor der Fokussierung mit geeigneten Linsen korrigiert werden muß. Man kann nicht beugungsbegrenzt arbeiten und ist deswegen nicht in der Lage, Fokuspunkte mit so kleinen Durchmessern zu erzeugen, wie es mit Gaslasern möglich ist. Ein klassischer L2F-Aufbau mit polarisierendem Strahlteilerprisma, bei dem als Lichtquelle ein Halbleiterlaser benutzt wird, hat Fokus-

punkte mit leicht elliptischem Querschnitt. Ein solches System hat zwar den Nachteil einer geringeren Winkelauflösung, bietet aber den Vorteil höherer Datenraten im Bereich größerer Turbulenzintensitäten.

Durch Blenden oder durch Lichtwellenleiter läßt sich die Elliptizität reduzieren. In beiden Fällen verliert man aber einen großen Prozentsatz (> 50 %) des Laserlichtes. Eine Lösung mit Lichtwellenleitern wurde von Pannel et al. 1988 vorgeschlagen. Hierbei wird das interne Meßvolumen durch zwei eng beieinanderliegende Lichtwellenleiter erzeugt. Die Endflächen dieser Lichtwellenleiter werden in das Meßvolumen abgebildet.

Die Benutzung von Laserdioden und Avalanche-Dioden in L2F-Velocimetern ist zwar noch in der Anfangsphase, man kann jedoch davon ausgehen, daß sich mit dieser Technik einige interessante Gerätekonfigurationen realisieren lassen.

13. Signalverarbeitung

Das aus dem Meßvolumen gestreute Licht wird von der Empfangsoptik auf Photomultiplier abgebildet und dort in ein elektrisches Signal umgewandelt. Dieses Signal wird verstärkt, gefiltert und einem Diskriminator zugeführt, der aus dem Eingangssignal einen normierten Impuls ableitet.

Die Stärke der Streulichtimpulse hängt sehr stark von der Geschwindigkeit und von der Größe der Teilchen ab, die das Meßvolumen durchqueren. Um einen Fokuspunkt von 10 μm zu durchqueren, benötigt ein sehr kleines Teilchen 1 μs bei 10 m/s Geschwindigkeit. Bei einer Geschwindigkeit von 2000 m/s beträgt diese Zeit nur noch 5 ns. Im ersten Fall erhält man einen Gauß-förmigen Impuls, bedingt durch die Gauß-Verteilung der Lichtintensität im Meßvolumen, im zweiten Fall wird nur sehr wenig Licht gestreut und der Photodetektor liefert nur einige Photonen-Impulse.

Als Verstärker kommen in einer L2F-Signal-Kette nur sehr schnelle Impulsverstärker in Frage. Mittels eines Filters werden einzelne Photonen unterdrückt und Signale aus mehreren Photonen zu einem analogen Impuls geformt.

Mit dieser Technik läßt sich das Signal/Rausch-Verhältnis verbessern und ein Teil des Hintergrundrauschens unterdrücken. Die Filter müssen auf die zu erwartende Impulsform abgestimmt sein. Ihre Zeitkonstanten liegen im Bereich 1 μs bis zu 2 ns. Sie müssen so dimensioniert werden, daß die Gruppenlaufzeiten der Signalkomponenten gleich sind. Ist dies nicht der Fall, ändert sich die Impulsform bei der Filterung. Die Konstruktion von Filtern für schnelle Impulse ist deshalb aufwendiger als die von Filtern für Laser-Doppler-Signale, bei denen eine solche Randbedingung nicht erfüllt werden muß.

Parallel zur Verbesserung des Verhältnisses zwischen nutzbarem Meßsignal und Störsignal muß eine Verstärkung vorgenommen werden, um Verluste bei der Signalübertragung zu kompensieren und um den Signalpegel auf die für die nachgeschaltete Elektronik notwendigen Werte zu bringen.

Aus den Streulichtimpulsen werden exakte Triggermarken für die Zeitmeßelektronik mit Diskriminatoren abgeleitet. Der einfachste Diskriminator, der Schwellwertdiskriminator, erzeugt ein Ausgangssignal, sobald das Eingangssignal eine einstellbare Schwelle überschreitet. Dieses Verfahren hat aber die Einschränkung, daß Zeitmeßfehler durch die Dynamik der Impulsamplitude entstehen können. Dies ist in Abbildung 18 gezeigt.

Derartige Meßfehler können auch beim L2F-Meßverfahren auftreten, da die empfangen

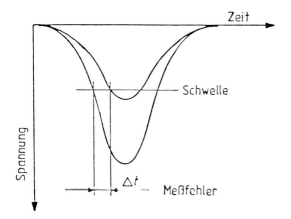

Abb. 18:
Zeitmeßfehler bei unterschiedlicher
Impulshöhe

Streulichtimpulse stark in Amplitude und Anstiegszeit variieren.
Er läßt sich durch Verwendung eines Constant-Fraction-Diskriminators vermeiden. In diesem Diskriminator wird ein Signal aus der Differenz des abgeschwächten und des verzögerten nicht abgeschwächten Eingangsimpulses zur Ableitung der Trigger-Marke benutzt. Diese Triggermarke ist unabhängig von Amplitude und Anstiegszeit der unterschiedlichen Eingangsimpulse, wenn die Verzögerungszeit im Bereich zwischen 30 % und 80 % der Impuls-Anstiegszeit liegt. Da Anstiegszeit und Filterkonstante zusammenhängen, können Verzögerungsleitungen zusammen mit der Filtereinstellung geschaltet werden.
Ein einfacher Schwellwertdiskriminator von der Constant Fraction Logik wählt Signale mit einer Mindestamplitude aus und begrenzt damit das Untergrundrauschen.

14. Flugzeitmessung

Da es nicht möglich ist, die vom Diskriminator gelieferten Start- und Stopp-Pulse bestimmten Teilchen zuzuordnen, muß man sich statistischer Methoden bedienen, um durch Mittelung die störenden, zufälligen Impulse von den korrekten Start-/Stopp-Ereignissen zu trennen. In der L2F-Meßtechnik werden dazu zwei verschiedene Verfahren eingesetzt:

1. Die Korrelationstechnik
2. Die direkte Zeitmessung mit anschließender Vielkanalanalyse

Die Kreuzkorrelationsfunktion der stochastischen Start- und Stopp-Signale wird in einem digitalen Korrelator gebildet. Die Signale, die die von der Strömung mitgeführten Teilchen beim Durchfliegen des Start-Volumens erzeugen, seien mit $x(t)$ bezeichnet. Sie treten um die Flugzeit T_f versetzt später wieder auf, wenn die Teilchen durch das Stopp-Meßvolumen fliegen. Die Kreuzkorrelation zwischen dem Start-Signal $x(t)$ und dem um die Flugzeit T_f verschobenen Signal lautet:

$$k_{xy} = \frac{1}{T_m} \int_0^{T_m} x(t) \cdot y(t + T_f)\, dt \qquad (7)$$

Die Integration erfolgt über den Meß-Zeitraum Tm, der zum Zeitpunkt t = 0 beginnt. Mit diesem Verfahren ist die Flugzeit sehr genau bestimmbar. Abbildung 19 zeigt eine gemessene Kreuzkorrelationsfunktion, die an der Stelle der mittleren Flugzeit ein ausgeprägtes Maximum zeigt. Aus dieser Kurve läßt sich die mittlere Geschwindigkeit und der Turbulenzgrad der Strömung bestimmen.

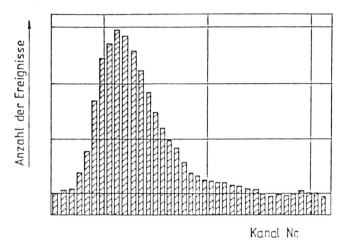

Abb. 19:
Kreuzkorrelationsfunktion zwischen Start- und Stopp-Signalen, die von einem L2F-Velocimeter geliefert wurden

Die zweite Art der Signalauswertung erfolgt ebenfalls statistisch. Die Flugzeit wird dabei mit einem digitalen Zähler direkt gemessen. Der Meßbereich des Zählers wird in eine feste Anzahl von gleich großen Intervallen unterteilt. In einem Rechner wird jedem Intervall ein Speicherplatz zugeordnet. Immer dann, wenn eine Zeitmessung erfolgt, wird der Speicherplatz, der dem gemessenen Zeitintervall zugeordnet ist, um den Wert 1 erhöht. Man erhält als Ergebnis die Anzahl der Meßereignisse gegenüber der Flugzeit. Diese Art der Signalverarbeitung nennt man Vielkanalanalyse. Das Prinzip ist in Abbildung 20 gezeigt.

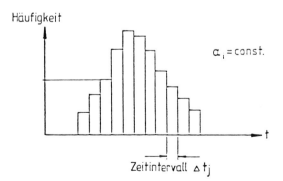

Abb. 20:
Aufnahme einer Flugzeitverteilung mit einem Vielkanalanalysator

Auf den ersten Blick scheint die Korrelationstechnik Vorteile gegenüber der direkten Zeitmessung mit anschließender Vielkanalanalyse zu haben. Wenn sich aber noch mehr als ein Teilchen gleichzeitig im Meßvolumen des L2F-Velocimeters befindet, werden sehr viele kurze Meßzeiten registriert und das Hintergrundrauschen steigt folglich zu kleinen Flugzeiten hin an. Beim Korrelationsverfahren bleibt das Hintergrundrauschen flach. Die Frage, welches Verfahren das geeignetere sei, wurde in den Jahren 1978 bis 1980 ausführlich analysiert (siehe Ross 1978, Schodl et al. 1980). Das Ergebnis der Untersuchungen ist in Abbildung 21 dargestellt.

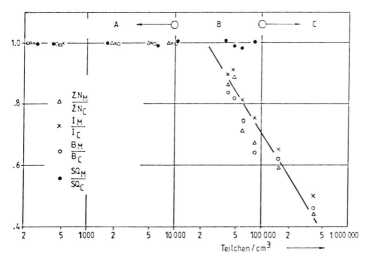

Abb. 21: Verhalten von digitalem Korrelator und direkter Zeitmessung mit Vielkanalanalyse als Funktion der Partikelkonzentration

Es wurden die mit einem L2F-Velocimeter aufgenommenen Streuimpulse gleichzeitig von den beiden vorher beschriebenen Zeitmeßsystemen verarbeitet. Aufgetragen sind die Verhältnisse zwischen der Gesamtzahl aufgenommener Daten in MCA und Korrelator $\Sigma N_M / \Sigma N_C$, das Verhältnis der Flächen unter den Flugzeitkurven I_M/I_C, das Verhältnis der Hintergrund-Rauschanteile B_M/B_C und das Verhältnis der Signalqualität, SQ_M/SQ_C. Der Index M steht für ein Signalverarbeitungssystem, das die Zeit direkt mißt und die Flugzeitverteilung in einem MCA akkumuliert. Der Index C steht für die Werte, die mit einem digitalen Korrelator aufgenommen wurden.

Man kann drei Bereiche A, B und C unterscheiden. Der Bereich A geht bis zu Teilchenkonzentrationen von etwa $20 \cdot 10^3$ Teilchen/cm^3. In diesem Bereich ist die mittlere freie Weglänge zwischen zwei Teilchen größer als der Abstand der beiden Fokuspunkte. Man findet keinen Unterschied zwischen den beiden Verfahren. Im Bereich B sind die mittlere freie Weglänge und der Fokuspunktabstand in der gleichen Größenordnung. Die Leistungsfähigkeit des direkten Zeitmeßsystems nimmt ab. Im Bereich C ist die Teilchenkonzentration auf über 100000 Teilchen/cm^3 angestiegen. Es sind immer mehrere Teilchen gleichzeitig im Meßvolumen und beide Systeme sind nicht mehr in der Lage, Flugzeitverteilungen zu messen.

In praktischen Versuchsbedingungen liegen die Datenraten in der Größenordnung von einigen kHz. Dies entspricht dem Bereich A der in Abbildung 21 dargestellten Kurve. Da digitale Korrelationsverfahren in der Praxis keine Vorteile bieten, hat sich in der L2F-Meßtechnik die direkte Zeitmessung mit nachfolgender statistischer Verarbeitung durchgesetzt. Die Zeitmessung erfolgt mit digitalen Zählern, wobei Auflösungen von etwa 2 ns erreicht wer-

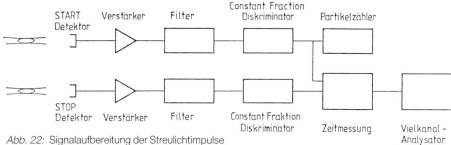

Abb. 22: Signalaufbereitung der Streulichtimpulse

den. Für extrem hohe Geschwindigkeiten bieten sich analoge Zeitmessungen an, wie sie in der Kernphysik üblich sind. Hier erreicht man Auflösungen im ps-Bereich.

Flugzeitverteilungen werden bei verschiedenen Meßwinkeln aufgenommen, um eine zweidimensionale Information über die Strömung zu erhalten. Damit die bei verschiedenen Winkelstellungen aufgenommenen Häufigkeitsverteilungen miteinander in Beziehung gesetzt werden können, ist es notwendig, sie auf eine gemeinsame Größe zu beziehen. Als Referenzgröße nimmt man die Anzahl der Teilchen, die den Start-Fokuspunkt durchqueren. Ihre Impulse werden von einem Partikelzähler registriert. Abbildung 22 zeigt eine schematische Übersicht über die Signalaufbereitung und Zeitmessung.

15. Messung von Flugzeitverteilungen

Eine L2F-Messung läuft normalerweise so ab, daß die beiden Fokuspunkte so orientiert werden, bis sie in etwa mit der Strömungsrichtung übereinstimmen. Die Häufigkeitsvertei-

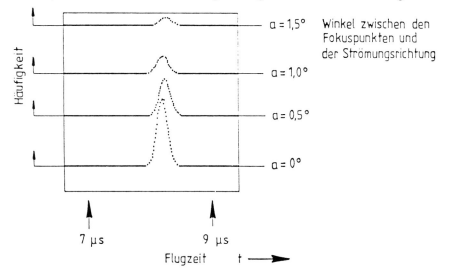

Abb. 23: Häufigkeitsverteilungen der Flugzeiten bei verschiedenen Winkelstellungen α_i der Strahlebene

lungen werden bei verschiedenen Meßwinkeln aufgenommen, die sich um eine konstante Winkeldifferenz $\Delta\alpha$ voneinander unterscheiden. Abbildung 23 zeigt das Ergebnis einer solchen Messung. Man erhält die Häufigkeitsverteilungen nur innerhalb des Winkelbereiches, in dem der Strömungsvektor variiert. Das Maximum der Häufigkeitsverteilung tritt dort auf, wo der Winkel mit der mittleren Strömungsrichtung übereinstimmt. Aus den gemessenen Werten ist die hohe Richtungsempfindlichkeit des L2F-Verfahrens erkennbar.

Trägt man die gemessenen Kurven in ein Diagramm Häufigkeit/Meßwinkel/Flugzeit auf, erhält man die in Abbildung 24 dargestellte zweidimensionale Laufzeitverteilung. Diese zweidimensionale Flugzeitverteilung erhält nach der Turbulenztheorie alle Informationen über

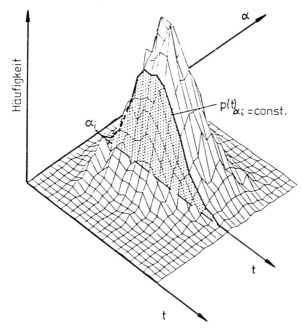

Abb. 24:
Zweidimensionale Häufigkeitsverteilung

die Geschwindigkeitskomponenten in der Ebene senkrecht zur optischen Achse. Es lassen sich die Geschwindigkeitsmittelwerte, die mittlere Strömungsrichtung, die Reynold'schen Schubspannungen und die höheren Momente der Strömung berechnen.

In vielen Fällen ist man nur an der Messung der mittleren Strömungsgeschwindigkeit, der mittleren Strömungsrichtung und der Turbulenzgrade interessiert. Schodl schlug deshalb im Jahre 1988 ein vereinfachtes Verfahren für zweidimensionale Messungen vor. Bei diesem Verfahren werden die bei den verschiedenen Meßwinkeln $N_{\alpha i}$, $i = 1, \ldots, m$ aufgenommenen Verteilungen addiert und nicht mehr individual abgespeichert. Während der Messung wird der Zuwachs der Daten in dem Bereich, in dem sich die Häufigkeitsverteilung ausbildet, als Funktion des Meßwinkels $N_{\alpha i}$ erfaßt. Das Ergebnis sind zwei Meßkurven, eine Häufigkeitsverteilung gegenüber der Flugzeit und eine Häufigkeitsverteilung gegenüber dem Winkel. Abbildung 25 zeigt das Prinzip dieses Meßverfahrens und die resultierenden Häufigkeitsverteilungen. Diese Technik wird auch als Zwei-Randkurven-Verfahren bezeichnet.

Die Wahrscheinlichkeit für das Auftreten von Doppelimpulsen hängt nicht nur davon ab, wie gut die mittlere Strömungsrichtung mit der Richtung der beiden Fokuspunkte überein-

307

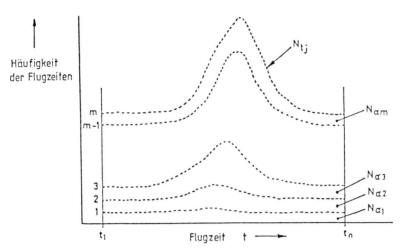

Abb. 25a: Prinzip des Zwei-Randkurven-Verfahrens: Integration der Flugzeiten über den Meßwinkel

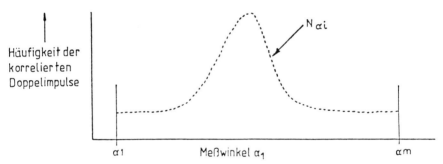

Abb. 25b: Prinzip des Zwei-Randkurven-Verfahrens: Anzahl der korrelierten Doppelimpulse über den Meßwinkel

stimmt, sondern auch von der Turbulenzintensität. Mit steigender Turbulenzintensität verringert sich die Wahrscheinlichkeit, daß das gleiche Teilchen durch das Start-Fokusvolumen und Stopp-Fokusvolumen fliegt. Dies bedeutet, daß bei steigender Turbulenzintensität die Meßzeit länger wird. Wenn der Strahlabstand der zu erwartenden Turbulenzintensität angepaßt wird, kann man diesen Effekt kompensieren.

Bei einem Punktabstand- zu Durchmesser-Verhältnis s/d und einer Turbulenzintensität T_u beträgt die Wahrscheinlichkeit P für das Auftreten korrelierter Doppelimpulse (siehe Schodl 1986).

$$P = \frac{1}{\sqrt{1 + (\frac{2 \cdot s}{d} \cdot T_u)^2}} \tag{8}$$

Der Verlauf von P ist in Abbildung 26 für verschiedene Durchmesser- zu Abstand-Verhältnisse dargestellt. Es wird deutlich, daß man bei hohen Turbulenzgraden mit geringem Punktabstand arbeiten muß, während geringe Turbulenzgrade einen großen Punktabstand erfordern. Die Variation des Punktabstandes geschieht bei L2F-Systemen mit polarisierenden

Strahlteilern durch Austausch des Strahlteilers und bei L2F-Systemen mit einem Farb-Strahlteiler durch Auswahl entsprechender Farben. Für Messungen von Strömungen, deren Turbulenzintensität weit oberhalb von 30 % liegt, ist das L2F-System nicht mehr geeignet.

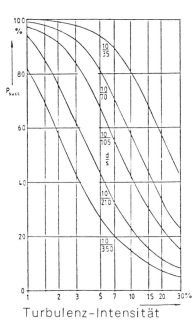

Turbulenz–Intensität

Abb. 26:
Wahrscheinlichkeit eines korrelierten Doppelimpulses als
Funktion des Punktdurchmesser-/Punktabstand-
Verhältnisses und der Turbulenzintensität

16. Messungen periodischer Strömungen

Bei Messungen in den Schaufelkanälen von Turbinen, Kompressoren usw. ist das Meßvolumen auf eine axiale und radiale Position festgelegt. Dreht sich der Rotor, verläuft dieses Meßvolumen auf einer Kreisbahn. Um die stochastisch anfallenden Daten einer Position auf dieser Kreisbahn zuordnen zu können, benötigt man einen Winkelencoder. Mechanische Winkelencoder sind nur begrenzt einsetzbar, da entweder ihr Einbau schwierig ist, oder sie bei hohen Drehzahlen (zum Beispiel 100 000 Upm bei Turboladern) zerstört werden.
Eine bessere Lösung ist ein elektronischer Winkelencoder, der mit Phase-Locked-Loop Schaltungen oder sehr schnellen Zählerketten realisiert werden kann. Von den Strömungsmaschinen wird ein 1/Umdrehung-Signal geliefert, welches, mit der Anzahl der Schaufeln multipliziert, einen Impuls/Schaufel ergibt. Die Schaufelfrequenz wird weiter vervielfacht, um den Bereich zwischen zwei Schaufeln in mehrere Sektoren unterteilen zu können. Die Ausgangsfrequenz des Winkelencoders ist das Produkt aus Eingangsfrequenz, der Anzahl der Schaufeln und der Anzahl der Sektoren. Neben der Frequenzvervielfachung muß dieses Gerät noch zwei weitere Funktionen erfüllen. Dies sind die Bestimmung der Phasenlage zwischen dem Impulsgeber und der aktuellen Position des Meßvolumens und die Ansteuerung der Laserausblend-Einrichtung.

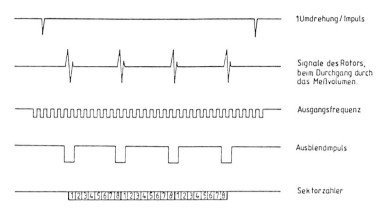

Abb. 27: Zeitdiagramm bei periodischen Strömungsmessungen

Das Zeitdiagramm eines elektronischen Winkelencoders, wie er von Schricker 1979, Schodl 1986 konstruiert wurde, zeigt Abbildung 27 am Beispiel eines Rotors mit 4 Schaufeln.

Das von einem Geber gelieferte 1/Umdrehung-Signal wird in diesem Beispiel mit einem Faktor 32 multipliziert, um bei 4 Schaufeln den Schaufelkanal in 8 Signale zu unterteilen. Der Segment-Zähler wird vor jedem Durchgang der Schaufel durch das Meßvolumen zurückgesetzt. Parallel dazu wird bei jedem Schaufeldurchgang der Ausblendimpuls für den Laser erzeugt.

Für die Datenaufnahme sind zwei Betriebsarten vorgesehen: die Mittelung der Messung einzelner Sektoren über alle Schaufelkanäle und die individuelle Messung in einzelnen Schaufelkanälen. Die Anzahl der Intervalle pro Schaufelkanal kann ebenfalls ausgewählt werden.

An die Elektronik und den Signalgeber werden sehr hohe Anforderungen gestellt, da eine Zeitunsicherheit (zum Beispiel Jitter) die Genauigkeit, mit der die Position bestimmt wird, direkt beeinflußt. Sie muß beim Geber immer unterhalb von 100 ns liegen.

17. Datenauswertung

Eine zeitunabhängige turbulente Strömung kann durch eine Wahrscheinlichkeitsdichte $p\,(\vec{v}, \vec{x})$ beschrieben werden. $\vec{v}$ ist der Geschwindigkeitsvektor in kartesischen Koordinaten $\vec{v} = (v_1, v_2, v_3)$ und $\vec{x} = (x_1, x_2, x_3)$ der Ortsvektor, siehe Rotta 1972. Die Wahrscheinlichkeit, daß an einem festen Ort $\vec{x}$ die Komponenten des Geschwindigkeitsvektors im Intervall $v_1 + dv_1$, $v_2 + dv_2$, $v_3 + dv_3$ liegen, wird beschrieben durch

$$p\,(\vec{v},\ \vec{x})\ d\vec{v} \qquad (9)$$

Die Mittelwerte einer beliebigen Funktion $(\bar{u})$ wird aus der Wahrscheinlichkeitsdichte $p\,(\vec{v}, \vec{x})$ berechnet nach:

$$\bar{F}\,(\vec{x}) = \int\limits_{-\infty}^{+\infty}\int\int F\,(\vec{v})\ p\cdot(\vec{v},\ \vec{x})\ d\vec{v} \qquad (10)$$

310

wobei die Normierungsbedingung $\displaystyle\int\int\int_{-\infty}^{+\infty} p \ (\vec{v}, \ \vec{x}) \ d\vec{v} = 1$

erfüllt sein muß.

Bei einer zweidimensionalen Geschwindigkeitsverteilung $F(\vec{x}) = F(v_1, v_2)$ läßt sich Gleichung (10) umformen zu

$$\bar{F} \ (\vec{x}) = \int\int_{-\infty}^{+\infty} F \ (v_1, v_2) \ \left[\int_{-\infty}^{+\infty} p \ (v, x) \ dv_3 \right] dv_1 \ dv_2 \tag{11}$$

Dies bedeutet, daß eine gemessene zweidimensionale Wahrscheinlichkeitsdichte $P^+ (v_1, v_2, \vec{x})$ gleich dem in den eckigen Klammern in Gleichung (11) stehenden Integralwert sein muß. Man kann diese Bedingung nur erfüllen, wenn alle Komponenten (u_1, u_2) des Geschwindigkeitsvektors erfaßt werden müssen, selbst bei großen Komponenten (u_3) in Richtung der optischen Achse des Systems. Bei hohen Turbulenzen muß die Länge des Meßvolumens deshalb entsprechend groß gewählt werden. Bei einem quadratischen Meßvolumen ist diese Bedingung bis zu Turbulenzintensitäten von etwa 30 % erfüllt.

Ein L2F-System mißt die Flugzeit t und den Strömungswinkel α. Man muß deshalb eine Transformation vom karthesischen in ein Polarkoordinatensystem durchführen. Unter Berücksichtigung von

$$t = \frac{s}{v_\perp} \tag{12}$$

(v: Betrag des Geschwindigkeitsvektors $\vec{v}$, s: Punktabstand, t: Flugzeit) erhält man aus Gleichung (11):

$$\bar{F} \ (\vec{x}) = \int_0^{2\pi} \int_0^\infty F \ (\alpha, \ t) \ p \ (\alpha, \ t, \ \vec{x}) \frac{s^2}{t^3} \ dt \ d\alpha \tag{13}$$

Die Wahrscheinlichkeitsdichte wird in Flugzeitintervallen $t + \Delta t$ und Winkelbereichen $\alpha + \Delta \alpha$ aufgenommen. Der Wert H_{ij} in einem Kanal sei den Intervallen $t_j + \Delta t$ und $\alpha i + \Delta \alpha$ zugeordnet.

Es gilt also:

$$H_{ij} \sim p^+ \ (\alpha i, \ tj, \ x) \cdot \frac{s^2}{t^3} \ \Delta t \ \Delta \alpha \tag{14}$$

Nach Normierung und Ersetzen der Integrale in Gleichung (13) erhält man die Formel für die Auswertung zweidimensionaler Flugzeitverteilungen.

$$\bar{F} \ (\vec{x}) = \frac{\sum\limits_{i=1}^{m} \sum\limits_{j=1}^{n} F \ (\alpha, \ t) \cdot H_{ij}}{\sum\limits_{i=1}^{m} \sum\limits_{j=1}^{n} H_{ij}} \tag{15}$$

m ist die Anzahl der verschiedenen Meßwinkel und n die Anzahl der Kanäle (Flugzeitintervalle) des Vielkanal-Analysators oder Korrelators. Bei der endgültigen Berechnung ist noch der Rauschanteil von den gemessenen Verteilungen zu subtrahieren und eine Korrektur des Geschwindigkeits-Bias vorzunehmen, da schnelle Teilchen kürzere Flugzeiten haben und öfter gezählt werden als langsame Teilchen.

Beim Zwei-Randkurven-Verfahren wird einmal die Flugzeitverteilung bei verschiedenen Winkelstellungen addiert und die Wahrscheinlichkeitsdichte

$$p_t \ (t, \ \vec{x}) = \int_0^{2\pi} p \quad (\alpha, \ t, \ \vec{x}) \ d\alpha \tag{16}$$

aufgenommen. Parallel dazu mißt man den Zuwachs korrelierter Doppelimpulse bei jeder Winkelstellung, d. h. die Wahrscheinlichkeitsdichte.

$$\bar{\bar{F}}_R \ (\vec{x}) = \int_0^\infty \int_0^{2\pi} F \ (\alpha, \ t) \cdot p_t \ (t, \ \vec{x}) \cdot p_\alpha \ (\alpha, \ \vec{x}) \ dt \ d\alpha \tag{17}$$

Ersetzt man in Gleichung (13) die Wahrscheinlichkeitsdichte p^+ (α, t, $\vec{x}$) durch das Produkt p_α (t, x) p_t (t, x), können Mittelwerte berechnet werden gemäß:

$$p_\alpha \ (t, \ \vec{x}) = \int_0^\infty p \quad (\alpha, \ t, \ \vec{x}) \ dt \tag{18}$$

Diese Berechnung ist nicht exakt, sondern eine Approximation. Der Berechnungsfehler steigt mit größer werdender Turbulenzintensität. Modellrechnungen, die in der DFVLR durchgeführt wurden (Ross 1978), zeigen aber, daß selbst bei Turbulenzintensitäten von 20 % die mittlere Geschwindigkeitskomponente und der mittlere Strömungswinkel mit einer Genauigkeit besser als 1 % berechnet werden können. Ein derart geringer Fehler ist akzeptabel, insbesondere, wenn sich durch Anwendung des 2-Randkurven-Verfahrens die Meßzeit deutlich verkürzen läßt.

18. Experimentelle Ergebnisse

Das L2F-Verfahren wurde anfangs überwiegend für Strömungsuntersuchungen in Turbomaschinen eingesetzt. Die Vorteile des Verfahrens sind hier offenkundig. Aus konstruktiven Gründen ist der Meßort nur von einer Seite zugänglich. Die optischen Fenster müssen außerdem klein sein, um Störungen der Strömung zu vermeiden. Hohe Beschleunigungen im Bereich von Stoßwellen erlauben nicht den Einsatz größerer Teilchen als Seeding-Material.

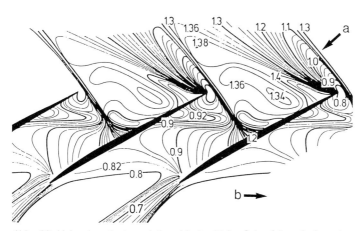

Abb. 28: Linien konstanter relativer Machzahl im Schaufelkanal eines transonischen Verdichters (Schodl 1977)

Erste Messungen dieser Art wurden von Schodl schon im Jahre 1974 vorgestellt. Eine der klassischen Messungen ist in Abbildung 28 gezeigt. Gemessen wurde die Strömung im Rotor eines transonischen Verdichters (Schodl 1979) auf 89 % Schaufelhöhe. Das Laufrad bestand aus 28 Schaufeln mit einer Schaufelhöhe von 100 mm. Die Messungen wurden bei einer Drehzahl von 20 000 Upm und einem Massendurchsatz 15,9 kg/sec. durchgeführt. Die Linien konstanter relativer Machzahl zeigen den Verlauf von Stoßwellen und Nachlaufwellen. Es wurden insgesamt 300 Meßpunkte aufgenommen. Die Lage der Stoßfronten und Nachlaufdellen ist deutlich zu erkennen. Im Mittel lag die Meßzeit bei ungefähr 30 Sekunden pro Meßpunkt. Für die komplette Messung wurden 2,5 Stunden benötigt.

Eine Vielzahl von Messungen und Veröffentlichungen folgten. Stellvertretend hierfür seien die Arbeiten von Senoo et al. 1987, Eckhardt 1980, Edler et al. 1980 und Wu et al. 1987 genannt.

Besonders schwierig sind Messungen in Laufrädern von Turboladern. Turbolader sind kleine Radialverdichter, die von einer Turbine angetrieben werden. Die Umdrehungszahlen liegen im Bereich 50 000 Upm bis zu 200 000 Upm. Die Strömungskanäle selbst sind nur einige mm tief. Zugang zum Meßort erfolgt durch Quarzglas-Fenster, die 5–8 mm Außendurchmesser haben.

Abbildung 29 zeigt Meßergebnisse im Rotor des Kompressors. Diese Messung wurde von Schodl durchgeführt. Der äußere Durchmesser des Laufrades war 96 mm, die Schaufelhöhe 12 mm. Die Messungen wurden bei einer Drehzahl von 51 500 Upm und bei einem Massendurchsatz von 0,4 kg/s durchgeführt. Erstaunlicherweise hat das Strömungsfeld einen potential theoretischen Charakter. Nur in der Nähe der Gehäusewand erkennt man einen Einbruch, der durch Spaltströmungen hervorgerufen wird. In Abbildung 30 ist die Strömungswinkelverteilung beim Eintritt der Strömung in den Turbinenrotor zu sehen, wie sie 1987 von Benisek und Spraker gemessen wurde. Aus Kostengründen wurden bei diesem

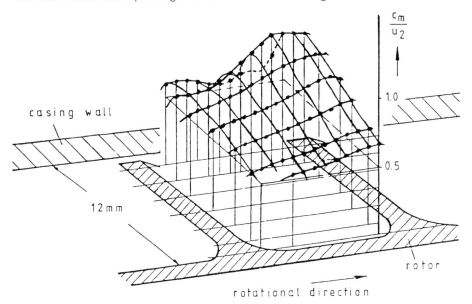

Abb. 29: Geschwindigkeitsverteilung im Kompressor-Laufrad eines Turboladers. Der Einbruch in der Nähe der Gehäusewand (siehe Pfeil) deutet auf eine Spaltströmung hin (Schodl 1986)

313

Turbolader sehr einfache Turbinengehäuse genommen. Die Strömung tritt unkontrolliert in das Gehäuse ein, was die starke Änderung des Strömungswinkels in axialer Richtung bei Eintritt in das Laufrad erklärt. Ansätze für eine Verbesserung des Verhaltens lassen sich aus diesen Messungen gewinnen.

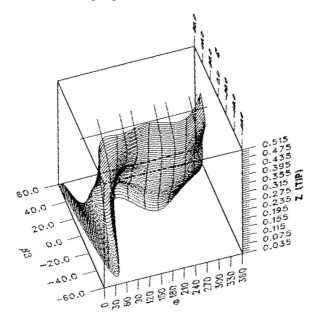

Abb. 30:
Strömungswinkel am Eintritt eines Turbinen-Laufrades eines Turboladers

Die einfache Durchführung von Messungen bei hohen Geschwindigkeiten mit L2F-Systemen hat den Einsatz dieser Technik auch in anderen Bereichen wie zum Beispiel in Raketenmotoren (Kugler 1980) und Hochgeschwindigkeits-Plasma-Strömungen (Steffen et al. 1986) gefördert. Bei beiden Anwendungen hat man eine sehr hohe Konzentration von Teilchen in der Strömung und starkes Hintergrundlicht. Bei Feststoffraketen ist ein hoher Anteil von Feststoffen enthalten, um einen möglichst großen Schub zu erreichen. Beim Plasma-Spritzen werden Teilchen in eine ionisierte Gasströmung gebracht. Sie werden vom Plasmajet mitgenommen und schmelzen, bevor sie auf ein Substrat treffen. Diese Technik dient u. a. zur Oberflächenveredelung. Die Geschwindigkeiten im Plasmajet liegen im Bereich von 500 m/s bis 1000 m/s. Die Temperaturen liegen im Bereich von 1000 K. Da das L2F im Gegensatz zum Laser-Doppler-Verfahren ein inkohärentes Verfahren ist, gibt es keine Probleme durch die Fluktuation des Brechungsindex aufgrund der starken Temperaturgradienten in ein Plasma. Solange Licht aus dem Meßvolumen empfangen werden kann, sind Messungen möglich.

Laser-2-Fokus-Systeme waren aber auch in Geschwindigkeitsbereichen erfolgreich, die Laser-Doppler-Velocimetern üblicherweise keinerlei Schwierigkeiten bereiten sollten. Dazu gehören Wasserströmungen im Bereich einiger m/sec. bis zu etwa 50 m/sec. Der Grund dafür ist ein schwer zugänglicher Meßort und ein großer Arbeitsabstand.

In Wasserpumpen oder -turbinen sind die Entfernungen zwischen Gehäuse und Meßort sehr groß (1 m). Man benötigt sehr große optische Systeme und große Fenster, um mit einem LDA unter diesen Randbedingungen ein sehr kleines Meßvolumen (100 μm) zu bekommen. Die größten Wasserturbinen- und Pumpenhersteller der Welt setzen deshalb das L2F für ihre Strömungsuntersuchungen ein, siehe Brand et al. 1986, Furtner et al. 1985.

Ein weiteres Anwendungsgebiet für das L2F sind Raketenmotoren, die nach dem Prinzip der Haupttriebwerke des Space Shuttle arbeiten. Bei diesen Motoren wird flüssiger Wasserstoff und flüssiger Sauerstoff mit mehrstufigen Turbopumpen in die Hauptbrennkammer gefördert. Als sich schon im Bereich der Turbopumpen Messungen mit der LDA-Technik als sehr schwierig erwiesen, entschied man sich für das L2F-Verfahren. Es konnten Messungen der Strömungsverhältnisse in den Turbopumpen, den Turbinen, die sie antreiben, und in verschiedenen Kanälen des Triebwerks durchgeführt werden, die das Design beeinflußten, siehe Pelaccio 1985.

19. Zusammenfassung

Dieser Artikel gibt einen Überblick über den augenblicklichen Stand der Laser-2-Fokus-Velocimetrie. Es werden die Gründe, die zu der Entwicklung dieser Technik führten, aufgezeigt. Verschiedene optische Aufbauten und Signalverarbeitungsverfahren werden diskutiert. Ein kurzer Überblick zeigt den Einsatz des L2F-Verfahrens in verschiedenen Bereichen der Strömungsmeßtechnik.

20. Literatur

Brand, F.; Göhringer, M.; Schilling, R.: "Strömungsuntersuchungen in Hydraulischen Maschinen mit Laser-Fokus-Velocimetrie", Voith Forschung und Konstruktion, Heft 32, Aufsatz 7, 1986

Decuypere, R.; Arts, A.: "Some Aspects Concerning the Use of a Laser-Doppler Velocimeter in Steam Expanding at Supercritical Ratios", International Symposium on Application of Laser Doppler Anemometry to Fluid Mechanics, Lisbon, July 1982

Dopheide, D.; Faber, M.; Reim, G. und Taux, G.: "Laser- und Avalanche-Dioden für die Geschwindigkeitsmessung mit Laser-Doppler-Anemometrie", Technisches Messen, 54. Jahrgang, Heft 7/8, 1987

Eckhardt, D.: "Flow Field Analyzers of Radial and Backswept Centrifugal Compressor Impellers, Part 1: Flow Measurements Using a Laser Velocimeter", Performance Prediction and Centrifugal Pumps and Compressors, ASME, New York, March 1980

Elder, R. L.; Forster, C.; Gill, M. E.: "Initial Findings During Studies of the Flow Within a High Speed Impeller Using a Transit Anemometer", Proc. of the 4th International Conference on Photon Correlation Techniques in Fluid Mechanics, Stanford CA, August 1980

Furtner, N.; Göde, E.; Bachmann, P.: "Laser-2-Focus Flow Measurements in the Runner of a Bulb Turbine and Comparison with Calculation", Waterpower 1985, Las Vegas, September 1985

Goldman, L. J.; Seasholtz, R. G. and McLallin, K. L.: "Velocity Surveys in an Turbine Stator Annular-Cascade Facility Using Laser Doppler Technique", NASA TN-D-8269, September 1976

Kiok, R.: "Comparative Review of Laser Doppler and Laser-2-Focus Anemometry in View of Turbomachinery Applications", VKI Techn. Memorandum 34, 1984

Kugler, H. P.: "L2F-Measurements in a Rocket Exhaust Plume", Proc. of the 4th International Conference on Photon Correlation Techniques in Fluid Mechanics", Stanford CA, August 1980

Lummins, H. Z.; Pike, E. R.: "Photon Correlation Spectroscopy and Velocimetry", Plenum Press, New York, 1977

Melling, A.: "Seeding Gas Flows for Laser Anemometry", Advanced Instrumentation for Aero Engine Components, AGARD CP-399, Philadelphia, May 1986

"Meßeinrichtung zur Messung von Strömungsgeschwindigkeiten", DFVLR, Deutsches Patent 24 49 358.1

Pannel, C. K.; Midgley, J. H.; Jones, J. D. C.; Jackson, D. A.: "Fibre-Optic Transit Velocimetry Using Diode Laser Sources", 4th International Symposium on Applications of Laser Anemometry to Fluid Mechanics, Lisbon, Portugal, July 1988

Pelaccio, D. G.: "Investigation of Laser Anemometry for SSME Model Verification Experiments", Rockwell International, Rocketdyne Division, Report CR 179470, 1985

Ross, M. M.: "Laser Anemometry Experiments at the High Speed Aerodynamics Laboratory", Leicester University, Techn. Memo W/M (2.3) u. 9640, July 1978

Rotta, J. C.: "Turbulente Strömungen", Teubner Stuttgart, pp 15–25, 1972

Schodl, R.: "A Laser Dual Beam Method for Flow Measurements in Turbomachines", ASME, paper no. 74–67–157, 1974

Schodl, R.: "Laser-Two-Focus Velocimetry (L2F) for Use in Aero Engines", Lecture No. 4 in AGARD LS-90, August 1977

Schodl, R.: "Development of the Laser-Two-Focus Method for Nonintrusive Measurements in Flow Vectors. Particularely in Turbomachines", ESA-TT-528, 1979

Schodl, R.; Selbach, H.; Lossnau, H. G.: "Comparison of Signal Processing by Correlation and by Pulse-Pair Timing in Laser Dual Focus Velocimetry", Proceedings of the Symposium on Long Range and Optical Velocity Measurements, ISL German-French Research Institute, St. Louis, ISL 117 R80, 1980

Schodl, R.: "On the Extension of the Range of Applicability of LDA by Means of the Laser-Dual-Focus (L2F) Technique", Proceedings of the LDA-Symposium, Copenhagen, 1985

Schodl, R.: "Laser-Two-Focus Velocimetry", Advanced Instrumentation for Aero Engine Components, AGARD CP-399, Philadelphia, May 1986

Schodl, R.: "A Laser-Two-Focus Velocimeter for Automatic Flow Vector Measurements in the Rotating Components of Turbomachines", Measurement Methods in Rotating Components of Turbomachinery, ASME, New Orleans, March 1988

Schodl, R., Förster, W.: "A Multicolor Fiber Optic Laser-Two-Focus Velocimeter for 3-Dimensional Flow Analysis", 4th International Symposium on Application of Laser Anemometry to Fluid Mechanics, Lisbon, July 1988

Schricker, U.: "Optimierung der Meßsignalaufbereitung und der Datensammlung für das Laser-Zwei-Fokus-Geschwindigkeitsmeßverfahren", Mitteilung Nr. 79-04, Aachen, Juli 1979

Selbach, H.; Lewin, A.: "Fibre Optic Flow Sensors Based on the 2 Focus Principle", Laser Anemometry Advances of Applications, Strathclyde, Scotland, September 1987

Senoo, Y.; Hayami, H.; Kinoshita, Y.; Yamasaki, H.: "Experimental Study on Flow in a Supersonic Centrifugal Impeller", ASME, paper no. 78-GT-2, December 1987

Smart, A. E.: "Data Retrieval in Laser Anemometry by Digital Correlation", Laser Velocimetry and Particle Sizing, HD Thompson and W. H. Stevenson, Hemshire Publishing Corp., 1979

Smith, R. G.: "Optical Power Handling Capacity of Low Loss Optical Fibres as Determined by Stimulated Raman and Brillouin Scattering", Applied Optics, 1972, p. 2489

Steffen, H. D.; Busse, K. H.; Selbach, H.: "Spray Particle Behaviour During Low Pressure Plasma Spraying", 3rd International Symposium on Application of Laser Anemometry to Fluid Mechanics, Lisbon, 1986

Strazisar, A. J.; Powell, J. A.: "Laser Anemometer Measurements in Transonic Axial Flow Compressor", Measurement Methods in Rotating Components of Turbomachinery, ASME, New Orleans, March 1980

Tanner, L. H.: "A Particle Timing Laser Velocimeter", Optics and Laser Technology, PP. 108–110, June 1973

Wigley, G.: "Laser Anemometry Measurement Techniques in International Combustion Engines", Laser Anemometry Advances and Applications, Strathclyde, Scotland, September 1987

Wu, C. H.; Wang, J.; Fang, Z.; Wang, Q.: "L2F-Velocity Measurement and Calculation of Three Dimensional Flow in an Axial Compressor Rotor", Chinese Academy of Sciences, Beijing 1987

Windkanalmessungen mit LDA-Systemen

A. Leder

Zusammenfassung

Der vorliegende Beitrag definiert die Anforderungen an experimentelle Verfahren zur Fluiddiagnostik und ordnet die Laser-Doppler-Anemometrie in die Reihe der hochauflösenden spektroskopischen Meßverfahren ein.
Nach der Erläuterung der für das Verständnis der LDA-Technik wichtigen Prinzipien, stellt der Artikel drei kommerzielle Ausführungsformen von LDA-Optiken vor, die für Windkanalanwendungen geeignet sind: die konventionelle Moduloptik, das Glasfaser-Optiksystem und das Miniaturanemometer auf der Basis von Halbleiterbauteilen.
Einige spezielle Probleme, die sich bei der Anwendung der LDA-Technik in Windkanälen ergeben können, kommen ausführlich zur Sprache. In diesem Zusammenhang werden auch Möglichkeiten zur Vermeidung von Schwierigkeiten diskutiert. Neben den rauhen Arbeitsbedingungen in Windkanälen stehen die Fensterproblematik, die Partikeldotierung, die Meßpunkttraversierung und interferenzfreie Modellhalterungen im Mittelpunkt der Betrachtungen.
Einige Beispiele von Meßergebnissen aus komplexen Strömungsfeldern verdeutlichen die Leistungsfähigkeit der Laser-Doppler-Anemometrie. Neben zeitlich gemittelten Ergebnissen lassen sich mit der LDA-Technik auch instationäre Strömungsstrukturen meßtechnisch erfassen.

1. Einleitung

Optoelektronische Methoden gewinnen in zunehmendem Maße an Bedeutung. Sie werden bereits heute vielfach in Forschungs- und Entwicklungsumgebungen eingesetzt und finden auch in industriellen Anwendungen immer stärkere Verbreitung.
Optische Meßverfahren zeichnen sich durch berührungsfreie Aufnehmer aus, die in der Regel hohe Anforderungen hinsichtlich Meßgeschwindigkeit und Genauigkeit erfüllen.
Durch die schnelle Entwicklung der Lasertechnik haben sich auch für die Strömungstechnik neue Bereiche erschlossen. Die analytischen Werkzeuge sind in der Lage, den Experimentatoren detailliertere und genauere Informationen zu liefern, wodurch tiefere Einblicke in Zusammenhänge und physikalische Gesetzmäßigkeiten bei Grundlagenuntersuchungen gewonnen werden.
Eine besondere Bedeutung kommt den Lasermeßverfahren bei der Untersuchung komplexer Strömungsfelder zu. Während anliegende Grenzschichten noch mit guter Genauigkeit durch empirische Formeln oder Integralverfahren berechnet werden können, entziehen sich turbulente Ablöseströmungen weitgehend der direkten mathematischen Behandlung.
Das Versagen der numerischen Verfahren ist auf stochastische Dissipationsprozesse in mikroskopisch kleinen Turbulenzelementen zurückzuführen. Um die turbulenten Schwankungsbewegungen rechentechnisch erfassen zu können, müssen Rechennetze der Feldmethoden das Strömungsfeld mit hoher Feinheit aufteilen. Damit sind Computer der heutigen und der kommenden Generation sowohl hinsichtlich des Speicherbedarfs als auch hinsichtlich der Rechengeschwindigkeit überfordert.
Um die vielfältigen technischen Problemstellungen heute erfolgreich bearbeiten zu können – beispielsweise die Optimierung von Energieumsetzungen in Gasturbinen, Kolbenmotoren und Feuerungsanlagen oder die Minimierung des Widerstandes von Tragflügeln und Kraft-

fahrzeugen – ist eine zweigleisige Vorgehensweise angebracht, wobei das zu bearbeitende Problem sowohl unter theoretischen als auch unter experimentellen Gesichtspunkten zu betrachten ist.

Für eine theoretische Beschreibung stehen die Grundgleichungen der Strömungsmechanik zur Verfügung. Diese sind für inkompressible, isotherme Strömungen die Navier-Stokes Gleichungen (i = 1, 2, 3)

$$\rho \cdot \frac{\partial U_i}{\partial t} + \rho \cdot U_j \cdot \frac{\partial U_i}{\partial x_j} = -\frac{\partial p}{\partial x_i} + \frac{\partial}{\partial x_j} \left(\mu \cdot \frac{\partial U_i}{\partial x_j} \right) \tag{1}$$

und die Kontinuitätsgleichung. Sie lautet im inkompressiblen Fall:

$$\frac{\partial U_j}{\partial x_j} = 0 \ . \tag{2}$$

Die vier Unbekannten des Gleichungssystems sind die drei Komponenten U_i des Geschwindigkeitsvektors und der Druck p. Die Größen sind im allgemeinen orts- und zeitabhängig:

$$U_i = U_i \left(x, y, z, t \right) \ , \tag{3}$$

$$p = p \left(x, y, z, t \right) \ . \tag{4}$$

Die Größen ρ und μ in Gleichung (1) kennzeichnen die Fluideigenschaften Dichte bzw. dynamische Viskosität.

Wie bereits erläutert, läßt sich das System der Differentialgleichungen für turbulente Strömungen nicht mit ausreichender Genauigkeit numerisch lösen. Um die Gleichungen mit existierenden Rechnern bearbeiten zu können, müssen Vereinfachungen durchgeführt werden. Dazu können die zeitabhängigen Momentanwerte U_i und p durch zeitlich gemittelte Werte $\overline{U}_i$ bzw. $\overline{p}$ und ihren Schwankungswerten u_i' bzw. p_i' ersetzt werden:

$$U_i = \overline{U}_i + u_i' \tag{5}$$

$$p = \overline{p} + p' \tag{6}$$

Führt man die Gleichungen (5) und (6) in die Grundgleichungen (1) und (2) ein, so ergeben sich aus den Navier-Stokes-Gleichungen die Reynoldsschen Gleichungen:

$$\rho \cdot \frac{\partial \overline{U}_i}{\partial t} + \rho \cdot \overline{U}_j \cdot \frac{\partial \overline{U}_i}{\partial x_j} = -\frac{\partial \overline{p}}{\partial x_i} + \frac{\partial}{\partial x_j} \left(\mu \cdot \frac{\partial \overline{U}_i}{\partial x_j} - \rho \cdot \overline{u_i' u_j'} \right) \tag{7}$$

und aus der Kontinuitätsgleichung der zeitlich gemittelte Erhaltungssatz:

$$\frac{\partial \overline{U}_j}{\partial x_j} = 0 \ . \tag{8}$$

In dem Gleichungssystem (7) treten nun weitere Unbekannte auf, die Terme des Reynoldsschen Spannungstensors $\overline{u_i' u_j'}$. Für die Lösung werden somit zusätzliche Informationen über die Turbulenzstruktur des Strömungsfeldes benötigt, die in Form sogenannter Turbulenzmodelle auf der Basis empirischer Beziehungen berücksichtigt werden. In der Veröffentlichung von Rodi 1980 findet man eine Zusammenstellung häufig benutzter Turbulenzmodelle, die unter verschiedenen physikalischen Gesichtspunkten entwickelt wurden. An dieser Stelle wird die enge Verbindung zwischen theoretischer und experimenteller Strömungsforschung deutlich: Um substantielle Fortschritte zu erreichen, müssen sich beide Methoden wechselseitig ergänzen. So werden für Weiterentwicklungen bei der Turbulenzmodellierung experimentell ermittelte Feldverteilungen der Geschwindigkeitskomponenten, des Druckes und von Korrelationstermen benötigt. Liegt kein isothermes Strömungsverhalten vor und treten chemische Reaktionen auf, beispielsweise bei Verbrennungsuntersuchungen, so müssen auch Kenntnisse über Temperatur- und Konzentrationsverteilungen im Strömungsfeld vorhanden sein. An die experimentellen Verfahren werden dabei hohe Anforderungen gestellt. Sie müssen genau sein und gute räumliche und zeitliche Auflösungsvermögen besitzen. Optische Techniken mit interferenzfreien Meßwertaufnehmern können dann einen wichtigen Beitrag zur Entwicklung und Verifizierung theoretischer Modellbetrachtungen liefern.

2. Spektroskopische Meßtechniken hoher räumlicher Auflösung

Spektroskopische Methoden können in sehr unterschiedlichen Weisen zur Fluiddiagnostik eingesetzt werden. Dabei wird heute bevorzugt Laserlicht aufgrund seiner besonderen Eigenschaften wie Kohärenz und Monochromasie bei gleichzeitig starker Strahlungsintensität verwendet. Es steht eine breite Palette von Techniken zur Verfügung, die es beispielsweise gestattet, die Geschwindigkeit und Größe von Partikeln oder die Temperatur und Konzentration molekularer Systeme mit hoher räumlicher Auflösung zu messen. Die Meßvolumina können weit unterhalb des mm^3-Bereichs liegen.

Das Wesen der Spektroskopie beruht auf der Wechselwirkung zwischen Licht und Materie. Eine schematische Versuchsanordnung ist in Abbildung 1 dargestellt. Zwei mit einer Linse fokussierte Laserstrahlen der Frequenzen f_1 und f_2 – bei einigen Techniken genügt auch ein einziger Laserstrahl – werden in eine Meßstrecke eingestrahlt, wo sie auf ein Teilchenensemble fallen. Es kann sich dabei um Atome, Moleküle, Kolloide oder Kristallite handeln. Unter dem Einfluß der eingestrahlten elektromagnetischen Lichtwellen werden die in dem Teilchenensemble vorhandenen Elektronen und Molekülverbindungen nach der klassi-

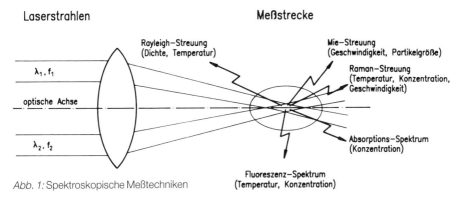

Abb. 1: Spektroskopische Meßtechniken

schen Vorstellung zu Schwingungen angeregt. Periodisch beschleunigte Ladungen emittieren elektromagnetische Wellen, die senkrecht zur Schwingungsrichtung oder Dipolachse abgestrahlt werden. Da insbesondere in einem Gas die Moleküle unterschiedliche Orientierungen besitzen, erfolgt die Strahlungsemission im allgemeinen in alle Raumrichtungen. Man spricht in diesem Fall von Photonen-Streuung. Das Streulicht kann dann in verschiedenen Weisen analysiert werden und liefert Informationen über die Dichte, Temperatur oder beispielsweise Geschwindigkeit der Partikelensemble.

Nach Abbildung 2 kann zwischen elastischer und unelastischer Streuung unterschieden werden. Im ersten Fall tritt keine Frequenzänderung in der Streustrahlung auf, im letzteren kann dagegen eine Verschiebung zu größeren und kleineren Frequenzen erfolgen. Elastische Streuung entsteht durch periodische Beschleunigungen von Partikelelektronen im elektromagnetischen Feld der eingestrahlten Lichtwelle. Dabei sind im wesentlichen zwei Streuvorgänge zu beobachten: Rayleigh- und Mie-Streuung. Die Abschnitte 2.1 und 2.2 diskutieren meßtechnische Anwendungen beider Vorgänge. Unelastische Streuungen werden anschließend in Abschnitt 2.3 anhand des Raman-Effekts besprochen.

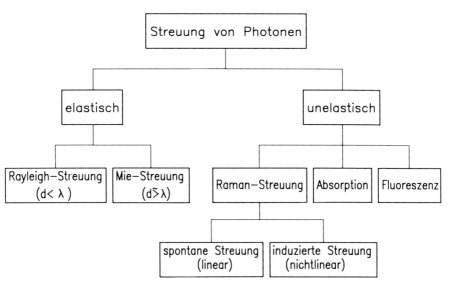

Abb. 2: Wechselwirkungen zwischen Licht und Materie

2.1 Rayleigh-Streuverfahren

Sind die Streupartikel klein gegen die Wellenlänge, tritt Rayleigh-Streuung auf, beispielsweise bei der Bestrahlung von Sauerstoff- oder Stickstoffmolekülen mit sichtbarem Licht. Die Partikelstruktur hat in diesem Fall keinen Einfluß auf die Abstrahlcharakteristik. Ein mit der Intensität I_0 eingestrahlter Laserstrahl mit der Wellenlänge λ erfährt nach dem Durchlaufen der Schichtdicke x aufgrund der Streuprozesse eine Abschwächung auf die Intensität I_x gemäß der Lambertschen Gleichung:

$$I_x = I_0 \cdot e^{-Ax}$$

(9)

Nach der Theorie von Lord Rayleigh ist die Schwächungskonstante A proportional zur Anzahl der Streuteilchen N und umgekehrt proportional zu λ^4. Blaues Licht ($\lambda \approx 480$ nm) wird also sehr viel stärker gestreut als rotes ($\lambda \approx 630$ nm):

$$A = const. \; \frac{N}{\lambda^4} \tag{10}$$

Die senkrecht zur Einstrahlrichtung aufgefangene Rayleigh-Intensität I_r einer Gasmischung mit k unterschiedlichen Einzelbestandteilen ist proportional zur Moleküldichte n, zu dem von der Registrieroptik erfaßten Raumwinkel Ω und der erfaßten Länge L des Laserstrahles, siehe Abbildung 3, sowie zu dem effektiven differentiellen Streuquerschnitt $(d\sigma/d\Omega)_{eff}$:

$$I_r = I_0 \cdot k \cdot n \cdot \Omega \cdot L \cdot (d\sigma/d\Omega)_{eff} \tag{11}$$

Somit ist nach Gleichung (11) eine lokale Dichtemessung in einem Gasgemisch möglich, wenn die Zusammensetzung und die Streuquerschnitte aller Komponenten bekannt sind. Aus der mit hochauflösenden Interferometern bestimmbaren Breite der Spektrallinie kann die Gastemperatur ermittelt werden, da mit steigender Temperatur durch die thermischen Bewegungen der Gasmoleküle in zunehmendem Maße eine Dopplerverbreiterung des Gauß-Profils der Linie auftritt. Weitere Anwendungen dieser Technik wurden von Leipertz 1983 diskutiert.

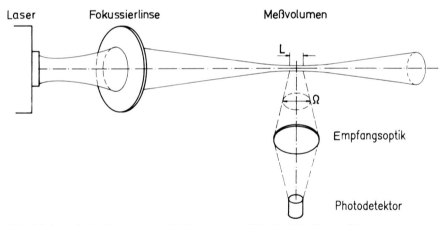

Abb. 3: Schematische Anordnung zur Dichtemessung mittels Rayleigh-Streuverfahren

2.2 Mie-Streuverfahren

Sind die Partikel im Vergleich zur Wellenlänge groß, tritt Mie-Streuung auf. Für den sichtbaren Wellenlängenbereich trifft dies für Partikeldurchmesser von ca. 1 μm bis ca. 10 μm zu. Bei noch größeren Partikelabmessungen erlangen die Gesetze der geometrischen Optik in zunehmendem Maße ihre Gültigkeit.
Im Mie-Bereich können die von verschiedenen Punkten des Partikels abgestrahlten Lichtwellen interferieren. Dadurch ergeben sich die in Abbildung 4 dargestellten charakteristi-

schen Abstrahlkeulen. In Vorwärtsstreurichtung – siehe Abbildung 4, $\Gamma = 0°$ – tritt bei dielektischen Materialien eine mehr als 100fach stärkere Intensität als in Rückstreurichtung bei $\Gamma = 180°$ auf. Da die Streulichtintensität mit wachsendem Durchmesser stark ansteigt, hat Mie-Streulicht sehr viel stärkere Intensität als Rayleigh-Streulicht. In gewöhnlichen Laborumgebungen mit beispielsweise durch Staub angereicherten Gasen tritt daher die Mie-Streuung gegenüber der Rayleigh-Streuung dominant in Erscheinung.

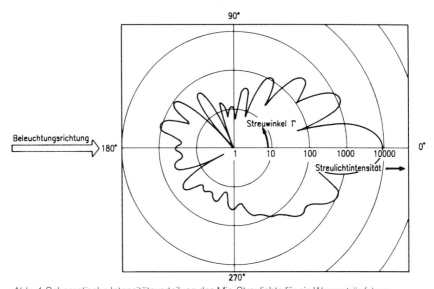

Abb. 4: Schematische Intensitätsverteilung des Mie-Streulichts für ein Wassertröpfchen

Die Mie-Streuung findet ihre meßtechnischen Anwendungen in der Phasen-Doppler-Anemometrie zur Partikelgrößenbestimmung und in der Laser-Doppler-Anemometrie zur Geschwindigkeitsmessung.
Bei der Phasen-Doppler-Anemometrie müssen sphärische Streupartikel vorausgesetzt werden. Der Meßeffekt zur Größenbestimmung eines Einzelpartikels beruht auf der Phasenverschiebung der Streulichtsignale, die gleichzeitig aus verschiedenen Raumrichtungen detektiert werden. Der Partikeldurchmesser d ist proportional zur Phasenverschiebung δ der Streulichtsignale, zur Wellenlänge λ_0 der Laserstrahlung im Vakuum und zu einem Geometriefaktor G, der die räumliche Anordnung der Photodetektoren berücksichtigt. n ist die Brechzahl des Streumediums:

$$d = \delta \cdot \frac{\lambda_0}{\pi \cdot n} \cdot G \qquad (12)$$

Der Meßbereich für die Partikeldurchmesser reicht von etwa 3 µm bis 300 µm. Nähere Einzelheiten zur Größenbestimmung von Partikeln sind in den Publikationen von Durst und Zaré 1975, Buchhave, Saffmann und Tanger 1984, Bauckhage 1985 sowie Flögel 1987 enthalten.
Die Betrachtungen in Abschnitt 2.1 gingen davon aus, daß die Streupartikel in Ruhe sind oder allenfalls thermische Bewegungen im Meßvolumen ausführen. Ist den thermischen Bewegungen der Partikel eine Transportgeschwindigkeit überlagert, so erscheint die ther-

misch verbreiterte Streulichtlinie im Spektrum aufgrund des Doppler-Effekts frequenzver-schoben. Bei der Herleitung der zur Partikelgeschwindigkeit U proportionalen Signalfre-quenz f_s sind zwei Doppler-Verschiebungen zu berücksichtigen, siehe Abschnitt 3.2. Die Signalfrequenz f_s für die in Abbildung 1 dargestellte Zweistrahl-Anordnung mit $\lambda_1 = \lambda_2 = \lambda_0/n$ (λ_0 ist die Wellenlänge der Laserstrahlung im Vakuum, n stellt die Brechzahl des die Partikel enthaltenden Fluids dar) wird von der Geschwindigkeitskomponente U_n senkrecht zur opti-schen Achse und vom Sinus des halben Schnittwinkels θ der Laserstrahlen festgelegt:

$$f_s = 2 \cdot \frac{n}{\lambda_0} \cdot U_n \cdot \sin\frac{\theta}{2} \tag{13}$$

Sind die apparativen Größen θ und λ_0 sowie die Brechzahl n des Fluids bekannt – für Was-ser beträgt n = 1,333 im sichtbaren Wellenlängenbereich, für Luft n = 1,000 – ist die Parti-kelgeschwindigkeit ohne Eichung des Anemometers bestimmbar. Aus der Signalfrequenz f_s läßt sich die Partikelgeschwindigkeit U_n berechnen. Der Umrechnungsfaktor hängt nach Gleichung (13) von der optischen Anordnung ab. Er liegt in typischer Weise in der Größen-ordnung von 200 kHz pro m/s. Mit Laser-Doppler-Anemometern können Partikelgeschwin-digkeiten im mm/s-Bereich bis zu Überschallwerten oberhalb von 300 m/s mit einer Unsi-cherheit in der Größenordnung von etwa 1 % gemessen werden. Die Meßunsicherheit hat mehrere Ursachen. Sie sind u. a. in der endlichen Genauigkeit der Schnittwinkelbestim-mung und in den Fehlern bei der elektronischen Verarbeitung von im allgemeinen mit Rauschanteilen überlagerten Signalen zu suchen.

2.3 Raman-Streuverfahren

Die beiden vorangegangenen Kapitel beschrieben Meßverfahren, die elastische Streuvor-gänge von Photonen ausnutzen. Bei den Wechselwirkungen zwischen Licht und Materie nach Abbildung 2 können auch unelastische Streuprozesse beobachtet werden. In diesen Fällen werden die Moleküle der Streukörper zu langwelligen Eigenschwingungen im Infra-rot-Bereich angeregt.
Wie schon bereits erwähnt, schwingen die Elektronen des Moleküls unter Einwirkung der elektromagnetischen Feldstärke des Laserlichts gegen die schweren Kerne mit der Licht-frequenz f_0. Dies führt zur elastischen Photonenstreuung. In Abhängigkeit der Anregungs-frequenz f_0, des Bindungszustands und der Symmetrieeigenschaften des Moleküls kön-nen auch zusätzlich interne Molekülschwingungen mit der Frequenz f_M induziert werden, was sich beispielsweise darin äußert, daß einige Atomkerne des Moleküls gegeneinander schwingen. Durch Überlagerung beider Schwingungen wird die Lichtfrequenz moduliert. Es treten zwei neue Frequenzen auf, die der Stokes- und Antistokes-Frequenz entspre-chen und in Abbildung 5 mit f_{St} bzw. f_{AS} gekennzeichnet sind:

$$f_{St} = f_0 - f_M \; ; \quad f_{AS} = f_0 + f_M \tag{14}$$

Die Ausmessung von Raman-Spektrogrammen zeigt, daß die Raman-Linien f_{St} und f_{AS} ei-nes Streukörpers gegenüber verschiedenen Primärlinien f_0 jeweils gleiche Frequenzdiffe-renzen f_M besitzen. Die Differenzfrequenz f_M, siehe Abbildung 5, ist unabhängig von der Pri-märfrequenz f_0 und tritt molekülspezifisch auf. Je nach Molekülart können mehrere infrarote Eigenschwingungen des Streukörpers angeregt werden. In Abbildung 5 sind in schematischer Darstellung zwei Eigenschwingungen f_{M1} und f_{M2} eingetragen. Die Frequenzen liegen in der Größenordnung von 10^{12} bis 10^{13} Hz. Die Raman-Linien sind im Spektrum mit etwa 1000fach geringerer Intensität als die Rayleigh-Streustrahlung nachweisbar.

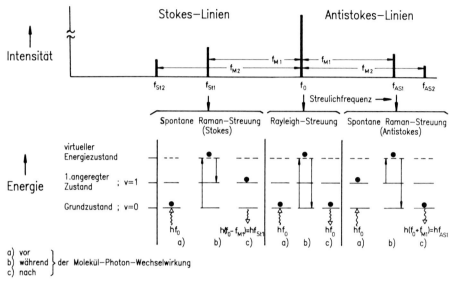

Abb. 5: Schematisches Raman-Spektrum und Energieniveau-Schema

Die untere Hälfte von Abbildung 5 zeigt das vereinfachte Energieniveau-Schema. Das Diagramm veranschaulicht den Energie-Erhaltungssatz. Ein Photon der Energie h · f_O (h ist das Plancksche Wirkungsquantum, $h = 6{,}62 \cdot 10^{-34}$ Js) trifft auf ein Molekül, das sich im Grundzustand $v = 0$ befindet. Das Molekül absorbiert das Photon und geht dadurch kurzzeitig in einen verbotenen Energiezustand über. Dieses Niveau wird auch als virtueller Energiezustand bezeichnet und ist in der Zeichnung gestrichelt eingetragen. Da das Molekül kein für die Photonenenergie h · f_O passendes Energieniveau besitzt, kehrt es unmittelbar danach wieder in den Grundzustand unter Abstrahlung eines Photons zurück. Dabei können zwei Fälle unterschieden werden:

- Das Molekül kehrt in den Grundzustand $v = 0$ zurück unter Aussendung eines Lichtquants mit gleicher Energie h · f_O. Das Photon hat damit im allgemeinen nur seine Richtung geändert, aber keine Energie an das Molekül abgegeben. Dieser Vorgang entspricht der elastischen Rayleigh-Streuung.
- Das Molekül geht vom virtuellen Zustand in den ersten angeregten Schwingungszustand $v = 1$ über, wobei ein Photon der Energie h · $f_{St} = h \cdot (f_O - f_M)$ abgestrahlt wird. Die Energie h · f_M bleibt im Molekül als Schwingungsenergie zurück. Dieser Vorgang ist ein unelastischer Prozeß und entspricht dem Stokes-Fall der Raman-Streuung.

Befindet sich das Molekül vor der Wechselwirkung bereits in einem angeregten Zustand, z. B. bei $v = 1$, und geht es nach dem Stoßprozeß in den Grundzustand über, so ist das abgestrahlte Photon mit der Energie h · $(f_O + f_M) = h \cdot f_{AS}$ energiereicher als das eingestrahlte. Dieser Vorgang entspricht dem Antistokes-Fall, siehe Abbildung 5.

Somit erlaubt die spontane Raman-Technik eine Konzentrationsbestimmung in einem Gasgemisch, das sich aus vielen Einzelkomponenten zusammensetzt. Die Messungen an den verschiedenen Gasmolekülen werden gleichzeitig durchgeführt und erfolgen, ähnlich wie bei der Rayleigh-Technik, mit hoher räumlicher Auflösung. Aus der gemessenen Intensität einer speziellen Stokes-Linie kann analog zu Gleichung (11) auf die Konzentration einer bestimmten Molekülsorte geschlossen werden. Die Intensität der Raman-Streuung ist zwar um einen Faktor 1000 geringer als die der Rayleigh-Streuung, vorteilhaft ist jedoch, daß die Streulichtsignale aufgrund der unelastischen Wechselwirkungen frequenzverschoben auftreten. Damit können Störsignale, hervorgerufen durch Reflexionen und Mie-Streuung, weitgehend ausgefiltert werden.

Da die Besetzungsdichte der Molekül-Energiezustände temperaturabhängig ist – mit wachsender Temperatur steigt die Besetzungsdichte in den höheren Niveaus – kann eine lokale Temperaturmessung beispielsweise durch Ermittlung des Intensitätsverhältnisses der Stokes- zu Antistokes-Linie I_{St}/I_{AS} erfolgen:

$$T = \text{const.} \cdot f_M \cdot \left(\ln \frac{I_{St}}{I_{AS}} + 4 \cdot \ln \frac{f_0 + f_M}{f_0 - f_M} \right)^{-1}. \tag{15}$$

Technisch anwendbar ist dieses Verfahren je nach Molekülsorte etwa in einem Temperaturbereich von ca. 700 K bis etwa 2000 K. Detailliertere Informationen zu den Grenzen und Möglichkeiten der Raman-Technik sind der Literatur, u. a. von Lederman, Celentano und Glaser 1979, Lapp und Penny 1977 und Long 1977, zu entnehmen.

Neben der bisher erläuterten spontanen Raman-Streuung kann auch induzierte Raman-Streuung auftreten, wenn sehr lichtintensive Laserstrahlung eingesetzt wird. Dabei werden, wie bei dem spontanen Raman-Effekt, die Moleküle durch die Laserstrahlung zuerst in einen virtuellen Energiezustand angehoben. Da bei hoher Dichte der Primärstrahlung auch eine hohe Dichte von Raman-Photonen vorliegt, ist auch die Wahrscheinlichkeit groß, daß ein Raman-Photon auf ein angeregtes Molekül stößt und somit eine Emission mit der entsprechenden Raman-Frequenz induziert. Nach der Wechselwirkung werden also zwei Raman-Photonen abgestrahlt, die in Richtung, Frequenz und Polarisation übereinstimmen. Die Streustrahlung ist in diesem Fall kohärent, wobei ihre Intensität nicht mehr linear von der Strahlungsleistung der Primärstrahlung abhängig ist.

Meßtechnisch unterscheiden sich spontane und induzierte Raman-Streuung u. a. darin, daß im ersten Fall ein Laserstrahl in die Meßstrecke eingestrahlt wird, während im letzten Fall zwei fokussierte Laserstrahlen gleichzeitig mit den Molekülen in Wechselwirkung treten. Eine der beiden Lichtquellen muß dann auf das zu untersuchende Gas abgestimmt sein, beispielsweise so, daß die Differenzfrequenz beider Laserstrahlen in Resonanz mit der Raman-Linie ist. Da die Abstrahlung der kohärenten Streustrahlung in genau definierte Raumwinkel erfolgt, vorzugsweise in Vorwärtsrichtung, unterliegt die Anordnung der Strahlungsdetektoren bei induzierter Streuung gewissen Einschränkungen.

Vorteilhaft bei der kohärenten Diagnosetechnik ist die im Vergleich zur spontanen Raman-Streuung stärkere Intensität der induzierten Streustrahlung. Während mit kohärenter Raman-Technik nur eine einzige Molekülsorte zu untersuchen ist, kann mit spontaner Raman-Streuung ein aus unterschiedlichen Molekülen bestehendes Ensemble gleichzeitig erfaßt werden. In der Literatur findet man eine Vielzahl von Anwendungstechniken der kohärenten Raman-Streuung, beispielsweise CARS (Coherent Antistokes Raman Scattering) bei Eckbreth und Hall 1981 und IRS (Inverse Raman Spectroscopy) bei Herring, Lee und She 1983.

Besonders interessant für die Fluidmeßtechnik ist die Raman-Doppler Velocimetrie (RDV).

Sie wurde erstmals von She, Fairbank und Exton 1981 vorgeschlagen. Diese Technik gestattet die gleichzeitige Messung von Geschwindigkeit, Temperatur und statischem Druck eines Gases. Die Information über Temperatur T und Druck p werden aus Analysen hinsichtlich der Form der empfangenen Spektrallinien gewonnen. Als Maß für T und p dienen die Breiten der Linien, die in Vorwärts- und Rückwärts-Streurichtung empfangen werden. Das Verfahren ist in einem weiten Temperatur- und Druckbereich anwendbar. Für Stickstoffmoleküle reicht der Temperaturmeßbereich von ca. 100 K bis oberhalb von 2000 K. Die Geschwindigkeit ist aus der Dopplerverschiebung der Spektrallinien bestimmbar.

Die Genauigkeit der RDV-Technik ist stark vom Signal-Rausch-Verhältnis der Streulichtsignale abhängig. Exton et al. 1987 schätzten sie für labormäßige Temperatur- und Druck-Messungen in der Größenordnung von 20 % und für Geschwindigkeitsmessungen zu ca. 5 % ab. Nachteilig ist bei diesem Verfahren die recht lange Scan-Zeit zur Darstellung der einzelnen Spektrallinien. Da sie sich im Minutenbereich bewegt, gehen bei dieser Meßtechnik die Informationen über die Turbulenzstruktur des Strömungsfeldes verloren.

Der besondere Vorteil der RDV-Technik ist darin zu sehen, daß direkt die Strömungsgeschwindigkeit der Gasmoleküle ermittelt wird, beispielsweise von in Luft mit hoher Konzentration enthaltenem Stickstoff. Dadurch benötigt man im Gegensatz zur LDA-Technik, die bekanntlich im Mie-Streubereich arbeitet, keine Partikeldotierung der Strömung, siehe Abschnitt 5.4. Dies ist insbesondere für Untersuchungen in Überschallfeldern und für Messungen in starken Geschwindigkeitsgradienten wichtig, wo einerseits das Folgeverhalten von Partikeln nicht immer ausreichend ist und andererseits bei starken Wirbelbewegungen Partikel auszentrifugiert werden, so daß im Wirbelkern keine LDA-Messungen möglich sind. Exton et al. 1987 wendeten die RDV-Technik in Überschallströmungen bis zur Machzahl drei an und bereiten z. Zt. Messungen im Überschallfeld eines angestellten Delta-Profils vor, um Geschwindigkeits-, Druck- und Temperaturprofile simultan zu erfassen.

Die Anwendungsmöglichkeiten für Raman-Techniken bleiben bis heute durch geringe Signal-Rausch-Verhältnisse begrenzt. Die Ursachen sind zum einen in den geringen Intensitäten des Raman-Streulichtes zu suchen, zum anderen in Störeinflüssen aus der Umgebung. Da die Apparaturen für geringe Streulichtintensitäten und hohe Auflösungen ausgelegt sind, ergeben sich für diese Meßsysteme sehr hohe Kosten.

Absorptions- und Fluoreszenz-Verfahren beruhen ebenfalls auf unelastischen Streuvorgängen. Da sie für die Fluidmeßtechnik im Vergleich zu den bereits erläuterten Methoden keine grundsätzlich neuen diagnostischen Aussagen liefern, wird an dieser Stelle nicht näher darauf eingegangen.

3. Grundlagen der Laser-Doppler-Anemometrie

Der vorangegangene Abschnitt ordnete die Laser-Doppler-Anemometrie in die Reihe räumlich auflösender optischer Meßtechniken hoher Genauigkeit ein. Sie nimmt bei den experimentellen Verfahren innerhalb der Fluiddynamik eine Sonderstellung ein. Die LDA-Technik kann einen großen Meßbereich abdecken: angefangen von geringen Geschwindigkeiten in Konvektionsströmungen bis hin zu hohen Geschwindigkeiten im Überschallbereich sind Messungen möglich. Dabei wird in der Regel neben einem guten räumlichen auch ein gutes zeitliches Auflösungsvermögen erreicht, so daß auch Turbulenzstrukturen und Korrelationsterme ermittelt werden können. In Kombination mit der berührungsfreien und damit in vielen Fällen störungsfreien Meßwertaufnahme sowie der hohen Systemgenauigkeit, hat sich die LDA-Technik zu einem Referenzmeßverfahren innerhalb der Strömungstechnik entwickelt.

Laser-Doppler-Anemometer haben in unterschiedlichen Bauarten starke Verbreitung gefunden und werden von mehreren Firmen kommerziell angeboten. Die verschiedenen Ausführungsformen besitzen spezifische Vor- und Nachteile, die anschließend im Rahmen von Kapitel 4 diskutiert werden.

Während die Hardware-Anordnungen kommerzieller LDA-Systeme sehr unterschiedlich aussehen können, gelten die in den folgenden Abschnitten erläuterten Prinzipien im wesentlichen für alle Laser-Doppler-Anemometer.

Ein Laser-Doppler-Anemometer besteht aus drei Hauptteilen:

– Einem Sender für elektromagnetische Wellen. Hier kommen Laser zur Anwendung, da deren Emissionsstrahlungen besondere Eigenschaften wie Kohärenz, Monochromasie und Polarisation in Verbindung mit hoher Intensität aufweisen.
– Einer optischen Übertragungsstrecke, die sich in einen Sende- und Empfangsteil gliedert. In der Sendestrecke können je nach Meßgerät folgende optische Strahl-Manipulationen vorgenommen werden: Strahlteilungen bezüglich der Frequenz und Intensität, Änderungen der Polarisation, Frequenzverschiebung, Strahlaufweitungen, Strahlfokussierungen und Strahlumlenkungen. In der Empfangsstrecke können sich u. a. Raumfilter, Frequenzfilter, Polarisationsfilter und Fokussiereinrichtungen befinden.
– Einem Empfänger, der die optischen Signale in elektrische umsetzt.

Je nach Anordnung der Einzelkomponenten können drei Meßverfahren unterschieden werden:

– das Zweistrahl-Verfahren,
– das Referenzstrahl-Verfahren und
– das Zweistreustrahl-Verfahren.

Am gebräuchlichsten ist heute das Zweistrahl-Verfahren, das in der Literatur auch Differential-Verfahren genannt wird. Ein wesentlicher Vorteil dieser Anordnung gegenüber den beiden anderen ist die Unabhängigkeit der Signalfrequenz von der Detektionsrichtung. An dieser Stelle soll daher das Zweistrahl-Verfahren näher erläutert werden. Beschreibungen der beiden anderen Geräteanordnungen findet man in der Literatur bei Durst, Melling, Whitelaw 1987, Ruck 1987 und Wiedemann 1984.

3.1 Aufbau eines Zweistrahl-Anemometers

Abbildung 6 zeigt den prinzipiellen Aufbau eines Zweistrahl-Anemometers . Der Laserstrahl teilt sich in einem Strahlteiler in zwei Einzelstrahlen gleicher Intensität auf. Die Sendelinse fokussiert die beiden parallelen Teilstrahlen im Abstand ihrer Brennweite. Der Überlappungsbereich der beiden Strahlen definiert das Schnittvolumen, in dem die Partikelgeschwindigkeit gemessen wird. Das von den Partikeln ausgesendete Streulicht wird nach Abbildung 4 in alle Raumrichtungen abgestrahlt und kann prinzipiell auch aus allen Raumwinkeln, allerdings mit unterschiedlichen Intensitäten, detektiert werden. In Abbildung 6 ist die Empfangsoptik in Vorwärtsstreurichtung eingezeichnet. Die Empfangslinse bildet das Meßvolumen auf eine als Raumfilter wirkende Blende ab. Hinter dem Raumfilter ist der Photodetektor angeordnet, der die optischen Signale in elektrische wandelt.

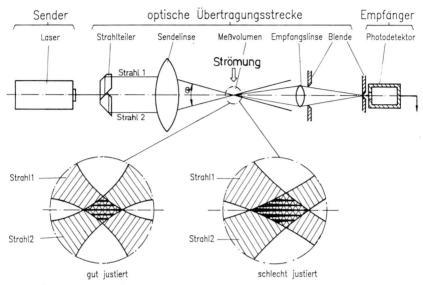

Abb. 6: Schematischer Aufbau eines Zweistrahl-Anemometers

Die Güte der Signale hängt u. a. von der richtigen Justierung des Anemometers ab. So müssen sich die Laserstrahlen mit ihren vollen Durchmessern exakt schneiden. Die Überprüfung des Schnittverhaltens der Strahlen kann mit einer Sammellinse kurzer Brennweite – sie sollte im Millimeterbereich liegen – erfolgen. Verändert man den Abstand zwischen Meßvolumen und Hilfslinse in feinen Schritten längs der optischen Achse, so ist im vergrößerten Abbild das Überschneiden der Strahlen zu beobachten und damit der optische Aufbau entsprechend justierbar.

Weiterhin muß gewährleistet sein, daß sich die Strahlen an den Stellen der geringsten Querausdehnungen, im Bereich der Strahltaillen, kreuzen. Nur in diesem Fall treten äquidistante Interferenzstreifen auf, siehe die Erläuterungen zum Interferenzstreifenmodell in Abschnitt 3.2. Wie in der unteren Hälfte von Abbildung 6 zu erkennen ist, ergeben sich andernfalls verzerrte Interferenzlinien. Bewegen sich bei schlechter Justierung Partikel gleicher Geschwindigkeit an verschiedenen Stellen des Meßvolumens durch das Interferenzfeld, so empfängt der Photodetektor unterschiedliche Signale, was sich bei der Auswertung als künstliche Turbulenz bemerkbar macht. Insbesondere bei großen Brennweiten der Sendelinse oberhalb von 1 m können optische Korrekturmaßnahmen notwendig werden. Zur Justierung der Strahltaillen dient ein Kollimator, der als erstes Bauelement nach dem Austritt des Strahls aus dem Laser im optischen Aufbau integriert werden kann. Der Kollimator besteht aus einer Kombination von Konvex- und Konkavlinsen.

Die Querausdehung des Meßvolumens erreicht in typischer Weise Werte in der Größenordnung von einigen Hundert Mikrometern. Die Längsausdehnung in Richtung der optischen Achse hängt vom Schnittwinkel θ der Laserstrahlen ab. Sie bewegt sich in der Regel im Millimeterbereich. Die Erstreckung des Meßvolumens bestimmen das räumliche Auflösungsvermögen der LDA-Anlage. Der Abschnitt 4.1 geht näher darauf ein.

3.2 Herleitung der Signalfrequenz für ein Zweistrahl-Anemometer

Im folgenden soll nun die bereits in Gleichung (13) angegebene Signalfrequenz f_s für ein Zweistrahl-Anemometer nach dem akustischen Doppler-Effekt abgeleitet werden. Eine relativistische Behandlungsweise der Dopplerverschiebung liefert dasselbe Ergebnis, s. Ruck 1987. Die das Meßvolumen definierenden Laserstrahlen 1 und 2 gleicher Wellenlänge λ_0/n bestrahlen ein mit der Geschwindigkeit U bewegtes Partikel. Nach Abbildung 7 ist die Bewegungseinrichtung des Streuteilchens im Meßvolumen gegenüber der optischen Achse um den Winkel α geneigt. Bedingt durch den Dopplereffekt "sieht" das Partikel zwei frequenzverschobene Laserstrahlen mit den Frequenzen f_1 und f_2:

$$f_{1,2} = \frac{c \cdot n}{\lambda_0} \cdot \left(1 - \frac{U}{c} \cdot \cos\left(\alpha \mp \frac{\theta}{2}\right)\right), \tag{16}$$

wobei c die Lichtgeschwindigkeit ist.

Das Elektronensystem des Partikels tritt in Wechselwirkung mit den elektromagnetischen Feldern der beiden Laserstrahlen, siehe Kapitel 2, und strahlt durch elastische Streuvorgänge Licht mit den Frequenzen f_1 und f_2 ab. Empfängt ein ruhender Detektor unter dem Raumwinkel β die von dem bewegten Partikel ausgehende Streustrahlung, so macht sich ein zweiter Dopplereffekt bemerkbar. Der Detektor empfängt Streulicht von dem mit dem Laserstrahl 1 bestrahlten Teilchen mit der Frequenz υ_1 und Streulicht von dem mit dem Laserstrahl 2 beleuchteten Partikel mit der Frequenz υ_2:

$$\nu_{1,2} = \frac{f_{1,2}}{1 - \frac{U}{c} \cdot \cos(\alpha + \beta)} \; . \tag{17}$$

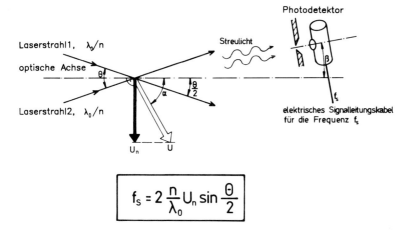

$$\boxed{f_s = 2\,\frac{n}{\lambda_0}\,U_n\,\sin\frac{\theta}{2}}$$

Abb. 7: Signalfrequenz des Zweistrahl-Anemometers

Der Photodetektor erfaßt die Signalfrequenz f_s schließlich als Überlagerung der beiden Streulichtanteile mit den Frequenzen υ_1 und υ_2:

$$f_s = \nu_2 - \nu_1 \; . \tag{18}$$

Setzt man Gleichungen (16) und (17) in (18) ein, so erhält man für die Signalfrequenz f_s:

$$f_s = 2 \cdot \frac{n}{\lambda_0} \cdot U \cdot \sin\alpha \cdot \sin\frac{\theta}{2} \quad . \tag{19}$$

Der Term $U \cdot \sin\alpha$ entspricht der Geschwindigkeitskomponente U_n senkrecht zur optischen Achse:

$$f_s = 2 \cdot \frac{n}{\lambda_0} \cdot U_n \cdot \sin\frac{\theta}{2} \quad . \tag{20}$$

Gleichung (20) drückt die lineare Abhängigkeit der Signalfrequenz f_s von der Partikelgeschwindigkeit U_n aus. f_s ist bei dieser optischen Anordnung unabhängig vom Beobachtungswinkel β.

Eine sehr anschauliche Herleitung der Signalfrequenz erhält man mit Hilfe des Interferenzstreifenmodells:

Bei der Überlagerung von kohärentem Laserlicht entstehen im Überlappungsbereich der Laserstrahlen Interferenzmuster. Sind die Wellenfronten eben und besitzen beide Strahlen die gleiche Frequenz, so entsteht ein stationäres und paralleles Streifensystem, siehe Abbildung 6. Der Streifenabstand Δx hängt vom Schnittwinkel θ und der Wellenlänge λ_0 der Laserstrahlung ab:

$$\Delta x = \frac{\lambda_0}{2 \cdot n \cdot \sin\frac{\theta}{2}} \quad . \tag{21}$$

Bewegen sich Partikel durch das Meßvolumen, so senden sie im Takt der Streifenüberquerung Strahlungsimpulse aus. Das von einem Detektor empfangene Lichtsignal mit der Taktfrequenz f_s entspricht der Geschwindigkeit U_n senkrecht zur Streifenrichtung:

$$f_s = \frac{U_n}{\Delta x} = 2 \cdot \frac{n}{\lambda_0} \cdot U_n \cdot \sin\frac{\theta}{2}. \tag{22}$$

Somit liefert das Interferenzstreifenmodell mit Gleichung (22) dasselbe Ergebnis wie die Ableitung der Signalfrequenz aus dem Dopplereffekt, siehe Gleichung (20).

3.3 Elektronische Verarbeitung von LDA-Signalen

Der Photodetektor wandelt die optische Streulichtschwebung in ein hochfrequentes elektrisches Signal der Frequenz f_s, das die Meßinformation enthält. Als Photodetektoren kommen in der Laser-Doppler-Anemometrie hauptsächlich Photomultiplier und Avalanche-Photodioden in Frage. Im sichtbaren Laserstrahlungsbereich werden in der Regel noch Photomultiplier eingesetzt, im nahen Infrarotbereich sind Halbleiter-Dioden aufgrund ihrer wesentlich besseren Quantenausbeute zu bevorzugen.

Abbildung 8 stellt ein typisches Detektorsignal dar, das beispielsweise mit einem Speicheroszillographen aufzuzeichnen ist. Auch im deutschen Sprachgebrauch bezeichnet man dieses Signal häufig als *Burst*. Es stammt von einem Partikel, das sich durch das Meßvolumen bewegt hat und dabei die zu seiner Beleuchtungsstärke proportionale Streulichtintensität abgestrahlt hat. Die Signalamplitude reduziert sich zu den Rändern hin, da die Intensität der Laserstrahlung vom Zentrum nach außen in Form einer Gaußschen Glockenkurve abnimmt. Die innerhalb der Einhüllenden auftretende Oszillation ist die eigentliche Signalfrequenz f_s für die Partikelgeschwindigkeit. Nach dem Interferenzstreifenmodell kann man jeder Überquerung eines hellen und dunklen Feldes im Meßvolumen durch das Partikel eine Signalschwingung zuordnen. Ist der Partikeldurchmesser d_p größer als der Abstand zweier Interferenzstreifen, geht die Modulation des Streulichtsignals mit der Frequenz f_s verloren. Da für ein Meßergebnis in einem einzigen Strömungsfeld-Punkt häufig Tausende dieser Einzelschwingungen auszuwerten sind, kommen für Windkanaluntersuchungen nur automatisch arbeitende Signalprozessoren in Frage, die in Zusammenarbeit mit Kleinrechnern die anfallenden Daten analysieren und aufbereiten.

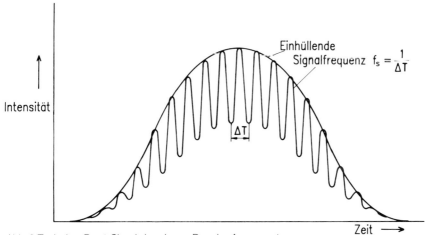

Abb. 8: Typisches Burst-Signal eines Laser-Doppler-Anemometers

In der LDA-Technik können verschiedene Elektronikgeräte zur Signalauswertung eingesetzt werden. Die Geräteauswahl richtet sich nach dem Signal-Rausch-Verhältnis, der zu erwartenden Partikelrate, dem Frequenzbereich der Signale und nicht zuletzt nach den verfügbaren finanziellen Mitteln.

Bei Windkanalmessungen, die häufig in Rückstreu-Anordnung über größere Entfernungen auszuführen sind, treten im allgemeinen niedrige Partikelraten auf. Sie liegen im Bereich von maximal einigen Hundert Hertz. Als Signalprozessor kommen dann:

– Transientenrecorder,
– Photonenkorrelator,
– Counter oder
– Burst Spektrum Analysator (BSA)

in Frage. Rückauer 1988 beschrieb die Funktionsweisen dieser Geräte in zusammenfassender Darstellung.

Transientenrecorder und Photonenkorrelatoren scheiden für viele Anwendungen einerseits wegen der geringen effektiven Datenverarbeitungsgeschwindigkeit aus – es können nur wenige Messungen pro Sekunde ausgeführt werden – und andererseits, im Fall der Korrelatoren, weil keine Echtzeit-Messungen durchgeführt werden und somit Turbulenzinformationen nur schwierig zu erhalten sind.

Am häufigsten kommen heute Counter in Windkanalumgebungen zum Einsatz. In Abhängigkeit der Signalfrequenz und der detektierten Partikelrate sind Datenraten bis maximal

1 MHz möglich. Die Datenrate wird bis zu Signalfrequenzen von etwa 10 MHz unter elektronischen Gesichtspunkten hauptsächlich durch die Zeit bestimmt, die zehn Signalschwingungen benötigen: zwei Schwingungen sind für die Erkennung eines Bursts, acht für die Frequenzmessung erforderlich. Ein Counter arbeitet dabei ähnlich wie eine Stoppuhr. Er mißt die Zeit, die das Partikel für die Überschreitung von acht Streifen im Meßvolumen benötigt. Für ein 10 MHz-Signal ist somit eine Meßzeit von 1 µs erforderlich. Zu dieser Zeit addieren sich noch die konstanten Gerätewerte für:

– die Gültigkeitsbewertung: 2 ns,
– den Counter-Reset: 4 ns
– und geräteinterne Umrechnungen der Meßwerte: 700 ns.

Für dieses Beispiel ergibt sich für ein 10 MHz-Signal eine Gesamtmeßzeit von 1,706 µs, was unter elektronischen Gesichtspunkten einer maximalen Meßrate von 586 kHz entspricht. Die effektive Datenrate wird außer von der elektronischen Gesamtmeßzeit vor allem durch die Anzahl der mit dem optischen Aufbau detektierbaren Partikel festgelegt. Bei Windkanalanwendungen liegt die Partikelrate und somit auch die effektive Datenrate in vielen Fällen unter 1 kHz.

Zusammenfassend bleibt festzustellen, daß mit Counterprozessoren ein für viele Meßaufgaben ausreichendes zeitliches Auflösungsvermögen erzielt werden kann. Sie liefern bei der Einzelburst-Verarbeitung im Bereich großer bis mittlerer Signal-Rausch-Verhältnisse sehr gute Ergebnisse.

Bei geringen Signal-Rausch-Verhältnissen unterhalb von 20 dB bis ca. −5 dB sind Burst Spektrum Analysatoren den Countern vorzuziehen. Im Vergleich zu Countern arbeiten diese Geräte nicht im Zeit- sondern im Frequenzbereich, wobei zur Signalauswertung schnelle Fourier-Analysen angewendet werden. Da bei dieser Auswertemethode neben den Nulldurchgängen noch weitere Signalinformationen berücksichtigt werden, können BSA-Geräte bei schwachen Signalen zuverlässigere Ergebnisse als Counter liefern. Als nachteilig bleibt festzustellen, daß heute ein BSA mit mehr als 100 000,– DM etwa doppelt so teuer wie ein Counter ist. Dies führt, insbesondere bei mehrkanaligen Messungen, zu sehr hohen Systemkosten.

4. Technisch realisierte LDA-Systeme

Der Abschnitt 3.1 erläuterte den Aufbau eines Zweistrahl-Anemometers. Die dabei anhand von Abbildung 6 besprochene Anordnung stellt eine Minimalkonfiguration dar und ist für viele experimentelle Untersuchungen in dieser Form nicht oder nur mit Einschränkungen zu verwenden. Einige der Systemeigenschaften, die zur Durchführung von Meßaufgaben in komplexen Strömungsfeldern notwendig sind, sollen nun in dem sich anschließenden Teil erläutert werden. Dabei werden zunächst einige optische Einzelkomponenten vorgestellt, die innerhalb des Optiksystems spezielle meßtechnische Funktionen ausüben, wie die Verbesserung des räumlichen Auflösungsvermögens und die Einführung der Richtungsempfindlichkeit bei der Geschwindigkeitsmessung. Die nachfolgenden Abschnitte stellen dann kommerziell verfügbare LDA-Systeme in konventioneller Modulbauweise, in Glasfaser-Optik Ausführung und in Miniaturbauweise mit integrierten Laser- und Avalanche-Dioden vor.

4.1 Optische Maßnahmen zur Verbesserung des räumlichen Auflösungsvermögens

Untersuchungen von Strömungen mit Geschwindigkeitsgradienten, beispielsweise Grenzschicht- oder Scherschichtströmungen, erfordern Meßsysteme mit hoher räumlicher Auflösung. Das räumliche Auflösungsvermögen einer Meßanlage wird von der Erfassungszone des Sensors bestimmt, bei der LDA-Technik somit vom Ausdehnungsbereich des Meßvolumens. Der Teil des Schnittvolumens der Laserstrahlen, den die Empfangsoptik auf den Photodetektor abbildet, definiert das Meßvolumen. Die Meßwerte sind dann als räumliches Integral über diesen Bereich aufzufassen. Bei kleinen Schnittwinkeln θ der Laserstrahlen und großen Brennweiten der Sendelinse können sehr lange Meßvolumen im Zentimeterbereich entstehen.

Es gibt verschiedene Verfahren, die Meßvolumen-Ausdehnung gering zu halten. So läßt sich beispielsweise durch Anordnung der Empfangsoptik senkrecht zur optischen Achse die Längsausdehnung des Meßvolumens sehr stark einschränken. Bei Windkanalmessungen hat man in vielen Fällen nicht die Freiheit, die Empfangsoptik senkrecht zur Senderichtung einzujustieren. Es bietet sich dann die Möglichkeit an, einen Strahlaufweiter einzusetzen: Ein Laserstrahl läßt sich nicht auf einen beliebig kleinen Durchmesser fokussieren. Die Fokussiermöglichkeiten sind durch Beugungseffekte eingeschränkt. Man erreicht daher eine um so stärkere Bündelung der Sendestrahlen, je größer die Durchmesser beim Eintritt in die Sendelinse sind. Um ein Meßvolumen geringer Ausdehnung zu erzeugen, muß also vor der Fokussierung ein möglichst großer Strahldurchmesser vorhanden sein. Dies erreicht man mit einer Aufweitungsoptik. Das Aufweitungsverhältnis A ist durch den Quotienten aus Strahldurchmesser d_A am Austritt zu Strahldurchmesser d_E am Eintritt der Aufweitungsoptik definiert, siehe Abbildung 9:

$$A = \frac{d_A}{d_E} . \tag{23}$$

Fügt man in Abbildung 6 zwischen Strahlteiler und Sendelinse einen Strahlaufweiter ein, dann reduzieren sich der Durchmesser und die Länge des Schnittvolumens um den Maßstabsfaktor A. Die Grenzen der Strahlaufweitung sind dann erreicht, wenn nach dem Interferenzstreifenmodell nicht mehr genügend Streifen im Meßvolumen vorhanden sind, um Geschwindigkeitsmessungen durchzuführen.

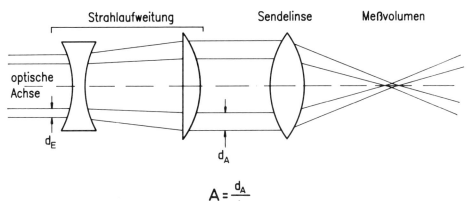

$$A = \frac{d_A}{d_E}$$

Abb. 9: Strahlaufweitung von Laserstrahlen

4.2 Optikkomponenten zur richtungsempfindlichen LDA-Messung

In turbulenten Strömungsfeldern können Fluidbewegungen in alle Raumrichtungen auftreten, wobei sich dann auch Bereiche ausbilden können, in denen die Geschwindigkeit Null ist. Mit der in Abbildung 6 dargestellten Grundkonzeption kann dies nicht erfaßt werden. So ist an der Signalfrequenz f_s des Photodetektors nicht erkennbar, ob sich das Partikel von oben nach unten oder von unten nach oben durch das Meßvolumen bewegt. Beide Geschwindigkeitsrichtungen ergeben dasselbe Signal. Außerdem werden in Raum- und Zeitbereichen, in denen die Geschwindigkeit den Wert Null annimmt, keine Meßsignale erzeugt. Beide Vorgänge führen zu falschen statistischen Aussagen.

Um auch in hochturbulenten Strömungsfeldern korrekte experimentelle Ergebnisse zu erhalten, muß der Nullpunkt in der Geschwindigkeit-Signalfrequenz Relation verschoben werden. Dies kann meßtechnisch durch die Aufprägung einer Frequenzdifferenz f_{os} zwischen beiden Sendestrahlen erreicht werden. Nach dem Interferenzstreifenmodell bewirkt diese Maßnahme eine Streifenbewegung im Meßvolumen. Somit erscheint ein im Meßvolumen unbewegtes Partikel mit einem Detektorsignal, das der Frequenzdifferenz f_{os} der beiden Sendestrahlen entspricht. Bewegt sich das Partikel in Richtung der Streifenbewegung, so ist die Signalfrequenz f_s kleiner als f_{os}, bewegt es sich in entgegengesetzter Richtung, ermittelt der Detektor eine Signalfrequenz f_s größer als f_{os}.

Es stehen verschiedene Techniken zur Verfügung, den Sendestrahlen eine Frequenzdifferenz aufzuprägen. So sind:

– mechanische (rotierendes Beugungsgitter),
– akustooptische (Bragg-Zelle) und
– elektrooptische (Pockels- und Kerr-Zelle)

Methoden anwendbar. Am verbreitetsten ist der Einsatz der akustooptischen Frequenzverschiebung mittels Bragg-Zelle.

Das Prinzip der Frequenzverschiebung ist in Abbildung 10 dargestellt:

Ein Laserstrahl der Frequenz f_0 trifft auf die aus einem Glaskörper bestehende Bragg-Zelle. In dem Glaskörper breiten sich quer zur Strahlrichtung ebene akustische Wellen aus, die

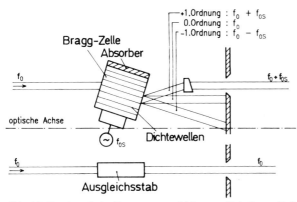

Abb. 10: Akustooptische Frequenzverschiebung mittels Bragg-Zelle

von einem piezoelektrischen Oszillator mit der Frequenz f_{os} erzeugt werden. Die akustischen Wellen rufen im Glas periodische Dichteänderungen hervor, an denen der Laserstrahl ähnlich wie an einem Beugungsgitter abgelenkt wird. Der durchgehende Strahl nullter Ordnung tritt unverschoben aus, während der abgelenkte Strahl erster Ordnung um die Oszillatorfrequenz f_{os} in seiner Frequenz verschoben erscheint. In kommerziellen Systemen beträgt die Oszillatorfrequenz häufig 40 MHz. Um gleiche optische Weglängen für beide Sendestrahlen zu haben, durchläuft der zweite Sendestrahl einen neutralen Glasstab. Bragg-Zellen werden in technisch ausgeführten LDA-Optiksystemen nach dem Strahlteiler und vor der Strahlaufweitung eingesetzt.

4.3 Mehrdimensionale Geschwindigkeitsmessung mit LDA-Systemen

Die Strömungsgeschwindigkeit ist eine vektorielle Größe. Neben dem Betrag ist auch die Richtung des Strömungsvektors von Bedeutung. Die bisher erläuterte Meßanlage gestattet die Bestimmung einer einzigen Komponente. In einer stationären Strömung könnte eine zweite Komponente durch Drehung des Optikaufbaus um die optische Achse ermittelt werden. Bei instationären Strömungen ist man aber auf die gleichzeitige Messung der Einzelkomponenten angewiesen. Dies ist prinzipiell dadurch möglich, daß das Meßvolumen durch mehrere Interferenzstreifensysteme mit unterschiedlichen räumlichen Orientierungen gebildet wird. Das Problem dabei ist die Trennung der Streulichtanteile der verschiedenen Interferenzstreifensysteme in der Empfangsoptik.

Die Kanaltrennung kann durch:

– Verwendung von verschiedenfarbigem Laserlicht,
– unterschiedliche Polarisationsebenen der Sendestrahlen oder
– unterschiedliche Frequenzverschiebungen mittels mehrerer Bragg-Zellen

erreicht werden. Am häufigsten kommt das erste Verfahren zum Einsatz. Für die sogenannte *Mehrfarbenoptik* dient in der Regel ein Argon-Ionen-Laser als Lichtquelle, der grüne, blaue und violette Wellenlängen mit hoher Intensität emittiert. Bei einer Zweifarben-

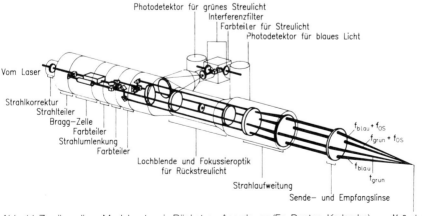

Abb. 11: Zweikanaliges Modulsystem in Rückstreu-Anordnung (Fa. Dantec, Karlsruhe)

optik entstehen im Meßvolumen dann aus zwei senkrecht zueinander orientierten Strahlenpaaren zwei Interferenzstreifensysteme, beispielsweise in grüner und blauer Farbe. Empfängerseitig werden zwei Photodetektoren eingesetzt, denen Interferenzfilter für grünes bzw. blaues Licht vorgeschaltet sind.

Mit der in Abbildung 11 dargestellten Meßanordnung können gleichzeitig zwei Geschwindigkeitskomponenten in turbulenten Strömungsfeldern mit hohem räumlichen Auflösungsvermögen ermittelt werden. Die Sendelinse dient bei der in Abbildung 11 skizzierten Konfiguration gleichzeitig als Empfangslinse für das in Rückwärtsrichtung ausgesendete Mie-Streulicht. Innerhalb des Optikaufbaus wird das Streulicht fokussiert, mit einer Blende räumlich gefiltert und dann über einen Umlenkspiegel in den Photodetektor-Zweig eingeleitet. Nach einer Farbaufteilung und Interferenzfilterung des Streulichts wandeln die beiden Photodetektoren die optischen Signale in elektrische um.

In Abbildung 11 sind insgesamt vier Sendestrahlen dargestellt: zwei grüne und zwei blaue Laserstrahlen. Man bezeichnet dieses Meßgerät deshalb auch als *Vierstrahl-Anemometer*. Es sind auch Konfigurationen mit drei Sendestrahlen möglich, wobei dann ein Strahl zwei Frequenzanteile enthält. Dieser Laserstrahl besitzt bei der Verwendung eines Argon-Ionen-Lasers eine blau-grüne Farbe. Ein Gerät dieser Bauart wird *Dreistrahl-Anemometer* genannt.

Dreikanalige Laser-Doppler-Anemometer benötigen einen aufwendigeren Optikaufbau, vor allem wenn in Rückstreurichtung gearbeitet werden muß, da die Geschwindigkeitskomponente in Richtung der optischen Achse mit einem LDA nur schwierig zu erfassen ist. Huffaker, Fuller und Lawrence 1969 beschrieben erstmals den Aufbau zur dreidimensionalen Geschwindigkeitsmessung in Referenzstrahlanordnung, Yanta 1979 in Differentialanordnung. Im wesentlichen besteht letzteres System aus einer zweikanaligen Anlage, der man unter einem Winkel von etwa 30° ein zweites Strahlenpaar hinzufügt. Durch Koordinatentransformationen können dann drei orthogonale Komponenten berechnet werden. Der Informationsgewinn muß dann allerdings durch reduzierte Genauigkeit ''erkauft'' werden. Meyers 1985 kommt nach einer Analyse von 3D-LDA Systemen zu dem Ergebnis, daß die höchsten Genauigkeitsansprüche nur mit einer orthogonalen Anordnung der Strahlenpaare erfüllbar sind.

4.4 Kommerzielle Ausführungsformen von LDA-Optiken

Abbildung 11 stellt eine als konventionell zu bezeichnende zweikanalige LDA-Optik dar. Die Einzelkomponenten wie Strahlteiler, Bragg-Zelle oder beispielsweise Strahlaufweitung sind bei kommerziellen Systemen in Modulbauweise in das System einfügbar. Die optischen Übertragungswege im Sende- und Empfangsbereich konventioneller Systeme verlaufen hauptsächlich durch die Laborluft.

Diese *Modulsysteme* haben den Vorteil, daß sie in unterschiedlichen optischen Anordnungen aufbaubar sind, wobei Meßabstände zwischen Frontlinse und Meßvolumen über mehrere Meter hinweg realisierbar sind. Bei entsprechender Anordnung und Justierung der Einzelkomponenten sind sie je nach Anwendungsfall entweder in Vorwärts-, Rückwärts- oder in Seitenstreurichtung einsetzbar. Konventionelle Modulsysteme sind aber mitunter schwierig in Versuchsstände zu integrieren, da sie sehr groß und schwer sein können. Nicht selten erreichen die optischen Bänke Längen von mehr als 2 m und Massen von mehr als 50 kg.

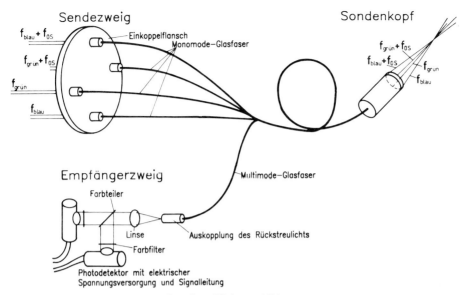

Abb. 12: Glasfaser-Optik für ein zweikanaliges Rückstreu-LDA

Dieser Nachteil wird bei *Glasfaser-Optik-Systemen* vermieden. Nach Abbildung 12 treffen die beiden in einer konventionellen Optik aufbereiteten Strahlenpaare auf ein Flanschbauteil. Das Bauteil koppelt die vier Laserstrahlen in je einen Lichtleiter ein. Die vier Monomode-Glasfasern übertragen das Laserlicht in einem mehrere Meter langen Kabel zu dem Sondenkopf, wo beide Strahlenpaare wieder ausgekoppelt werden. Ein im Sondenkopf integriertes Linsensystem bringt die vier Sendestrahlen im Meßvolumen zum Schnitt. Ebenfalls im Sondenkopf eingebaute Sammellinsen empfangen das Rückstreulicht, koppeln es in eine Multimode-Glasfaser ein und leiten die Signalfrequenzen über Farbteiler und Farbfilter den Photodetektoren zu, die die Signale der einzelnen Geschwindigkeitskomponenten getrennt aufnehmen.

Eine entsprechende Entwicklung wurde von Hironaga, Muramoto, Hishida und Maeda 1985 vorgestellt. Bei dem alternativen Verfahren von Knuhtsen, Olldrey und Buchave 1982 werden zwei Laserstrahlen mit orthogonaler Polarisierung in eine Monomode-Faser eingekoppelt und zum Sondenkopf übertragen.

Die Durchmesser kommerzieller Sondenköpfe reichen von 14 mm bis 190 mm, ihre Massen liegen je nach Bauform im Bereich von 100 Gramm bis zu einigen 1000 Gramm. Sie sind somit entsprechend einfach handhabbar. Nachteilig für die Anwendbarkeit in Windkanälen können sich die durch geringe Sondendurchmesser bedingten Meßentfernungen auswirken. Sie liegen in der Regel unterhalb von einem Meter, in etwa zwischen 50 und 500 mm.

Einen Schritt weiter auf dem Wege zur flexiblen Anwendung der Laser-Doppler-Anemometrie gehen Meßanordnungen, die Laserdioden als Lichtquellen und Avalanche-Dioden als Empfänger einsetzen. Von Dopheide, Faber, Reim und Taux 1987 wurde ein Miniatursystem für Rückstreuanwendungen mit einer Brennweite der Sendelinse von 300 mm vorgestellt. Es gestattet Geschwindigkeitsmessungen in Luftströmungen bis etwa 100 m/s. Die Vorteile dieser auf der Basis von Halbleitern entwickelten tragbaren Geräte sind neben der Handlichkeit die geringen Kosten. Bei einem Einfach-Gerät ohne Frequenzverschiebung und auch ohne elektronische Signalverarbeitung sind sie unterhalb von 1000,– DM anzusetzen. Brown, Burnett und Hackney 1988 stellten miniaturisierte Anemometer vor, die für Batteriebetrieb ausgelegt sind.

Bei den Dioden-Systemen ist zu beachten, daß die Laserstrahlung im unsichtbaren Infrarotbereich liegt und zusätzliche Maßnahmen zur Strahlverbesserung erforderlich sind. So muß die Laserdiode zum einen temperaturstabilisiert sein, damit die emittierte Strahlung eine zeitlich konstante Wellenlänge aufweist, zum anderen müssen Korrekturen in der Abstrahlcharakteristik verhindern, daß im Meßvolumen ungleichförmige Interferenzstreifen-Anordnungen auftreten.

5. Grundlagen der LDA-Anwendung in Windkanälen

Die voranstehenden Kapitel behandelten einige der für den Einsatz von Laser-Doppler-Anemometern in der Strömungstechnik allgemeingültigen Prinzipien unter physikalischen und meßtechnischen Gesichtspunkten.

Im folgenden soll nun auf spezifische Probleme eingegangen werden, die sich in der Praxis bei der Anwendung des Meßverfahrens in Windkanälen ergeben können.

5.1 Windkanalbedingte Probleme der LDA-Technik

Windkanäle existieren in unterschiedlichen Bauarten für sehr verschiedene Aufgabenstellungen. Während Niedergeschwindigkeitskanäle beispielsweise für Untersuchungen im Umweltschutz, in der Bauwerks- und Fahrzeugaerodynamik Verwendung finden, kommen Hochgeschwindigkeitskanäle häufig für Untersuchungen an Flugobjekten zum Einsatz. Je nach Bauart und Arbeitsbereich des Windkanals muß das Meßsystem dann sehr unterschiedliche Anforderungen erfüllen.

Als Unterscheidungsmerkmal für Windkanäle kann der für Strömungsuntersuchungen nutzbare Machzahl-Bereich herangezogen werden. Die Machzahl Ma ist definiert als das Verhältnis von lokaler Strömungsgeschwindigkeit U zu Schallgeschwindigkeit a in dem Strömungsfluid:

$$Ma = \frac{U}{a} \qquad (24)$$

Unter diesem Aspekt können die Versuchsanlagen in:

- Unterschallwindkanäle   (Ma $\approx$ 0,0 – 0,7),
- Transsonische Windkanäle   (Ma $\approx$ 0,7 – 1,3),
- Überschallkanäle   (Ma $\approx$ 1,1 – 5) und
- Hyperschallkanäle   (Ma > 5)

eingeteilt werden.

Unterschallwindkanälen begegnet man hauptsächlich in Form zweier Bauarten, als *Eiffelkanal* oder als *Kanal Göttinger Bauart*. Ein Eiffelkanal hat einen offenen Kreislauf mit einer geschlossenen Meßstrecke, ein Kanal Göttinger Bauart besitzt dagegen eine geschlossene Rückführung für das Strömungsfluid. Er ist mit offener oder geschlossener Meßstrecke zu betreiben, s. Abbildung 13.

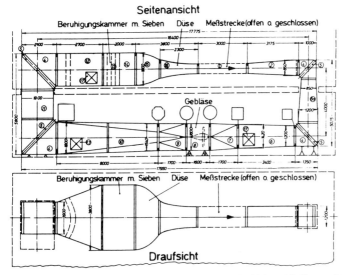

Abb. 13: Unterschallwindkanal Göttinger Bauart an der Universität Siegen (1983)

Die LDA-Technik läßt sich am günstigsten in einem Kanal mit offener Meßstrecke einsetzen, da keine störenden Lichtreflexionen an Fenstern entstehen können und der optische Zugang zum Meßort nicht durch deren Abmessungen beschränkt ist. Der Abschnitt 5.2 geht näher auf die Fenster-Problematik ein.

Die Abmessungen der Meßstrecken fallen hauptsächlich bei Unterschallkanälen sehr unterschiedlich aus. Der in Abbildung 13 dargestellte Kanal besitzt einen Luftstrahlquerschnitt von 1 m × 1 m und eine Meßstreckenlänge von ca. 1,8 m. Der größte heute zur Verfügung stehende Unterschallwindkanal steht in den USA und wird von NASA-Ames betrieben. Sein Luftstrahlquerschnitt in der Meßstrecke beträgt 12 m × 24 m.

Diese Zahlen verdeutlichen, daß die Laser-Doppler-Anemometrie nur dann sinnvoll für aerodynamische Untersuchungen eingesetzt werden kann, wenn entsprechende Traversiermöglichkeiten für das Meßvolumen des Anemometers zur Verfügung stehen. In Abschnitt 5.3 werden verschiedene technische Realisierungsmöglichkeiten zur Strömungsfeld-Vermessung erläutert.

Transsonische Windkanäle besitzen einen ähnlichen Aufbau wie Unterschallwindkanäle. Ein wesentlicher Unterschied ist das höher verdichtende Antriebssystem. Im transsonischen Bereich treten in einer Unterschallströmung – bedingt durch Strömungsbeschleunigungen entlang der Modellkontur – lokale Gebiete mit Überschallgeschwindigkeit auf. Über- und Unterschallgebiete können durch Stöße voneinander getrennt sein. Da insbesondere in Stößen große Geschwindigkeitsgradienten auftreten, muß gewährleistet sein, daß die detektierten Streulichtsignale von Partikeln stammen, die der Strömung schlupffrei folgen. Auf die Partikelproblematik wird in Abschnitt 5.4 eingegangen.

In transsonischen Meßstrecken treten weitere Probleme durch rauhe Arbeitsbedingungen auf, die sich in Lärmpegel bis zu 150 dB und starken Vibrationen äußern. Die Fluidtemperaturen können in einem Bereich von 100 K bis oberhalb von 350 K liegen, wobei auch der Druck in der Meßkammer um ca. 0,5 bar gegenüber dem Umgebungsdruck absinken kann. Diese Einflüsse bewirken Dejustierungen des optischen Systems.

So reagiert beispielsweise ein Argon-Ionen-Laser sehr empfindlich auf Druckänderungen in der Umgebung. Da sich innerhalb des Resonators eine Luftstrecke befindet, deren Brechzahl proportional zum Druck variiert, ändern sich die optischen Weglängen im Laserresonator entsprechend. Bei einer Druckabnahme um ca. 0,2 bar fällt nach Meyers 1988 die Ausgangsleistung des Lasers auf Null ab. Als Maßnahmen kommen hier Kapselungen des Meßsystems oder fernbedienbare Justierungen für die Resonatorspiegel und optischen Bauteile in Frage. Der Störempfindlichkeit des optischen Systems des Anemometers bezüglich Vibrationen kann durch einen kompakten Aufbau begegnet werden. So sind in diesem Fall Rückstreuanordnungen zu bevorzugen, die Relativbewegungen zwischen Sende- und Empfangsoptik vermeiden.

In *Überschallkanälen* und *Hyperschallkanälen* kommen Lavaldüsen zur Anwendung, die im Gegensatz zu den Düsen in Unterschallkanälen mit divergenten Konturverläufen in die Meßstrecken einmünden. Als Antriebssysteme werden Verdichter eingesetzt, die zur Erzielung hoher Machzahlen im Hyperschallbereich auch mehrstufig angeordnet sein können. Abbildung 14 stellt den schematischen Aufbau eines Überschallkanals dar, der sowohl für kontinuierlichen Betrieb mit einem Kompressor – gestrichelte Linien – als auch für intermittierende Arbeitsweise – durchgezogene Linie – ausgelegt ist. Dabei strömt Luft kurzzeitig nach dem Öffnen des Startventils aus einem Hochdruckspeicher über Düse und Meßstrecke in einen Vakuumbehälter ein.

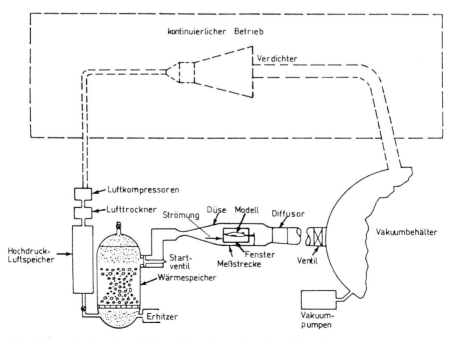

Abb. 14: Überschallwindkanal für intermittierenden und kontinuierlichen Betrieb

Neben den bereits erwähnten Problemen im Transschall- und Unterschallbereich treten in Überschallströmungen zusätzliche Schwierigkeiten bei der elektronischen Signalverarbeitung auf. Bedingt durch die hohen Strömungsgeschwindigkeiten ergeben sich hohe Signalfrequenzen, die von den Signalprozessoren nur bedingt verarbeitet werden können. Für Counter und BSA-Geräte, s. Abschnitt 3.3, liegt die obere Grenze bei 100 MHz bzw. 80 MHz, was bei üblichen optischen Anordnungen einer maximalen Strömungsgeschwindigkeit in der Größenordnung von etwa 600 m/s entspricht. Eine Verringerung des Schnittwinkels der Laserstrahlen führt nach Gleichung (20) zwar zu einer kleineren Signalfrequenz und damit zu einer Erhöhung des Meßbereichs für die Geschwindigkeit. Diese Maßnahme bewirkt jedoch eine Verlängerung des Meßvolumens und damit eine Abnahme in dem räumlichen Auflösungsvermögen. Da die Verringerung des Schnittwinkels gleichzeitig eine Reduzierung der Streifenanzahl im Meßvolumen nach sich zieht, ist diese Maßnahme unter meßtechnischen Gesichtspunkten nur beschränkt anwendbar.

An dieser Stelle kann festgestellt werden, daß die LDA-Technik im hohen Überschall- und im Hyperschallbereich an Grenzen stößt, die einerseits von der elektronischen Signalverarbeitung, andererseits aber auch durch die Partikelproblematik, s. Abschnitt 5.4, vorgegeben werden.

5.2 Messungen durch Fenster

In vielen Fällen müssen LDA-Messungen mit Fenstern im Strahlengang ausgeführt werden. Dies trifft in der Regel für Strömungsversuche in geschlossenen Meßstrecken zu, aber mitunter auch in offenen Kanälen. So müssen, beispielsweise bei der Untersuchung zweidimensionaler Strömungsfelder in offenen Meßstrecken, ebene Modelle mit Randscheiben ausgestattet werden, um die durch seitliche Umströmungen der Modellenden induzierten Störungen zu vermeiden. Der Einsatz von Randscheiben ist auch dann notwendig, wenn die Modellenden außerhalb des Luftstrahles liegen, wie Messungen von Leder 1983 zeigten.

Bei der Verwendung von Fenstern reduziert sich das Signal-Rausch-Verhältnis der LDA-Signale, was zu einer geringeren Datenrate führt. Um die negativen Auswirkungen zu begrenzen, sollten einige Punkte beachtet werden:

Grundsätzlich können alle für Laserstrahlung transparente Materialien als Fenster eingesetzt werden, beispielsweise Acrylglas oder Quarzglas. Man erzielt aber um so bessere Ergebnisse, je homogener die Materialien und je besser ihre Oberflächenbeschaffenheiten sind. Inhomogenitäten wie Dichteänderungen, Einschlüsse oder Mikrorisse wirken als Streuzentren, Kratzer und Unebenheiten auf den Oberflächen können die Richtungen der Strahlengänge beeinflussen. Aus diesen Gründen sollte man gutes optisches Glas in Schlierenoptik-Qualität als Fenstermaterial anstreben. Die Fenster sollten so dünn wie möglich sein.

Bei Messungen in Rückstreuanordnung können Reflexionen an den Fensteroberflächen zu Störungen führen. In diesem Fall kann man entweder den Winkel zwischen der optischen Achse der Meßanlage und dem Fenster ändern oder beide Fensterseiten durch spezielle Beschichtungen entspiegeln.

Am einfachsten sind Messungen durch planparallele Fenster ausführbar, weil der Schnittwinkel der Laserstrahlen konstant bleibt und sich der Meßpunkt entsprechend den Verschiebungen der Sendeoptik bewegt. Schwierigkeiten ergeben sich jedoch, wenn die Fenstermaterialien unterschiedliche Wandstärken aufweisen und die Oberflächen gekrümmt sind. Um auch in diesen Fällen überschaubare Verhaltensweisen der Laserstrahlen in der Meßstrecke bei Verschiebungen der Sendeoptik zu erhalten, kann mit Hilfe einer Brechzahl-Anpassung gearbeitet werden.

Dazu füllt man in den Raum zwischen gekrümmter Fensteroberfläche und einem die Fensterfläche überdeckenden Hilfsbehälter aus ebenen Scheiben eine Flüssigkeit, die die gleiche Brechzahl wie das Fenstermaterial hat. Die Flüssigkeiten zur Anpassung der Brechzahl bestehen in der Regel aus einem Gemisch verschiedener Öle. Die Gemische können beispielsweise Olivenöl, Rizinusöl oder leichte Heizöle enthalten.

Es ist zu beachten, daß die Brechzahl n temperaturabhängig ist und somit Thermostatisierungen erforderlich sein können. Zwischen den Ölen und dem Fenstermaterial können chemische Reaktionen auftreten, die zu giftigen Dämpfen oder Undichtigkeiten des Hilfsbehälters führen. Ruck (1987) und Durst, Keck und Kleine (1985) publizierten Listen geeigneter Mittel, die u. a. eine Anpassung an Duran 50 und Pyrex mit der Brechzahl von $n = 1,4718$ erlauben.

5.3 Traversierung des Meßvolumens

Bei Windkanaluntersuchungen strebt man in der Regel flächenhaft oder räumlich verteilte Meßinformationen über das Strömungsfeld an. Dazu muß das Meßvolumen an verschiedene Stellen innerhalb der Meßstrecke positioniert werden. Während bei leichten und kleinen Versuchsständen eine Verschiebung des Modells oder der Meßstrecke zu erwägen ist, kommt bei schweren und großen Aufbauten nur eine Traversierung des Meßvolumens in Frage.

Nach Möglichkeit sollte eine LDA-Meßanlage in Vorwärtsstreu-Anordnung betrieben werden, da die Streuleistung in Vorwärtsrichtung am stärksten ausgeprägt ist, s. Abbildung 4. Bei kleinen Meßabständen unterhalb von etwa 300 mm sind Sende- und Empfangsoptik mechanisch koppelbar und können zu Traversierzwecken auf einem Verschiebetisch angeordnet werden. Müssen größere Meßentfernungen überbrückt werden, sind optische Kuppelungen vorteilhafter. Dabei wird ein von der Sendeoptik ausgehender Hilfslaserstrahl von einer mit der Empfangsoptik mechanisch verbundenen Quadranten-Photozelle empfangen. Bei einer Traversierung der Sendeoptik erzeugt die Photozelle eine zum Verschiebeweg proportionale Ausgangsspannung, die zur Nachführung der Empfangsoptik dient.

In vielen Fällen ist das Meßvolumen nur aus der Senderichtung einsehbar, weil sich beispielsweise das Modell oder Kanalwände im Strahlengang befinden. Dann ist eine Rückstreu-Anordnung vorzuziehen. Hierbei dient die Sendelinse gleichzeitig auch als Empfangslinse für das Rückstreulicht. Die Linse wird daher auch als *Frontlinse* bezeichnet.

Bei geringen Meßabständen bis zu maximal 500 mm können die im Abschnitt 4.4 erläuterten Glasfaser-Optiksysteme in Verbindung mit mechanischen Verschiebesystemen gute Lösungen ergeben. Müssen bei den Messungen größere Entfernungen überbrückt werden, empfiehlt sich der Einsatz konventioneller Optiksysteme. Mit wachsender Meßentfernung steigen die Anforderungen an die Strahlungsleistung der Laser-Lichtquellen. Während bei Meßabständen bis ca. 300 mm für einkanalige Anemometer Helium-Neon-Laser mit Ausgangsleistungen bis zu 35 mW ausreichen, sind für größere Entfernungen und insbesondere für mehrkanalige Messungen leistungsstarke Argon-Ionen-Laser erforderlich. Sie sind mit Lichtleistungen bis zu 25 W kommerziell erhältlich.

Ist die LDA-Optik so aufgebaut, daß die Laserstrahlen parallel zur optischen Achse auf die Frontlinse einfallen, dann ist die Linse relativ zur LDA-Optik beliebig verschiebbar. Mit Hilfe von Umlenkspiegeln sind in diesem Fall mehrdimensionale Traversiersysteme realisierbar. Abbildung 15 zeigt die Anordnung für eine zweidimensionale Meßpunkt-Verschiebung. Bei großer räumlicher Ausdehnung des zu untersuchenden Strömungsfeldes ergeben sich jedoch auch entsprechend große Traversierwege für die Frontlinse.

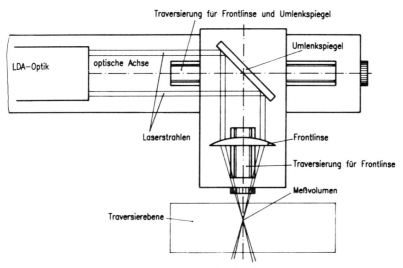

Abb. 15: Mechanische Meßpunkt-Traversierung für ein LDA

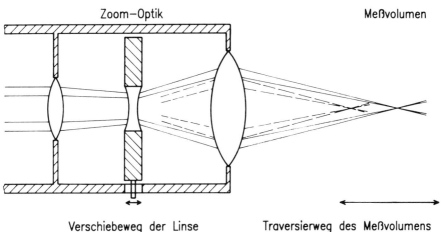

Abb. 16: Zoom-Objektiv zur Meßpunkt-Traversierung

Für Entfernungen oberhalb von zwei Metern werden in der Praxis Zoom-Objektive einge-setzt, die Verschiebungen längs der optischen Achse gestatten. Eine Zoom-Optik besteht aus einer Kombination von Konvex- und Konkavlinsen, s. Abbildung 16. Änderungen in den Linsenabständen um wenige Zentimeter können Traversierwegen für das Meßvolumen im Bereich von mehreren Metern entsprechen. Für LDA-Anwendungen sollten die Objektive so ausgelegt sein, daß der Schnittwinkel der Laserstrahlen konstant bleibt, damit nach Gleichung (3.5) die Relation zwischen Signalfrequenz und Strömungsgeschwindigkeit un-abhängig von der Meßposition ist.

Die bisher besprochenen Systeme sind für geringe Traversiergeschwindigkeiten ausgelegt. Zwischen den Meßwerterfassungen an den einzelnen Strömungsfeldpunkten liegen Zeit-räume im Sekunden- oder Minutenbereich. Stehen nur kurze Meßzeiten zur Verfügung, z. B. bei intermittierend arbeitenden Überschallkanälen oder für die räumliche Erfassung in-stationärer Strömungszustände, müssen andere Techniken angewendet werden.

Während Pfeiffer, König und Sommer 1983 Systeme zur schnellen Meßpunktverschiebung auf der Basis relativ zueinander bewegter Spiegel entworfen haben, findet man in der Lite-ratur auch grundsätzlich andere Lösungen. So entwickelten Nakatani, Tokita, Maegawa und Yamada 1985 ein Vielfach-LDA mit bis zu zehn Meßvolumina, indem sie die Laser-strahlen mit Beugungsgittern in mehrere Teilstrahlen zerlegten. Jeweils zwei der Einzel-strahlen bilden nach der Fokussierung ein Meßvolumen. Der Abstand zwischen den einzel-nen Meßstellen liegt im Millimeterbereich. Innerhalb einer Zeit von weniger als einer Millise-kunde kann in jedem dieser Meßpunkte jeweils eine Geschwindigkeitsmessung durchge-führt werden. Lehmann und Mante (1988) erreichten mit einer Interferometeranordnung ei-nen Scan-Bereich von einigen Zentimetern und eine Abtastrate von etwa 1000 Meßpunk-ten pro Sekunde. Mit diesen Anlagen lassen sich beispielsweise kohärente Strukturen in Strömungsfeldern untersuchen.

5.4 Streupartikel für die Laser-Doppler-Anemometrie

Ein LDA mißt bei Windkanaluntersuchungen die Geschwindigkeiten von in strömenden Ga-sen dispergierten Partikeln. Damit zuverlässige Aussagen über die in der Regel interessie-renden Gasströmungen gewonnen werden, müssen die Streupartikel gewissen Anforde-rungen genügen. Die Partikel sollten:

– gutes Folgeverhalten,
– gute Lichtstreueigenschaften,
– geringe chemische Aktivität und
– geringe Toxizität

aufweisen. Da die in Laborluft in natürlicher Weise vorhandenen Streupartikel häufig nicht in ausreichender Anzahl und in definierten Größenabmessungen vorhanden sind, müssen sie der Strömung künstlich zugemischt werden. Das Verfahren zur Erzeugung der Streuteil-chen sollte dann:

– einfach sein,
– eine ausreichende Partikelanzahl und
– eine möglichst monodisperse Größenverteilung liefern.

Die Anforderungen sind in ihrer Gesamtheit nicht uneingeschränkt erfüllbar. Während mit abnehmendem Partikeldurchmesser d_p das Folgevermögen der Streuteilchen steigt, verschlechtern sich gleichzeitig die Lichtstreueigenschaften. Die Anzahl der gestreuten Photonen nimmt proportional zu d_p^2 ab. Unterhalb von $d_p \approx 0,5\,\mu m$ stößt man mit gebräuchlichen LDA-Optiksystemen und den verfügbaren Laserlichtleistungen bei hohen Strömungsgeschwindigkeiten auf die Detektionsgrenze.

Theoretische Arbeiten von Hinze 1959 sowie von Hjemfelt und Mockros 1966 behandelten die Lösungsmöglichkeiten für die Bewegungsgleichung eines kugelförmigen Teilchens in einem turbulenten Fluid. Auf der Grundlage dieser Arbeiten berechnete Altgeld 1979 das Folgeverhalten kugelförmiger Partikel in Abhängigkeit der Stokeszahl. Die theoretischen Ergebnisse zeigen, daß sich für Öl-, Glycerin- und Wasser-Partikel mit einem Durchmesser von $d_p = 0,5\,\mu m$ in einer Luftströmung eine maximale Grenzfrequenz in der Größenordnung von ca. 10 kHz ergibt. Bei höherfrequenten Bewegungen, wie sie unter Umständen durch turbulente Schwankungsbewegungen verursacht werden können, treten Amplitudendämpfungen und Phasenverschiebungen zwischen Fluid- und Partikelbewegungen auf.

Es existieren nur wenige experimentelle Arbeiten zum Partikelfolgeverhalten. Meyers 1988 führte Geschwindigkeitsmessungen mit einem LDA bei der Mach-Zahl Ma = 1 entlang der Staustromlinie eines Halbkugel-Zylinder-Modells durch. Der Geschwindigkeitsverlauf ist theoretisch sehr genau berechenbar. Vergleiche mit den experimentellen Ergebnissen zeigten, daß die mit dem LDA gemessenen Partikelgeschwindigkeiten, bedingt durch den starken negativen Geschwindigkeitsgradienten, zu groß waren. Bei einem Partikeldurchmesser $d_p = 2,1\,\mu m$ ergaben sich Abweichungen zwischen Gas- und Partikelgeschwindigkeit in der Größenordnung bis zu etwa 10 %. Um den Fehler bei Messungen in Überschallfeldern, wo in Stößen noch stärkere Gradienten auftreten können, im Bereich von 1 % zu halten, müßte der Partikeldurchmesser kleiner als $0,3\,\mu m$ sein.

Es ist zu beachten, daß die Übertragungsfunktion eines gewöhnlichen Laser-Doppler-Anemometers bei Partikelgrößen zwischen $d_p \approx 2\,\mu m$ bis $3\,\mu m$ ein Maximum aufweist und zu kleineren Partikeldurchmessern aufgrund der Abnahme der Streulichtleistung, zu größeren wegen der sich verschlechternden Signalmodulation – s. hierzu auch Kapitel 3.3 – auf Null abfällt. Bei polydisperser Partikelgrößenverteilung führt dies zu einer starken Gewichtung der Meßergebnisse, die von Teilchen aus dem Größenbereich von $2\,\mu m$ bis $3\,\mu m$ stammen. Für Untersuchungen von Strömungsfeldern mit starken Geschwindigkeitsgradienten oder mit großen Radialbeschleunigungen sollte man daher eine möglichst monodisperse Größenverteilung mit einem Partikeldurchmesser unterhalb von $1\,\mu m$ anstreben.

Nichols (1987) entwickelte ein chemisches Verfahren zur einfachen und preiswerten Herstellung von monodispersen Polystyrol-Latex-Kügelchen mit einem Durchmesser bis hinab zu $0,6\,\mu m$ für LDA-Messungen in Windkanälen. Die Partikel können in Form einer Suspension mit Ethanol und Wasser der Strömung mittels Sprühdüsen zugemischt werden. Aufgrund ihrer geringen Größe können die Polystyrolteilchen jedoch in feinen Lungenkanälen abgeschieden werden und dann zu Gesundheitsschäden führen. Um derartige Beeinträchtigungen zu vermeiden, empfiehlt sich für den Umgang mit diesem Material der Gebrauch von Atemschutzmasken.

Sehr viel unbedenklicher ist der Einsatz von Kügelchen aus Flüssigkeiten. Sie können beispielsweise durch Ultraschall-Zerstäubung von Wasser oder Wassergemischen hergestellt werden. Geeignete Zerstäubungsgeräte findet man im medizinisch-technischen Bereich bei Inhalationsapparaten. Sie liefern jedoch ein breites Größenspektrum von Teilchen. Um auch mit Zerstäubungstechniken angenähert monodisperse Verteilungen zu erreichen, müssen die Partikel vor der Messung zusätzlich einen Massenabscheider durchlaufen.

Bei dem in Abbildung 13 dargestellten Niedergeschwindigkeitskanal wirken das Gebläse und die vier Umlenkecken als Abscheider. Die Partikel werden aus diesem Grunde am Ende der Meßstrecke nach der Ultraschall-Zerstäubung dem Luftstrom zugemischt. Somit muß jedes einzelne Partikel zumindest eine Umlaufweglänge von ca. 50 m im Windkanal zurücklegen, bevor es von der LDA-Meßanlage detektiert werden kann. Abbildung 17 zeigt die mit einem Kaskadenimpaktor in der Meßstrecke des Siegener Windkanals gemessene Partikelgröße. In diesem Fall bestehen die Partikel aus einem Wasser-Glycerin Gemisch im Verhältnis 10 : 1. Die geringe Zugabe von Glycerin verhindert ein vorzeitiges Verdunsten der Wassertröpfchen.

Dem Diagramm ist zu entnehmen, daß insbesondere bei der Anströmgeschwindigkeit von 10 m/s eine nahezu monodisperse Größenverteilung mit einem Teilchendurchmesser von 0,8 μm entsteht. In Ordinatenrichtung ist der Massenanteil der einzelnen Partikelgrößen aufgetragen. Berücksichtigt man, daß vier 0,8 μm-Partikel in etwa die gleiche Masse wie ein 1,3 μm-Partikel ergeben, treten Kügelchen mit einem Durchmesser von 0.8 μm etwa zehnmal häufiger als 1,3 μm-Teilchen auf.

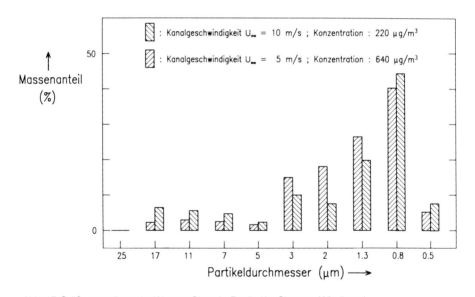

Abb. 17: Größenverteilung der Wasser-Glycerin-Partikel im Siegener Windkanal

Das Gemisch aus Wasser und Glycerin besitzt nur geringe chemische Aktivität. Während das verwendete destillierte Wasser ohne Rückstände verdunstet, bleibt an den Kanalwänden ein dünner Film aus Glycerin zurück, der mit Reinigungstüchern leicht abwischbar ist. Auch nach jahrelangem Betrieb konnten keine Anzeichen von Korrosion am Siegener Windkanal und den Elektronikgeräten durch die Partikelzugabe festgestellt werden. Für Messungen in heißen Gasen müssen die Streupartikel zusätzlich hohe thermische Stabilität aufweisen. Ein geeignetes Material ist beispielsweise TiO_2, das den Siedepunkt oberhalb von 3000 K hat.

5.5 Interferenzfreie Modellaufhängung

Die vorangegangenen Kapitel verdeutlichten, daß ein besonderer Vorteil der optischen Meßtechniken in der störungsfreien Meßwerterfassung zu sehen ist. Konventionelle Aufnehmer zur Strömungsfeldvermessung wie Hitzdrahtsonde oder Prandtlrohr verursachen dagegen je nach Anwendungsfall immer gewisse Störungen in der Strömung, die zu verfälschten Ergebnissen führen. Um die Vorzüge der LDA-Technik in ihrer gesamten Breite zu bewahren, sollte bei ihrem Einsatz darauf geachtet werden, daß die Meßergebnisse nicht durch anderweitige Störquellen verfälscht werden.

Bei Windkanaluntersuchungen kann die Modellhalterung eine Störquelle darstellen. Zur Untersuchung der Umströmung dreidimensionaler oder axialsymmetrischer Körper wird häufig ein Basisstiel verwendet, der die Modelle von ihren Rückseiten her befestigt. Untersuchungen von Leder und Geropp 1987 zeigten, daß in diesen Fällen Strömungsinterferenzen zwischen der Modellumströmung und der Stielumströmung auftreten, die zu Änderungen im Druckverlauf entlang der Modelloberfläche führen. Bei einem von der Spitze angeströmten 50°-Kegel verursachte ein Basisstiel beispielsweise eine Druckerhöhung im Ablösebereich, was zu einer Verringerung des Widerstandsbeiwertes c_W um ca. 4 % beitrug.

Eine technisch realisierte Möglichkeit zur interferenzfreien Modellaufhängung stellt die *magnetische Halterung* dar. Sie erlaubt die Fixierung magnetisierbarer Körper in Windkanälen durch magnetische Feldkräfte. Eine magnetische Halterung besteht aus einer Anordnung mehrerer Magnetspulen, mit denen beispielsweise Gewichts-, Auftriebs- und Widerstandskräfte kompensierbar sind. Covert 1987 stellte eine Übersicht vorhandener Systeme zusammen.

Nachteilig für eine weitverbreitete Anwendung wirken sich zum einen die hohen Systemkosten aus. Nach einem Ansatz von Boom et al. 1985 liegen sie für einen transsonischen Windkanal mit einem Meßstreckenquerschnitt von 2,4 m × 2,4 m oberhalb von 30 Millionen DM. Um die Betriebskosten für die Anlage zu begrenzen, ist geplant, die leistungsstarken Magnetspulen aus supraleitendem Material anzufertigen. Zum anderen bereitet die Isolierung mechanischer Schwingungen im Magnetsystem Schwierigkeiten. Sie können zu Vibrationen des Modells führen.

Ein anderer Weg zur störungsfreien Modellaufhängung ist mit aerodynamischen Maßnahmen begehbar. So können die Störeinflüsse der Halterung beispielsweise durch gezielte Grenzschichtbeeinflussungen eliminiert werden. Leder und Geropp 1987 entwickelten eine aktive Modellhalterung zur Untersuchung der Umströmung axialsymmetrischer Körper wie Kugel, Kegel und Scheibe in Niedergeschwindigkeits-Kanälen. Durch Absaugung der sich an den Oberflächen der Halterung ausbildenden Grenzschichten wird eine nahezu störungsfreie Modellanströmung erreicht.

Abbildung 18 zeigt eine Skizze der Halterung. Sie besteht aus einer aerodynamisch verkleideten Querstrebe mit einem Stiel im Mittelschnitt, an dem das Modell angeschraubt ist. Sowohl Stiel als auch die verkleidete Querstrebe besitzen perforierte Oberflächen. Somit ist es möglich, die Grenzschichtentwicklung mit Hilfe von externen Absaugegebläsen zu beeinflussen. Die zulässige Anströmgeschwindigkeit U_∞ für die Halterung wird durch die Leistungsfähigkeit des Absaugegebläses begrenzt. Sie erreichte für die in Abbildung 18 dargestellte Anordnung, bei Verwendung eines Seitenkanalverdichters mit einer Antriebsleistung von 7,5 kW, einen Maximalwert von $U_\infty = 30$ m/s. Unterhalb dieses Wertes bleibt der Turbulenzgrad der Anströmung kleiner als 1 %.

Abbildung 19 verdeutlicht den Einfluß, den eine unsachgemäße Modellaufhängung auf das Strömungsfeld haben kann. In der Graphik ist die Ausdehnung X_T des Ablösebereiches ei-

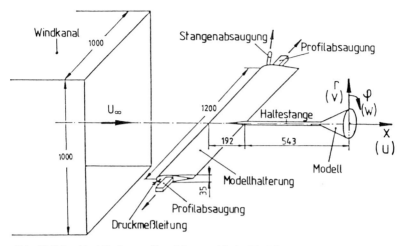

Abb. 18: Aktive Modellhalterung für axialsymmetrische Modelle

nes 50°-Kegelmodells in Abhängigkeit der Reynoldszahl Re aufgetragen. Man erwartet, daß sich das Ablösegebiet dieses axialsymmetrischen Modells hinsichtlich der Ausdehnung wie das Totwasser eines ebenen Keilmodells verhält: aufgrund der scharfen Kanten an der Modellbasis bleibt die Ablöselinie fixiert. Für große Re-Zahlen (Re > 10^3) sollte die Ausdehnung X_T des Ablösebereichs somit unabhängig von der Reynoldszahl sein.

Der graphischen Darstellung ist zu entnehmen, daß die Erwartungen für geringe Turbulenzgrade in der Anströmung erfüllt werden. Die Kreissymbole stellen die Ergebnisse von LDA-

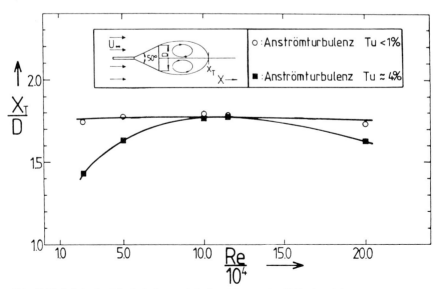

Abb. 19: Einfluß der Anströmturbulenz auf die Ausdehnung des Ablösebereichs

Messungen dar, die bei einem Turbulenzgrad Tu < 1 % ermittelt wurden. In diesem Fall war die Modellhalterung aktiviert. Die sich an der Modellhalterung entwickelnden Grenzschichten wurden durch Absaugung unterdrückt.

Läßt man jedoch zu, daß sich die Grenzschichten entlang der Halterung frei entwickeln können, so bilden sich im Nachlauf der profilierten Querstrebe turbulente Wirbelstrukturen aus, die zu Interferenzen mit der Modellumströmung führen. In Abbildung 19 sind die LDA-Meßergebnisse dieses Falles als schwarze Vierecksymbole eingetragen. Man erkennt, daß bei turbulenter Modellanströmung die Totwassereigenschaften von der Re-Zahl abhängig sind.

Eine Schlußfolgerung dieser Betrachtungen ist, daß schon kleine Störungen im Strömungsfeld – verursacht durch Sonden oder Modellhalterungen – die physikalischen Erscheinungsformen der sich ausbildenden Strömungsstrukturen stark beeinflussen können.

6. Beispiele zu Windkanalmessungen mit LDA-Systemen

Im Folgenden werden einige exemplarische LDA-Ergebnisse von Windkanaluntersuchungen vorgestellt. Die Messungen stammen aus Strömungsgebieten, in denen Ablösungen auftreten. Strömungsablösungen zählen aufgrund der hohen Turbulenzgrade und instationären Erscheinungsformen zu den meßtechnisch schwer erfaßbaren Vorgängen in der Fluiddynamik. Durch die Fortschritte auf dem Gebiet der Lasermeßverfahren gelangt man auch hier in zunehmendem Maße zu neuen Erkenntnissen.

Der erste Abschnitt beschreibt den Aufbau einer Meßanlage zur Untersuchung hochturbulenter, instationärer Strömungsfelder. Der zweite und dritte Teil zeigen einige Meßergebnisse, die mit dieser Anlage im Ablösebereich eines Kreisscheiben- und Kegelmodells ermittelt wurden. Sie verdeutlichen die Leistungsfähigkeit der Laser-Doppler-Anemometrie bei Windkanaluntersuchungen.

6.1 Geräteanordnung für LDA-Messungen in abgelösten Strömungen

Abbildung 20 stellt den Aufbau und den Signalfluß einer zweikanaligen Laser-Doppler-Anlage dar. Als Lichtquelle dient ein 2 W Argon-Ionen-Laser, der grünes und blaues Licht mit den Wellenlängen $\lambda = 514,5$ nm bzw. $\lambda = 488$ nm emittiert. Die optischen Bauteile sind so justiert, daß die Messungen im Rückstreubetrieb ausführbar sind. Die LDA-Optik enthält eine 40 MHz-Bragg-Zelle. Somit sind die Geschwindigkeitsmeßwerte auch in hochturbulenten Strömungsbereichen vorzeichenrichtig meßbar. Mittels einer 1,9fachen Strahlaufweitung reduziert sich der Durchmesser des Meßvolumens auf ca. 200 μm. Alle Messungen wurden mit einer Frontlinse der Brennweite von 600 mm ausgeführt.

Zwei Photomultiplier empfangen die Streulichtsignale aus einer Entfernung von etwa zwei Metern und wandeln die optischen Signale in elektrische. Nach einer elektronischen Frequenzverschiebung der beiden Photomultiplier-Signale, einer Verstärkung und Bandpaßfilterung verarbeiten zwei Counter die Doppler-Bursts. Mit beiden Signalen wird in einem Bufferinterface eine Koinzidenzfilterung durchgeführt, was dazu führt, daß ein Kleinrechner nur die Signalpaare weiterverarbeitet, die in beiden Kanälen gleichzeitig anliegen.

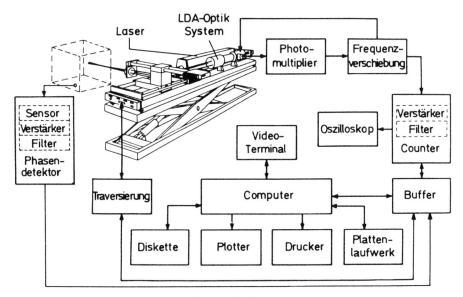

Abb. 20: Geräteanordnung und Signalfluß eines LDA-Systems für Windkanalmessungen

Die Meßwerte der beiden Geschwindigkeitskomponenten gelten dann als gleichzeitig, wenn ihr zeitlicher Abstand kleiner als eine vorwählbare Zeitdifferenz τ_f ist. Die maximal zulässige Größe der Zeitdifferenz τ_f hängt von der zu untersuchenden Strömungsstruktur ab. Sie muß kleiner als die Korrelationszeit τ_c sein, innerhalb der ein Zusammenhang zwischen den Bewegungen der beiden Komponenten vorhanden ist. Die Einstellung für τ_f betrug für die in den Abschnitten 6.2 und 6.3 dargestellten Meßergebnisse fünf Mikrosekunden.
Der Phasendetektor in Abbildung 20 dient zur Erfassung der Instationarität des Strömungsfeldes. Er markiert die koinzidenzgefilterten Meßwertpaare mit einem Phasenwinkel-Wert ϕ. Somit lassen sich die Meßwerte nachträglich in eine zeitliche Abfolge bringen, wodurch beispielsweise auch Oszillationen im Strömungsfeld nachweisbar werden. Nähere Einzelheiten zur Ermittlung instationärer Strömungsstrukturen sind der Publikation von Leder und Geropp 1988 zu entnehmen.
Neben der Meßwert-Verarbeitung steuert der Kleinrechner auch die Traversierung des Meßvolumens. Durch eine zweidimensionale Verschiebung der Frontlinse lassen sich in beliebiger Reihenfolge alle Punkte aus einer Ebene der Größen 600 × 600 mm anfahren. Das Niveau der Meßebene ist mit einem hydraulisch verfahrbaren Hubtisch einstellbar.

6.2 Zeitlich gemittelte LDA-Meßergebnisse

Abbildung 18 stellte bereits die Strömungskonfiguration und die Definition der Koordinatenachsen dar. Die Basisdurchmesser D der im Siegener Windkanal untersuchten axialsymmetrischen Modelle betrug 148 mm. Somit ergibt sich für den Windkanal eine sehr geringes Blockierungsverhältnis von 1,7 %.
Die untere Hälfte von Abbildung 21 zeigt das zeitlich gemittelte Geschwindigkeitsvektor-

Diagramm für die Kreisscheibe, die obere Hälfte die mittleren Stromlinien, die sich aus einer Integration der gemessenen Geschwindigkeitsprofile ableiten. Die beiden Komponenten jedes einzelnen Strömungsvektors wurden aus Meßwertensembles berechnet, die ca. 4 000 Einzelmeßwerte enthalten. Das in Abbildung 21 dargestellte Vektordiagramm beruht somit auf der Auswertung von etwa 1,4 Millionen Meßwerten.

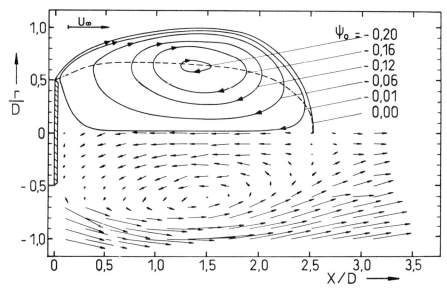

Abb. 21: Mittlere Stromlinien und Geschwindigkeitsfeld der Kreisscheibe, Re = 1,0 · 10^5

Die Abbildung verdeutlicht, daß die Außenströmung entlang der Totwasserkontur, definiert durch die Nullstromlinie $\psi_0 = 0,0$, kurz nach der Ablösung erst beschleunigt, dann nach Erreichen der maximalen radialen Ausdehnung bei x/D = 1,5 verzögert wird und schließlich in den Nachlauf mit dem bekannten Geschwindigkeitsprofil übergeht. Unmittelbar hinter der Scheibe beobachtet man Rückströmung. Die gestrichelte Kurve in der oberen Hälfte kennzeichnet die Trennlinie zwischen vorwärts und rückwärts gerichteter Strömung. Der Ablösebereich wird im Mittel durch einen Ringwirbel gebildet. Seine maximale axiale Ausdehnung erstreckt sich bis zu $X_T/D = 2,55$. Die Ablöselänge bleibt im untersuchten Reynoldszahlenbereich von 5 · 10^4 bis 1,1 · 10^5 konstant.

In Abbildung 22 sind die entsprechenden Verhältnisse für einen Kegel mit einem Öffnungswinkel von 50° eingetragen. Ein Vergleich mit Abbildung 21 zeigt ein deutlich kleineres Ablösegebiet, da der Winkel der Ablösestromlinie des 50°-Kegels geringer als für das Scheibenmodell ist. Die Unterschiede machen sich sowohl in der axialen als auch in der radialen Totwasserausdehnung bemerkbar. Sieht man einmal von den Größenunterschieden des Ablösebereiches ab, so zeigt sich in beiden Fällen eine qualitativ ähnliche Strömungsstruktur.

Neben der mittleren Strömungsgeschwindigkeit sind auch Kenntnisse bezüglich der Turbulenzstruktur wichtig, s. Abschnitt 1. Die Turbulenzstruktur drückt sich in der Verteilung der Terme des Reynoldsschen Spannungstensors aus.

Abbildung 23 zeigt die Verteilung der Reynoldsschen Normalspannung $\overline{u'^2}$ für das Schei-

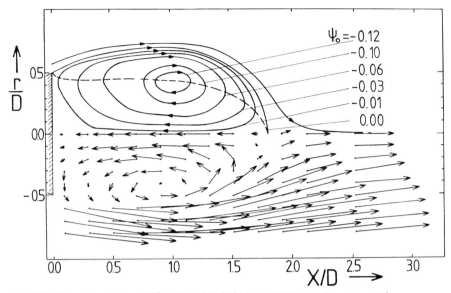

Abb. 22: Mittlere Stromlinien und Geschwindigkeitsfeld des 50°-Kegels, Re = 5,0 $\cdot$ 10^4

benmodell. Unmittelbar nach der Ablösung der Scheibenkante bildet sich in der Scher-schicht ein steiler Gradient in der axialen Komponente aus. Dies deutet auf einen laminar-turbulenten Umschlag hin. Der absolute Extremwert in $\overline{u'^2}$ wird außerhalb der Symmetrie-achse im hinteren Bereich des Ablösegebietes gemessen.

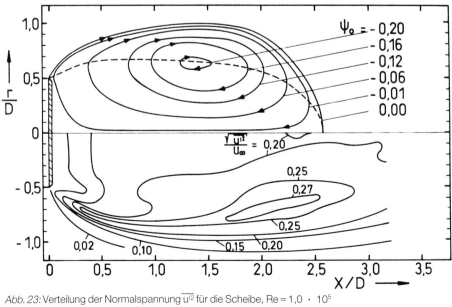

Abb. 23: Verteilung der Normalspannung $\overline{u'^2}$ für die Scheibe, Re = 1,0 $\cdot$ 10^5

358

Im Gegensatz zur Axialkomponente erreicht die Normalspannung $\overline{v'^2}$ in radialer Richtung das Maximum auf der Symmetrieachse in der Umgebung des freien Staupunktes bei $X_T/D = 2{,}55$, s. Abbildung 24.

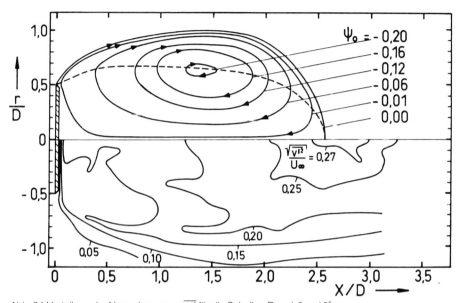

Abb. 24: Verteilung der Normalspannung $\overline{v'^2}$ für die Scheibe, $Re = 1{,}0 \cdot 10^5$

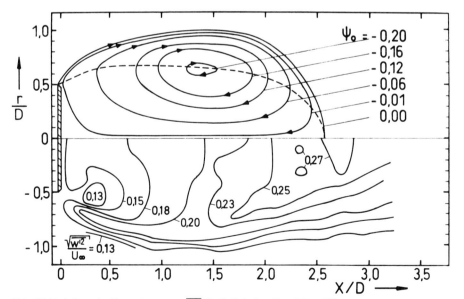

Abb. 25: Verteilung der Normalspannung $\overline{w'^2}$ für die Scheibe, $Re = 1{,}0 \cdot 10^5$

Der Gradient von $\overline{v'^2}$ in der Scherschicht ist kleiner als in der $\overline{u'^2}$ Komponente. Dies deutet darauf hin, daß die Turbulenzproduktion in der Scherschicht durch die axiale Komponente ausgelöst wird. Die Mittlerfunktion zwischen $\overline{u'^2}$ und $\overline{v'^2}$ übernimmt die Azimuthalkomponente $\overline{w'^2}$. Wie Abbildung 25 zu entnehmen ist, liegt die Stärke des Gradienten in der Scherschicht zwischen den Werten der axialen und radialen Komponente. Während die $\overline{w'^2}$-Verteilung außerhalb der Symmetrieachse dem $\overline{u'^2}$-Verlauf ähnelt, geht mit Annäherung an die Achse $r/D = 0{,}0$ die $\overline{w'^2}$-Komponente in den Verlauf der Radialkomponente $\overline{v'^2}$ über. Der Reynoldssche Spannungstensor enthält außerdem den Schubspannungsterm $\overline{u'v'}$, dessen Verteilung in Abbildung 26 wiedergegeben ist. Der absolute Extremwert in der Schubspannung entsteht im hinteren Bereich des Ablösegebietes, wo sich das Fluid durch die Ausbildung eines Sattelpunktes in dem Strömungsfeld in eine vorwärts und rückwärts gerichtete Strömung aufteilt.

Die im zeitlichen Mittel auftretende Axialsymmetrie des Strömungsfeldes belegen die Messungen der azimuthalen Komponente $\overline{w}$ und der Korrelation $\overline{u'w'}$. Beide Terme sind im Rahmen der Meßgenauigkeit im gesamten untersuchten Strömungsfeld Null.

Da sich für den 50°-Kegel qualitativ sehr ähnliche Diagramme ergeben, werden sie an dieser Stelle nicht näher diskutiert. Ausführliche Informationen zu den Kegel-Meßwerten findet man in der Publikation von Geropp und Leder 1987.

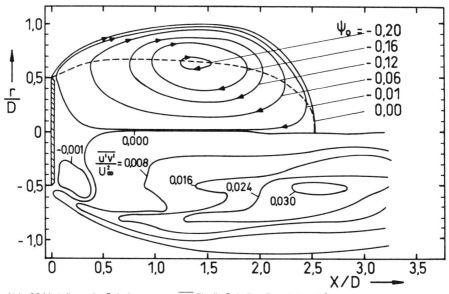

Abb. 26: Verteilung der Schubspannung $\overline{u'v'}$ für die Scheibe, Re = 1,0 · 10^5

6.3 Meßtechnische Erfassung instationärer Nachlaufstrukturen

Mit der in Abbildung 20 dargestellten Meßanlage lassen sich neben der zeitlich gemittelten Strömungsstruktur auch instationäre Verhaltensweisen untersuchen.

So stellt man beispielsweise im Nachlauf der Kreisscheibe harmonische Strömungsfeldänderungen fest, die durch das Ablösen großräumiger kohärenter Strukturen aus dem Totwasserbereich hervorgerufen werden. Markiert man die einzelnen LDA-Meßwertpaare mit dem Phasenwinkel-Wert φ bezüglich dieses periodischen Signals, so läßt sich der zeitliche Meßwertverlauf rekonstruieren.

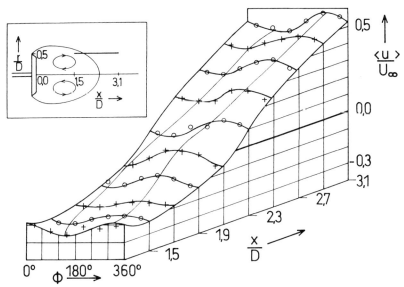

Abb. 27:
Phasengemittelte Geschwindigkeitsprofile <u> im Nachlauf der Scheibe bei r/D = 0,5, Re = 1,0 · 10^5

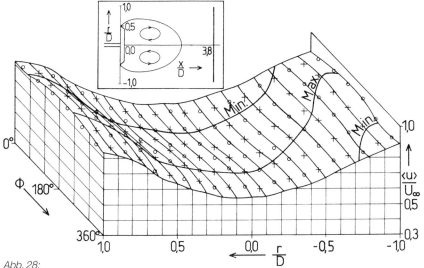

Abb. 28:
Phasengemittelte Geschwindigkeitsprofile <u> im Nachlauf der Scheibe x/D = 3,8, Re = 1,0 · 10^5

Abbildung 27 zeigt den periodischen Verlauf der axialen Geschwindigkeitskomponente u an der Stelle r/D = 0,5 im Bereich von x/D = 1,3 bis x/D = 3,1. Aufgetragen ist über den Phasenwinkel ϕ der Phasenmittelwert <u>, normiert mit der Anströmgeschwindigkeit U_∞, die in diesem Fall 10 m/s betrug. Diese Auftragung ist äquivalent zur Darstellung über der Zeitachse von t/T = 0,0 bis 1,0, wobei T der Periodendauer des harmonischen Vorgangs entspricht.

Man erkennt deutlich die periodische Strömungsfeldoszillation im Phasenwinkelbereich zwischen ϕ = 0° und ϕ = 360°. Durch den konvektiven Transport der kohärenten Struktur verschiebt sich das Maximum in <u> von ϕ ca. 210° an der Stelle x/D = 2,1 zu ϕ ca. 270° an der Stelle x/D = 3,1.

Abbildung 28 stellt die Ergebnisse von LDA-Messungen in der für stumpfe Körper charakteristischen "Nachlaufdelle" dar. Sie zeigen, daß ein Maximum oberhalb der Symmetrieachse mit einem Minimum in <u> unterhalb der Achse zusammenfällt. Die Ergebnisse deuten in ihrer Gesamtheit auf eine helikale Wirbelstruktur im Nachlauf der Kreisscheibe hin. Die Skizze in Abbildung 29 vermittelt einen Eindruck von der sich ausbildenden Strömungsstruktur. Sie zeigt den aus dem Ablösebereich austretenden Helixwirbel bei zwei verschiedenen Phasenwinkeln, die sich um $\Delta\phi$ = 180° unterscheiden. Bei der Reynoldszahl Re = 1,0 · 10⁴ und der Anströmungsgeschwindigkeit U_∞ = 10 m/s beträgt der zeitliche Abstand zwischen den beiden dargestellten Zuständen etwa 65 Millisekunden.

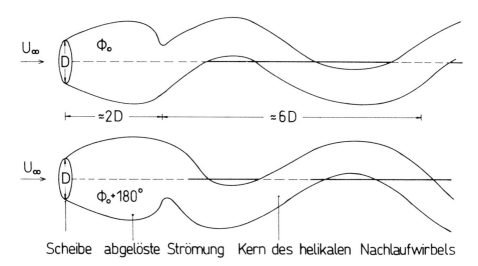

Abb. 29: Schematische Darstellung der helikalen Nachlaufstruktur der Kreisscheibe

7. Ausblick

Dieser Beitrag verdeutlicht das große Potential der Laser-Doppler-Anemometrie bei der Untersuchung komplexer Strömungsfelder in Windkanälen. Die Vorteile dieser optischen Meßtechnik liegen auf der Hand:

- Durch die berührungsfreie Meßwertaufnahme lassen sich auch instabile Strömungszustände ohne störende Wechselwirkungen untersuchen.
- Das Meßverfahren erreicht hohes räumliches und zeitliches Auflösungsvermögen. Die gewonnenen Daten sind durch die erreichbaren hohen Genauigkeiten auch für Überprüfungen und Weiterentwicklungen numerischer Verfahren verwendbar.

Bei Messungen in Feldern mit hohen Überschallgeschwindigkeiten oder mit starken Geschwindigkeitsgradienten stößt die LDA-Technik auf Grenzen, die durch:

- die Leistungsfähigkeit der Signalprozessoren und
- das Folgevermögen der Streupartikel

vorgegeben sind. Als alternatives Meßverfahren kündigt sich für diese Fälle die Raman Doppler-Velocimetrie an, die sich gegenwärtig noch in der Entwicklung befindet.
Sieht man von diesen Grenzbereichen ab, so stehen den Experimentatoren heute eine Vielzahl ausgereifter, kommerziell verfügbarer Geräteentwicklungen für Untersuchungen in nahezu allen Bereichen der Strömungstechnik zur Verfügung. Bei voranschreitender Vereinfachung in der Handhabung der Meßgeräte und weiterer Kostensenkung ist es absehbar, daß die LDA-Technik außer zu Forschungszwecken auch für routinemäßige Messungen in industriellen Umgebungen große Verbreitung finden wird.

8. Literaturverzeichnis

Altgeld, H. 1979: Laser-Doppler-Messungen in einer turbulenten Wasserstoff-Luft-Diffussionsflamme, Diss. TH Aachen

Bauckhage, K. 1985: Size, velocity and flow concentration measurements in sprays by Laser-Doppler-Anemometry, International Conference on Laser Anemometry – Advances and Application, Manchester, GB, paper 15

Boom, R. W.; Eyssa, Y. M.; McIntosh, G. E.; Abdelsalam, M. K. 1985: Magnetic suspension and balance system advanced study, NASA Contractor Report 3937

Brown, R. G. W.; Burnett, J. G.; Hackney, N. 1988: A miniature, battery operated Laser Doppler anemometer, Fourth International Symposium on Applications of Laser Anemometry to Fluid Mechanics, Lisbon, Portugal, paper 3.4

Buchhave, P.; Saffmann, M.; Tanger, H. 1984: Simultaneous measurement of size, concentration and velocity of spherical particles by Laser Doppler method, Proc. 2nd International Symposium on Applications of Laser Anemometry to Fluid Mechanics, Lisbon, Portugal, paper 8.1

Covert, E. E. 1987: Magnetic suspension and balance systems for use with wind tunnels, 12th International Congress on Instrumentation in Aerospace Simulation Facilities (ICIASF '87), Williamsburg, VA, USA

Dopheide, D.; Faber, M.; Reim, G.; Taux, G. 1987: Laser- und Avalanche-Dioden für die Geschwindigkeitsmessung mit Laser-Doppler-Anemometrie, Technisches Messen, 54. Jahrgang, Heft 7/8, S. 291–304

Durst, F.; Zaré, M. 1975: Laser Doppler measurement in two-phase flows, Proc. LDA-Symposium Copenhagen, Technical University of Denmark, pp 403–429

Durst, F.; Keck, T.; Kleine, R. 1985: Turbulence quantities and Reynolds stress in pipe flow of polymer solutions, International Conference on Laser Anemometry – Advances and Application, Manchester, GB, paper 13

Durst, F.; Melling, A.; Whitelaw, J. H. 1987: Theorie und Praxis der Laser-Doppler-Anemometrie, G. Braun Verlag, Karlsruhe

Eckbreth, A. C.; Hall, R. J. 1981: CARS concentration sensitivity with and without nonresonant background suppression, Combustion Sci. Tech., vol. 25, pp. 175–192

Exton, R. J.; Hillard jr., M. E.; Lempert, W. R.; Covell, P. F.; Miller, D. S. 1987: Molecular flow velocity using Doppler shifted Raman spectroscopy, AIAA Paper Number 87–1531, Presented at: 22nd Thermophysics Conference, Honolulu, Hawaii

Flögel, H. H. 1987: Modifizierte Laser-Doppler-Anemometrie zur simultanen Bestimmung von Geschwindigkeit und Größe einzelner Partikel, VDI Fortschritt-Berichte Nr. 140

Geropp, D.; Leder, A. 1987: A study of turbulent near wake flow characteristics behind the 50°-cone using LDA and visualization techniques, 2nd International Symposium on Laser-Doppler-Anemometry, Glasgow, GB, pp. 165–174

Herring, G. C.; Lee, S. A.; She, C. Y. 1983: Measurements of a supersonic velocity in a nitrogen flow using inverse Raman spectroscopy, Optical Letters, 8, 214

Hinze, J. O. 1959: Turbulence, McGraw-Hill, New York

Hironaga, K.; Muramoto, T.; Hishida, K.; Maeda, M. 1985: LDV system using single-mode fibres and applications, International Conference on Laser Anemometrie – Advances and Application, Manchester, GB, pp. 387–400

Hjemfelt, A. T.; Mockros, L. F. 1966: Motion of discrete particles in a turbulent fluid, Applied scientific research, vol. 16, p. 149

Huffaker, R. M.: Fuller, C. E.: Application of Laser Doppler velocity instrumentation to the measurement of jet turbulence, International Automotive Engineering Congress, Detroit, USA

Knuhtsen, J.; Olldrey, E.; Buchave, P. 1982: Fibre-optic Laser Doppler anemometer with Bragg frequency shift utilizing polarization-preserving single-mode fibre, Journal of Physics E: Scientific Instruments, vol. 15, pp. 1188–1191

Lapp, M.; Penney, C. M. 1977: Raman measurements in flames. In: Advances in Infrared and Raman Spectroscopy – Vol. 3, Editors: Clark, R. J. H.; Hester, R. E.; Heyden and Son Ltd., London, GB

Leder, A. 1983: Laser-Doppler-Untersuchungen und einige theoretische Überlegungen zur Struktur von Totwasserströmungen. Fortschritt-Berichte der VDI-Zeitschriften, Reihe 7, Nr. 78

Leder, A.; Geropp, D. 1987: An active model support to investigate turbulent near wake flow characteristics of axisymmetric bluff bodies, 12th International Congress on Instrumentation in Aerospace Simulation Facilities (ICIASF '87), Williamsburg, VA, USA

Leder, A.; Geropp, D. 1988: Phase-averaged LDA measurements in turbulent separated flows, Fourth International Symposium on Applications of Laser Anemometry to Fluid Mechanics, Lisbon, Portugal, paper 3.3

Lederman, S.; Celentano, A.; Glaser, J. 1979: Flowfield diagnostics, AIAA Journal, vol. 17, no. 7, pp. 1106–1110

Lehmann, B.; Mante, J. 1988: Rapid measurement of velocity profiles with a Doppler shift controlled interferometer, Fourth International Symposium on Applications of Laser Anemometry to Fluid Mechanics, Lisbon, Portugal, paper 3.2

Leipertz, A. 1983: Laserinduzierte Methoden zur berührunglosen lokalen Bestimmung von Dichte, Konzentration und Temperatur in Gasen. Technisches Messen Bd. 50, Heft 1, S. 21–25; Heft 2, S. 55–60

Long, D. A. 1977: Raman Spectroscopy, McGraw-Hill, London 1977

Meyers, J. F. 1985: The elusive third component, International Symposium on Laser anemometry, Winter Annual Meeting of ASME, FED-Vol. 33, pp. 247–254

Meyers, J. F. 1988: Analysis of the dedicated Laser velocimeter systems at NASA-Langley Research Center, Fourth International Symposium on Applications of Laser Anemometry to Fluid Mechanics, Lisbon, Portugal, paper 4.12

Nakatani, N.; Tokita, M.; Maegawa, A.; Yamada, T. 1985: Simultaneous measurement of flow velocity variations at several points with the multi-point LDV, International Conference on Laser Anemometry – Advances and Application, Manchester, GB, paper 26

Nichols jr., C. E. 1987: Preparation of polystyrene microspheres for Laser velocimetry in wind tunnels, NASA Technical Memorandum 89163

Pfeiffer, H. J.; König, M.; Sommer, E. 1983: An automatic traversing system for LDA applications to wind tunnels and to free jets, ISL-Report 225/83

Rodi, W. 1980: Turbulence models and their application in hydraulics, Book publication of the International Association for Hydraulic Research, Delft, The Netherlands

Ruck, B. 1987: Laser-Doppler-Anemometrie, AT-Fachverlag GmbH Stuttgart

Rückauer, C. 1988: Grundlagen des Meßverfahrens – Elektronische Signalauswertung. Tagungsunterlagen zu Lehrgang Nr. 10744/41.201 "Laser-Doppler-Anemometer" an der Technischen Akademie Esslingen, 24.–25. 10. 1988

She, C. Y.; Fairbank jr., W. M.; Exton, R. J. 1981: Measuring molecular flows with high-resolution stimulated Raman spectroscopy, IEEE Journal Quantum Electron. QE–17,2

Yanta, W. J. 1979: A three dimensional Laser-Doppler Velocimeter (LDV) for use in wind tunnels, International Congress on Instrumentation in Aerospace Simulation Facilities (ICIASF '79), September 1979, Silver Spring, Maryland, USA

Wiedemann, J. 1984: Laser-Doppler-Anemometrie, Springer-Verlag

Laserlichtschnittverfahren und digitale Videobildverarbeitung

B. Ruck

1. Einleitung

Strömungsuntersuchungen zur Analyse und Optimierung fluiddynamischer Prozesse werden heutzutage in verstärktem Maße mit Hilfe laseroptischer Verfahren vorgenommen. Optische Methoden z. B. zur Bestimmung von Strömungsgeschwindigkeiten oder zur Erfassung disperser Phasen arbeiten berührungslos und stören nicht den zu analysierenden Vorgang, wie dies früher häufig durch das Einbringen von Sonden der Fall war. Die weitere Entwicklung in der Lasermeßtechnik hat in den zurückliegenden Jahren zu praktikablen, ausgereiften Meßmethoden für Strömungsuntersuchungen geführt. Das Hauptinteresse gilt bei der Analyse von Strömungsvorgängen der Ermittlung der Geschwindigkeitsinformation und der Sichtbarmachung des Strömungszustandes. Strömungsgeschwindigkeiten können u. a. mit Laser-Doppler-Anemometern, siehe Durst et al. 1981, Ruck 1987, ein-, zwei- und dreidimensional erfaßt werden, wobei lokal die mittleren konvektiven und turbulenten Strömungsgrößen sowie deren Korrelationen ''in-situ'' bestimmt werden können. Die Erfassung des mittleren Strömungsfeldes zur selben Zeit im gesamten betrachteten Strömungsquerschnitt vermag die ''Laser-Speckle-Velocimetrie'', siehe Merzkirch 1987, Adrian 1984, zu liefern. Darüber hinaus stehen zur Geschwindigkeitsermittlung weitere praktikable Lasermeßverfahren zur Verfügung, von denen hier nur das Dual-Fokus-Verfahren, siehe Schodl 1986 oder Selbach 1989 (in diesem Buch), sowie die aufzeichnenden holographischen Verfahren genannt seien. Die meisten Lasermeßverfahren für Strömungsfelduntersuchungen sind im Laufe der Jahre verfeinert und hinsichtlich der Datenverarbeitung teilautomatisiert worden, so daß von etablierten laseroptischen Meßverfahren in der Strömungsmeßtechnik gesprochen werden kann.

In der experimentellen Praxis haben die zuvor erwähnten Verfahren ihre gebührende Anwendung in der Strömungsforschung gefunden. Dennoch scheut man in vielen industriellen Entwicklungsabteilungen die Anschaffung derartiger Lasermeßsysteme, da sie z. T. kostenintensiv in der Anschaffung und Betreuung sind und meist eine exakte Anpassung und Traversierung am strömungsmechanisch zu untersuchenden und zu optimierenden Bauteil erfordern. Hinzu kommt, daß es bei der aerodynamischen (Vor-)Entwicklung vielfach ausreicht, das Strömungsfeld zu visualisieren und Veränderungen, z. B. Strömungsablösungen und Wirbelstrukturen, qualitativ anzuzeigen. Diese Aufgabe können Laserlichtschnittverfahren erfüllen, die insbesondere in Kombination mit digitalen Bildverarbeitungsverfahren schnell und zuverlässig eingesetzt werden können.

Methoden der digitalen Bildverarbeitung werden zunehmend bei Strömungssichtbarmachungsuntersuchungen eingesetzt. Die Kombination von Laserlichtschnittverfahren zur Strömungssichtbarmachung und die ''on-line''-Bildverarbeitung haben zu Möglichkeiten der Analyse von Strömungsvorgängen geführt, deren Breite und Vielfältigkeit bisher nicht umfassend ausgeschöpft worden sind. Die digitale Bildverarbeitung erlaubt es in Zusammenhang mit der Verwendung von hochempfindlichen CCD-Videokameras, die sichtbar zu machenden Strömungsvorgänge mit einer hohen zeitlichen Auflösung zu verfolgen. Die Entwicklung auf dem Gebiet der CCD-Chips (Charge Coupled Devices) hat in den letzten Jahren zu Detektionselementen geführt, deren Empfindlichkeit bis unter 0,1 Lux liegt. Videokameras, die diese Chips beinhalten, weisen je nach Bauart Belichtungszeiten, d. h. Zeiten für die Abtastung eines gesamten Bildes, bis zu 1/10 000 sec. auf. Eine weitere Absenkung der Belichtungszeit kann durch die Verwendung von computergesteuerten Blitzlichtquellen erzielt werden.

Die Erzeugung von Laserlichtschnitten und die digitale Videobilderfassung werden für die Strömungssichtbarmachung durch die konzeptionellen und gerätetechnischen Entwicklungen der letzten Jahre rasch an Bedeutung gewinnen. Hierzu wird beitragen, daß digitale Videobildverarbeitungskarten für die gängigsten Personalcumputer angeboten werden, die über einen oder mehrere eigene Bildprozessoren verfügen, so daß auf den Prozessor des ''host''-Computers nicht mehr für die Verarbeitung zurückgegriffen werden muß. Die Einführung von Risp-Chips (**R**educe **I**nstruction **S**et **P**rocessor) sowie die Transputertechnik, d. h. die gleichzeitige Verarbeitung von Daten und Bildfeldern in mehreren parallel angeordneten Prozessoren, werden darüber hinaus die Echtzeitverarbeitung auch bei komplizierten Bildfeldmanipulationen, die über die arithmetischen Grundoperationen hinausgehen, ermöglichen.

2. Ausbreitungscharakteristika von Laserstrahlen

Bei vielen Anwendungsfällen müssen Lasermeßsysteme problemspezifisch ausgelegt, bzw. an die Meßstrecke angepaßt werden. Hierzu bedarf es i. a. des Einbaus und Umbaus von optischen Komponenten, um die Lichtstrahlführung entsprechend den Anforderungen zu modifizieren. Es erscheint deshalb wichtig, die grundlegenden Berechnungsformeln zur Auslegung von optischen Aufbauten anzugeben.

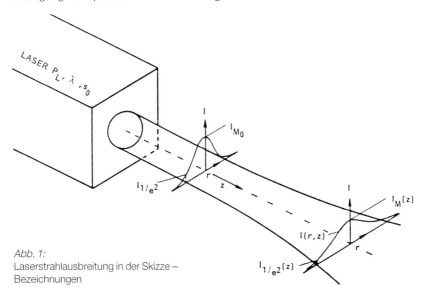

Abb. 1:
Laserstrahlausbreitung in der Skizze –
Bezeichnungen

In der Lasermeßtechnik kommen überwiegend kontinuierlich arbeitende Laser in Betracht, die in ihrem Grundmode TEM_{00} oszillieren. Der TEM_{00}-Mode ist charakterisiert durch eine Gauß'sche Intensitätsverteilung über den Laserstrahlquerschnitt, siehe auch Abbildung 1. Die Intensitätsverteilung $I(r, z)$ über dem Strahlquerschnitt steht mit dem $1/e^2$-Intensitätsradius $s(z)$ und der Entfernung z von der Austrittsöffnung des Lasers (Austrittswaist) über folgende Beziehung in Verknüpfung

$$I(r, z) = I_M(z) \exp\left[-\frac{2r^2}{s^2(z)}\right]$$

(1)

Bei Kenntnis des Laserstrahlaustrittsradius s_0, einer Gerätekonstante, die vom Hersteller angegeben wird, läßt sich der Verlauf des $1/e^2$-Intensitätsradius $s(z)$, der als Laserstrahlradius definiert wird, in Abhängigkeit von der Entfernung z und der Wellenlänge λ des Lichtes angeben, siehe hierzu auch Kleen et al. 1969, Kogelnik et al. 1966:

$$s(z) = s_0 \left[1 + \left(\frac{\lambda z}{\pi s_0^2}\right)^2\right]^{1/2}$$

(2)

Die Divergenz ϑ des Laserstrahles im Fernfeld besitzt einen konstanten Wert, der sich angeben läßt zu

$$\vartheta = \frac{\pi \lambda}{s_0}$$

(3)

Für die Berechnung der Laserstrahlausbreitung ist es nicht von Bedeutung, ob mit s_0 die Austrittswaist des Laserstrahls am Laser oder eine beliebige Strahltaille bezeichnet wird, die durch nachgeschaltete Linsenkombinationen entstanden ist, solange die Entfernung z auf s_0 bezogen wird. Die Gleichungen (1) – (3) können somit von jeder bekannten Strahltaille aus angesetzt werden. Für den Strahltaillenradius s_{n+1} nach Abbildung der vorangegangenen Taille mit Radius s_n durch eine Linse der Brennweite f_B ergibt sich, siehe hierzu auch Abbildung 2:

$$s_{n+1} = \frac{s_n f_B}{\left[(z_n - f_B)^2 + \left(\frac{\pi s_n^2}{\lambda}\right)^2\right]^{1/2}}$$

(4)

wobei für die Entfernungen von abzubildender (z_n) und abgebildeter waist z_{n+1} gilt

$$z_{n+1} = f_B + \frac{(z_n - f_B) f_B^2}{(z_n - f_B)^2 + \left(\frac{\pi s_n^2}{\lambda}\right)^2}$$

(5)

Der Zusammenhang zwischen Laserlichtleistung und Mittenintensität $I_M(z)$ eines Laserstrahls ergibt sich hierbei über die Berechnung der Lichtleistung $P_L(z)$ gemäß

$$P_L(z) = \int_0^\infty I(r, z)\, 2\pi r\ dr$$

(6)

Hierin bezeichnet r den variablen Strahlradius und z die Lauflängenposition des Laserstrahls. Mit der angegebenen Formel für I(r, z) aus Gleichung (1) erhält man

$$P_L(z) = \int_0^\infty I_M(z) \exp\left[-\frac{2r^2}{s^2(z)}\right] 2\pi r\ dr$$

(7)

Umgeschrieben und substituiert mit $a = -2/s^2$ ergibt

$$P_L(z) = \frac{I_M(z)\pi}{a} \int_0^\infty 2a r e^{ar^2}\ dr$$

(8)

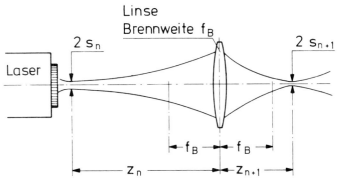

Abb. 2: Abbildung einer Strahltaille ("waist") durch eine Linse

Die Integration und Rücksubstitution liefert

$$I_M(z) = \frac{2P_L(z)}{\pi s^2(z)} \qquad (9)$$

Man erhält somit für den Intensitätsverlauf über den Strahlquerschnitt an beliebiger Laufposition z:

$$I(r,z) = \frac{2P_L(z)}{\pi s^2(z)} \exp\left[-\frac{2r^2}{s^2(z)}\right] \qquad (10)$$

Beschränkt man sich auf Zustände, bei denen die Schwächung der Laserlichtleistung mit der Lauflänge des Strahles durch Extinktionsvorgänge vernachlässigt werden kann (kurze Distanzen), so kann $P_L(z) = P_L$ angesetzt werden. Die Intensitätsverteilung $I(r, z)$ kann dann mit Gleichung (10) und Gleichung (2) ausschließlich durch die Kenndaten des Lasers λ, P_L, s_0 errechnet werden. Kann die Laserstrahlschwächung mit der Lauflänge im Medium oder aufgrund von Grenzflächendurchtritten nicht vernachlässigt werden, so muß sie formelmäßig, wie im folgenden angegeben, in den Gleichungen berücksichtigt werden.

Laserstrahlschwächung

Der Durchtritt eines Laserstrahls durch eine Grenzfläche wie auch das Propagieren in einem homogenen Medium ist verlustbehaftet und muß in den Systemberechnungen Berücksichtigung finden. Die Anwendung von Lasersystemen für Meßaufgaben in berandeten Meßstrecken wirft darüber hinaus die Frage auf, welcher Betrag der ursprünglichen Lichtleistung noch an den Meßort gelangt. Im folgenden werden die grundlegenden Gesetzmäßigkeiten zur Laserstrahlschwächung zusammengefaßt.
Ein Laserstrahl erfährt beim Durchtritt durch ein homogenes Medium eine Schwächung aufgrund von Absorptionsvorgängen, die beschrieben werden durch

$$I(l) = I_0\, e^{-\beta l} \qquad (11)$$

Hierbei beschreibt der Absorptionskoeffizient β das optische Absorptionsverhalten des Mediums, l ist die Lauflänge. Die Gleichung (11) sagt in Worten nichts anderes aus, als daß hintereinander angeordnete, infinitissimale, äquidistante Schichtdicken, aus denen man sich das Medium zusammengesetzt denken kann, jeweils den gleichen Prozentsatz der ankommenden Strahlung schwächen. Unter der schwächenden Absorption sind hierbei Energieaustauschvorgänge zwischen den Lichtquanten und den Atomen/Molekülen des

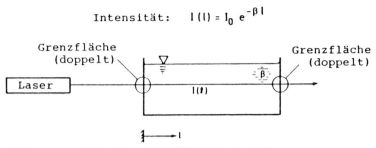

Intensität: $\quad I(l) = I_0\, e^{-\beta\, l}$

Abb. 3: Laserstrahlschwächung beim Meßstreckendurchtritt

Mediums wie auch Lichtstreueffekte zu verstehen. Abbildung 3 skizziert den Fall des Laserstrahldurchtritts durch eine glasberandete Flüssigkeitsmeßstrecke. Anhand Abbildung 3 wird deutlich, daß Mediendurchtritte meist mit multiplen Grenzflächendurchtritten gekoppelt sind. Beim senkrechten Durchtritt eines Laserstrahls durch eine Grenzfläche wird ein Teil des Lichtes reflektiert, ein Teil durchgelassen. Die Berechnung kann anhand der in Abbildung 4 angegebenen Formeln durchgeführt werden, die jedoch nur für den senkrechten Grenzflächendurchtritt Gültigkeit haben. Der Grenzflächendurchtritt eines Laserstrahls entzieht der Lichtwelle durch Reflexion Energie.

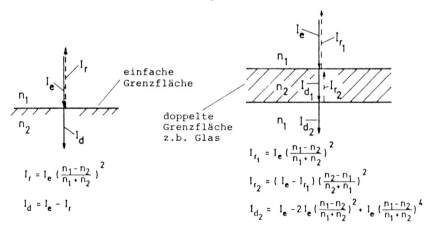

$$I_r = I_e \left(\frac{n_1 - n_2}{n_1 + n_2}\right)^2$$

$$I_d = I_e - I_r$$

$$I_{r_1} = I_e \left(\frac{n_1 - n_2}{n_1 + n_2}\right)^2$$

$$I_{r_2} = (I_e - I_{r_1}) \left(\frac{n_2 - n_1}{n_2 + n_1}\right)^2$$

$$I_{d_2} = I_e - 2 I_e \left(\frac{n_1 - n_2}{n_1 + n_2}\right)^2 + I_e \left(\frac{n_1 - n_2}{n_1 + n_2}\right)^4$$

Abb. 4: Laserstrahlschwächung beim senkrechten Grenzflächendurchtritt (Indizes: e einfallend, r reflektiert, d durchgelassen)

Trifft ein Laserstrahl schräg auf eine Grenzfläche, so kann die Berechnung des reflektierten und durchgelassenen Anteils nicht nach den in Abbildung 4 angegebenen Beziehungen durchgeführt werden, sondern muß mit den Fresnel'schen Formeln erfolgen, siehe hierzu Abbildung 5. Der Anteil des reflektierten und durchgelassenen Lichtes hängt beim schrägen Grenzflächendurchtritt vom Polarisationszustand der einfallenden Laserstrahlung ab. Dementsprechend werden in Abbildung 5 die Berechnungsformeln sowohl für den Fall angegeben, daß die Polarisation des einfallenden Lichtstrahls parallel als auch senkrecht zur Einfallsebene, die vom einfallenden und reflektierten Strahl gebildet wird, verläuft. Die Fresnel'schen Formeln gelten auch für den Fall des Auftreffens eines Lichtstrahls aus einem optisch dichteren auf ein optisch dünneres Medium. Erfolgt das Auftreffen des Lichtstrahls auf die Grenzfläche mit einer Polarisationsrichtung, die weder senkrecht noch parallel zur Einfallsrichtung verläuft, sondern unter einem Winkel γ zur Einfallsebene, so berechnet sich der durchgelassene und reflektierte Anteil nach

$$D = D_\perp \sin^2 \gamma + D_\| \cos^2 \gamma \tag{12}$$

$$R = R_\perp \sin^2 \gamma + R_\| \cos^2 \gamma \tag{13}$$

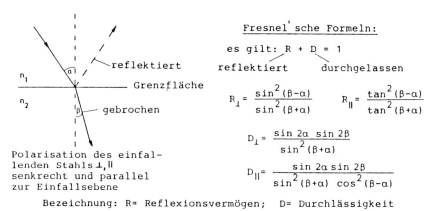

Abb. 5: Laserstrahlschwächung bei schrägem Grenzflächendurchtritt

3. Optische Systeme zur Erzeugung von Laserlichtschnitten

3.1 Linsensysteme

In der Natur und in technischen Anlagen werden oftmals Strömungsfelder angetroffen, die aufgrund ihrer Dreidimensionalität und der sich abspielenden turbulenten Ablöse- und Wiederanlegeprozesse sehr komplex sind. Zwecks Erhalt quantitativer Aussagen über die Strömungsabläufe kann es deshalb zunächst sinnvoll erscheinen, den Strömungsvorgang in überschaubare zweidimensionale Schnitte aufzuteilen, um die Abläufe in den ausgewählten Ebenen zu visualisieren. Unter Einsatz von Lasern als Lichtquelle haben sich besonders Laserlichtschnittverfahren zur qualitativen Strömungsanalyse bewährt, siehe hierzu Merzkirch 1987, Schmitt et al. 1986. Laserlichtschnittverfahren zur Strömungssichtbarmachung basieren auf der physikalischen Gegebenheit, daß Tracerteilchen, die in der Strömung mitverfrachtet werden, das auf sie einfallende Laserlicht streuen. Wird ein Tracer in der Strömung transportiert, so ergeben sich aufgrund der variierenden Transportprozesse, z. B. in turbulenten Strömungen mit Ablösungen, unterschiedliche Tracerkonzentrationen an unterschiedlichen Orten. Unter Beleuchtung mit einem Laserlichtschnitt ergeben sich hieraus unterschiedliche, detektierbare Streulichtintensitäten, die eine Diskretisierung des betrachteten Strömungsvorganges erlauben

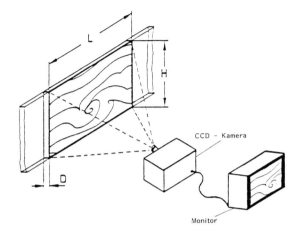

Abb. 6:
Schematische Darstellung
einer idealen Lichtscheibe zur
Strömungssichtbarmachung

Betrachten wir zuerst eine ideale Lichtscheibe, die eine dünne Ebene eines i. a. dreidimensionalen Strömungsfeldes gleichmäßig ausleuchtet, siehe hierzu Abbildung 6. Die Größe des betrachteten Ausschnittes ergibt sich hiernach zu L × H, die Dicke der Scheibe wird mit D bezeichnet. Setzt man voraus, daß die Tracerteilchenkombination im Fluid gering ist, so kann in erster Näherung die Lichtintensität I_h im betrachteten Ausschnitt als konstant angesehen werden, und es ergibt sich mit der Laserleistung P_h:

$$I_h = \frac{P_h}{H\,D} \tag{14}$$

Die Lichtintensität kann somit bei gegebener Laserlichtleistung durch die Wahl der Höhe und der Dicke der Lichtscheibe beeinflußt werden. Die vorgegebene, meist begrenzte Laserlichtleistung und die gewählte Teilchenanzahl- und Teilchenvolumenkonzentration erfordern es häufig, daß relativ dicke Lichtscheiben zur Erzielung einer ausreichenden Lichtintensität und Vermeidung von Abschattungseffekten auch noch am Ende des betrachteten Ausschnittes erzeugt werden. Eine Verbreiterung der Lichtscheibendicke D ist jedoch für die Bildaufzeichnung immer verbunden mit einem Verlust an Tiefenauflösung normal zur Lichtebene, was sich insbesondere dann negativ bemerkbar macht, wenn Aufzeichnungen mit Photodetektionselementen an der Grenze ihrer Empfindlichkeit bei großen Blendenöffnungen durchgeführt werden und die notwendige Tiefenschärfe über die Lichtscheibendicke D nicht mehr gewährleistet wird. Eine Verminderung der Lichtscheibendicke D und eine Erhöhung der Teilchenkonzentration schafft i. a. keine Abhilfe, da die Lichtabsorption in der Lichtscheibe in Lichtstrahlausbreitungsrichtung oberhalb bestimmter Grenzwerte exponentiell mit der Konzentration anwächst. In diesem Zusammenhang ist zu erwähnen, daß für die reine Sichtbarmachung eines Strömungsvorganges eine geringe Konzentration und relativ große Teilchen ideal wären. Bedauerlicherweise zeichnen größere, in einem Fluid suspendierte Teilchen nicht immer ein exaktes Bild der Kontinuumsströmung, so daß bei der Anwendung von Laserlichtschnittverfahren zur Strömungsanalyse ein Optimierungsproblem zwischen hinreichendem Teilchenfolgevermögen, geeigneter Teilchenkonzentration, vorhandener Laserleistung sowie der Empfindlichkeit der Tiefenschärfe des bildaufzeichnenden Systems vorliegt. Was die Streulichtausbeute an Tracerteilchen anbelangt, so sei auf die Arbeiten von Mie 1908 und van de Hulst 1957 verwiesen, die sich speziell mit der Berechnung des Streulichtes an kugelförmigen Teilchen befassen.

Im Gegensatz zur bisher betrachteten idealen Lichtscheibe zeigt eine reale, aus einem Laserstrahl erzeugte Lichtebene, je nach verwendetem Verfahren zu ihrer Erzeugung, abweichende Eigenschaften. Nachfolgend werden die wichtigsten Verfahren zur Erzeugung von Laserlichtscheiben aus Gauß'schen Laserstrahlen erläutert. In Abbildung 7 wird die Erzeugung einer Lichtschnittebene aus einem Gauß'schen Lichtstrahl mit Strahltaillenradius s_0 gezeigt. Die Intensitätsumverteilung wird durch eine Zylinderlinse mit Brennweite f bewirkt, die in einer Ebene $(y-z)$ wie eine Plankonvexlinse den Lichtstrahl fokussiert, in der anderen Ebene $(x-z)$ aber keine Veränderung der Strahldicke hervorruft. Der fokussierte Anteil breitet sich anschließend mit einem Winkel $2\vartheta_1$ aus, wohingegen sich am Divergenzwinkel $2\vartheta_0$ des Lichtstahls in der $x-z$-Ebene nichts durch die Zylinderlinse ändert. Die resultierende Intensitätsverteilung kann unter Zugrundelegung der beschriebenen asphärischen Transformation, siehe Abbildung 7, allgemein angegeben werden zu

$$I(x,y,z) = I_M(z) \exp\left[-\frac{8x^2}{D^2(z)} - \frac{8y^2}{H^2(z)}\right] \tag{15}$$

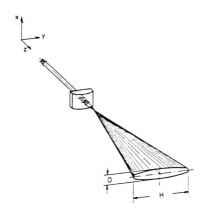

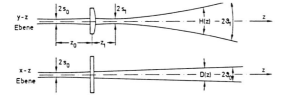

Abb. 7:
Erzeugung einer Laserlichtscheibe durch eine Zylinderlinse;
D und H beziehen sich auf den
$1/e^2$-Intensitätsradius

Die Dicke der erzeugten Lichtscheibe D und deren Höhe H läßt sich analog zu den Betrachtungen im vorangegangenen Abschnitt berechnen. Es ergibt sich für die Lichtscheibenhöhe, bezogen auf den gemeinsamen Bezugspunkt (Strahltaille vor der Linse) und für z-Positionen $z > z_0 + z_1$:

$$H(z) = 2s_1 \left[1 + \left(\frac{\lambda(z - z_0 - z_1)}{\pi s_1^2} \right)^2 \right]^{1/2} \tag{16}$$

wobei s_1 als Funktion der Größen f, s_0, λ, z_0 mit Gleichung (4) bestimmt werden kann. Für die Dicke D der Lichtscheibe ergibt sich:

$$D(z) = 2s_0 \left[1 + \left(\frac{\lambda z}{\pi s_0^2} \right)^2 \right]^{1/2} \tag{17}$$

Die Berechnung der Mittenintensität $I_M(z)$ in Gleichung (15) erfolgt ähnlich wie im Abschnitt zuvor über das Integral für die Lichtleistung P_L

$$P_L = \int\limits_{-\infty}^{+\infty} \int\limits_{-\infty}^{+\infty} I(x,y)\, dx\, dy \tag{18}$$

Einsetzen von Gleichung (15) in Gleichung (18) und Integration liefert unter Vernachlässigung von Lichtstrahlschwächungen mit der Lauflänge den gewünschten Zusammenhang zwischen $I_M(z)$ und P_L.

$$I_M(z) = \frac{8 P_L}{\pi D(z) H(z)} \tag{19}$$

Damit kann für Gauß'sche Lichtstrahlen bei Verwendung einer Zylinderlinse die Intensitätsverteilung der erzeugten Lichtscheibe an beliebigem Punkte (x, y, z) angegeben werden zu

$$I(x,y,z) = \frac{8 P_L}{\pi D(z) H(z)} \exp\left[-\frac{8x^2}{D^2(z)} - \frac{8y^2}{H^2(z)} \right] \tag{20}$$

Aus den Gleichungen (17) und (20) kann abgeleitet werden, daß eine lokale Intensitätssteigerung bei gleicher Höhe der Lichtscheibe über die Dicke D(z) beeinflußt werden kann. Hierbei gilt zu beachten, daß für die Zunahme der Dicke mit z für große Werte von z angesetzt werden kann:

$$\frac{dD}{dz} \approx \frac{2\lambda}{\pi s_0} \tag{21}$$

Die Lichtscheibe divergiert in ihrem Dickenverlauf weniger, je größer die Strahltaille s_0 gewählt wird. Es empfiehlt sich deshalb in der experimentellen Praxis nicht, den Laserstrahl vor der Zylinderachse zu stark zu fokussieren. Da Laserstrahlen von herkömmlichen in der Meßtechnik eingesetzten CW-Lasern i. a. einen Strahldurchmesser von ca. 1 – 2 mm aufweisen, kann auf eine der Zylinderlinse vorgeschaltete Linsenkombination zur Strahltaillenanpassung vielfach verzichtet werden. In der Praxis hat sich gezeigt, daß Lichtscheibendikken in genau dieser Größenordnung (1 – 2 mm) am vorteilhaftesten für Sichtbarmachungsexperimente eingesetzt werden können. Dennoch kann z. B. für die Erzeugung einer Lichtscheibe mit geringster Dicke in einiger Entfernung z von der Zylinderlinse die Kombination aus Konvex- und Zylinderlinsen erforderlich werden. Die Berechnung dieser Linsenkombinationen kann mit den Berechnungsgleichungen aus diesem und dem vorangegangenen Abschnitt sukzessive erfolgen.

3.2 Laserstrahl-"scanning"

Der Einsatz von Linsensystemen für die Erzeugung von Laserlichtschnittebenen wird immer dann gewählt werden müssen, wenn mit einfachen optischen Komponenten auszukommen ist. Nachteilig bei Linsensystemen wirkt sich für die Streulichtausbeute am Tracerteilchen aus, daß die Lichtintensität ständig im gesamten betrachteten Querschnitt eingestrahlt wird. Laser-Tomographie-Techniken, bei denen ein Laserstrahl über mechanische oder elektromechanische Scanner abgelenkt wird und mit einstellbaren Frequenzen die Lichtschnittebene überstreicht, ermöglichen lokal eine deutlich höhere Streulichtausbeute an Tracerteilchen. Hinzu tritt, daß der überstreichende Laserstrahl zwar durch Lichtstreuung an Teilchen, die seine Strahlrichtung kreuzen, mit der Lauflänge Leistung verliert, die geometrische Intensitätsschwächung durch eine linsenbedingte Aufweitung des Lichtscheibenquerschnittes in Strahlausbreitungsrichtung jedoch unterbleibt. Als geometrisch bedingte Intensitätsabnahme bleibt nur die Komponente zu berücksichtigen, die durch die im Vergleich zu einer Linsenkombination geringe inhärente Laserstrahldivergenz, siehe Gleichung (3), verursacht wird. Die zeitabhängige Umlenkung eines Laserstrahles zur Erzeugung von Lichtscheiben und die gleichmäßige Beleuchtung in z-Richtung weisen deshalb insbesondere dann Vorteile auf, wenn über eine längere z-Distanz isodensimetrische Strukturen von Gebieten annähernd gleicher Teilchenkonzentration zur Strömungssichtbarmachung ausgewertet werden sollen.

Prinzipskizze		Betriebsprinzip	Frequenz	Scannerwinkel ζ
Facetten scanner	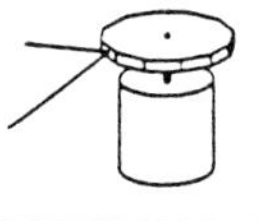	Facettenanzahl N_F 2 $\leq N_F \leq$ 30 mit regelbarem oder festem Motorantrieb	0 - 50 kHz fest oder variabel	$2\zeta = 2\,\dfrac{2\,\pi}{N_F}$ 12° $\leq \zeta \leq$ 180°
Torsionsstab		Anker im Magnetfeld regt einen Drehstab resonant an	400 Hz - 20 kHz fest	bis 14°
Torsionsband	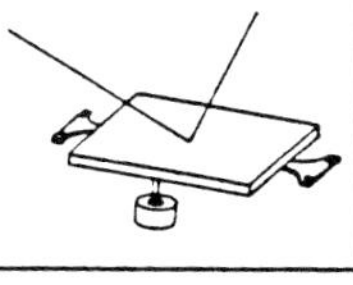	Beweglicher Magnetanker regt eine Torsionsfeder resonant an	5 - 1000 Hz fest	bis 30°
Galvanometer		Eisenkern, auch gewundener Anker	0 - 25 kHz variabel	bis 60°
Piezoelektrik		bimorpher Keramikwafer, Anregung durch elektrostatische Kraft	0 - 45 kHz variabel	bis 2°

Abb. 8: Elektromechanische Laserstrahlscanner, aus Schmitt und Ruck 1986

Eine Zusammenstellung elektromechanischer Laserstrahlscanner wird in Abbildung 8 wiedergegeben. Weitere technische Details zu Laserstrahlscannern finden sich bei Beiser 1974 oder Kontron 1986.

Der Facettenscanner arbeitet mit einem rotierenden Polygon, auf dem stirnseitig Einzelspiegel (Facetten) angebracht sind. Ein Laserstrahl wird i. a. exzentrisch auf den Umfang des Polygons gerichtet. Die Bewegung des Polygonspiegels bewirkt nach der Reflexion ein Überstreichen eines Winkelbereichs durch den Laserstrahl, siehe hierzu Abbildung 9. Der Winkelbereich wird durch den Scan(halb)winkel ξ als Funktion der Facettenanzahl N_F vorgegeben zu

$$2\xi = 2\frac{2\pi}{N_F} \tag{22}$$

Die Scanfrequenz f_{sc} ergibt sich zu

$$f_{sc} = N_F \omega \tag{23}$$

ω: Kreisfrequenz des rotierenden Polygons.

Bei Kenntnis des Radius R_i und der Exzentrizität e läßt sich der mittlere Ablenkwinkel 2ψ (bezogen auf die Laserstrahleinfallsrichtung) berechnen

$$2\psi = 2\arcsin\left(\frac{e}{R_i}\right) \tag{24}$$

Für die Auswahl eines Facettenpolygons, d. h. für die a priori Berechnung des Scanwinkels, kann R_i aus der gewählten Facettenanzahl und dem Radius R_a wie folgt berechnet werden

$$R_i = R_a \cos\frac{\pi}{N_F} \tag{25}$$

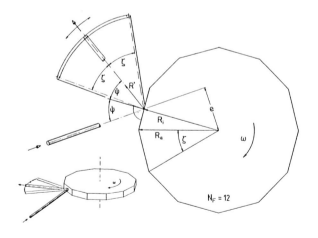

Abb. 9:
Skizze zur Laserstrahlablenkung durch einen Facettenscanner (Schmitt et al. 1986)

Die endliche Facettenanzahl bewirkt, daß der Reflexionspunkt während der Rotation über den Spiegel wandert und hierbei eine leichte Verschiebung erfährt. Für einen Beobachter, der das reflektierende Licht sieht, bedeutet dies, daß die durch das Polygon abgelenkten Strahlen nicht exakt von einem festen Punkt herrühren, was für die Strömungssichtbarmachung im Laserlichtschnitt jedoch unerheblich ist. Die Geschwindigkeit v_s, mit der der Laserstrahl über den Scanwinkel 2ξ geführt wird, kann in Abhängigkeit des Abstandes R' vom Spiegelpunkt einfach berechnet werden zu

$$v_s = 2R'\omega \qquad (26)$$

Für die experimentelle Praxis stellt sich häufig die Frage, ob ein betrachteter Ausschnitt einer Lichtschnittebene in der z. B. durch die Abtastzeit eines CCD-Chips vorgegebenen Zeit auch wirklich vom Laserstrahl überstrichen wird. Die Berechnung dieser in Abbildung 10 skizzierten Fragestellung erfolgt mit den nachfolgenden Beziehungen. Für den Scanwinkel 2ξ ergibt sich aus trigonometrischen Betrachtungen

$$2\xi = 2\arctan\left(\frac{B}{2R'}\right) \qquad (27)$$

bzw.

$$B = 2R'\tan\xi \qquad (28)$$

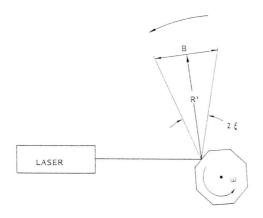

Abb. 10:
Überstreichen eines Bereiches der Breite B im Abstand R'

Die Zeit, die benötigt wird, um über die Breite B im Abstand R' zu scannen, ergibt sich hiermit zu

$$t_{sc} = \frac{\arctan\left(\frac{B}{2R'}\right)}{\pi\nu} \qquad (29)$$

mit ν = ω/2π als Drehzahl des Facettenpolygons. Soll dementsprechend eine vorgegebene Zeit für den Scanvorgang eingehalten werden, so kann mit Gleichung (29) und den Werten B und R' die einzustellende Drehzahl des Drehmotors ausgewählt werden. Es muß jedoch beachtet werden, daß der Winkel ξ (Zähler der Gleichung (29)) auch wirklich mit der gewählten Anordnung realisiert werden kann. In Abbildung 11 werden exemplarisch die Kurven für die Drehzahlauswahl in Abhängigkeit von der Scanzeit und den geometrischen Parametern R' und B wiedergegeben. Mit Hilfe dieser Darstellung läßt sich der Drehzahlbereich auswählen, der notwendig ist, um den betrachteten Bereich der Lichtschnittebene in der vorgegebenen ''Belichtungszeit'' einmal mit dem Laserstrahl zu überstreichen. Facettenscanner sowie alle anderen rotierenden Spiegelanordnungen stellen mechanische Komponenten dar, die je nach Drehzahl unterschiedlichen Zentrifugalkräften ausgesetzt sind. Es empfiehlt sich deshalb, bei hohen Drehzahlen abzuschätzen, ob die radialen Beschleunigungen zu Deformation der Spiegel führen können. Im schlechtesten Fall können die Zentrifugalkräfte ein Ablösen einzelner Spiegel vom Polygon bewirken. Die hierdurch entstehende Gefährdung des Betriebspersonals sollte nicht unterschätzt werden, ganz abgesehen von der dann auftretenden Unwucht des Scanners, die seine Zerstörung nach sich ziehen würde.

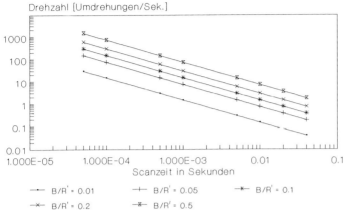

Abb. 11: Bestimmung der Drehzahl eines Facettenscanners bei vorgegebener Scanzeit und B/R'-Werten, siehe Abbildung 10

Neben den rotierenden Laserstrahlscannern gibt es eine zweite große Gruppe, die Schwingspiegelscanner. Grundlage des Scanvorganges stellt bei letzteren das Hin- und Herschwingen eines Spiegels dar, der auf einem schwingenden Träger angebracht ist, siehe hierzu die verschiedenen Ausführungen in Abbildung 8. Die Schwingfrequenz kann z. T. bis weit in den kHz-Bereich eingestellt werden, jedoch gilt zu berücksichtigen, daß, im Gegensatz zum rotierenden Polygonscanner, periodische Abbremsungen und Beschleunigungen der trägheitsbehafteten Schwinganordnung auftreten, die die Amplitude und damit den nutzbaren Scanwinkel mit zunehmender Schwingfrequenz verkleinern. Die Erregung von Schwingspiegelscannern erfolgt elektrisch durch Ansteuerungen mit Wechselspannungen, die einen unterschiedlichen Kurvenverlauf aufweisen können. So können Galvanometer oder piezoelektrische Scanner mit Sinus-, Dreieck-, Sägzahn- oder Rechteckspannungen betrieben werden, wodurch die Scangeschwindigkeit des Laserstrahls zeitlich und räumlich beeinflußt werden kann. Die zeit- und richtungsabhängige Scangeschwindigkeit entspricht in erster Näherung dem zeitlichen Verlauf der Ansteuerspannung. Eine Dreiecksfunktion bewirkt z. B. eine gleichmäßige Scangeschwindigkeit, wohingegen Sinusfunktionen an den Umkehrpunkten des Schwinghubes zu einer längeren Aufenthaltszeit des Laserstrahles führen. Zeitgemittelt bedeutet dies, daß die Intensitätsverteilung im Lichtschnitt, der z. B. mit einem Photodetektionselement aufgezeichnet wird (Belichtungszeit ≫ Scanfrequenz), an den Rändern Intensitätserhöhungen aufweist. Generell weisen Schwingspiegelmethoden zur Laserlichtschnitterzeugung im Vergleich zu rotierenden Laserstrahlablenkungsmethoden eine geringere Gleichmäßigkeit der zeitgemittelten Intensitätsverteilung in der Lichtschnittebene auf.

Die höchsten Wirkungsgrade beim Laserstrahlscannen werden von mechanisch bewegten Spiegelanordnungen erzielt. Spiegel schwächen den Laserstrahl bei der Reflexion nur um wenige Prozent der Lichtleistung. Für kleinere Scanwinkel eignen sich neben den mechanischen Anordnungen auch akustooptische Deflektoren, die jedoch einen schlechteren Wirkungsgrad des gesamten Ablenkungsvorganges aufweisen. Allerdings erlauben sie eine "trägheitsfreie" schnelle Laserstrahlablenkung. In Abbildung 12 wird das Prinzip des akustooptischen Deflektors skizziert. Ein akustooptischer Deflektor (Braggzelle) besteht aus einem Kristall, der von Dichteschwankungen durchlaufen wird, die von einer piezoelektrischen Erregung erzeugt werden. Die periodischen Schwankungen besitzen eine Wellenlänge λ und eine Frequenz f_s. Trifft ein Laserstrahl unter dem Winkel ϑ auf den Kristallkörper, so wird er entsprechend den Berechnungsgesetzen abgelenkt und ins Innere des Kristalls unter einem Winkel δ geführt. Der Laserstrahl, den man sich für diese Betrachtungen nicht ideal dünn vorstellen darf, wird an vielen Dichteunterschieden gleichzeitig reflektiert. Geschieht diese Reflexion unter dem Braggwinkel δ, so weisen die den Kristall verlassenden Partiallichtstrahlen zueinander den ganzzahligen optischen Weglängenunterschied auf. Es gilt die Braggbedingung:

$$2\lambda_s \sin \delta = \frac{\lambda}{n} \tag{30}$$

bzw.

$$2\lambda_s \sin \vartheta = \lambda \tag{31}$$

Nur unter diesen Bedingungen überlagern sich die den austretenden Laserstrahl bildenden Partialstrahlen konstruktiv. Genau betrachtet ergeben sich für den austretenden Laserstrahl noch weitere diskrete Winkel (Ordnungen), für die dies zutrifft, deren Beschreibung für den Deflektionsvorgang jedoch nicht notwendig erscheint. Bezeichnet man mit c_s die akustische Ausbreitungsgeschwindigkeit im Kristall, so ergibt sich mit

$$\lambda_s = \frac{c_s}{f_s} \tag{32}$$

und Beschränkung auf kleine Winkel ($\sin \vartheta \approx \vartheta$) aus Gleichung (31)

$$\vartheta = \frac{\lambda}{2\lambda_s} = \frac{\lambda}{c_s} f_s \tag{33}$$

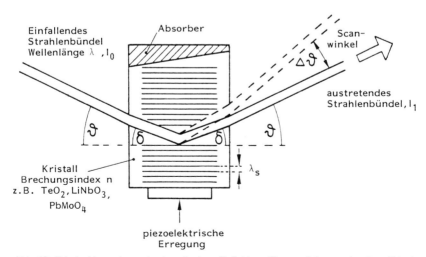

Abb. 12: Prinzipskizze eines akustooptischen Deflektors (Braggzelle) zur schnellen Ablenkung eines Laserstrahles

Da die Lichtwellenlänge λ und die akustische Ausbreitungsgeschwindigkeit Konstanten darstellen, kann eine Veränderung des Austrittswinkels nur durch eine Veränderung der piezoelektrischen Erregungsfrequenz hervorgerufen werden.

$$\Delta\vartheta \sim \Delta f_s \tag{34}$$

Somit kann durch Frequenzmodulation (um eine Trägerfrequenz) der Austrittswinkel des Laserstrahls verändert werden. Es ergibt sich ein Scanbereich, dessen Öffnungswinkel $\Delta\vartheta$ im Vergleich zu Spiegelscannern i. a. deutlich kleiner ist, der jedoch mit deutlich höheren Frequenzen abgetastet werden kann. Die Wirkungsgrade der akustooptischen Deflektoren betragen z. T. bis zu 80 %, die Modulationsbandbreiten reichen bis in den Gigahertzbereich und sind abhängig von der Deflektor-spezifischen Trägerfrequenz. Der Wirkungsgrad eines akustooptischen Modulators berechnet sich aus dem Verhältnis der Intensitäten des austretenden zum einfallenden Lichtstrahl gemäß

$$\frac{I_1}{I_0} = \sin^2 \sqrt{\frac{K_c P_a}{\lambda^2}} \tag{35}$$

Hierin bezeichnet P_a die akustische Leistung im Kristall, die Konstante K_c fast alle gerätespezifischen Kennzahlen zusammen, siehe hierzu auch Gordon 1966. Weiterführende Betrachtungen zur Laserstrahlablenkung durch akustische Wellen finden sich ferner bei Debye und Sears 1932 oder Mayden 1970.

Wie den Ausführungen dieses Kapitels entnommen werden konnte, eignen sich eine ganze Reihe von Komponenten zur Erzeugung von Laserlichtschnittebenen zur Strömungssichtbarmachung. Zusammenfassend lassen sich die Verfahren, auf denen die Aufweitung oder Ablenkung von Laserstrahlen beruhen, in folgende Klassen unterteilen:

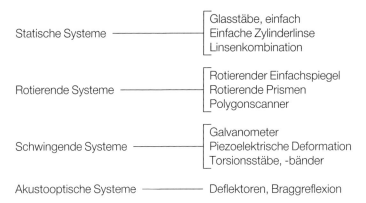

Statische Systeme ——————— Glasstäbe, einfach
                                 Einfache Zylinderlinse
                                 Linsenkombination

Rotierende Systeme ——————— Rotierender Einfachspiegel
                                 Rotierende Prismen
                                 Polygonscanner

Schwingende Systeme —————— Galvanometer
                                 Piezoelektrische Deformation
                                 Torsionsstäbe, -bänder

Akustooptische Systeme ——————— Deflektoren, Braggreflexion

Die Auflistung könnte noch weitergeführt werden mit Systemen, die z. B. durch schnelle Drehung der Polarisation des Lichtes in Kombination mit doppelbrechenden optischen Materialien eine Richtungsänderung bzw. einen Parallelversatz des einfallenden Laserstrahls bewirken. Derartige oder vergleichbare komplex aufgebaute Scansysteme finden jedoch nur sehr eingeschränkt und für spezielle Meßaufgaben Anwendung, so daß ihre detaillierte Erläuterung im Rahmen der grundlegenden, an den am häufigsten verwendeten Systemen orientierten Betrachtungen in diesem Kapitel nicht angezeigt erscheint.

4. Digitale Videobildverarbeitung

Gegenwärtig werden Methoden der digitalen Bildverarbeitung in verstärktem Maße bei Strömungssichtbarmachungen eingesetzt. Methoden der digitalen Bildverarbeitung erlauben es, in Kombination mit hochempfindlichen CCD-Videokameras die sichtbar zu machenden Strömungsvorgänge mit einer hohen zeitlichen Auflösung zu verfolgen. Videokameras mit CCD-Bildsensoren erlauben heutzutage Bildabtastungen in Zeiten bis 1/10 000 sec. Eine weitere Verkürzung der Betrachtungszeit eines Vorganges kann durch die Verwendung von computergesteuerten Blitzlichtquellen erzielt werden. Im Gegensatz zur optischen oder elektronischen Veränderung des Zeitfensters erfolgt die Verarbeitung und Wiedergabe eines Gesamtbildes mit einer Frequenz, die der landesüblichen Videonorm (CCIR-Norm) entspricht. Die Bildrate einer Videobildanalyse wird deshalb bei herkömmlichen Videosystemen durch die Bildwechselfrequenz, d. h. die Zahl der vollständigen Bilder je Sekunde (25 Hz) oder die Rasterfrequenz, d. h. die Zahl der Halbbilder je Sekunde (50 Hz) vorgegeben. Ein Videosystem auf CCD-Basis eignet sich somit je nach Bildsensor und Abtastzeit für die Aufnahme schneller Strömungsvorgänge, wenngleich die Bildrate durch die gültige Videonorm begrenzt wird. Das bedeutet, daß Einzelbilder zwar mit z. B. 1/1 000 sec "eingefroren" werden können, dennoch die Zeit zwischen zwei aufeinanderfolgenden Bildern 1/25 sec beträgt. Die Information zwischen zwei Bildern geht größtenteils verloren. Für unser menschliches Auge scheint dies unerheblich zu sein, da Einzelbildfolgen ab ca. 16 Bildern pro Sekunde durch das Integrationsvermögen des Auges zu einer kontinuierlichen Bewegung verschmelzen. Für die Nachverfolgung eines instationären kurzzeitigen Strömungsvorganges und seiner Sichtbarmachung stellt dieser Sachverhalt jedoch eine entscheidende Einschränkung für die Anwendbarkeit herkömmlicher Videosysteme dar. Die in Laboratorien üblicherweise vorhandenen CCIR-Norm-Videosysteme mit Bildwechselfrequenzen von 25 Hz eignen sich gut zur Aufnahme stationärer Zustände. Bei der Nachverfolgung instationärer Abläufe muß mit beträchtlichen Zeitlücken gerechnet werden, die nur durch ausgesprochene Hochgeschwindigkeitsvideosysteme, siehe z. B. Weichert 1989, vermieden werden können. Vielfach besteht die Möglichkeit, durch eine geeignete Aufnahmetriggerung instationäre Vorgänge mehrfach ablaufen zu lassen und auf diese Weise auch mit herkömmlichen Videosystemen zeitlich, durch sukzessive Veränderung des Aufnahmezeitpunktes, hinreichend genau aufzulösen.

4.1 Bildaufnahme und Normbilddarstellung

Die Strömungssichtbarmachung im Laserlichtschnitt liefert in dem zu erfassenden Bildfeld z. T. drastische Helligkeitsunterschiede, die zudem noch in schneller Zeitfolge lokale Veränderungen erfahren können. An das Bildaufnahmegerät werden deshalb hohe Anforderungen gestellt, von denen zwecks Erhalt aussagekräftiger Bilder die Vermeidung von Nachzieheffekten bei der Aufnahme transienter Strömungsvorgänge zuerst genannt werden muß. Röhrenkameras, z. B. Vidikon, aber auch noch Plumbicon, zeigen bei plötzlichen Änderungen der Helligkeit im betrachteten Bildfeld deutliche Nachzieheffekte, die durch die Trägheit der Halbleiterfotoschicht hervorgerufen werden. Erst durch mehrfaches Überstreichen des abtastenden Kathodenstrahles wird die zuvor auf der lokal stark beleuchteten amorphen Halbleiterphotoschicht gespeicherte Information vollständig gelöscht und die Nachleuchteffekte verschwinden. Abbildung 13 zeigt das Prinzip, das Röhrenkameras zugrunde liegt. Die Abbildung der Gegenstandsebene erzeugt auf der Halbleiterphotoschicht eine lokale Intensitätsverteilung. Der zeilenweise abtastende Kathodenstrahl lädt die Speicherelemente (wirken wie Kondensatoren) der Halbleiterphotoschicht auf. Entsprechend der lokalen Lichtintensität werden die Elemente anschließend unterschiedlich schnell über einen lichtabhängigen Schichtwiderstand entladen. Die lichtintensitätsabhängigen Nachladeströme bei erneuter Abtastung der (RC-)Speicherelemente bilden das Videosignal, siehe hierzu auch Schäfer 1983.

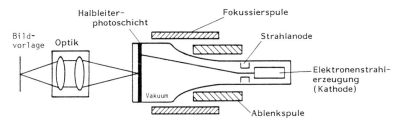

Abb. 13: Bildaufnahme mit Röhrenkameras, z. B. Vidikon

Aufgrund der für Laserlichtschnittaufnahmen von Strömungsbewegungen nicht zu tolerierenden Nachzieheffekte eignen sich für die Bildaufnahme besonders Videokameras, die einen CCD-Bildsensor enthalten, der bei der z. T. sehr starken Intensität des Laserlichtes in der Lichtschnittebene nachziehfreie Aufnahmen gewährleistet. Diese röhrenlosen Kameras haben sich in der experimentellen Praxis wegen ihres kompakten Aufbaus und ihrer Robustheit bewährt. Die opto-elektrische Wandlung des Bildes wird vom CCD-Flächensensor vorgenommen. Eine bewegte oder unbewegte beleuchtete Vorlage wird mit Hilfe eines Objektivs auf den Bildsensor abgebildet. Der Bildsensor bewirkt aufgrund seiner endlichen Anzahl von Speicherelementen eine Art Rasterung, d. h. Zerlegung des Bildes in Bildpunkte (Pixel). Die lokale Lichtintensitätsinformation der Bildvorlage wird über der Fläche eines jeden Speicherelementes integriert, so daß mit der Diskretisierung in Bildpunkten eine leichte Verschlechterung der Auflösung zwangsläufig verknüpft ist. Abbildung 14 zeigt einen CCD-Bildsensor in der Skizze. Die Information der Bildpunkte wird zeilenweise und i. a. im normalen Fernsehtakt abgegriffen und ausgegeben. Die Abtastung der einzelnen Pixel kann jedoch auch wesentlich schneller erfolgen, wobei der Bildspeicherinhalt in einem zusätzlichen Speicher zwischengespeichert wird, aus dem dann die Bildinformation mit einer entsprechend langsameren Normtaktrate angegeben wird. Auf diese Weise kann die Bildsensor-Abtastrate, die der Belichtungszeit bei einem Fotoapparat entsprechen würde, von der Taktfrequenz der Ausgabe und Weiterverarbeitung losgekoppelt werden.
CCD-Sensoren liefern Bilder, die sich durch ein Minimum an Helligkeitsabfall zum Rand hin (''shadowing'') auszeichnen. Darüber hinaus sind sie einbrennfest, d. h. lange Belichtungszeiten führen selbst bei höherer Lichtintensität nicht zur lokalen Zerstörung des Sensors. Minimale Stromaufnahmen bei geringen Betriebsspannungen (typisch 12 V) erweisen sich im Vergleich zu hochspannungsbetriebenen Röhrenkameras ebenfalls als Vorteil für den praktischen Einsatz. Die Lebensdauer von CCD-Bildfeldsensoren liegt deutlich über denen von Aufnahmeröhren, so daß mit Sicherheit davon auszugehen ist, daß CCD-Kameras die Röhrenkameras mittelfristig verdrängen werden.
Das aufzunehmende Bild wird vom CCD-Bildsensor in z. T. über 500 000 Pixel aufgeteilt, wobei die Auflösung mehr als 530 Zeilen betragen kann. Die Pixelinformation einer jeden

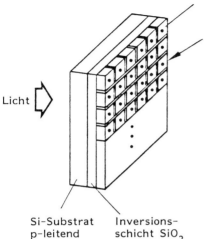

Aluminium – Gate – Elektroden

Zeile besteht aus einzelnen Speicherelementen, die in geeigneter Weise ge-
taktet werden. Hierdurch gelingt es die
dem Photostrom proportionale Oberflächen-
ladung zeilenweise auszuschieben.

Licht ⫐

Si-Substrat
p-leitend

Inversions-
schicht SiO₂

Abb. 14:
CCD-Bildsensor (Flächensensor)
in der Skizze; Aufteilung des Bildes
in Bildpunkte

Zeile wird, wie bereits erwähnt, von der Elektronik zu einem Normzeilensignal zusammen-gefaßt und ausgegeben. In Westeuropa bezieht man sich dabei auf die CCIR-Norm (''Comité Consultatif International des Radiocommunications''), wonach ein Videobild in 1/25 sec im Zeilensprungverfahren ausgelesen wird. Es handelt sich somit nicht um eine zeitlich koinzidente Überlagerung. Vielmehr wird im Vollbildmodus (''interlacing'') zuerst ein Bild in 1/50 sec geschrieben (Halbbild 1), das sich aus der ungeraden Zeilenfolge zusammensetzt und anschließend das zweite Halbbild ebenfalls in 1/50 sec, das sich aus der geraden Zeilenfolge zusammensetzt, ausgegeben. Auf diese Weise entsteht ein Bild, das sich aus zwei Halbbildern zusammensetzt, die zueinander einen Zeitversatz aufweisen, der durch die auch meist elektronisch hintereinander erfolgende zweifache Abtastung des Bild-sensors bestimmt wird. Im Normalfall, d. h. ohne Verwendung eines elektronischen ''high speed shutter'' und ohne Verwendung pulsgesteuerter Lichtquellen sowie unter der Vor-aussetzung, daß die Auflösung des Bildsensors näherungsweise der Auflösung entspricht, wie sie durch die Videonorm vorgegeben wird, überträgt das Videosystem 625 Zeilen in 1/25 sec. Dies entspricht einer Zeilenfrequenz von $625 \times 25 = 15\,625$ Hz. Aus der Gesamt-zahl der abgetasteten Zeilen pro Sekunde ergibt sich die Zeitdauer für eine Zeile zu 64 µs. Von dieser Zeit entfallen 11,5 µs auf das Austast- und Synchronisierzeichen, der Rest der verbleibenden Zeit dient der Übertragung der Zeileninformation. Hieraus ergibt sich, daß zwei hintereinander abgetastete und wieder dargestellte Zeilen an der gleichen Spaltenpo-sition einen Zeitversatz von 64 µs aufweisen. Betreibt man das Videosystem im Halbbild-modus (''non-interlacing''), so unterdrückt man, daß die beiden Halbbilder, die zueinander einen Zeitversatz von 1/50 sec aufweisen, überlagert zur Anzeige kommen. In diesem Fall wird die zeitliche Auflösung für die Nachverfolgung von Strömungsvorgängen durch die Zeilenzahl vorgegeben, über die sich der nachzuverfolgende Vorgang erstreckt. Dies be-deutet, daß ein Vorgang umso besser zeitlich aufgelöst werden kann, je geringer die ihn be-schreibende Zeilenzahl oder, anders ausgedrückt, je geringer das räumliche Auflösungs-vermögen ist (Optimierungsproblem). Abbildung 15 zeigt die zuvor erwähnten Vorgänge bei der Bildaufnahme in der Skizze. In Abbildung 16 wird der Aufbau eines typischen Zei-lensignals wiedergegeben.

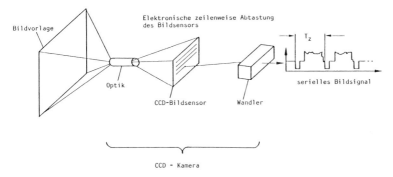

Abb. 15: Bildaufnahme mit einer CCD-Kamera

Die bisherigen Erläuterungen bezogen sich auf die Schwarzweißbildaufnahme. Die Ausführungen können mit Einschränkungen auch auf die Farbbildaufnahme übertragen werden. Röhrenkameras verwenden 3 getrennte Aufnahmeröhren, auf die das einfallende Licht aufgeteilt in die Farbkomponenten **R**ot **G**rün **B**lau geführt wird. Für die Farbaufteilung werden hierbei dichroitische Spiegel bzw. Prismenkombinationen eingesetzt. Der gleiche optische Aufbau kann für die Farbbildaufnahme auch bei der Verwendung von drei separaten CCD-Bildsensoren eingesetzt werden. In neuerer Zeit wird die Farbbildaufnahme jedoch mit nur einem CCD-Bildsensor bewerkstelligt, der mit zwei aktiven Deckschichten versehen ist, die das einfallende weiße Licht in die Grundfarben aufspaltet, die dann durch einen elektronischen Prozeß in Signale für Rot, Grün und Blau umgewandelt werden. Der Informationsgehalt von Farbbildaufnahmen bei Laserlichtschnittaufnahmen unterscheidet sich selten von dem von Schwarzweißaufnahmen, da meist nur Helligkeitsunterschiede interessieren und

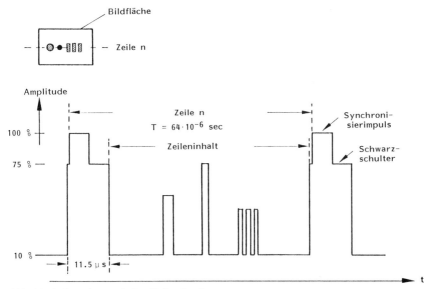

Abb. 16: Aufbau eines typischen Zeilensignals

Laser i. a. Licht einer Farbe liefern, so daß die Farbbilderfassung ohnehin sinnlos erscheint. Die nachfolgenden Betrachtungen beziehen sich deshalb auf die Schwarzweißbildverarbeitung.

4.2 Videobildverarbeitung auf Personal Computern

Die folgenden Erläuterungen beziehen sich auf die Videobildverarbeitung mit Verarbeitungskarten, die in herkömmliche Personal Computer installiert werden können. Auf die Besprechung spezieller Komplettsysteme wurde bewußt verzichtet.

Das vom Aufnahmegerät erzeugte elektrische Normbildsignal wird zur digitalen Verarbeitung einem Computer zugeführt, der über eine Bildverarbeitungskarte verfügt. Bildverarbeitungskarten werden mittlerweile für viele Personal Computer angeboten. Man unterscheidet hierbei zwischen reinen Bildspeicherkarten (frame grabber), die für die Datenverarbeitung auf den Prozessor des Rechners zurückgreifen, in dem sie eingebaut sind, und sog. Prozessorkarten, die über einen eigenen Bildverarbeitungsprozessor verfügen. Letztere ermöglichen i. a. erst die Echtzeit-Bildverarbeitung, da die meisten Grundfunktionen der Bildverarbeitung direkt von dem auf der Karte integrierten Prozessor durchgeführt werden. Der Prozessor des Computers wird nur noch für die Steuerung der Bildverarbeitungskarte sowie für die Ein- und Ausgabe von Daten in Anspruch genommen.

Die meisten eingesetzten Bildverarbeitungssysteme zur Strömungssichtbarmachung basieren aus den zuvor erläuterten Gründen auf der Verarbeitung von Schwarzweißbildvorlagen. Das Bild wird durch das System in ein digitales Bild mit einer großen Anzahl von Pixeln zerlegt. Typisch werden hierfür die Bildfelder der Größe 256×256, 512×512 oder $1\,024 \times 1\,024$ Pixel eingesetzt. Bei der Halbbilddarstellung verringert sich jeweils die Zeilenzahl um die Hälfte, die Spaltenanzahl bleibt. Jeder Bildpunkt kann unterschiedliche Werte annehmen (z. B. 256 Grauwerte). Ein digitalisiertes Videobild stellt somit ein Datenfeld dar, bei dem jedes Datum mit einer endlichen Auflösung dargestellt werden kann. Der auf der Bildverarbeitungskarte befindliche Prozessor erlaubt i. a. die Durchführung von Speicheroperationen elementarster Art. Hierzu zählen die Bildadditionen, -subtraktionen, arithmetische und Gauß-Filterungen, spalten- oder zeilenweise Ausgabe von Grauwertverteilungen, Angabe des Histogramms der auftretenden Grauwerte in einem Bild etc. Nach Durchführung einer oder mehrerer dieser Speicheroperationen kann der Bildspeicherinhalt durch sog. ''look-up tables'' farbcodiert werden. Auf diese Weise können kleinste Grauwertunterschiede, die mit dem bloßen menschlichen Auge nicht mehr sichtbar sind, z. B. durch Belegen mit Komplementärfarben klar und deutlich dargestellt werden.

Die weiterführende Bildverarbeitung, z. B. die Verarbeitung der Pixelfelder mit selbst erstellten Algorithmen, erfolgt nicht mit dem karteneigenen Prozessor, sondern i. a. durch Rechenprogramme, die auf dem Prozessor des Computers ablaufen. Der Datentransfer und die eigentliche Verarbeitung kann dann meist nicht mehr in Zeiten kleiner 40 msec. erfolgen, so daß eine Echtzeitverarbeitung in diesen Fällen nicht erfolgen kann. Unabhängig vom Typ der Bildverarbeitungskarte, vom Prozessor und eingesetztem Computer vermögen digitale Videobildverarbeitungssysteme i. a. folgende Bildmanipulationen:

○ Voll- und Halbbilddarstellung
○ Arithmetische logische Speicheroperationen, z. B.
  − Bildaddition

- Bildsubtraktion
- Bildfeldmultiplikation
- Mittelwertbildungen
○ Statistikfunktionen, z. B.
  - Grauwertverteilungen
  - Histogramme, zeilen- oder spaltenweise
○ Binärdarstellungen
○ Filterfunktionen, z. B.
  - Kontrastverstärkung
  - Kontrastabschwächung
○ Falschfarbendarstellung oder Farbcodierungen

Darüber hinaus besitzen einige Bildverarbeitungskarten zusätzliche Funktionen, z. B. für die Konturnachverfolgung, das Suchen und Zählen von Objekten, das Erfassen von Abmessungen und Flächeninhalten etc. Aus der Vielzahl der Funktionen von videobildverarbeitenden Systemen kann auf einige für die Strömungssichtbarmachung nicht verzichtet werden. Dies sind die arithmetischen Grundverknüpfungen von Bildfeldern, die Möglichkeit der Halbbilddarstellung, die Binärdarstellungen und die Filterfunktionen.

Elementare Verknüpfungen

Von besonderem Vorteil für die Sichtbarmachung zeitlich gemittelter Strömungsvorgänge im Laserlichtschnitt erweist sich die Mittelwertbildung von mehreren Bildfeldern (''frames''). Bei dieser Funktion wird eine vorgegebene Anzahl n von Voll- oder Halbbildern in einen Speicherbereich eingelesen, die Absolutwerte pro Pixel summiert und der Pixelsummenwert anschließend durch die Anzahl n dividiert. Bei Bildfeldoperationen ist grundsätzlich zwischen Absolutwert- und bitweisen Verknüpfungen zu unterscheiden. Bitweise Verknüpfungen müssen nicht zwangsläufig zu anschaulichen Ergebnissen bei der Sichtbarmachung von Strömungsvorgängen führen. So wird vielfach vom Hersteller angegeben, daß die Bildverarbeitungskarte die Grundfunktion der Bildfeldaddition besitzt, ohne zu spezifizieren, ob es sich um eine bitweise oder Absolutwertaddition handelt. Bei der Absolutwertaddition (und eventuellen Division durch die Anzahl n der Einzelbilder) handelt es sich um die zuvor geschilderte Möglichkeit der Verknüpfung zur Mittelwertbildung von Bildfeldern. Bei den bitweisen Verknüpfungen bezeichnet die Addition meist das logische ''und-oder'', d. h. die additive Verknüpfung zweier Pixel wird bitweise wie in folgender Tabelle durchgeführt (hier bei einer Pixelauflösung von 256 Grauwerten, d. h. 8 bit demonstriert).

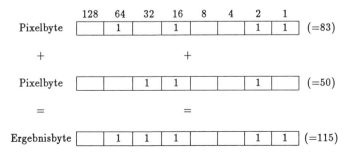

Anhand dieses einfachen Beispiels wird deutlich, daß eine bitweise Addition nicht der anschaulichen Absolutwertaddition zweier Pixelwertfelder entspricht. Der Maximalwert einer bitweisen Addition ist durch die volle Ausnutzung des Pixelbytes, d. h. durch den Absolutwert 255 vorgegeben.

Anhand dieser Betrachtungen läßt sich ableiten, daß für die Absolutwertaddition ein dritter Bildfeldspeicher notwendig wird, der die auftretenden Überläufe der einzelnen Pixelwertadditionen aufnimmt. Schließlich reicht ein 8-bit Ergebnisbyte nicht aus, die Summe zweier 8-bit Pixelwerte für mögliche Summenwerte größer als 255 darzustellen. Man behilft sich deshalb mit einem zusätzlichen Bildspeicher, der den Ergebnisbildspeicher zu einem Bildspeicher mit 16-bit Auflösung aufrüstet. Einige Karten führen vereinfachte Additionen durch, wobei der Überlauf einer Verknüpfung einfach ignoriert wird, was die Bedeutung der Operation für die Strömungssichtbarmachung zweifelhaft erscheinen läßt. Absolutwertverknüpfungen zwischen Bildspeichern können z. T. nicht mehr in Echtzeit erfolgen, so daß die Mittelwertbildung von vielen einzulesenden Einzelbildern minutenlang dauern kann. Neben der Addition von Bildfeldern zählen die Subtraktion und Multiplikation ebenso zu den elementaren Bildfeldoperationen. Unter Multiplikation wird eine bitweise Verknüpfung verstanden, bei der im Ergebnisbyte nur die Bits gesetzt werden, die in beiden Ausgangsbytes an gleicher Stelle gesetzt sind (logisches "und"). Unter dem Begriff Subtraktion wird i. a. die Absolutwertsubtraktion verstanden, wobei bei Minusresultaten der Betrag dargestellt wird.

Bei den Bildspeicheroperationen gilt generell zu berücksichtigen, daß beträchtliche Datenmengen zu verarbeiten sind. Bildfeldauflösungen durch 512×512 oder $1\,024 \times 1\,024$ Pixel bedeuten bei einer Pixelauflösung von 1 byte bereits 250 kbyte bzw. über 1 Mbyte Speicherplatzbedarf. Die Auswahl der geeigneten Bildspeichergröße darf sich deshalb nicht nur nach der maximalen Bildauflösung richten. Vielmehr muß die Anzahl der Pixeloperationen insbesondere dann Berücksichtigung finden, wenn die Möglichkeit der Echtzeitverarbeitung erhalten bleiben soll.

4.3 Bildfeldmanipulationen

Zur Verarbeitung von Bildfeldern zählen, wie bereits angedeutet, auch komplexere Prozeduren als die zuvor beschriebenen Pixelverknüpfungen. Im folgenden werden die wichtigsten Bildfeldoperationen, die bei Strömungssichtbarmachungsaufnahmen notwendig sind und der Bildverbesserung dienen können, dargestellt. Informationen hierzu finden sich auch bei Wahl 1984, Ekstrom 1984 sowie Haberäcker 1985.

Grauwertmodifikation

Ein Bildfeld A bestehe aus x Pixeln in horizontaler und y in vertikaler Richtung. Jedes Pixel des Feldes A (x, y) besitzt einen diskreten Pixelwert. Durch falsche Aufnahmetechniken, Beleuchtungsfehler, optische Filterungen, Kopierfehler etc. entstehen häufig Bildfelder, in denen die zur Verfügung stehende Pixeltiefe (z. B. 8 bit) nur mangelhaft ausgenützt wird. Ein Histogramm der Graustufen eines solchen 8 bit aufgelösten "flauen" Bildes wird in Abbildung 17 skizziert. Obwohl 256 mögliche Diskretisierungen vorliegen, baut sich das Bild nur aus einem engen Grauwertbereich auf, was an der geringen Breite der Verteilung abgelesen werden kann. Entsprechend schlecht, d. h. kontrastarm und undeutlich wird das Bild wiedergegeben. Die Grauwertverteilung der Bildvorlage kann anhand des Histogramms

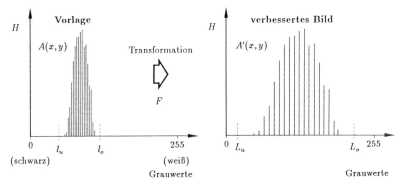

Abb. 17: Grauwertspreizung zur besseren Nutzung der Pixeltiefe → Bildverbesserung

eingegrenzt werden. Die Grauwertschwellen l_u und l_o begrenzen die eigentliche Bildinformation. Das Ziel der Bildverbesserung ist es nun, diesen relativ engen Bereich über die gesamte zur Verfügung stehende Grauwertbreite zu spreizen, wie dies in Abbildung 17 mit angegeben wird. Hierdurch werden kleine Unterschiede in den Grauwerten der Bildvorlage durch eine gesteigerte Grauwertauflösung deutlicher. Der Grauwertbereich der Vorlage wird im verarbeiteten Bild durch eine bessere Ausnutzung der Grauwertauflösung dargestellt. Dies entspricht der Transformation eines Bildfeldes A(x, y) in das Bildfeld A'(x, y), wobei eine Transformationsschrift F angewendet wird.

$$A'(x,y) = F\,A(x,y) \tag{36}$$

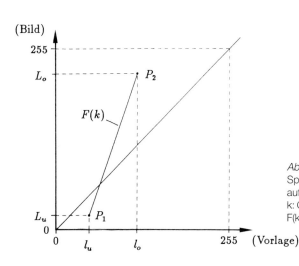

Abb. 18:
Spreizung des Grauwertbereiches $(l_o - l_u)$
auf die Breite $(L_o - L_u)$;
k: Grauwertklasse;
F(k): Intensitätstransformationsfunktion

391

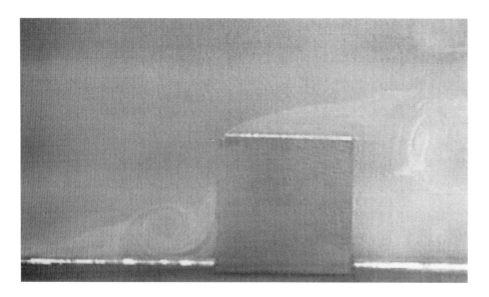

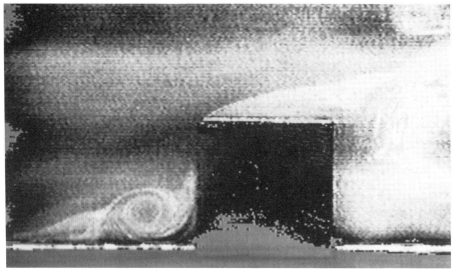

Abb. 19: Bild zur Strömungssichtbarmachung vor und nach der Grauwertspreizung, hier: Umströmung eines zylindrischen Körpers im Windkanal

Die Größen in Gleichung (36) müssen aufgrund der endlichen Bildfeldauflösung als quantisiert betrachtet werden. Die Transformationsfunktion F kann vom Pixelort (x, y) abhängen, sie muß es aber nicht. Zeilenweise (y) oder spaltenweise (x) Abhängigkeiten können ebenso vorgegeben werden, wie die einfachste Vorgabe $F = c \cdot k$ mit $c = $ konst. im gesamten betrachteten Grauwertbereich. Dementsprechend muß die Transformationskennlinie zwi-

392

schen den Punkten P_1 und P_2 in Abbildung 18 nicht linear verlaufen. Die Transformationsfunktion F(k) verknüpft somit die Grauwertbelegung einzelner Pixel zwischen Bildvorlage und Neubild. In der Abbildung 19 wird ein Bild vor und nach der Grauwertspreizung wiedergegeben. Die relativ schlechte Bildvorlage wird durch die Spreizung des Grauwertbereiches erheblich kontrastreicher und damit deutlicher.

Binarisierung

Die Binarisierung von Bildfeldern stellt im engeren Sinne ebenfalls eine Grauwertmodifikation dar. Hierbei wird zuerst, z. B. durch interaktive Eingabe, eine Grauwertschwelle vorgegeben (bei einer 8 Bit Auflösung pro Pixel ein Wert zwischen 0 und 255). Alle Pixelwerte unterhalb dieser Grauwertschwelle sowie alle Pixelwerte oberhalb werden nun einheitlich, z. B. schwarz und weiß dargestellt. Einige Verarbeitungskarten bieten die Möglichkeit, die Grauwertschwelle z. B. durch die Cursor-Taste während der Echtzeitverarbeitung eines laufenden oder stehenden Videobildes zu verändern. Auf diese Weise kann das gesamte Bild in einer grauschwellenabhängigen Binärdarstellung durchfahren werden und die für die Sichtbarkeit optimalste Grauwertschwelle festgelegt werden. In Abbildung 20 wird die Binarisierung eines Bildes demonstriert. Zeichnet sich beispielsweise in einer Strömungssichtbarmachungsaufnahme der interessierende Vorgang nur leicht vom Hintergrund ab, so kann letzterer durch eine Binarisierung vom Bild getrennt (Belegung mit Weiß) werden.

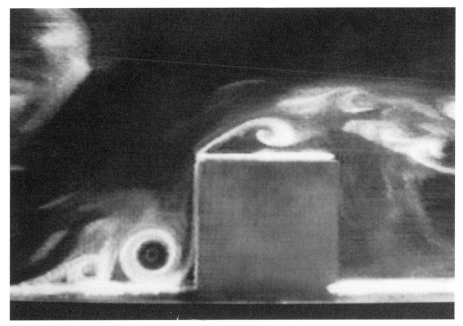

Abb. 20a): Binarisierung eines Bildes; Originalvorlage

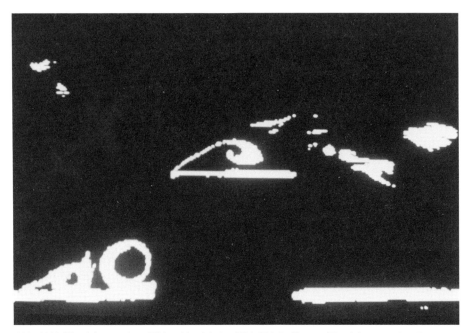

Abb. 20b): Binarisierung eines Bildes; binarisiertes Bild, 8 bit Auflösung, Binarisierungsschwelle 100

Filterfunktionen

Unter Filterfunktion versteht man bei der digitalen Bildverarbeitung Pixelverknüpfungen, bei denen sich der Wert eines Pixels aus einer Berechnungsvorschrift ergibt, die die Nachbarpixel miteinbezieht. Im Gegensatz zu den zuvor besprochenen Punktoperationen wird somit für die Berechnung eines neuen Pixelwertes eines Bildfeldes die Grauwertinformation mehrerer Pixel aus einem Bildbereich (Fenster) herangezogen. Betrachten wir hierzu ein Pixelfenster, in dessen Mitte sich der aktuelle, neu zu berechnende Pixelpunkt A(x = i; y = k) befindet, siehe Abbildung 21. Die Pixelverknüpfung kann für das gesamte neu zu berechnende Bildfeld A'(x, y) durch eine Funktion G beschrieben werden.

$$A'(x,y) = G(A(x,y)) \tag{37}$$

Die Funktion G definiert hierbei den funktionalen Zusammenhang der einzelnen Pixel im betrachteten Bildbereich. Der Bildbereich, aus dem die Pixel für die Filteroperation stammen, kann eine beliebige Form aufweisen. Die angegebene quadratische Matrix verkörpert nur eine mögliche Variante. Zeilen- und spaltenweise Zusammenhänge sind ebenso gebräuchlich wie kreuz-, sternförmige oder annähernd rundliche Operatorfenster. Einige Bildverarbeitungskarten bieten die Möglichkeit für den Anwender, die Funktion G frei, allerdings innerhalb einer maximalen Pixelanzahlobergrenze, zu programmieren. Die meisten Verarbeitungskarten bieten sogenannte Standardfilterfunktionen an, die im folgenden kurz erläutert werden. Zu den Filterfunktionen zählen lineare Glättungsoperationen, die verrauschte Bilder verbessern, die Bildschärfe jedoch meist verschlechtern. Mit Hilfe von Glättungsoperationen lassen sich Störungen, z. B. infolge Sensor- und/oder Übertragungsrauschen, Bildgrieselungen etc. deutlich reduzieren. Operationen, die diese Bildverbesserungen vornehmen, sind z. B. Spalttiefpaß und Gauß-Filter.

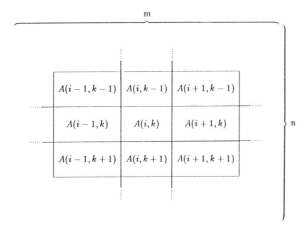

Abb. 21:
Pixelfenster zur Herleitung der Filterfunktionen; hier: Pixelfenster aus m × n Pixeln

Spalttiefpaß (''averaging'')

Es wird eine Mittelung über alle im Pixelfenster befindlichen Pixel vorgenommen. Für den neuen zu berechnenden Bildpunkt A'(i, k) ergibt sich z. B. bei einem m × n Pixelfenster:

$$A'(i,k) = \frac{1}{mn} \sum_{j=i-\frac{m-1}{2}}^{i+\frac{m-1}{2}} \sum_{l=k-\frac{n-1}{2}}^{k+\frac{n-1}{2}} A(j,l) \qquad (38)$$

für m, n ungerade und m, n > 1
für unregelmäßige beliebige Pixelfenster, bestehend aus p Pixeln, gilt ganz allgemein:

$$A' = \frac{1}{p} \sum_{j=1}^{p} A_j \qquad (39)$$

Der Spalttiefpaß unterdrückt Rauschanteile im Bild. Die Anwendung führt zu einer starken Kantenausschmierung, was als Unschärfe wahrgenommen wird. In Abbildung 22 wird die Wirkungsweise anhand einer Strömungsaufnahme demonstriert.

Gauß-Filter

Im Gegensatz zur ungewichteten Mittelung über alle Pixel eines Pixelfensters führen bestimmte Glättungsoperationen eine Wichtung bestimmter Pixelbereiche des Pixelfensters durch. So ergibt sich bei der Gauß-Filterung der neue Pixelwert aus den gewichtigen Werten seiner Nachbarpixel. Die Wichtung entspricht dem Verlauf einer Gauß'schen Glockenkurve, deren Mitte über dem aktuellen Pixel liegt. Durch diese Operation wird ein verrauschtes Bild ebenfalls verbessert. Die Kantenausschmierung erfolgt bei weitem nicht so deutlich wie beim Spalttiefpaß. Durch die Quantisierung des Bildbereichs sowie durch die endliche Pixelanzahl einer Gauß-Filterung ergeben sich geringe Abweichungen vom exakten Gauß-Kurvenverlauf. Die Wirkungsweise einer Gauß-Filterung wird in Abbildung 22 aufgezeigt.

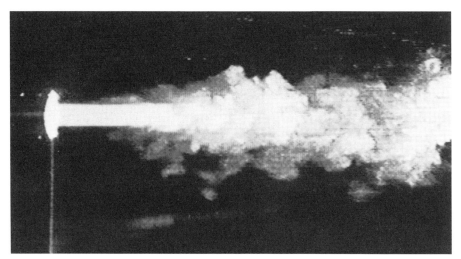

Abb. 22 a): Beispiele für Filteroperationen; Originalvorlage, laminarer aufplatzender Freistrahl im Laserlichtschnitt

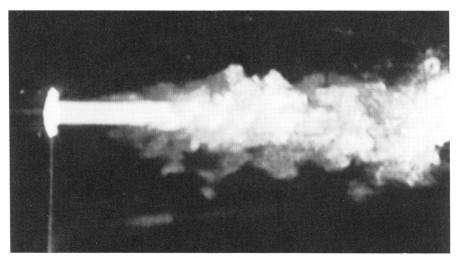

Abb. 22 b): Beispiele für Filteroperationen; Spalttiefpaß (averaging)

Abb. 22 c): Beispiele für Filteroperationen; Gaußtiefpaß

Median-Filter

Der Median-Filter stellt ebenfalls eine Glättungsoperation dar. Zur Berechnung eines neuen Pixelwertes im Bildfeld werden die das aktuelle Pixel umgebenden Pixelwerte der Größe nach geordnet und der Medianwert dieser Reihe als neuer aktueller Pixelwert verwendet. Medianfilterungen können eindimensional, d. h. zeilen-, spaltenweise, oder zweidimensional in Form einer zu definierenden Matrix (Pixelfenster) erfolgen. Die Median-Filterung eines Bildes, siehe Abbildung 23, liefert zwar eine Glättung z. B. von Spitzenwerten im Bildfeld, dennoch bleiben Hell-Dunkel-Kanten erhalten. Grauwertübergänge werden z. T. deutlich hervorgehoben, was vielfach von einem treppenartigen Konturverlauf begleitet wird. Feinzeichnende Konturen werden durch die Median-Filterung zerstört, so daß bei Strömungssichtbarmachungsaufnahmen die Größe des Bildfeldes dem zu analysierenden Vorgang angepaßt werden muß. Zusammenfassend läßt sich zur Median-Filterung sagen, daß Rauschen und hochfrequente Diskontinuitäten beseitigt werden, während die Kantenzeichnung erhalten bleibt.

Gradienten-Filter

Ein digitalisiertes Bildfeld besteht aus Pixeln, die unterschiedliche Grauwerte besitzen. Grauwertübergänge, z. B. von Hell nach Dunkel oder umgekehrt, sind im gesamten Bildbereich anzutreffen. Die Übergänge gehen sanft oder steil vonstatten, so daß einer Grauwertveränderung, z. B. in einer Bildzeile, eine Steigung, d. h. ein Gradient zugeordnet werden kann. Im allgemeinen erzeugen Gradienten-Filter aus einem Bild ein Graubild, das um den Mittelwert der Pixelauflösung symmetrisch aufgebaut wird. Bei einer Pixelwertauflösung von 8 bit wird beispielsweise ein Graubild generiert, bei dem positive Gradienten, also

Grauwertübergänge von Dunkel nach Hell, durch Werte zwischen 127 bis 255 und negative Gradienten durch Werte zwischen 127 bis 0 dargestellt werden. Auf diese Weise entsteht ein Bild, dessen Pixelwerte der örtlichen Grauwertveränderung der Bildvorlage proportional sind. Die Gradienten-Filterung erzeugt im Bereich von Kanten sehr hohe Werte, so daß sie vorteilhaft zur Kanten- und Konturhervorhebung eingesetzt werden kann. Allerdings stellt das Rauschen im Bild, d. h. kleine Grieselungen, Bildfehler etc. ein erhebliches Problem bei der Gradienten-Filterung dar. Sie sollte deshalb nur für relativ rauscharme Bildvorlagen bei der Strömungssichtbarmachung eingesetzt werden. Einen der wichtigsten Gradientenoperatoren stellt der Roberts-Gradient dar, der sich aus einem 2×2 Pixelfenster berechnet gemäß:

$$A'(i,k) = |\, A - D\, | + |\, B - C\, | \qquad (40)$$

Laplace-Filter

Der Laplace-Differentialoperator

$$\Delta = \frac{\partial^2}{\partial x^2} + \frac{\partial^2}{\partial y^2} \qquad (41)$$

kann in quantisierter Form zur Hochpaßfilterung von Bildfeldern eingesetzt werden. Von der Differential- muß auf die Differenzenbetrachtung übergegangen werden. Die Laplace-Filterung zählt zu den Bildverschärfungsoperationen. Für quantisierte, digitale Bildfelder A(x, y)

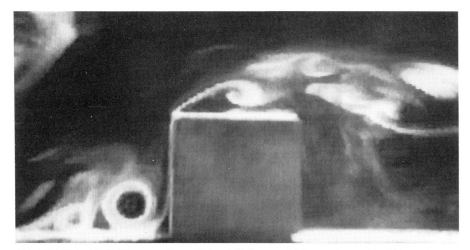

Abb. 23 a): Beispiele für Filteroperationen (Original-Strömungssichtbarmachung siehe Abb. 20 a); Median-Filter

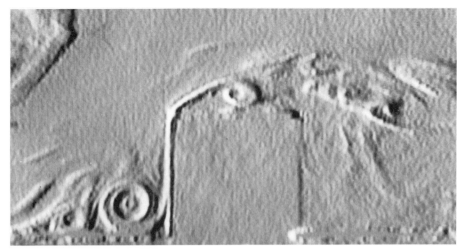

Abb. 23b): Beispiele für Filteroperationen (Original-Strömungssichtbarmachung siehe Abb. 20a); Gradienten-Filter horizontal

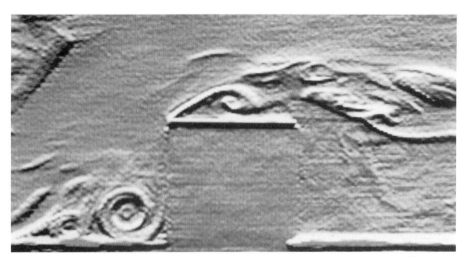

Abb. 23c): Beispiele für Filteroperationen (Original-Strömungssichtbarmachung siehe Abb. 20a); Gradienten-Filter vertikal

berechnet sich der Laplace-Operator, der für ein aktuelles Pixel A(i, k) angewandt wird, gemäß:

$$\Delta A'(i, k) = A(i+1, k) + A(i-1, k) + A(i, k+1) + A(i, k-1) - 4A(i, k) \qquad (42)$$

Im wesentlichen stellt diese Operation die Differenzbildung aus der "gemittelten" Information der Nachbarpixel und des aktuellen Pixelwertes dar. Diese Differenzbildung kann aufgefaßt werden als die Subtraktion eines unscharfen Bildes des Urbildes vom Urbild selbst. Hierdurch werden hochfrequente Bilddetails, d. h. kleine Bereiche unterschiedlicher Grauwerte, aber auch Kanten deutlicher. Zwangsläufig wird jedoch das meist unerwünschte Rauschen verstärkt, so daß die Laplace-Filterung ähnlich wie alle anderen Hochpaßfilter höhere Ortsfrequenzanteile verstärkt. Die Zunahme an Bildschärfe wird deshalb immer mit einer Zunahme der Rauschanteile im Bild erkauft, siehe Abbildung 24. Der Laplace-Operator wird ebenso wie der folgende Sobel-Filter häufig als Differenzenoperator bezeichnet.

Sobel-Filter

Der Sobel-Filter zählt zu den Bildverschärfungsoperatoren. Die Berechnung z. B. in einem 3×3 Pixelfenster erfolgt über die Differenzbildung summierter, gewichteter Pixelwerte von den jeweils übernächsten Zeilen oder Spalten. Unter Zugrundelegung der Bezeichnungen aus Abbildung 21 ergibt sich für das neu zu berechnende Pixel A'(i, k):

$$A'(i,k) = \sqrt{X^2 + Y^2} \tag{43}$$

$$\begin{aligned} X = \ & A(i+1,k-1) + 2A(i+1,k) + A(i+1,k+1) - \\ & A(i-1,k-1) - 2A(i-1,k) - A(i-1,k+1) \end{aligned} \tag{44}$$

$$\begin{aligned} Y = \ & A(i-1,k-1) + 2A(i,k-1) + A(i+1,k-1) - \\ & A(i-1,k+1) - 2A(i,k+1) - A(i+1,k+1) \end{aligned} \tag{45}$$

Der Sobel-Operator bewirkt vor der Differenzbildung der Pixelwerte eine zeilen- und spaltenweise Tiefpaßfilterung, wodurch die Rauschempfindlichkeit nicht ganz so ausgeprägt einzustufen ist wie beim Laplace-Filter. Die Feinzeichnung von Konturen verschlechtert sich hierdurch, so daß Konturlinien breiter werden. Eine typische Sobel-Filterung zeigt Abbildung 24. Zur besseren Sichtbarkeit der Sobel-Filterung wird dem Ergebnis aus Gleichung (43) häufig ein Wert (z. B. 127) hinzuaddiert.

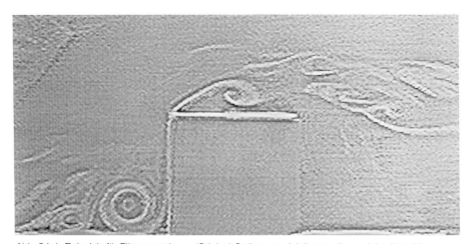

Abb. 24 a): Beispiele für Filteroperationen (Original-Strömungssichtbarmachung siehe Abb. 20 a); Laplace-Filter

Abb. 24b): Beispiele für Filteroperationen (Original-Strömungssichtbarmachung siehe Abb. 20 a);
Sobel-Filter

5. Schlußbemerkungen

Für Strömungssichtbarmachungen zur Analyse von Strömungsvorgängen wurden in der Vergangenheit eine Reihe von experimentellen Verfahren eingesetzt. Einige Verfahren stören die Strömung am Meßort, z. B. durch das Einbringen einer Sonde, andere arbeiten berührungslos auf optischem Wege. Zu letzteren zählen Laserlichtschnittverfahren, die in zunehmendem Maße in Windkanälen eingesetzt werden. Sie ergänzen z. T. bereits vorhandene Lasermeßverfahren, die ein- oder zweidimensional das Strömungsfeld zu vermessen erlauben (z. B. Laser-Doppler-Anemometrie). Wie dem Wort "Sichtbarmachung" entnommen werden kann, liefern viele der angewandten Verfahren eine Bildinformation, die den nachzuverfolgenden Strömungsvorgang wiedergibt. Eine besondere Schwierigkeit bei der Auswertung stellte i. a. die Interpretation von Bildern dar, bei denen nur geringe Grauwertunterschiede zu verzeichnen sind. Die Kombination aus Laserlichtschnittverfahren und Methoden der digitalen Videobildverarbeitung kann hier entscheidende Verbesserungen bei der Strömungssichtbarmachung liefern. Der Einsatz von leistungsstarken Lasern empfiehlt sich aus Gründen der Erzeugung gleichmäßig ausgeleuchteter, intensitätsstarker Lichtschnittebenen, die als Voraussetzung für eine mehrdeutigkeitsfreie Interpretation der Bildinformation gelten. Die Möglichkeiten der digitalen Bildverbesserung können gezielt auf diese Strömungsaufnahmen angewendet werden. Kleinste Grauwertunterschiede im Bild, die mit dem menschlichen Auge nicht mehr auflösbar sind, können z. B. durch die Zuordnung komplementärer Farbcodierungen deutlich sichtbar gemacht werden.
Standardisierte Bildverarbeitungskarten, die in viele Personal-Computer eingebaut werden können, ermöglichen heutzutage zu vertretbaren Kosten die digitale Videobildverarbeitung, die früher nur teuren Verarbeitungssystemen vorbehalten war. Es ist deshalb davon auszugehen, daß die digitale Bildverarbeitung auf PC-Basis zu einem Standardwerkzeug für den experimentell arbeitenden Strömungsmeßtechniker werden wird.

6. Literatur

Adrian, R. J. 1984: Scattering Particle Characteristics and their Effect on Pulsed Laser Measurements of Fluid Flow: Speckle Velocimetry VS Particle Image Velocimetry, Appl. Opt. 23, 1690–1691

Beiser, L. 1974: Laser Scanning Systems, Laser Application, Ross, M. (ed.), Vol. 2, Academic Press, New York

Debye, P.; Sears, F. W. 1932: On the Scattering of Light by Supersonic Waves, Proc. Nat. Acad. Scie., 18, 409

Durst, F.; Melling, A.; Whitelaw, J. H. 1981: Principles and Practice of Laser-Doppler-Anemometry, Academic Press, London

Ekstrom 1984: Digital Image Processing Techniques, Academic Press, ISBN 0-12-236760-X

Gordon, E. I. 1966: Proc. IEEE 54, No. 10, 1391

Haberäcker, P. 1985: Digitale Bildverarbeitung: Grundlagen und Anwendungen, Carl Hanser Verlag, Wien

van de Hulst, H. C. 1957: Light Scattering by Small Particles, J. Wiley & Sons, Inc., New York

Kleen, W.; Müller, R. 1969: Laser, Springer-Verlag Berlin

Kogelnik, H.; Li, T. 1966: Laser Beams and Resonators, Proc. IEEE, Vol. 54, 1312–1329

Fa. Kontron 1986: Scanner, Chopper, Modulatoren, Firmenprospekt, Abt. Phystech., Eching. b. München

Mayden, D. 1970: Acousto-optical Pulse Modulators, J. of Quantum Electronics, Vol. QE-6, No. 1, 15–24

Merzkirch, W. 1987: Flow Visualization, Second edition, Academic Press, Orlando

Mie, G. 1908: Beiträge zur Optik trüber Medien, speziell kolloidaler Metallösungen, Annal. d. Physik, 4. Folge, Band 25

Ruck, B. 1987: Laser-Doppler-Anemometrie, AT-Fachverlag Stuttgart, ISBN 3-921-681-00-6

Schmitt, F.; Ruck, B. 1986: Laserlichtschnittverfahren zur qualitativen Strömungsanalyse, Laser und Optoelektronik, 18. Jahrg., Nr. 2, 107–131

Schodl, R. 1986: Laser-Two-Focus Velocimetry, AGARD-CP-399, Paper 7

Schönfelder, H. 1983: Bildkommunikation, Springer-Verlag, Berlin, Heidelberg, New York, Tokyo

Wahl, F. M. 1984: Digitale Bildsignalverarbeitung, Springer-Verlag, Berlin, Heidelberg, New York, Tokyo

Fa. Weichert, 1989: Video für Ingenieure, Firmenprospekte

Bildteil

Sichtbarmachung des Querschnittes eines laminaren teilchenbeladenen Freistrahles (Strahlrichtung senkrecht zur Bildebene) vor dem Aufplatzen bei leichter Querwindumströmung (Laserlichtschnitt und digitale Videobildverarbeitung, pseudocoloriert)   Foto: B. Ruck, IfH/Universität Karlsruhe

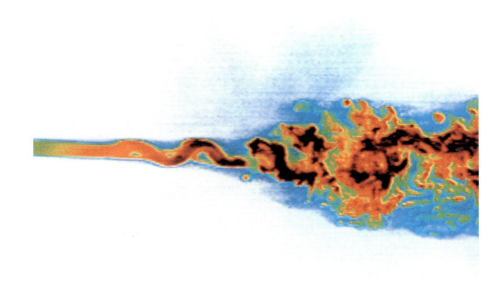

Aufplatzender laminarer Freistrahl im Laserlichtschnitt, farbcodierte Darstellung des digitalisierten S/W-Bildes
Foto: B. Ruck, IfH/Universität Karlsruhe

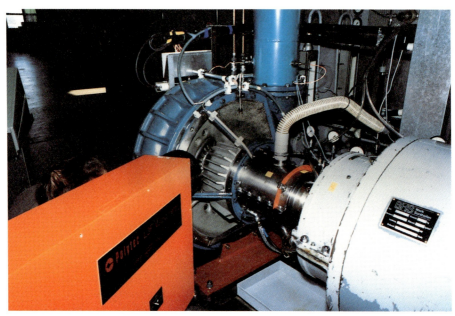

L2F-Messungen an einem Radialverdichter an der Hochschule der BW München, Abt. Prof. Fottner
Foto: Polytec GmbH/Waldbronn

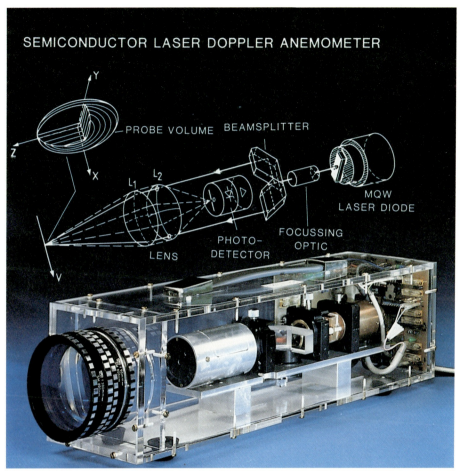

SEMICONDUCTOR LASER DOPPLER ANEMOMETER

PROBE VOLUME BEAMSPLITTER

MQW
LASER DIODE

FOCUSSING
OPTIC

PHOTO-
DETECTOR

LENS

Wellenlängenstabilisiertes Diodenlaser-Rückstreu-LDA mit integrierter Elektronik für Arbeitsabstände bis 500 mm   Foto: PTB/Braunschweig

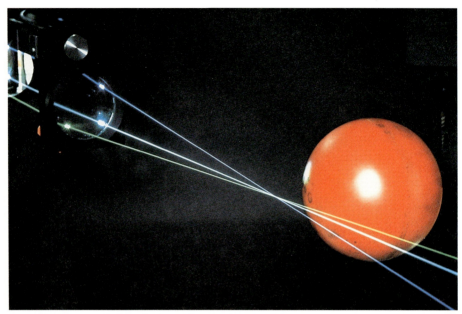

Windkanalmessung mit einem Dreistrahl-LDA   Foto: A. Leder

Optischer Aufbau des geschachtelten Michelsoninterferometers mit unterschiedlicher Frequenzempfindlichkeit   Foto: ISL

Forschungsschiff TABASIS (links) bei der Fernmessung von Chlorwasserstoff- und Aerosolverteilung in der Abgasfahne des Verbrennungsschiffs VESTA (rechts) im Verbrennungsgebiet der Nordsee. Vor der weißen Wetterschutzkuppel, die das Lidar-Fernmeßsystem beherbergt, erkennt man auf dem Achterdeck der TABASIS links die fünfeckige Sodar-Antenne zur Windfeldfernmessung sowie die Schutzhaube für den Fesselballon, der für Temperatur- und Feuchteprofil-Sondenmessungen dient. Aus Abgasfahnen, die auf der Meeresoberfläche aufliegen, können durch den Hohlmast 20 m über der See Proben für die lokale Bestimmung von HCl gezogen werden.   Werksfoto: GKSS

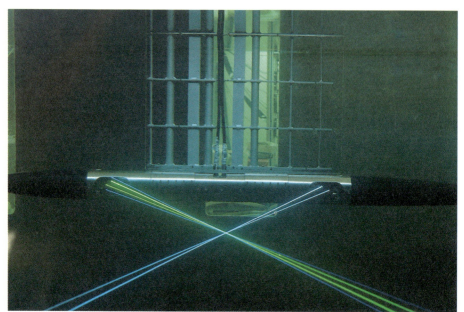

Laser-Velocimeter zur gleichzeitigen Messung von drei Geschwindigkeitskomponenten in einem Schlepptank   Foto: TSI GmbH, Aachen

Optomechanischer Scanner: Rotor mit Dentalturbinenantrieb und Kreisarray der Lichtwellenleiter
Foto: DLR Berlin/Mante

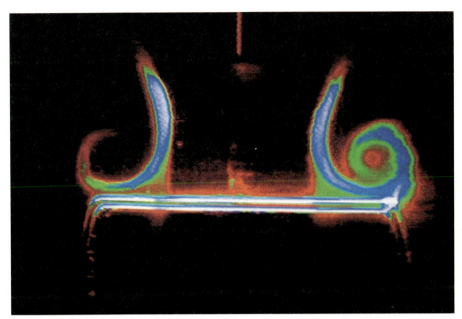

Sichtbarmachung der Wirbelsysteme am Heck eines Versuchs-Pkws mit Hilfe des Laserlichtschnitt-verfahrens und digitaler Videobildverarbeitung

Foto: B. Ruck, IfH/Universität Karlsruhe, mit Genehmigung der BMW-Technik GmbH, München

Sachwortverzeichnis

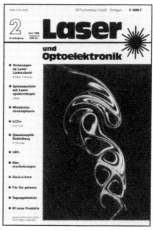